L. D. LANDAU A. I. ACHIESER · E. M. LIFSCHITZ

Mechanik und Molekularphysik

Mechanik und Molekularphysik

von

L. D. LANDAU · A. I. ACHIESER · E. M. LIFSCHITZ

In deutscher Sprache herausgegeben

von

Prof. Dr. FRANK KASCHLUHN
Humboldt-Universität Berlin

Mit 138 Abbildungen

AKADEMIE-VERLAG · BERLIN
1970

Л. Д. Ландау, А. И. Ахиезер и Е. М. Лифшиц

Курс общей физики
Механика и молекулярная физика

Erschienen im Verlag Nauka, Hauptredaktion für physikalisch-mathematische Literatur, Moskau 1965

Wissenschaftliche Redaktion:
Prof. Dr. FRANK KASCHLUHN

Übersetzt aus dem Russischen von
Dr. JÜRGEN BURMEISTER, Dresden, und
Dr. JÜRGEN WOLF, Zeuthen

Erschienen im Akademie-Verlag GmbH, 108 Berlin, Leipziger Straße 3—4

Lizenznummer: 202 · 100/430/70
Gesamtherstellung: VEB Druckerei „Thomas Müntzer", 582 Bad Langensalza
Bestellnummer: 5646 · ES 18 B 2, 18 B 7

VORWORT DES HERAUSGEBERS ZUR DEUTSCHEN AUSGABE

Die Herausgabe einer deutschen Übersetzung des Lehrbuchs „Mechanik und Molekularphysik" von Landau, Achieser und Lifschitz bedarf wohl keiner besonderen Rechtfertigung, nach dem das neunbändige Lehrbuch der theoretischen Physik von Landau und Lifschitz nun fast vollständig in deutscher Sprache erschienen ist. Das vorliegende Buch stellt eine sehr gelungene Ergänzung des Gesamtkurses der theoretischen Physik dar, indem es eine systematische Ableitung von Beziehungen aus diesem voraussetzt und das Schwergewicht auf die Vermittlung des Verständnisses für physikalische Zusammenhänge legt. Dies wird anhand eines sehr umfangreichen, zur Mechanik und Molekularphysik gehörenden Stoffes exemplifiziert, so daß dieses Lehrbuch nicht nur für Studenten, sondern auch für Fortgeschrittene und Kenner von erheblichem Wert sein wird.

Es sei noch erwähnt, daß auf Vorschlag der Autoren das letzte Kapitel, das Probleme der Schallausbreitung behandelt, nicht in die deutsche Übersetzung aufgenommen wurde. Im dritten Kapitel über die Kinematik des starren Körpers sind geringfügige Änderungen vorgenommen worden.

Berlin, im Oktober 1969

F. Kaschluhn

VORWORT

Ziel des vorliegenden Buches ist es, dem Leser Vorstellungen über grundlegende physikalische Erscheinungen und die wichtigsten Gesetze der Physik zu vermitteln. Da die Autoren sich bemühten, ein Buch mit möglichst geringem Umfang zu schreiben, haben sie sich auf das Wesentliche beschränkt und zweitrangige Einzelheiten fortgelassen. Die Darstellung erhebt also nirgends Anspruch auf Vollständigkeit.

Ableitungen von Formeln werden nur gegeben, soweit sie für das Verständnis der Zusammenhänge zwischen den Erscheinungen förderlich sind. Daher werden Formeln nach Möglichkeit an den einfachsten Beispielen hergeleitet. Wir gehen davon aus, daß die systematische Ableitung von Beziehungen in der Vorlesung über theoretische Physik erfolgen muß.

Algebra und Trigonometrie sowie die Elemente der Differentialrechnung und Vektoralgebra werden als bekannt vorausgesetzt. Ebenso sind Vorkenntnisse physikalischer und chemischer Grundbegriffe, wie sie in den allgemeinbildenden Schulen gelehrt werden, erforderlich. Die Autoren hoffen, daß das Buch für Studenten der physikalischen Fakultäten von Universitäten und derjenigen Hochschulen und technischen Hochschulen, in denen der Physik eine wesentliche Rolle zukommt, sowie für Physiklehrer an allgemeinbildenden Schulen von Nutzen sein kann.

Die erste Fassung dieses Buches wurde 1937 geschrieben. Sein Erscheinen hat sich jedoch seit dieser Zeit aus verschiedenen Gründen verzögert. Für die vorliegende Auflage wurde es ergänzt und umgeschrieben, wobei jedoch Gliederung und Inhalt im wesentlichen erhalten blieben.

Bedauerlicherweise konnte sich unser Freund und Lehrer L. D. Landau, der infolge eines tragischen Autounfalls erkrankte, nicht selbst an der Fertigstellung dieser Aufgabe beteiligen. Wir haben uns bemüht, überall in der Darstellung seinen Hinweisen zu folgen.

Ferner waren wir bestrebt, die ursprüngliche Auswahl des Materials nach Möglichkeit beizubehalten. Dabei stützten wir uns auf die erste Variante des Buches und das 1948 von der Moskauer Staatlichen Universität herausgegebene Stenogramm der Vorlesungen über allgemeine Physik, die von L. D. LANDAU an der physikalisch-technischen Fakultät gehalten wurden.

Um die Geschlossenheit der Darstellung nicht zu stören, hatten wir ursprünglich die Absicht, die Methoden der experimentellen Untersuchungen thermischer Erscheinungen in einem Kapitel am Ende des Buches gesondert zu behandeln. Es ist uns leider nicht möglich gewesen, diesen Plan zu realisieren. Um weitere Verzögerungen zu vermeiden, haben wir uns entschlossen, das Buch ohne dieses Kapitel herauszugeben.

Juni 1965 A. I. ACHIESER, E. M. LIFSCHITZ

INHALTSVERZEICHNIS

KAPITEL I

PUNKTMECHANIK

§ 1. Relativitätsprinzip

Der Begriff der *Bewegung* eines Körpers, die in seiner Verschiebung gegenüber anderen Körpern besteht, bildet den Grundbegriff der *Mechanik*. Man kann offenbar nicht von der Bewegung eines Körpers sprechen, ohne sie auf andere Objekte zu beziehen. Sie ist immer relativ. Es ist deshalb sinnlos, von der nicht auf andere Objekte bezogenen absoluten Bewegung eines Körpers zu sprechen.

Die Relativität der Bewegung hängt mit der Relativität des Raumes zusammen. Es gibt keine Anordnung eines Objekts im absoluten Raum, also unabhängig von anderen im Raum befindlichen Körpern. Wir können lediglich die Anordnung eines Objekts in bezug auf andere Körper angeben.

Als *Bezugssystem* bezeichnet man in der Physik eine Gesamtheit von Körpern, die man nach Vereinbarung als unbeweglich ansieht und auf die man sich bei der Beschreibung der Bewegung anderer Objekte bezieht. Für die Wahl eines Bezugssystems gibt es offenbar beliebig viele Möglichkeiten. In verschiedenen Bezugssystemen ist die Bewegung eines Objekts im allgemeinen verschieden. Jeder Körper ruht im körpereigenen Bezugssystem, bewegt sich jedoch in anderen Bezugssystemen, und zwar im allgemeinen in verschiedenen Bezugssystemen in unterschiedlicher Weise, d. h. längs verschiedener Bahnen.

Die verschiedenen Bezugssysteme sind für die Beschreibung der Bewegung eines Objekts gleichberechtigt. Physikalische Vorgänge verlaufen jedoch im allgemeinen in verschiedenen Bezugssystemen unterschiedlich. Daher besteht eine Möglichkeit, Bezugssysteme voneinander zu unterscheiden.

Natürlicherweise wird man versuchen, ein Bezugssystem zu finden, in dem die physikalischen Vorgänge besonders einfach sind. Dazu betrachten wir einen Körper, der von allen anderen so weit entfernt ist, daß sie ihn nicht beeinflussen. Wir sagen, daß sich ein solcher Körper *frei bewegt*.

Die Bedingungen für die freie Bewegung sind selbstverständlich nur mit einer gewissen Genauigkeit realisierbar. Grundsätzlich kann man sich jedoch einen Körper vorstellen, dessen Wechselwirkung mit anderen Objekten beliebig geringfügig ist.

In verschiedenen Bezugssystemen ist die freie Bewegung ebenso wie andere Bewegungsformen unterschiedlich. In einem Bezugssystem, das mit einem beliebigen sich frei bewegenden Körper verbunden ist, ist jedoch auch die freie Bewegung anderer Körper von besonders einfacher Form, denn diese bewegen sich geradlinig und gleichförmig, d. h. mit nach Größe und Richtung konstanten

Geschwindigkeiten. Diese Behauptung bildet den Inhalt des *Trägheitsgesetzes*, das von GALILEI entdeckt wurde. Man bezeichnet ein Bezugssystem, das mit einem sich frei bewegenden Körper verbunden ist, als *Inertialsystem*. Das Trägheitsgesetz heißt auch *erstes Newtonsches Axiom*.

Auf den ersten Blick könnte der Eindruck entstehen, daß die Möglichkeit besteht, auf Grund des Begriffes des Inertialsystems als eines durch seine Eigenschaften ausgezeichneten Systems den Begriff des absoluten Raums und der absoluten Ruhe gegenüber diesem System einzuführen. Das ist jedoch nicht der Fall, da es unendlich viele Inertialsysteme gibt. Tatsächlich ist jedes Bezugssystem, das sich gegenüber einem Inertialsystem mit einer nach Größe und Richtung konstanten Geschwindigkeit bewegt, ebenfalls ein Inertialsystem.

Es ist hervorzuheben, daß die Existenz von Inertialsystemen keine rein logische Notwendigkeit ist. Die Aussage, daß im Prinzip Bezugssysteme existieren, in denen die freie Bewegung geradlinig und gleichförmig ist, stellt eines der fundamentalen Naturgesetze dar.

Die Untersuchung der freien Bewegung gestattet es offenbar nicht, Inertialsysteme voneinander zu unterscheiden. Es erhebt sich die Frage, ob das Studium anderer physikalischer Erscheinungen eine Möglichkeit bietet, Unterschiede zwischen Inertialsystemen festzustellen und eines von ihnen auszuzeichnen. Gäbe es diese Möglichkeit, so könnten wir sagen, daß die Begriffe des absoluten Raums und der absoluten Ruhe gegenüber einem solchen System sinnvoll sind. Es gibt jedoch kein Bezugssystem mit solchen Eigenschaften. Die physikalischen Vorgänge laufen in allen Inertialsystemen in gleicher Weise ab.

Da alle Naturgesetze in sämtlichen Inertialsystemen dieselbe Form besitzen, sind alle Inertialsysteme physikalisch ununterscheidbar oder äquivalent. Man bezeichnet dieses Gesetz als *Relativitätsprinzip* der Bewegung. Es ist eines der wichtigsten physikalischen Gesetze, wonach die Begriffe des absoluten Raums, der absoluten Ruhe und der absoluten Bewegung sinnlos sind.

Alle physikalischen Gesetze haben in sämtlichen Inertialsystemen dieselbe, in verschiedenen Nichtinertialsystemen dagegen unterschiedliche Form. Es ist also natürlich, alle physikalischen Erscheinungen gerade in Inertialsystemen zu untersuchen. Von einigen besonders bezeichneten Fällen abgesehen, werden wir im folgenden in dieser Weise vorgehen.

Die bei physikalischen Experimenten benutzten Inertialsysteme sind nur in gewisser Näherung als solche anzusehen. In erster Linie werden Systeme benutzt, die mit der Erde, auf der wir leben, verbunden sind. Diese sind keine Inertialsysteme, da sich die Erde um die eigene Achse sowie um die Sonne dreht, denn diese Bewegungen erfolgen in den verschiedenen Punkten auf der Erde nicht mit derselben konstanten Geschwindigkeit. Es entsteht jedoch ein ganz geringer Fehler, der für sehr viele physikalische Experimente ohne Bedeutung ist, wenn das „erdfeste" System als Inertialsystem aufgefaßt wird, da sich die Geschwindigkeitsrichtungen bei der Drehung der Erde um die eigene

Achse und um die Sonne verhältnismäßig langsam ändern. Obwohl die Unterschiede der Bewegungen im erdfesten und im Inertialsystem nur gering sind, sind sie z. B. mit Hilfe des FOUCAULTschen Pendels, dessen Schwingungsebene sich langsam gegenüber der Erdoberfläche verschiebt, nachweisbar (zu den Einzelheiten s. § 31).

§ 2. Geschwindigkeit

Es ist natürlich, zunächst die Bewegungsgesetze eines Körpers zu untersuchen, dessen Abmessungen genügend klein sind. Die Bewegung eines solchen Körpers ist von einfachster Form, da seine Rotation sowie Verschiebungen seiner Bestandteile gegeneinander vernachlässigt werden dürfen.

Wir bezeichnen einen Körper, dessen Abmessungen bei der Untersuchung seiner Bewegung vernachlässigbar sind, als *Massenpunkt* oder „*Teilchen*". Er ist das fundamentale Objekt der Mechanik.

Die Möglichkeit, einen sich bewegenden Körper als Teilchen beschreiben zu können, hängt nicht von der absoluten Größe seiner Abmessungen, sondern von den physikalischen Bedingungen des betrachteten Problems ab. Zum Beispiel kann die Erde als Teilchen aufgefaßt werden, wenn ihre Drehung um die Sonne betrachtet wird. Untersucht man dagegen ihre täglichen Drehungen um die eigene Achse, so kann sie keineswegs als punktförmig angenommen werden.

Die räumliche Lage eines Teilchens wird vollständig durch Vorgabe von drei Koordinaten, z. B. der drei kartesischen Koordinaten x, y, z, bestimmt. Dementsprechend sagt man, daß ein Teilchen drei *Freiheitsgrade* besitzt.

Das Zahlentripel x, y, z bildet den *Radiusvektor* $\boldsymbol{r}$ des Teilchens, der vom Koordinatenursprung zum Ort des Teilchens zeigt.

Die Bewegung eines Teilchens wird durch seine *Geschwindigkeit* charakterisiert. Bei gleichförmiger Bewegung ist die Geschwindigkeit einfach als der in der Zeiteinheit vom Teilchen zurückgelegte Weg definiert. Im allgemeinen Fall der ungleichförmigen Bewegung mit veränderlicher Richtung ist die Geschwindigkeit des Teilchens der Vektor des Quotienten aus der infinitesimalen Verschiebung $\mathrm{d}\boldsymbol{s}$ des Teilchens und der entsprechenden infinitesimalen Zeit $\mathrm{d}t$. Bezeichnet man den Vektor der Geschwindigkeit mit $\boldsymbol{v}$, so gilt also

$$\boldsymbol{v} = \frac{\mathrm{d}\boldsymbol{s}}{\mathrm{d}t}\,.$$

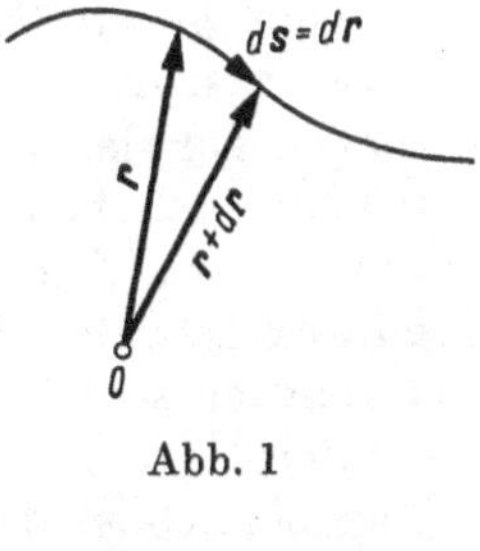

Abb. 1

Die Richtungen des Geschwindigkeitsvektors $\boldsymbol{v}$ und des Verschiebungsvektors $\mathrm{d}\boldsymbol{s}$ stimmen miteinander überein, d. h., die Richtung der Geschwindigkeit ist in jedem Zeitpunkt tangential zur Teilchenbahn.

Abb. 1 zeigt die Bahn eines Teilchens, dessen Radiusvektor zur Zeit t bzw. $t + \mathrm{d}t$ gleich $\boldsymbol{r}$ bzw. $\boldsymbol{r} + \mathrm{d}\boldsymbol{r}$ ist. Mit Hilfe der Additionsregel für Vektoren sieht man leicht, daß die infinitesimale Verschiebung des Teilchens um ds gleich der Differenz seiner Radiusvektoren zu den Zeiten $t + \mathrm{d}t$ und t ist: $\mathrm{d}\boldsymbol{s} = \mathrm{d}\boldsymbol{r}$. Daher kann die Geschwindigkeit $\boldsymbol{v}$ in der Form

$$\boldsymbol{v} = \frac{\mathrm{d}\boldsymbol{r}}{\mathrm{d}t}$$

geschrieben werden, d. h., die Geschwindigkeit ist gleich der Ableitung des Radiusvektors des sich bewegenden Teilchens nach der Zeit. Da der Radiusvektor die Komponenten x, y, z hat, sind die Geschwindigkeitskomponenten durch die folgenden Ableitungen gegeben:

$$v_x = \frac{\mathrm{d}x}{\mathrm{d}t}, \qquad v_y = \frac{\mathrm{d}y}{\mathrm{d}t}, \qquad v_z = \frac{\mathrm{d}z}{\mathrm{d}t}.$$

Geschwindigkeit und räumliche Lage sind die Grundgrößen, die den Bewegungszustand eines Teilchens charakterisieren. Der Bewegungszustand eines Teilchens wird also durch sechs Größen bestimmt: durch drei Koordinaten und drei Geschwindigkeitskomponenten.

Wir fragen nun nach dem Zusammenhang zwischen den Geschwindigkeiten $\boldsymbol{v}$ und $\boldsymbol{v}'$ desselben Teilchens in zwei verschiedenen Bezugssystemen K und K'. In der Zeit $\mathrm{d}t$ möge sich ein Teilchen gegenüber dem Bezugssystem K um $\mathrm{d}\boldsymbol{s}$ und das System K gegenüber dem System K' um $\mathrm{d}\boldsymbol{S}$ verschieben. Dann folgt aus der Additionsregel für Vektoren, daß sich das Teilchen in der Zeit $\mathrm{d}t$ gegenüber dem System K' um $\mathrm{d}\boldsymbol{s}' = \mathrm{d}\boldsymbol{s} + \mathrm{d}\boldsymbol{S}$ verschiebt. Dividiert man beide Seiten dieser Gleichung durch die Zeit $\mathrm{d}t$ und bezeichnet die Geschwindigkeit des Systems K' gegenüber dem System K mit $\boldsymbol{v}$, so folgt

$$\boldsymbol{v}' = \boldsymbol{v} + \boldsymbol{V}.$$

Man bezeichnet diese Formel, die die Geschwindigkeiten desselben Teilchens in verschiedenen Bezugssystemen verbindet, als *Additionsregel der Geschwindigkeiten*.

Die Richtigkeit der Additionsregel der Geschwindigkeiten scheint auf den ersten Blick selbstverständlich zu sein. Man muß jedoch berücksichtigen, daß sie auf der Voraussetzung des absoluten Zeitablaufs beruht. Wir haben angenommen, daß das Zeitintervall, in dem sich das Teilchen im System K um $\mathrm{d}\boldsymbol{s}$ verschiebt, gleich dem Zeitintervall ist, in dem sich das Teilchen im System K' um $\mathrm{d}\boldsymbol{s}'$ verschiebt. Diese Annahme ist in Wirklichkeit nicht richtig. Die Folgerungen aus der Tatsache, daß die Zeit nicht absolut ist, zeigen sich jedoch erst bei sehr hohen Geschwindigkeiten, die mit der Lichtgeschwindigkeit vergleichbar sind. Insbesondere gilt für so hohe Geschwindigkeiten nicht mehr die oben angegebene Additionsregel. Im folgenden beschränken wir uns auf die Betrachtung so kleiner Geschwindigkeiten, daß die Voraussetzungen für den absoluten Charakter der Zeit gut erfüllt sind.

Man bezeichnet die Mechanik, die von der Annahme der absoluten Zeit ausgeht, als NEWTON*sche* oder *klassische Mechanik*. Nur diese wird im folgenden betrachtet. Ihre Grundgesetze wurden 1687 von NEWTON in „Mathematische Grundlagen der Naturphilosophie“ formuliert.

§ 3. Impuls

In einem Inertialsystem ändert sich die Geschwindigkeit eines sich frei bewegenden, nicht mit anderen Körpern in Wechselwirkung stehenden Teilchens nicht. Dagegen ändern sich die Geschwindigkeiten von miteinander wechselwirkenden Teilchen mit der Zeit. Diese Geschwindigkeitsänderungen sind jedoch nicht voneinander unabhängig. Um über ihre gegenseitige Abhängigkeit Aussagen machen zu können, führen wir den Begriff des *abgeschlossenen Systems* ein. Wir verstehen darunter ein System von miteinander wechselwirkenden Teilchen, die nicht mit umgebenden Körpern in Wechselwirkung stehen. Für ein abgeschlossenes System existiert eine Reihe von geschwindigkeitsabhängigen Größen, die sich im Laufe der Zeit nicht ändern. Solche Größen spielen in der Mechanik natürlich eine besonders wichtige Rolle.

Eine dieser Größen, die man auch als *Erhaltungsgrößen* bezeichnet, ist der *Gesamtimpuls des Systems.* Er ist gleich der Vektorsumme der Impulse aller Teilchen des abgeschlossenen Systems. Der Impulsvektor eines Teilchens ist seiner Geschwindigkeit proportional. Die Proportionalitätskonstante ist eine für das Teilchen charakteristische Größe und heißt *Masse* des Teilchens. Bezeichnen wir den Impulsvektor des Teilchens mit $\boldsymbol{p}$ und seine Masse mit m, so gilt

$$\boldsymbol{p} = m\,\boldsymbol{v}\,,$$

wobei $\boldsymbol{v}$ die Teilchengeschwindigkeit bedeutet. Die Summe der Impulsvektoren aller Teilchen eines abgeschlossenen Systems ist gleich seinem Gesamtimpuls:

$$\boldsymbol{P} = \boldsymbol{p}_1 + \boldsymbol{p}_2 + \cdots = m_1\,\boldsymbol{v}_1 + m_2\,\boldsymbol{v}_2 + \cdots.$$

Die Indizes kennzeichnen die einzelnen Teilchen. Die Zahl der Terme ist gleich der Anzahl der im System enthaltenen Teilchen. Der Gesamtimpuls eines abgeschlossenen Systems ändert sich nicht mit der Zeit:

$$\boldsymbol{P} = \text{const}\,.$$

Die Aussage, daß der Gesamtimpuls eines abgeschlossenen Systems erhalten bleibt, heißt *Impulserhaltungssatz.*

Da der Impuls ein Vektor ist, besteht der Impulserhaltungssatz aus drei Gesetzen, wonach jede der Gesamtimpulskomponenten zeitlich konstant ist.

In den Impulserhaltungssatz geht eine neue Größe ein, die Teilchenmasse. Mit Hilfe des Impulserhaltungssatzes läßt sich das Massenverhältnis verschiedener Teilchen bestimmen. Wir stellen uns vor, daß zwei Teilchen miteinander zusammenstoßen. Ihre Massen bezeichnen wir mit m_1 und m_2. Die Teilchengeschwindigkeiten seien vor dem Stoß gleich $\boldsymbol{v}_1$, $\boldsymbol{v}_2$ und nach dem Stoß gleich $\boldsymbol{v}_1'$, $\boldsymbol{v}_2'$. Dann gilt auf Grund des Impulserhaltungssatzes die Beziehung

$$m_1\,\boldsymbol{v}_1 + m_2\,\boldsymbol{v}_2 = m_1\,\boldsymbol{v}_1' + m_2\,\boldsymbol{v}_2'\,.$$

Bezeichnen wir die Geschwindigkeitsänderungen der beiden Teilchen mit $\Delta\boldsymbol{v}_1$ und $\Delta\boldsymbol{v}_2$, so können wir diese Beziehung in der Form

$$m_1\,\Delta\boldsymbol{v}_1 + m_2\,\Delta\boldsymbol{v}_2 = 0$$

schreiben. Daraus folgt

$$\Delta \boldsymbol{v}_2 = - \frac{m_1}{m_2} \Delta \boldsymbol{v}_1 .$$

Demnach sind die Geschwindigkeitsänderungen zweier miteinander in Wechselwirkung stehender Teilchen ihren Massen proportional. Mit Hilfe dieser Beziehung kann das Massenverhältnis der Teilchen auf Grund ihrer Geschwindigkeitsänderungen bestimmt werden. Man kann die Masse eines beliebigen Körpers gleich 1 setzen und die Massen der übrigen Körper auf diese beziehen. Als Einheit der Masse dient in der Physik gewöhnlich das Gramm (s. § 8).

§ 4. Rückstoßbewegung

Der Impulserhaltungssatz stellt ein fundamentales Naturgesetz dar. Bei einer ganzen Reihe von Erscheinungen spielt er eine wichtige Rolle. Insbesondere bildet er die Grundlage der Rückstoßbewegung.

Wir bestimmen die Geschwindigkeit einer Rakete in Abhängigkeit von der Änderung ihrer Masse. Zur Zeit t möge die Rakete die Geschwindigkeit v und die Masse M besitzen. In diesem Augenblick möge der Ausstoß der Auspuffgase beginnen, deren Geschwindigkeit gegenüber der Rakete gleich u ist. In der Zeit $\mathrm{d}t$ nimmt die Raketenmasse auf $M + \mathrm{d}M$ ab, wobei $- \mathrm{d}M$ die Masse des ausgestoßenen Gases darstellt, während die Geschwindigkeit auf $v + \mathrm{d}v$ anwächst. Wir vergleichen nun die Impulse des aus Rakete und Auspuffgas bestehenden Systems zu den Zeitpunkten t und $t + \mathrm{d}t$. Der Anfangsimpuls ist offenbar gleich $M\,v$. Im Zeitpunkt $t + \mathrm{d}t$ ist der Impuls der Rakete gleich $(M + \mathrm{d}M)\,(v + \mathrm{d}v)$, während das Auspuffgas den Impuls $- \mathrm{d}M\,(v - u)$ besitzt (s. Abb. 2), da die Geschwindigkeit des Gases gegenüber der Erde gleich $v - u$ ist (die Größe $\mathrm{d}M$ ist negativ). Auf Grund des Impulserhaltungssatzes sind die Impulse in den Zeitpunkten t und $t + \mathrm{d}t$ gleich:

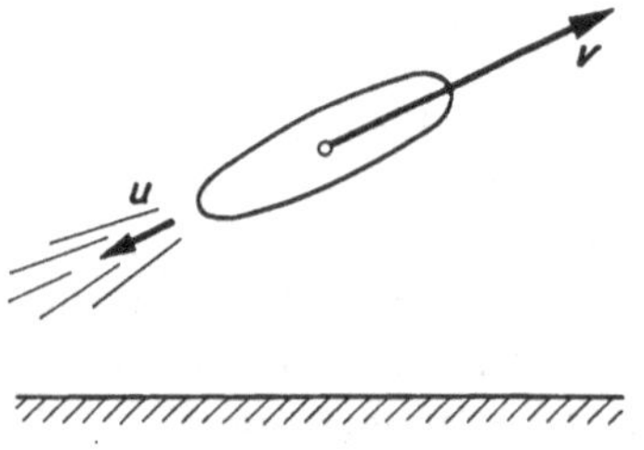

Abb. 2

$$M\,v = (M + \mathrm{d}M)\,(v + \mathrm{d}v) - \mathrm{d}M\,(v - u) .$$

Daraus folgt unter Vernachlässigung der Größe $\mathrm{d}M\,\mathrm{d}v$, die unendlich klein von zweiter Ordnung ist, die Beziehung

$$M\,\mathrm{d}v + u\,\mathrm{d}M = 0$$

oder

$$\frac{\mathrm{d}M}{M} = - \frac{\mathrm{d}v}{u} .$$

Wir nehmen an, daß sich die Auspuffgeschwindigkeit im Laufe der Zeit nicht ändert. Dann läßt sich die letzte Gleichung in der Form

$$\mathrm{d} \ln M = - \mathrm{d}\left(\frac{v}{u}\right)$$

schreiben. Daraus folgt

$$\ln M + \frac{v}{u} = \text{const} .$$

Die Größe der Konstanten ergibt sich aus der Bedingung, daß die Rakete zu Beginn der Bewegung, d. h. für $v = 0$, die Masse M_0 besitzt:

$$\text{const} = \ln M_0 .$$

Setzt man diesen Wert in die erhaltene Beziehung ein, so folgt

$$\ln M + \frac{v}{u} = \ln M_0 .$$

Daraus ergibt sich schließlich

$$v = u \ln \frac{M_0}{M} .$$

Durch diese Beziehung wird die Geschwindigkeit der Rakete in Abhängigkeit von der Änderung ihrer Masse bestimmt.

§ 5. Massenmittelpunkt

Mit dem Impulserhaltungssatz hängt eine wichtige Eigenschaft der Masse zusammen, der *Satz von der Erhaltung der Masse.* Um den Inhalt dieses Satzes zu verstehen, betrachten wir den *Massenmittelpunkt* eines abgeschlossenen Systems. Die Koordinaten des Massenmittelpunktes sind die Mittelwerte der Koordinaten aller Teilchen, wobei die Koordinate jedes Teilchens so oft gezählt wird, wie Masseneinheiten in ihm enthalten sind. Mit anderen Worten, sind $x_1, x_2, \ldots$ die x-Koordinaten der Teilchen mit den Massen $m_1, m_2, \ldots$, so ist die x-Koordinate des Massenmittelpunktes

$$X = \frac{m_1 x_1 + m_2 x_2 + \cdots}{m_1 + m_2 + \cdots} .$$

Ähnliche Formeln gelten für die y- und die z-Koordinate des Massenmittelpunktes. Diese Formeln können zu einem Ausdruck für den Radiusvektor $\boldsymbol{R}$ des Massenmittelpunktes zusammengefaßt werden:

$$\boldsymbol{R} = \frac{m_1 \boldsymbol{r}_1 + m_2 \boldsymbol{r}_2 + \cdots}{m_1 + m_2 + \cdots} .$$

Dabei sind $\boldsymbol{r}_1, \boldsymbol{r}_2, \ldots$ die Radiusvektoren der einzelnen Teilchen.

Der Massenmittelpunkt besitzt eine bemerkenswerte Eigenschaft. Der Massenmittelpunkt eines abgeschlossenen Systems, dessen Teilchen sich mit zeitlich veränderlichen Geschwindigkeiten bewegen können, besitzt eine konstante Geschwindigkeit. Die Geschwindigkeit des Massenmittelpunktes ist

$$\boldsymbol{V} = \frac{\mathrm{d}\boldsymbol{R}}{\mathrm{d}t} = \frac{m_1 \frac{\mathrm{d}\boldsymbol{r}_1}{\mathrm{d}t} + m_2 \frac{\mathrm{d}\boldsymbol{r}_2}{\mathrm{d}t} + \cdots}{m_1 + m_2 + \cdots} .$$

Nun sind $d\boldsymbol{r}_1/dt$, $d\boldsymbol{r}_2/dt, \ldots$ die Geschwindigkeiten des ersten, zweiten, ... Teilchens. Bezeichnen wir sie mit $\boldsymbol{v}_1, \boldsymbol{v}_2, \ldots$, so ergibt sich

$$\boldsymbol{V} = \frac{m_1 \boldsymbol{v}_1 + m_2 \boldsymbol{v}_2 + \cdots}{m_1 + m_2 + \cdots}.$$

Der Zähler dieses Ausdrucks ist gleich dem Gesamtimpuls des Systems, den wir mit $\boldsymbol{P}$ bezeichneten. Daher folgt schließlich

$$\boldsymbol{V} = \frac{\boldsymbol{P}}{M},$$

wobei M die Summe der Massen aller Teilchen ist:

$$M = m_1 + m_2 + \cdots.$$

Da der Gesamtimpuls des Systems erhalten bleibt, ändert sich auch die Geschwindigkeit des Massenmittelpunktes zeitlich nicht.

Schreiben wir die erhaltene Gleichung in der Form

$$\boldsymbol{P} = M\boldsymbol{V},$$

so sehen wir, daß zwischen Gesamtimpuls, Geschwindigkeit des Massenmittelpunkts und Gesamtmasse des Systems derselbe Zusammenhang besteht wie zwischen Impuls, Masse und Geschwindigkeit eines einzelnen Teilchens. Wir können den Gesamtimpuls des Systems als Impuls eines Teilchens interpretieren, das sich im Massenmittelpunkt befindet und dessen Masse gleich der Summe der Massen aller im System enthaltenen Teilchen ist. Die Massenmittelpunktsgeschwindigkeit kann als Geschwindigkeit des ganzen Systems aufgefaßt werden, während die Summe der Massen der einzelnen Teilchen als Masse des Gesamtsystems fungiert.

Wir sehen also, daß die Masse eines zusammengesetzten Systems gleich der Summe der Massen seiner Bestandteile ist. Diese Feststellung klingt geläufig und scheint selbstverständlich zu sein. Tatsächlich jedoch ist sie keineswegs trivial. Sie bildet den Inhalt eines physikalischen Gesetzes, das aus dem Impulserhaltungssatz folgt.

Da sich die Geschwindigkeit des Massenmittelpunktes eines abgeschlossenen Systems von Teilchen zeitlich nicht ändert, stellt ein mit dem Massenmittelpunkt verbundenes Bezugssystem ein Inertialsystem dar. Man bezeichnet es als *Massenmittelpunktsystem*. In diesem Bezugssystem ist der Gesamtimpuls des abgeschlossenen Systems von Teilchen offenbar gleich Null. Bei der Beschreibung von Erscheinungen in diesem Bezugssystem sind keine Komplikationen vorhanden, die durch die Bewegung des Systems als Ganzes hervorgerufen werden könnten. Die Eigenschaften der im System ablaufenden inneren Prozesse kommen bei Benutzung des Massenmittelpunktsystems am deutlichsten zum Ausdruck. Aus diesem Grunde wird das Massenmittelpunktsystem in der Physik oft benutzt.

§ 6. Beschleunigung

Im allgemeinen ändern sich sowohl Betrag als auch Richtung der Geschwindigkeit eines Teilchens. In der Zeit dt möge sich die Geschwindigkeit um d$\boldsymbol{v}$ ändern. Bezieht man diese Änderung auf die Zeiteinheit, so ergibt sich der Vektor der *Beschleunigung* des Teilchens, den wir mit $\boldsymbol{w}$ bezeichnen:

$$\boldsymbol{w} = \frac{d\boldsymbol{v}}{dt}.$$

Die Beschleunigung bestimmt also die Geschwindigkeitsänderung eines Teilchens. Sie ist gleich der Ableitung der Geschwindigkeit nach der Zeit.

Falls sich die Richtung der Geschwindigkeit nicht ändert, der Massenpunkt sich also auf einer Geraden bewegt, besitzt die Beschleunigung dieselbe Richtung, und es gilt

$$w = \frac{dv}{dt}.$$

Die Beschleunigung ist auch leicht für den Fall bestimmbar, daß der Betrag der Geschwindigkeit konstant und ihre Richtung veränderlich ist. Dieser Fall liegt bei der gleichförmigen Bewegung eines Teilchens auf einer Kreisbahn vor.

Das Teilchen möge zu einer bestimmten Zeit die Geschwindigkeit $\boldsymbol{v}$ besitzen (s. Abb. 3). In einer Hilfsdarstellung (Abb. 4) tragen wir den Vektor $\boldsymbol{v}$ vom Punkt C aus ab. Bewegt sich das Teilchen gleichförmig auf einer Kreisbahn,

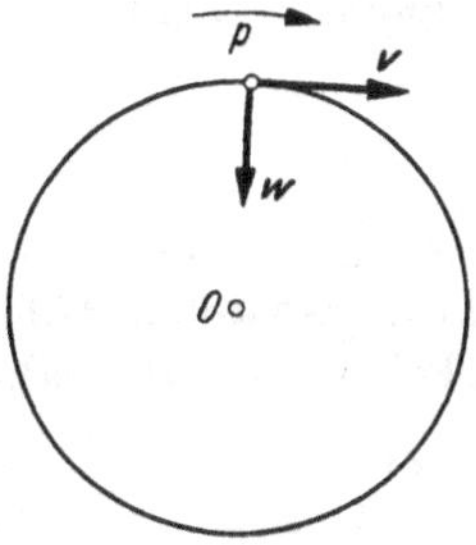

Abb. 3

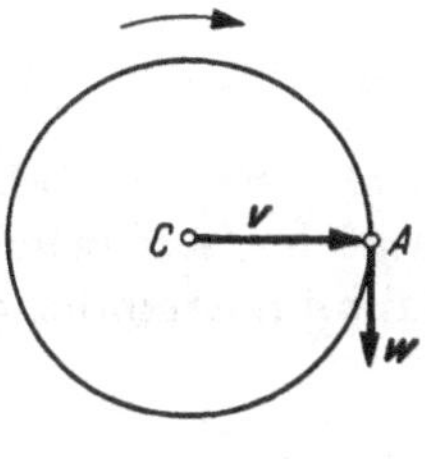

Abb. 4

so bewegt sich auch der Endpunkt des Vektors $\boldsymbol{v}$ (Punkt A) gleichförmig auf einer Kreisbahn, deren Radius gleich dem Betrag der Geschwindigkeit ist. Nun ist die Geschwindigkeit, mit der sich der Punkt A verschiebt, gleich der Beschleunigung des Teilchens P, da die Verschiebung des Punktes A in der Zeit dt gleich d$\boldsymbol{v}$ und folglich die Geschwindigkeit des Punktes A gleich d$\boldsymbol{v}$/dt ist. Diese Geschwindigkeit ist tangential zum Kreis mit dem Mittelpunkt C gerichtet, steht also senkrecht auf $\boldsymbol{v}$. In der Abbildung ist sie mit $\boldsymbol{w}$ bezeichnet. Konstruieren wir den Vektor $\boldsymbol{w}$ im Punkt P, so ist er offenbar zum Kreismittelpunkt O gerichtet.

Die Beschleunigung eines Teilchens, das sich gleichförmig auf einer Kreisbahn bewegt, ist also zum Kreismittelpunkt gerichtet, d. h., sie steht senkrecht auf der Geschwindigkeit.

Wir bestimmen nun den Betrag der Beschleunigung $\boldsymbol{w}$. Dazu müssen wir die Geschwindigkeit des Punktes A finden, der sich auf dem Kreis mit dem Radius v bewegt. Innerhalb der Zeit T, in der der Punkt P den Kreis mit dem Mittelpunkt O einmal durchläuft, umläuft auch der Punkt A einmal den Kreis mit dem Mittelpunkt C, d. h., A legt in dieser Zeit den Weg $2\,\pi\,v$ zurück. Die Geschwindigkeit w des Punktes A ist demnach

$$w = \frac{2\,\pi\,v}{T}\,.$$

Setzt man in diese Beziehung den Ausdruck $T = 2\,\pi\,r/v$ ein, wobei r den Radius der Bahn des Teilchens P bezeichnet, so ergibt sich schließlich

$$w = \frac{v^2}{r}\,.$$

Ändert sich die Geschwindigkeit nur dem Betrage nach, so sind Beschleunigung und Geschwindigkeit parallel. Ändert sich nur die Richtung der Geschwindigkeit, so sind Beschleunigung und Geschwindigkeit zueinander orthogonal.

Falls sich sowohl Betrag als auch Richtung der Geschwindigkeit verändern, besitzt die Beschleunigung zwei Komponenten, und zwar eine Komponente in Richtung der Geschwindigkeit und eine Komponente in dazu senkrechter Richtung. Die erste, die als *Tangentialkomponente* bezeichnet wird, ist gleich der Ableitung des Betrages der Geschwindigkeit nach der Zeit:

$$w_{\mathrm{t}} = \frac{\mathrm{d}v}{\mathrm{d}t}\,.$$

Die zweite bezeichnet man als *Normalkomponente* w_{n} der Beschleunigung. Sie ist dem Quadrat der Geschwindigkeit des Teilchens direkt und dem Krümmungsradius der Bahn im entsprechenden Punkt umgekehrt proportional.

§ 7. Kraft

Ein sich frei bewegendes, also nicht mit umgebenden Körpern in Wechselwirkung stehendes Teilchen besitzt einen konstanten Impuls. Dagegen erfährt der Impuls eines mit umgebenden Körpern wechselwirkenden Teilchens eine zeitliche Änderung. Die Impulsänderung kann also als Maß für den Einfluß angesehen werden, dem das Teilchen seitens umgebender Körper unterworfen ist. Die Beeinflussung ist um so intensiver, je größer die Impulsänderung (pro Zeiteinheit) ist. Um ein Maß für die Beeinflussung zu definieren, ist es natürlich, die Ableitung des Impulsvektors des entsprechenden Teilchens nach der Zeit zu betrachten. Man bezeichnet diese Ableitung als die am Teilchen angreifende *Kraft*.

Diese Definition charakterisiert eine Seite der Wechselwirkung. Sie gibt ein Maß für die „Reaktion“ eines Teilchens auf die Beeinflussung durch die umgebenden Körper an. Andererseits jedoch läßt sich die Kraft dieser Wechselwirkung mit Größen verknüpfen, die den Zustand des Teilchens und den Zustand der umgebenden Körper charakterisieren.

Es zeigt sich, daß die Kräfte der Wechselwirkung zwischen Teilchen (in der klassischen Mechanik) nur von ihren Positionen abhängen. Mit anderen Worten, die zwischen Teilchen wirksamen Kräfte hängen nur von ihren gegenseitigen Abständen ab, jedoch nicht von ihren Geschwindigkeiten.

Man kann den Charakter der Abhängigkeit der Kräfte von den Abständen zwischen den Teilchen oft erhalten, indem man von der Untersuchung derjenigen physikalischen Erscheinungen ausgeht, die der Wechselwirkung zwischen den Massenpunkten zugrunde liegen.

Mit $\boldsymbol{F}$ bezeichnen wir den Ausdruck für die am betrachteten Teilchen angreifende Kraft in Abhängigkeit von seinen Koordinaten sowie von den Größen, die die Eigenschaften und die Positionen der umgebenden Körper charakterisieren. Dann können wir eine Gleichung zwischen zwei Ausdrücken für die Kraft, nämlich der Änderung des Impulses $\boldsymbol{p}$ des Teilchens pro Zeiteinheit und $\boldsymbol{F}$, aufschreiben:

$$\frac{\mathrm{d}\boldsymbol{p}}{\mathrm{d}t} = \boldsymbol{F}\,.$$

Man bezeichnet diese Beziehung als *Bewegungsgleichung* des Teilchens.

Mit Hilfe der Beziehung $\boldsymbol{p} = m\,\boldsymbol{v}$ ergibt sich die Bewegungsgleichung des Teilchens in der Form

$$m\,\frac{\mathrm{d}\boldsymbol{v}}{\mathrm{d}t} = \boldsymbol{F}\,.$$

Die an einem Massenpunkt angreifende Kraft ist also gleich dem Produkt seiner Beschleunigung mit seiner Masse. Diese Aussage bildet den Inhalt des *zweiten Newtonschen Axioms*.

Wir betonen, daß dieses Axiom nur dann eine konkrete Bedeutung besitzt, wenn die Kraft $\boldsymbol{F}$ als Funktion der Teilchenkoordinaten bekannt ist. Ist das der Fall, so können Geschwindigkeit und Koordinaten eines Teilchens in Abhängigkeit von der Zeit, d. h. die Teilchenbahn, grundsätzlich mit Hilfe der Bewegungsgleichung bestimmt werden. Außer der Funktion $\boldsymbol{F}$, d. h. dem Gesetz der Wechselwirkung des Teilchens mit den umgebenden Körpern, müssen dabei die sogenannten *Anfangsbedingungen* vorgegeben werden, d. h. Lage und Geschwindigkeit des Teilchens im Anfangszeitpunkt. Die Vorgabe von Anfangslage und -geschwindigkeit des Teilchens genügen tatsächlich zur vollständigen Bestimmung seiner weiteren Bewegung, da der Zuwachs der Teilchengeschwindigkeit im Zeitintervall $\mathrm{d}t$ durch die Bewegungsgleichung ($\mathrm{d}\boldsymbol{v} = \boldsymbol{F}\,\mathrm{d}t/m$) und die entsprechende Änderung der räumlichen Lage durch die Geschwindigkeit ($\mathrm{d}\boldsymbol{r} = \boldsymbol{v}\,\mathrm{d}t$) bestimmt werden. Darin besteht gerade der Inhalt der im § 2 enthaltenen Aussage, daß der mechanische Zustand eines Teilchens durch seine Koordinaten und seine Geschwindigkeit bestimmt wird.

Die Bewegungsgleichung ist eine Vektorgleichung. Daher besteht sie aus drei Gleichungen zwischen den Komponenten von Beschleunigung und Kraft in Richtung der Koordinatenachsen:

$$m\,\frac{\mathrm{d}v_x}{\mathrm{d}t} = F_x\,, \qquad m\,\frac{\mathrm{d}v_y}{\mathrm{d}t} = F_y\,, \qquad m\,\frac{\mathrm{d}v_z}{\mathrm{d}t} = F_z\,.$$

Wir betrachten nun ein abgeschlossenes System von Teilchen. Wie wir wissen, ist die Summe der Impulse aller Teilchen in diesem Falle konstant:

$$\boldsymbol{p}_1 + \boldsymbol{p}_2 + \cdots = \text{const}\,.$$

Dabei bedeutet $\boldsymbol{p}_i$ den Impuls des i-ten Teilchens. Differenziert man diese Gleichung nach der Zeit, so folgt:

$$\frac{\mathrm{d}\boldsymbol{p}_1}{\mathrm{d}t} + \frac{\mathrm{d}\boldsymbol{p}_2}{\mathrm{d}t} + \cdots = 0\,.$$

Hieraus ergibt sich mit Rücksicht auf die Beziehung

$$\frac{\mathrm{d}\boldsymbol{p}_i}{\mathrm{d}t} = \boldsymbol{F}_i\,,$$

in der $\boldsymbol{F}_i$ die am i-ten Massenpunkt angreifende Kraft bedeutet, die Gleichung

$$\boldsymbol{F}_1 + \boldsymbol{F}_2 + \cdots = 0\,.$$

Im Falle eines abgeschlossenen Systems ist demnach die Summe aller Kräfte gleich Null. Bei einem aus zwei Körpern bestehenden abgeschlossenen System muß insbesondere die Kraft, mit der der erste Körper am zweiten angreift, dem Betrage nach gleich und entgegengerichtet der Kraft sein, mit der der zweite Körper am ersten angreift. Diesen Sachverhalt nennt man das Prinzip von der Gleichheit von Wirkung und Gegenwirkung (oder *drittes Newtonsches Axiom*). Da im betrachteten Fall nur eine ausgezeichnete Richtung existiert, nämlich die Verbindung zwischen beiden Körpern (Teilchen), liegen die Kräfte $\boldsymbol{F}_1$ und $\boldsymbol{F}_2$ in ihr (in Abb. 5 sind die beiden Teilchen mit M_1 und M_2 bezeichnet).

Abb. 5

§ 8. Dimension physikalischer Größen

Alle physikalischen Größen werden in bestimmten Einheiten gemessen. Die Messung einer Größe besteht in der Bestimmung ihres Verhältnisses zu einer anderen Größe derselben Art, die gleich 1 angenommen wird.

Grundsätzlich ist für jede physikalische Größe eine beliebige Einheit wählbar. Da jedoch zwischen verschiedenen physikalischen Größen Abhängigkeiten bestehen, lassen sich nur für einige Grundgrößen *Grundeinheiten* wählen. Die daraus für andere Größen folgenden Einheiten nennt man *abgeleitete Einheiten.*

In der Physik stellen Länge, Zeit und Masse Grundgrößen dar.

Als Längeneinheit dient das Zentimeter (cm). Es ist gleich einem Hundertstel Meter, das gegenwärtig als die 1650763,73-fache Wellenlänge des Lichts einer bestimmten Linie (Orange) im Spektrum des Gases Krypton definiert wird.

Das Meter war ursprünglich als 40000000-ter Teil der Länge des Pariser Meridians definiert. Nach Messungen, die 1792 durchgeführt wurden, wurde ein Eichmaß hergestellt. Da die Reproduktion des Meters auf Grund seiner „natürlichen" Definition außerordentlich schwierig ist, ging man dazu über, das Meter als Länge des Platin-Iridium-Prototyps, der im Internationalen Büro für Maß und Gewicht in Paris aufbewahrt wird, zu definieren. Zur Zeit ist man jedoch von dieser Definition des Meters als „Strichmaß" abgekommen und hat die oben angegebene Definition des „Licht"-Meters akzeptiert. Damit steht ein natürlicher, unzerstörbarer Maßstab zur Verfügung, außerdem erhöht sich die Genauigkeit der Reproduktion des Meter um das 100-fache.

Bei der Messung kleiner Längen benutzt man die folgenden Einheiten: Mikrometer, $1\ \mu m = 10^{-6}$ m; Nanometer, $1\ nm = 10^{-9}$ m; Ångström, 1 Å $= 10^{-10}$ m; Fermi oder Femtometer, $1\ fm = 10^{-15}$ m.

In der Astronomie mißt man Entfernungen in *Lichtjahren*. Ein Lichtjahr ist gleich dem vom Licht in einem Jahr zurückgelegten Weg ($9{,}46 \cdot 10^{17}$ cm). Der Abstand von 3,25 Lichtjahren oder $3{,}08 \cdot 10^{18}$ cm heißt *Parsek*. In dieser Entfernung erscheint der Erdbahnradius unter dem Winkel von 1″.

Die Zeit mißt man in Sekunden (s). Die Sekunde definiert man zur Zeit als bestimmten Teil eines bestimmten tropischen Jahres (1900). Ein tropisches Jahr ist gleich der Zeit, die zwischen zwei aufeinanderfolgenden Durchgängen der Sonne durch den Frühlingspunkt vergeht. Die Wahl eines bestimmten Jahres ist erforderlich, weil die tropischen Jahre nicht konstant sind und pro Jahrhundert um ungefähr 0,5 s abnehmen.

Ursprünglich war die Sekunde als 1/86400-ter Teil eines Sonnentages definiert. Jedoch sind die täglichen Erddrehungen ungleichmäßig und die Sonnentage verschieden lang. Die relativen Schwankungen der Sonnentage betragen etwa 10^{-7}. Sie sind beim gegenwärtigen Stand der Technik zu groß, um die Zeiteinheit auf Grund der täglichen Erddrehungen definieren zu können. Für das tropische Jahr sind die relativen Schwankungen kleiner. Jedoch kann auch die auf der Drehung der Erde um die Sonne basierende Definition der Sekunde nicht als völlig befriedigend angesehen werden, da sie es nicht gestattet, mit ausreichender Genauigkeit ein „Normal" der Zeiteinheit zu reproduzieren. Diese Schwierigkeit entfällt, wenn die Definition der Sekunde nicht von der Bewegung der Erde, sondern von periodischen Bewegungen in Atomen ausgeht. Unter dieser Bedingung wird die Sekunde ebenso wie das „Licht"-Zentimeter zu einer natürlichen physikalischen Einheit.

Oben wurde bereits erwähnt, daß die Masse in der Physik in Gramm (g) gemessen wird. 1 g ist als ein Tausendstel der Masse des im Pariser Amt für Maß und Gewicht aufbewahrten Urkilogramms definiert.

Ursprünglich definierte man das Kilogramm als die Masse von einem Kubikdezimeter Wasser bei der Temperatur von 4 °C, bei der die Dichte des Wassers am größten ist. Diese Definition konnte jedoch ebenso wie die ursprüngliche Definition des Meters auf Grund der steigenden Meßgenauigkeit nicht beibehalten werden. Wollte man bei den ursprünglichen Definitionen bleiben, so müßten die Eichmaße ständig korrigiert werden. Gegenwärtig wird das Gewicht von 1 cm^3 destilliertem Wasser bei 4 °C nicht gleich 1 g gesetzt, sondern es wiegt 0,999972 g.

Auch die Definition des Kilogramms als Masse des Urkilogramms leidet an denselben Mängeln wie die Definition des Meters als „Strichmaß". Bei einer natürlichen Definition des Gramms dürfte man nicht von der Masse des Urkilogramms ausgehen, sondern müßte die Masse eines Atomkerns, z. B. des Protons, zugrunde legen.

Wir wenden uns nun der Bildung abgeleiteter Einheiten zu. Dazu betrachten wir einige Beispiele.

Als Einheit der Geschwindigkeit könnte eine beliebige Geschwindigkeit (z. B. die mittlere Geschwindigkeit der Bewegung der Erde um die Sonne oder die Lichtgeschwindigkeit) gewählt werden. Man kann jedoch auch davon ausgehen, daß die Geschwindigkeit als Verhältnis des Weges zur Zeit definiert ist, und als Einheit die Geschwindigkeit wählen, bei der in einer Sekunde der Weg von 1 cm zurückgelegt wird. Für diese Einheit benutzt man die Bezeichnung 1 cm/s. Das Symbol cm/s heißt *Dimension* der Geschwindigkeit, abgeleitet aus den Grundeinheiten Zentimeter für die Länge und Sekunde für die Zeit. Man schreibt die Dimension der Geschwindigkeit in der Form

$$[v] = \frac{\mathrm{cm}}{\mathrm{s}} .$$

Ähnliches gilt für die Beschleunigung. Als Einheit der Beschleunigung könnte eine beliebige Beschleunigung (z. B. die eines frei fallenden Körpers) gewählt werden. Man kann jedoch auch von der Definition der Beschleunigung als Geschwindigkeitsänderung pro Zeiteinheit ausgehen und als Einheit diejenige Beschleunigung wählen, bei der sich die Geschwindigkeit in einer Sekunde um 1 cm/s ändert. Für diese Einheit der Beschleunigung benutzt man die Bezeichnung 1 cm/s^2. Das Symbol cm/s^2 stellt die Dimension der Beschleunigung dar. Wir schreiben sie in der Form

$$[w] = \frac{\mathrm{cm}}{\mathrm{s}^2} .$$

Wir bestimmen nun Dimension und Einheit der Kraft. Dazu gehen wir von der Definition der Kraft $\boldsymbol{F}$ als Produkt der Masse mit der Beschleunigung aus. Für die Dimension der Kraft erhalten wir

$$[F] = [m]\,[w] = \frac{\mathrm{g\,cm}}{\mathrm{s}^2} .$$

Als Einheit der Kraft wählen wir die Größe 1 g cm/s^2, die als *Dyn* bezeichnet wird. Sie ist gleich der Kraft, die der Masse von 1 g die Beschleunigung von 1 cm/s^2 erteilt.

Für alle physikalischen Größen lassen sich auf Grund der zwischen ihnen bestehenden Abhängigkeiten Einheiten angeben, die man erhält, indem man von einer gewissen Zahl von Grundgrößen, für die beliebige Einheiten wählbar sind, ausgeht. Das System der physikalischen Einheiten, in dem für die Länge das Zentimeter, für die Masse das Gramm und für die Zeit die Sekunde als Grundeinheiten gewählt werden, heißt *physikalisches Maßsystem* oder *cgs-System.*

Der Tatsache, daß dieses System sich aus gerade drei beliebig wählbarenGrundeinheiten aufbaut, kommt jedoch keinerlei tiefe physikalische Bedeutung zu. Man kann lediglich sagen, daß diese Wahl der Grundeinheiten praktisch günstig ist. Grundsätzlich ist es möglich, Maßsysteme mit einer anderen Zahl beliebig wählbarer Einheiten aufzubauen (dieser Frage wenden wir uns im § 22 zu).

Mit Dimensionen können ähnliche Operationen wie mit einfachen algebraischen Größen vorgenommen werden. Auf beiden Seiten einer Gleichung zwischen verschiedenen physikalischen Größen müssen die Dimensionen gleich sein. Diese Tatsache erweist sich bei der Überprüfung von Formeln als nützlich.

Oft geht aus physikalischen Überlegungen hervor, daß eine physikalische Größe nur von bestimmten anderen Größen abhängig sein kann. Oft gelingt es, die Art der gesuchten Abhängigkeit auf Grund von Dimensionsbetrachtungen zu finden. Ein Beispiel dafür wird weiter unten behandelt.

Neben dem cgs-System sind auch andere Systeme gebräuchlich, bei denen für Masse und Länge größere Grundeinheiten als g und cm gewählt werden. Im Internationalen Maßsystem werden die Grundeinheiten Meter für die Länge, Kilogramm für die Masse und Sekunde für die Zeit verwendet. In diesem Maßsystem heißt die Einheit der Kraft *Newton*:

$$1\,\mathrm{N} = 1\,\frac{\mathrm{kg\,m}}{\mathrm{s}^2} = 10^5\,\mathrm{dyn}\,.$$

In der Technik mißt man die Kraft gewöhnlich in Einheiten des *Kilopond* (kp). 1 kp ist die Kraft, mit der die Masse von 1 kg auf dem Niveau des Meeresspiegels in 45° Breite von der Erde angezogen wird. Es ist

$$1\,\mathrm{kp} = 9{,}8 \cdot 10^5\,\mathrm{dyn} = 9{,}8\,\mathrm{N}$$

(genauer: 980665 dyn).

§ 9. Bewegung im homogenen Feld

Greift an einem Teilchen in jedem Raumpunkt eine bestimmte Kraft an, so sagt man, daß die Gesamtheit aller dieser Kräfte ein *Kraftfeld* bildet.

Kraftfelder können sich im allgemeinen von Ort zu Ort ändern und zeitabhängig sein.

Wir betrachten den einfachsten Fall der Bewegung eines Teilchens im *homogenen* und *konstanten* Feld, in dem die Kräfte überall denselben Betrag haben, dieselbe Richtung besitzen und nicht von der Zeit abhängen. Von dieser Art ist z. B. das Gravitationsfeld der Erde in Bereichen, deren Abmessungen klein gegen den Erdradius sind.

Aus der Bewegungsgleichung

$$m \frac{d\boldsymbol{v}}{dt} = \boldsymbol{F}$$

eines Teilchens folgt für $\boldsymbol{F} = \text{const}$:

$$\boldsymbol{v} = \frac{1}{m} \boldsymbol{F} t + \boldsymbol{v}_0 ,$$

wobei $\boldsymbol{v}_0$ die Anfangsgeschwindigkeit des Teilchens bedeutet.

Im homogenen konstanten Kraftfeld ist die Geschwindigkeit also eine lineare Funktion der Zeit.

Aus dem für $\boldsymbol{v}$ erhaltenen Ausdruck geht hervor, daß das Teilchen sich in einer Ebene bewegt, die durch den Kraftvektor $\boldsymbol{F}$ und den Vektor $\boldsymbol{v}_0$ der Anfangsgeschwindigkeit aufgespannt wird. Diese Ebene wählen wir als (x, y)-Ebene, wobei die y-Achse die Richtung von $\boldsymbol{F}$ besitzen möge. Die Gleichung für die Geschwindigkeit $\boldsymbol{v}$ zerfällt dann in die folgenden Gleichungen für die Geschwindigkeitskomponenten v_x und v_y:

$$v_y = \frac{F}{m} t + v_{y\,0} , \qquad v_x = v_{x\,0} ,$$

wobei $v_{x\,0}$ und $v_{y\,0}$ die Komponenten der Anfangsgeschwindigkeit bedeuten. Da die Geschwindigkeitskomponenten gleich den Ableitungen der entsprechenden Teilchenkoordinaten nach der Zeit sind, lassen sich diese Gleichungen in der Form

$$\frac{dy}{dt} = \frac{F}{m} t + v_{y\,0} , \qquad \frac{dx}{dt} = v_{x\,0}$$

schreiben. Daraus folgt

$$y = \frac{F}{2m} t^2 + v_{y\,0}\, t + y_0 , \qquad x = v_{x\,0}\, t + x_0 ,$$

wobei x_0 und y_0 die Anfangswerte der Teilchenkoordinaten bedeuten. Diese Ausdrücke bestimmen die Teilchenbahn. Sie vereinfachen sich, wenn man als Anfangspunkt die Zeit wählt, zu der die Geschwindigkeitskomponente v_y gleich Null ist ($v_{y\,0} = 0$). Legt man ferner den Koordinatenursprung in den Punkt, in dem sich das Teilchen zu diesem Augenblick befindet, so ist $x_0 = y_0 = 0$. Bezeichnet man schließlich die Größe $v_{x\,0}$, die nun die Größe der Anfangsgeschwindigkeit angibt, mit v_0, so ergibt sich

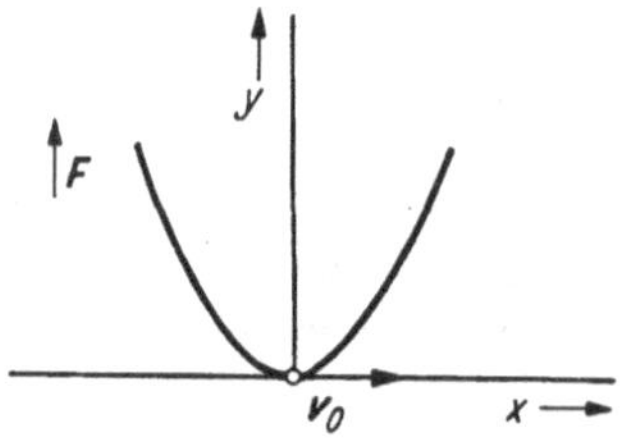

Abb. 6

$$y = \frac{F}{2m} t^2 , \qquad x = v_0\, t .$$

Eliminiert man hieraus t, so folgt

$$y = \frac{F}{2 m v_0^2} x^2 .$$

Das ist die Gleichung einer Parabel (Abb. 6). Im homogenen Feld bewegen sich die Teilchen also auf Parabeln.

§ 10. Arbeit und potentielle Energie

Wir betrachten die Bewegung eines Teilchens im Kraftfeld $\boldsymbol{F}$. Unter dem Einfluß der Kraft $\boldsymbol{F}$ möge das Teilchen den unendlich kleinen Weg $\mathrm{d}\boldsymbol{s}$ zurücklegen. Die Größe

$$\mathrm{d}A = F\,\mathrm{d}s\cos\Theta\,,$$

wobei Θ den Winkel zwischen den beiden Vektoren $\boldsymbol{F}$ und $\mathrm{d}\boldsymbol{s}$ bedeutet, bezeichnet man als die von der Kraft $\boldsymbol{F}$ auf dem Wege $\mathrm{d}\boldsymbol{s}$ geleistete Arbeit. Das Produkt der Beträge zweier Vektoren $\boldsymbol{a}$ und $\boldsymbol{b}$ mit dem Kosinus des von ihnen gebildeten Winkels heißt *Skalarprodukt* und wird in der Form $\boldsymbol{ab}$ geschrieben. Dementsprechend kann man die Arbeit als Skalarprodukt des Kraftvektors mit dem Verschiebungsvektor des Teilchens definieren:

$$\mathrm{d}A = \boldsymbol{F}\,\mathrm{d}\boldsymbol{s}\,.$$

Dieser Ausdruck läßt sich auch in der Form

$$\mathrm{d}A = F_s\,\mathrm{d}s$$

schreiben, wobei F_s die Komponente der Kraft $\boldsymbol{F}$ in Richtung des Verschiebungsvektors $\mathrm{d}\boldsymbol{s}$ bezeichnet.

Um die Arbeit einer Kraft auf einem endlichen Weg zu erhalten, zerlegen wir diesen in infinitesimal kleine Elemente $\mathrm{d}\boldsymbol{s}$ und bestimmen die Arbeit für jedes Wegelement. Addieren wir diese Arbeiten, so ergibt sich die Arbeit, die die Kraft auf einem endlichen Wege leistet.

Aus der Definition der Arbeit ergibt sich, daß eine senkrecht zum Weg angreifende Kraft keine Arbeit leistet. Insbesondere ist bei der gleichförmigen Bewegung eines Teilchens auf einer Kreisbahn die Arbeit gleich Null.

Ein konstantes, d. h. zeitunabhängiges Kraftfeld besitzt die folgende bemerkenswerte Eigenschaft. Legt ein Teilchen in einem solchen Kraftfeld einen geschlossenen Weg zurück, so ist die dabei von der Kraft geleistete Arbeit gleich Null.

Daraus ergibt sich eine weitere Aussage. Im betrachteten Fall ist die Arbeit, die die Kraft bei der Verschiebung eines Teilchens zwischen zwei Raumpunkten leistet, nicht vom Wege zwischen ihnen abhängig, sondern vollständig durch Anfangs- und Endlage bestimmt. Wir betrachten in Abb. 7 zwei Punkte *1* und *2* und verbinden sie durch die beiden Kurven a und b. Das Teilchen möge sich vom Punkt *1* aus längs der Kurve a zum Punkt *2* und anschließend längs der Kurve b zum Punkt *1* zurückbewegen. Die dabei insgesamt von der Kraft geleistete Arbeit ist gleich Null. Bezeichnen wir die Arbeit mit A, so können wir

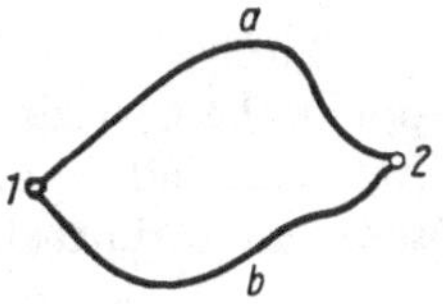

Abb. 7

$$A_{1a2} = A_{2b1} = 0$$

schreiben. Da sich das Vorzeichen der Arbeit bei Umkehr der Bewegungsrichtung ändert, ergibt sich aus dieser Gleichung

$$A_{1a2} = -A_{2b1} = A_{1b2}\,.$$

Das bedeutet, daß die Arbeit nicht von der Gestalt der Kurve zwischen Anfangs- und Endpunkt abhängt.

Da die Arbeit wegunabhängig ist und nur durch Anfangs- und Endlage bestimmt wird, stellt sie eine Größe dar, der eine tiefe physikalische Bedeutung zukommt. Mit ihrer Hilfe kann eine wichtige für ein Kraftfeld charakteristische Größe bestimmt werden. Wir wählen einen beliebigen Raumpunkt, den wir mit 0 bezeichnen, als Bezugspunkt und betrachten die Arbeit, die die Kraft beim Übergang eines Teilchens aus diesem Punkt in einen beliebigen Punkt P leistet. Diese Arbeit bezeichnen wir mit $-U$. Die Größe U, also die mit dem entgegengesetzten Vorzeichen genommene Arbeit beim Übergang des Teilchens vom Punkt 0 in den Punkt P, bezeichnet man als *potentielle Energie* des Teilchens im Punkt P. Sie ist eine Funktion der Koordinaten x, y, z des Punktes P:

$$U = U(x, y, z) .$$

Die Arbeit A_{12} der Kraft beim Übergang zwischen den Punkten *1* und *2* ist

$$A_{12} = U_1 - U_2 ,$$

wobei U_1 und U_2 die potentiellen Energien in diesen Punkten sind. Die Arbeit ist gleich der Differenz der potentiellen Energien im Anfangs- und Endpunkt des Weges.

Wir betrachten zwei infinitesimal benachbarte Punkte P und P'. Bewegt sich ein Teilchen von P nach P', so leistet die Kraft die Arbeit $-\mathrm{d}U$. Andererseits ist diese Arbeit gleich $\boldsymbol{F}\,\mathrm{d}\boldsymbol{s}$, wobei $\mathrm{d}\boldsymbol{s}$ der von P nach P' gezogene Vektor ist. Wie bereits im § 2 festgestellt wurde, ist der Vektor $\mathrm{d}\boldsymbol{s}$ gleich der Differenz der Radiusvektoren $\mathrm{d}\boldsymbol{r}$ der Punkte P und P'. Damit kommen wir zur Gleichung

$$\boldsymbol{F}\,\mathrm{d}\boldsymbol{r} = -\,\mathrm{d}U .$$

Dieser Zusammenhang zwischen Kraft und potentieller Energie ist eine der grundlegenden Beziehungen der Mechanik.

Diese Relation kann unter Berücksichtigung von $\boldsymbol{F}\,\mathrm{d}\boldsymbol{r} = \boldsymbol{F}\,\mathrm{d}\boldsymbol{s} = F_s\,\mathrm{d}s$ in der Form

$$F_s = -\frac{\mathrm{d}U}{\mathrm{d}s}$$

geschrieben werden. Die Kraftkomponente in einer bestimmten Richtung ergibt sich, indem man die infinitesimale Änderung $\mathrm{d}U$ der potentiellen Energie auf dem infinitesimalen Wegstück $\mathrm{d}s$ in dieser Richtung durch $\mathrm{d}s$ dividiert. Man nennt die Größe $\mathrm{d}U/\mathrm{d}s$ die Ableitung von U in s-Richtung.

Zur Erläuterung dieser Beziehungen bestimmen wir die potentielle Energie im konstanten homogenen Feld. Als Richtung des Kraftfeldes $\boldsymbol{F}$ wählen wir die z-Achse. Dann gilt $\boldsymbol{F}\,\mathrm{d}\boldsymbol{r} = F\,\mathrm{d}z$. Wir setzen diesen Ausdruck gleich der Änderung der potentiellen Energie: $-\,\mathrm{d}U = F\,\mathrm{d}z$. Dann folgt

$$U = -\,F\,z + \mathrm{const} .$$

Wie wir sehen, ist die potentielle Energie bis auf eine Konstante bestimmt. Das gilt allgemein und hängt damit zusammen, daß der Ausgangspunkt 0, auf den die am Teilchen geleistete Arbeit bezogen wird, beliebig wählbar ist. Die willkürliche Konstante wird gewöhnlich so gewählt, daß die potentielle Energie des Teilchens gleich Null ist, wenn es sich in unendlich großem Abstand von den anderen Körpern befindet.

Aus der Beziehung zwischen Kraftkomponente und potentieller Energie können Schlußfolgerungen über die Kraftrichtung erhalten werden. In einer Richtung, in der die potentielle Energie anwächst ($\mathrm{d}U/\mathrm{d}s > 0$) ist die Komponente der Kraft negativ, d. h., die Kraft besitzt die Richtung, in der die potentielle Energie abnimmt. Die Kraft hat immer die Richtung abnehmender potentieller Energie.

Da die Ableitung einer Funktion an den Stellen, an denen diese ein Maximum oder ein Minimum annimmt, verschwindet, ist die Kraft an den Orten maximaler potentieller Energie gleich Null.

§ 11. Energieerhaltungssatz

Die Tatsache, daß die im Falle eines konstanten Kraftfeldes beim Übergang eines Teilchens zwischen zwei Punkten geleistete Arbeit nicht vom Übergangsweg abhängt, führt zu einer außerordentlich wichtigen Beziehung, dem Energieerhaltungssatz.

Wir gehen davon aus, daß für die an einem Teilchen angreifende Kraft

$$\boldsymbol{F} = m \frac{\mathrm{d}\boldsymbol{v}}{\mathrm{d}t}$$

gilt. Da die Komponente der Beschleunigung in Bewegungsrichtung gleich $\mathrm{d}v/\mathrm{d}t$ ist, ergibt sich für die Kraftkomponente in dieser Richtung

$$F_s = m \frac{\mathrm{d}v}{\mathrm{d}t} .$$

Wir bestimmen nun die von dieser Kraft auf dem infinitesimalen Wegstück $\mathrm{d}s = v\,\mathrm{d}t$ geleistete Arbeit:

$$\mathrm{d}A = F_s\,\mathrm{d}s = m\,v\,\mathrm{d}v$$

oder

$$\mathrm{d}A = \mathrm{d}\left(\frac{m}{2}\,v^2\right) .$$

Die von der Kraft geleistete Arbeit ist also gleich der Zunahme der Größe $(m/2)\,v^2$, die man als *kinetische Energie* bezeichnet.

Andererseits ist die Arbeit gleich der Abnahme der potentiellen Energie: $\mathrm{d}A = -\,\mathrm{d}U$. Daher gilt die Gleichung

$$-\,\mathrm{d}U = \mathrm{d}\left(\frac{1}{2}\,m\,v^2\right)$$

oder

$$d\left(U + \frac{1}{2}\, m\, v^2\right) = 0\,.$$

Bezeichnen wir den in der Klammer stehenden Ausdruck mit E, so ergibt sich

$$E = \frac{m}{2}\, v^2 + U = \text{const}\,.$$

Demnach bleibt die Summe aus der kinetischen Energie, die nur von der Geschwindigkeit abhängt, und der potentiellen Energie, die nur von den Koordinaten abhängt, während der Bewegung des Teilchens konstant. Diese Summe heißt Gesamtenergie oder einfach *Energie* des Teilchens, während die erhaltene Beziehung als Energieerhaltungssatz bezeichnet wird.

Das Kraftfeld, in dem sich das Teilchen bewegt, wird durch irgendwelche andere Körper erzeugt. Damit das Feld konstant ist, müssen diese unbeweglich sein. Wir erhielten den Energieerhaltungssatz im einfachsten Fall, in dem sich das Teilchen bewegt, während alle übrigen Körper, mit denen es in Wechselwirkung steht, ruhen. Der Energieerhaltungssatz läßt sich jedoch auch dann formulieren, wenn eine Reihe von sich bewegenden Körpern vorhanden ist. Bilden diese ein abgeschlossenes System, so gilt für sie ebenfalls der Energieerhaltungssatz, wonach sich die Summe der kinetischen Energien der einzelnen Teilchen und der potentiellen Energie ihrer gegenseitigen Wechselwirkung zeitlich nicht ändert:

$$E = \frac{m_1 v_1^2}{2} + \frac{m_2 v_2^2}{2} + \cdots + U(\boldsymbol{r}_1, \boldsymbol{r}_2, \ldots) = \text{const}\,.$$

Dabei bedeuten m_i die Masse des i-ten Teilchens, $\boldsymbol{v}_i$ seine Geschwindigkeit und U die potentielle Energie der Wechselwirkung zwischen den Teilchen, die von ihren Radiusvektoren abhängt.

Zwischen der Funktion U und den an den einzelnen Teilchen angreifenden Kräften besteht ein ähnlicher Zusammenhang wie im Falle eines Massenpunktes, der sich in einem äußeren Feld befindet. Um die am i-ten Teilchen angreifende Kraft $\boldsymbol{F}_i$ zu erhalten, muß man die Änderung der potentiellen Energie U bei einer infinitesimalen Verschiebung $d\boldsymbol{r}_i$ dieses Teilchens bei unveränderter Lage aller übrigen Teilchen betrachten. Die dabei am Teilchen geleistete Arbeit $\boldsymbol{F}_i\, d\boldsymbol{r}_i$ ist gleich der entsprechenden Abnahme der potentiellen Energie.

Der Energieerhaltungssatz gilt für jedes abgeschlossene System und stellt neben dem Impulserhaltungssatz eines der wichtigsten Gesetze der Mechanik dar. Er ist auf Grund seines allgemeinen Charakters auf alle Erscheinungen anwendbar.

Die kinetische Energie ist eine positive Größe. Dagegen kann die potentielle Energie der Wechselwirkung zwischen den Teilchen sowohl positiv als auch negativ sein. Ist die potentielle Energie zweier Teilchen so definiert, daß sie gleich Null ist, wenn die Teilchen unendlich weit voneinander entfernt sind, so hängt ihr Vorzeichen von der Art der Wechselwirkung ab, d. h. davon, ob Anziehung oder Abstoßung vorliegt. Da die an einem Teilchen angreifende Kraft immer die Richtung abnehmender potentieller Energie besitzt, führt die Annäherung einander anziehender Teilchen zu einer Abnahme der potentiellen Energie, die sich demnach als negative Größe erweist. Dagegen ist die potentielle Energie im Falle einander abstoßender Teilchen positiv.

Energie (und Arbeit) haben die Dimension

$$[E] = [m]\,[v]^2 = \frac{\mathrm{g\ cm^2}}{\mathrm{s^2}}\,.$$

Dementsprechend ist 1 g cm²/s² im cgs-System die Einheit der Energie. Man bezeichnet sie als *Erg*. 1 erg ist die Arbeit, die die Kraft von 1 dyn auf dem Wege von 1 cm leistet.

Im Internationalen Maßsystem ist die Energieeinheit größer. Man bezeichnet sie als *Joule* (J). 1 J ist die Arbeit, die die Kraft von 1 N auf dem Wege von 1 m leistet. Es gilt

$$1\ \mathrm{J} = 1\ \mathrm{N\ m} = 10^7\ \mathrm{erg}\,.$$

Benutzt man als Krafteinheit das Kilopond, so ist die entsprechende Energieeinheit, das Kilopondmeter (kp m), gleich der Arbeit, die die Kraft von 1 kp auf dem Wege von 1 m leistet. Es gilt die Beziehung 1 kp m = 9,8 J.

Energiequellen charakterisiert man durch die Arbeit, die in der Zeiteinheit geleistet wird. Diese nennt man *Leistung*. Als Einheit der Leistung dient das Watt (W):

$$1\ \mathrm{W} = 1\,\frac{\mathrm{J}}{\mathrm{s}}\,.$$

Die Arbeit, die im Laufe einer Stunde von einer Energiequelle mit der Leistung 1 W verrichtet wird, bezeichnet man als *Wattstunde* (Wh). Wie man leicht sieht, gilt

$$1\ \mathrm{Wh} = 3{,}6 \cdot 10^3\ \mathrm{J}\,.$$

§ 12. Innere Energie

Um die Bewegung eines zusammengesetzten Systems als Ganzes zu beschreiben, wurde im § 5 der Begriff der Geschwindigkeit des Massenmittelpunktes eingeführt. Das bedeutet, daß die Bewegung eines Systems gewissermaßen in zwei Bestandteile zerlegt wird, und zwar in die Bewegung seines Massenmittelpunktes und die „innere“ Bewegung der das System bildenden Teilchen relativ zum Massenmittelpunkt. Dementsprechend ist die Energie E des Systems als Summe der kinetischen Energie $(M/2)\ V^2$ des Systems als Ganzes (M bedeutet die Masse des Systems, V die Geschwindigkeit seines Massenmittelpunktes) und seiner inneren Energie E_{inn} darstellbar, die aus den kinetischen Energien der inneren Bewegung der Teilchen und der potentiellen Energie ihrer Wechselwirkung besteht:

$$E = \frac{M}{2} V^2 + E_{\text{inn}} .$$

Obwohl die Richtigkeit dieser Formel einleuchtend ist, leiten wir sie im folgenden direkt ab.

Die Geschwindigkeit des i-ten Teilchens gegenüber einem ruhenden Bezugssystem läßt sich in Form der Summe $\boldsymbol{v}_i + \boldsymbol{V}$ schreiben, wobei $\boldsymbol{V}$ die Geschwindigkeit des Massenmittelpunktes und $\boldsymbol{v}_i$ die Geschwindigkeit des i-ten Teilchens gegenüber dem Massenmittelpunkt bedeuten. Die kinetische Energie des i-ten Teilchens ist

$$\frac{m_i}{2} (\boldsymbol{v}_i + \boldsymbol{V})^2 = \frac{m_i}{2} V^2 + \frac{m_i}{2} v_i^2 + m_i (\boldsymbol{V} \boldsymbol{v}_i) .$$

Über alle Teilchen des Systems summiert, ergeben die ersten Terme dieser Ausdrücke $M V^2/2$, wobei $M = m_1 + m_2 + \cdots$ ist, und die zweiten Terme die gesamte innere kinetische Energie. Die Summe der dritten Terme ist gleich Null, denn es gilt

$$m_1 (\boldsymbol{V} \boldsymbol{v}_1) + m_2 (\boldsymbol{V} \boldsymbol{v}_2) + \cdots = \boldsymbol{V} (m_1 \boldsymbol{v}_1 + m_2 \boldsymbol{v}_2 + \cdots) .$$

Der auf der rechten Seite dieser Gleichung in Klammern stehende Ausdruck ist gleich dem Gesamtimpuls der Teilchen gegenüber dem Massenmittelpunkt des Systems, und nach Definition gleich Null. Addiert man schließlich die kinetische Energie und die potentielle Energie der Wechselwirkung zwischen den Teilchen, so folgt die gesuchte Formel.

Mit Hilfe des Energieerhaltungssatzes sind Aussagen über die Stabilität eines zusammengesetzten Körpers möglich. Dazu müssen die Bedingungen aufgesucht werden, unter denen ein zusammengesetzter Körper spontan in seine Bestandteile zerfällt. Als Beispiel betrachten wir den Zerfall eines zusammengesetzten Körpers in zwei Teile, deren Massen wir mit m_1 und m_2 bezeichnen. Diese mögen im Massenmittelpunkt des zusammengesetzten Körpers die Geschwindigkeiten $\boldsymbol{v}_1$ und $\boldsymbol{v}_2$ besitzen. Der Energieerhaltungssatz ist in diesem Bezugssystem von der Form

$$E_{\text{inn}} = \frac{m_1}{2} v_1^2 + \frac{m_2}{2} v_2^2 + E_{1\,\text{inn}} + E_{2\,\text{inn}} .$$

Dabei bedeuten E_{inn} die innere Energie des zusammengesetzten Körpers und $E_{1\,\text{inn}}$, $E_{2\,\text{inn}}$ die inneren Energien der beiden Teile, in die er zerfällt. Da die kinetische Energie immer positiv ist, folgt aus der angegebenen Beziehung

$$E_{\text{inn}} > E_{1\,\text{inn}} + E_{2\,\text{inn}} .$$

Das ist die gesuchte Bedingung dafür, daß ein Körper in zwei Teile zerfallen kann. Dagegen ist ein Körper, dessen innere Energie kleiner als die Summe der inneren Energien seiner Bestandteile ist, gegenüber einem Zerfall stabil.

§ 13. Grenzen der Bewegung

Ist die Bewegung eines Teilchens in der Weise begrenzt, daß er sich nur längs einer bestimmten Kurve bewegen kann, so spricht man von einer *Bewegung mit einem Freiheitsgrad* oder einer *eindimensionalen Bewegung*. In diesem Falle läßt sich die Lage des Teilchens durch eine Koordinate beschreiben, z. B. durch die auf irgendeinen Punkt der Kurve bezogene Kurvenlänge. Diese Koordinate bezeichnen wir mit x. Die potentielle Energie eines Teilchens, dessen Bewegung eindimensional ist, hängt nur von einer Koordinate ab: $U = U(x)$.

Der Energieerhaltungssatz lautet

$$E = \frac{m}{2} v^2 + U(x) = \text{const}.$$

Da die kinetische Energie nicht negativ sein kann, muß die Ungleichung

$$U \leqq E$$

erfüllt sein. Sie besagt, daß das Teilchen während seiner Bewegung nur Orte erreichen kann, an denen die potentielle Energie nicht größer als die Gesamtenergie ist. Setzen wir potentielle und Gesamtenergie einander gleich, so folgt die Gleichung

$$U(x) = E\,,$$

aus der sich die Grenzpunkte der Bewegung des Teilchens ergeben.

Im folgenden betrachten wir einige charakteristische Beispiele. Wir beginnen mit einer potentiellen Energie, die als Funktion der Koordinate x die in Abb. 8 gezeigte Form besitzt. Um die Grenzpunkte der Bewegung eines Teilchens in diesem Kraftfeld in Abhängigkeit von seiner Gesamtenergie E zu erhalten, zeichnen wir in Abb. 8 die zur x-Achse parallele Gerade $U = E$ ein. Sie schneidet die Kurve $U = U(x)$ der potentiellen Energie in zwei Punkten, deren Abszissenwerte wir mit x_1 und x_2 bezeichnen. Damit eine Bewegung möglich ist, darf die potentielle Energie nicht größer als die Gesamtenergie sein. Ein Teilchen mit der Energie E kann sich also nur zwischen den Punkten x_1 und x_2 bewegen. Die rechts von x_2 und links von x_1 liegenden Bereiche sind von einem Teilchen mit der Energie E nicht erreichbar.

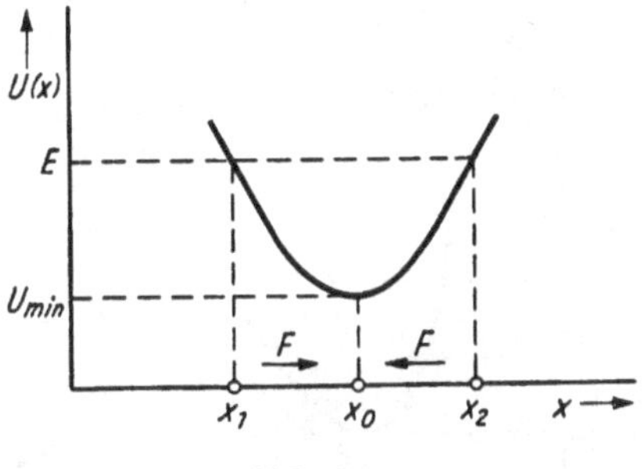

Abb. 8

Man bezeichnet eine Bewegung, bei der das Teilchen in einem endlichen Raumgebiet bleibt, als *endliche Bewegung*. Dagegen spricht man von einer *unendlichen Bewegung*, wenn sich das Teilchen beliebig weit entfernen kann.

Die Grenzen der endlichen Bewegung hängen offenbar von der Energie ab. Das Gebiet, in dem die endliche Bewegung möglich ist, wird beim betrachteten Beispiel mit abnehmender Energie kleiner und reduziert sich für $E = U_{\min}$ auf den Punkt x_0.

Da potentielle und Gesamtenergie in den Punkten x_1 und x_2 gleich sind, sind die kinetische Energie und damit die Geschwindigkeit des Teilchens in diesen Punkten gleich Null. Im Punkt x_0 besitzt die potentielle Energie ein Minimum, so daß die kinetische Energie und die Geschwindigkeit maximal sind. Die Kraft F, die durch die Beziehung $F = -\,\mathrm{d}U/\mathrm{d}x$ mit der potentiellen Energie U zusammenhängt, ist zwischen den Punkten x_0 und x_2 negativ und zwischen den Punkten x_1 und x_0 positiv. Die Kraft hat also zwischen x_0 und x_2 die Richtung abnehmender und zwischen x_1 und x_0 die Richtung zunehmender x-Werte. Ein Teilchen im Punkt x_1, in dem es die Geschwindigkeit Null besitzt, wird durch die nach rechts gerichtete Kraft beschleunigt und erreicht im Punkt x_0 seine größte Geschwindigkeit. Es bewegt sich weiter nach rechts, wird durch die nach links gerichtete Kraft abgebremst und erreicht im Punkt x_2 die Geschwindigkeit Null. Anschließend bewegt es sich von x_2 aus in entgegengesetzter Richtung zurück. Diese Bewegung wiederholt sich ständig. Das Teilchen führt also eine periodische Bewegung aus. Seine Schwingungsdauer ist doppelt so groß wie die Zeit, in der es die Strecke zwischen x_1 und x_2 zurücklegt.

Im Punkt x_0 ist die potentielle Energie minimal, ihre Ableitung nach x also gleich Null, so daß die Kraft in diesem Punkt gleich Null ist. Der Punkt x_0 entspricht also einer Gleichgewichtslage des Teilchens. In diesem Fall liegt *stabiles Gleichgewicht* vor, denn an einem Teilchen, das aus der Gleichgewichtslage ausgelenkt wird, greift eine Kraft an, die es in die Gleichgewichtslage zurückbringt. Durch diese Eigenschaft zeichnen sich nur die Minima der potentiellen Energie aus. Die Maxima der potentiellen Energie, in denen die Kraft ebenfalls gleich Null ist, besitzen diese Eigenschaft nicht. Verschiebt man das Teilchen nach rechts oder links aus der Lage, die einem Maximum der potentiellen Energie entspricht, so greifen an ihm Kräfte an, die es noch weiter von dieser Lage entfernen. In den Punkten, in denen die potentielle Energie maximal ist, liegt *instabiles Gleichgewicht* vor.

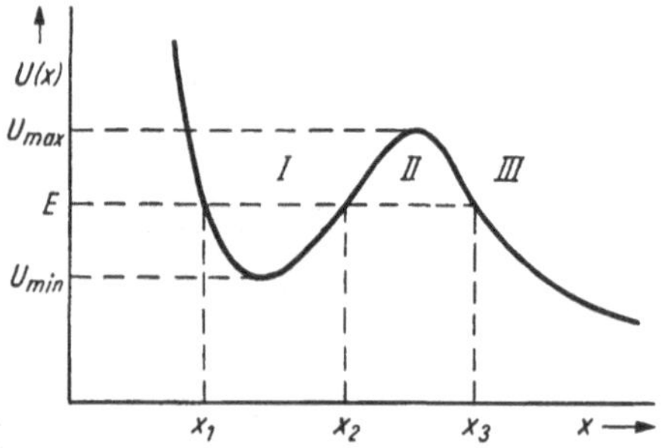

Abb. 9

Wir betrachten nun die Bewegung eines Teilchens in einem komplizierteren Kraftfeld, für das die Kurve der potentiellen Energie die in Abb. 9 gezeigte Form besitzt. Sie weist sowohl ein Minimum als auch ein Maximum auf. Ein Teilchen mit der Energie E kann sich in zwei Bereichen bewegen: Im Gebiet *I* zwischen den Punkten x_1 und x_2 sowie im Gebiet *III* rechts vom Punkt x_3 (in diesen Punkten ist die potentielle Energie gleich der Gesamtenergie). Im Gebiet *I* bewegt sich das Teilchen in derselben Weise wie beim letzten Beispiel, es führt also Schwingungen aus. Im Gebiet *III* ist die Bewegung unendlich. Das Teilchen kann sich beliebig weit vom Punkt x_3 aus nach rechts entfernen. Im Punkt x_3 besitzt es die Geschwindigkeit Null und wird durch die nach rechts gerichtete Kraft beschleunigt. Im Unendlichen ist die potentielle Energie gleich Null, und die Geschwindigkeit des Teilchens erreicht den Wert

$$v_\infty = \sqrt{2\, m\, E}\,.$$

Wenn dagegen das Teilchen aus dem Unendlichen kommt und sich nach links bewegt, so wird seine Geschwindigkeit immer kleiner und erreicht im Punkt x_3 den Wert Null. In diesem Punkt kehrt das Teilchen um und bewegt sich wieder nach rechts ins Unendliche. Das Gebiet *I* ist für dieses Teilchen nicht erreichbar, da in dem zwischen x_2 und x_3 liegenden Gebiet *II* keine Bewegung möglich ist. Ebensowenig kann ein Teilchen mit der Energie E, das zwischen x_1 und x_2 Schwingungen ausführt, in das Gebiet *III* überwechseln, in dem ebenfalls eine Bewegung möglich wäre. Man bezeichnet das verbotene Gebiet *II* als *Potentialschwelle* und das Gebiet *I* als *Potentialmulde*. Die Breite der Potentialschwelle nimmt beim betrachteten Beispiel mit wachsender Teilchenenergie ab. Für $E \geqq U_{\max}$ ist keine Potentialschwelle mehr vorhanden. Damit verschwindet auch das Gebiet der Schwingungen, und das Teilchen führt eine unendliche Bewegung aus.

Wie wir gesehen haben, kann ein Teilchen je nach Größe seiner Energie in demselben Kraftfeld sowohl eine endliche als auch eine unendliche Bewegung ausführen.

Das zeigt sich z. B. auch bei der Bewegung eines Teilchens in einem Feld mit der in Abb. 10 dargestellten potentiellen Energie. In diesem Fall entspricht positiven Energien eine unendliche und negativen Energien ($U_{\min} < E < 0$) eine endliche Bewegung.

Allgemein ist eine Bewegung mit negativer Energie endlich, falls die potentielle Energie im Unendlichen gleich Null ist, da die potentielle Energie Null im Unendlichen größer als die Gesamtenergie ist. In diesem Falle kann das Teilchen nicht im Unendlichen verschwinden.

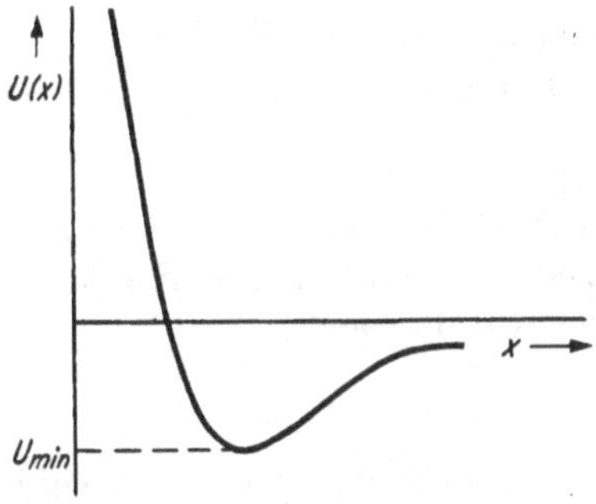

Abb. 10

§ 14. Elastische Stöße

Energie- und Impulserhaltungssatz können benutzt werden, um bei der Untersuchung von Zusammenstößen zwischen Körpern Beziehungen zwischen verschiedenen Größen zu erhalten.

Unter einem *Stoß* versteht man in der Physik Wechselwirkungsprozesse zwischen Körpern im weitesten Sinne. Dieser Begriff wird nicht auf den Fall eingeengt, daß sich die Körper tatsächlich berühren. In unendlichem Abstand voneinander sind die Körper als frei anzusehen. Bewegen sie sich aufeinander zu, so kann zwischen ihnen eine Wechselwirkung entstehen. Dabei sind ganz verschiedene Prozesse möglich. Sie können sich vereinigen, es können neue Körper entstehen, und schließlich kann ein *elastischer Stoß* stattfinden, bei dem sich der innere Zustand der Körper nicht verändert. Stöße, die unter Änderung des inneren Zustandes der beteiligten Körper verlaufen, nennt man *unelastisch*.

Unter den üblichen Bedingungen sind Stöße fast immer in gewissem Grade unelastisch, weil sich die Körper dabei etwas erwärmen, d. h. ein Teil ihrer kinetischen Energie in Wärme übergeht. Trotzdem spielt der Begriff des elastischen Stoßes eine wichtige Rolle. Er tritt z. B. bei atomaren Erscheinungen oft auf. Häufig können auch andere Stöße in guter Näherung als elastisch angesehen werden.

Wir betrachten den elastischen Stoß zweier Teilchen mit den Massen m_1 und m_2. Die Geschwindigkeiten der Teilchen seien vor dem Stoß gleich $\boldsymbol{v}_1$, $\boldsymbol{v}_2$ und nach dem Stoß gleich $\boldsymbol{v}_1'$, $\boldsymbol{v}_2'$. Wir nehmen an, daß das Teilchen mit der Masse m_2 vor dem Stoß ruht: $\boldsymbol{v}_2 = 0$.

Da sich die inneren Energien der Teilchen beim elastischen Stoß nicht ändern, können sie bei der Anwendung des Energieerhaltungssatzes weggelassen werden. Da die Teilchen vor und nach dem Stoß frei sind, also nicht miteinander in Wechselwirkung stehen, bleibt auf Grund des Energieerhaltungssatzes die kinetische Energie erhalten:

$$m_1 v_1^2 = m_1 v_1'^2 + m_2 v_2'^2$$

(der gemeinsame Faktor 1/2 wurde weggelassen).

Der Impulserhaltungssatz stellt eine Vektorgleichung dar:

$$m_1 \boldsymbol{v}_1 = m_1 \boldsymbol{v}_1' + m_2 \boldsymbol{v}_2' .$$

Besonders einfach ist der Fall, daß die Masse des im Anfangszustand ruhenden Teilchens groß gegen die Masse des ankommenden Teilchens ist ($m_2 \gg m_1$). Aus der Formel

$$\boldsymbol{v}_2' = \frac{m_1}{m_2} (\boldsymbol{v}_1 - \boldsymbol{v}_1')$$

ergibt sich, daß die Geschwindigkeit $\boldsymbol{v}_2'$ für $m_2 \gg m_1$ sehr klein ist. Das gilt auch für die kinetische Energie des vor dem Stoß ruhenden Teilchens nach dem Stoß, denn das Produkt $m_2 v_2'^2$ ist der Masse m_2 umgekehrt proportional. Daraus folgt, daß sich die Energie des ankommenden Teilchens und damit auch der Betrag seiner Geschwindigkeit beim Stoß nicht ändern. Bei einem Stoß zwischen einem leichten und einem schweren Teilchen kann sich also nur die Geschwindigkeitsrichtung des leichten Teilchens ändern, der Betrag seiner Geschwindigkeit jedoch nicht.

Sind die Massen der stoßenden Teilchen einander gleich, so folgt aus den Erhaltungssätzen

$$\boldsymbol{v}_1 = \boldsymbol{v}_1' + \boldsymbol{v}_2', \qquad v_1^2 = v_1'^2 + v_2'^2 .$$

Die Vektoren $\boldsymbol{v}_1$, $\boldsymbol{v}_1'$ und $\boldsymbol{v}_2'$ bilden auf Grund der ersten Beziehung ein Dreieck, das auf Grund der zweiten Gleichung rechtwinklig ist und die Hypotenuse $\boldsymbol{v}_1$ besitzt. Teilchen gleicher Masse fliegen also nach dem Stoß unter rechtem Winkel auseinander (Abb. 11).

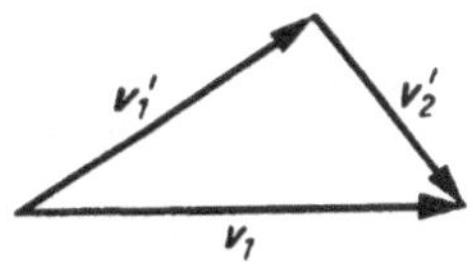

Abb. 11

Wir betrachten nun einen „zentralen" Stoß zweier Teilchen mit beliebigen Massen. Beide Teilchen bewegen sich nach dem Stoß auf einer Geraden, die in der Geschwindigkeitsrichtung des ankommenden Teilchens liegt. In diesem Falle können die Geschwindigkeitsvektoren im Impulserhaltungssatz durch ihre Beträge ersetzt werden:

$$m_2 v_2' = m_1 (v_1 - v_1') .$$

Verwenden wir außerdem den Energieerhaltungssatz

$$m_2 v_2'^2 = m_1 (v_1^2 - v_1'^2) ,$$

so können wir v_1' und v_2' durch v_1 ausdrücken. Division der zweiten Gleichung durch die erste ergibt

$$v_2' = v_1 + v_1';$$

folglich ist

$$v_1' = \frac{m_1 - m_2}{m_1 + m_2} v_1 , \qquad v_2' = \frac{2 m_1}{m_1 + m_2} v_1 .$$

Das ankommende Teilchen bewegt sich in derselben Richtung weiter, wenn seine Masse m_1 größer als die Masse m_2 des im Anfangszustand ruhenden Teilchens ist. Bei $m_2 > m_1$ kehrt sich die Geschwindigkeitsrichtung des ankommenden Teilchens um. Sind die Massen m_1 und m_2 gleich, so ergibt sich $v_1' = 0$, $v_2' = v_1$, d. h., die Teilchen tauschen beim Stoß gewissermaßen ihre Geschwindigkeiten aus. Für $m_2 \gg m_1$ gilt $v_1' = - v_1$ und $v_2' = 0$.

Im allgemeinen Fall ist es günstig, den Stoß im Massenmittelpunktsystem der stoßenden Teilchen zu betrachten. In diesem Bezugssystem ist der Gesamtimpuls sowohl vor als auch nach dem Stoß gleich Null. Bezeichnet man die Impulse des ersten Teilchens vor und nach dem Stoß mit $\boldsymbol{p}$ und $\boldsymbol{p}'$, so sind die Impulse des zweiten Teilchens vor und nach dem Stoß gleich $-\boldsymbol{p}$ und $-\boldsymbol{p}'$.

Aus der Gleichheit der kinetischen Energien der Teilchen vor und nach dem Stoß ergibt sich die Beziehung $p^2 = p'^2$, d. h., die Beträge der Impulse ändern sich nicht. Der Stoß führt also nur zu einer Drehung der Impulsvektoren. Es ändern sich nur die Richtungen der Impulse, während ihre Beträge konstant bleiben. Die Geschwindigkeiten der Teilchen ändern sich in derselben Weise wie die Impulse. Sie drehen sich bei konstanten Beträgen, wobei sie, wie in Abb. 12 zu sehen ist, zueinander entgegengesetzte Richtungen behalten (der Index 0 der Geschwindigkeiten weist darauf hin, daß sie auf das Massenmittelpunktsystem bezogen sind).

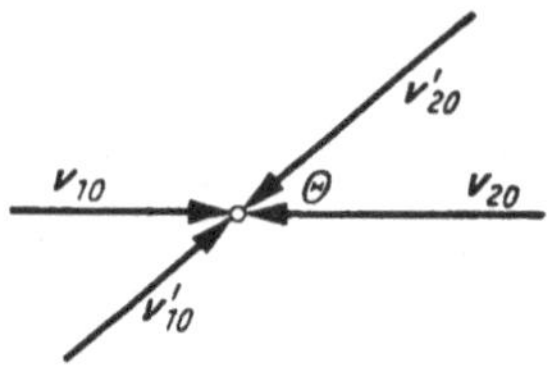

Abb. 12

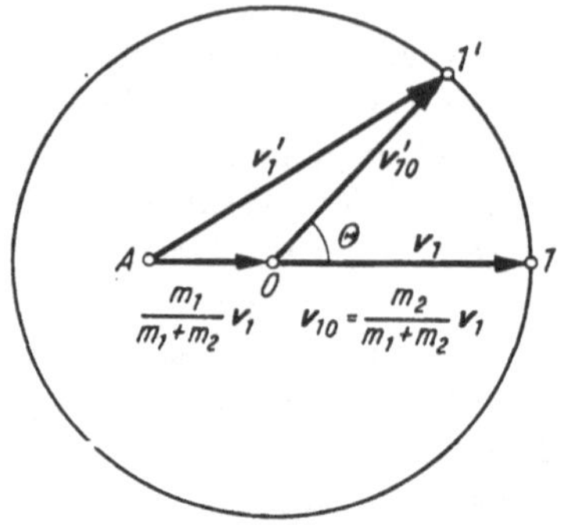

Abb. 13

Der Winkel, um den sich die Geschwindigkeiten drehen, wird nicht durch Energie- und Impulserhaltungssatz allein bestimmt, sondern hängt auch von der konkreten Form der Wechselwirkung zwischen den Teilchen und von ihrer gegenseitigen Anordnung beim Stoß ab.

Die Geschwindigkeitsänderung im *Laborsystem*, in dem eines der Teilchen vor dem Stoß ruht, läßt sich mit Hilfe einer graphischen Darstellung veranschaulichen (s. Abb. 13). Der Vektor $\overrightarrow{01}$ sei gleich der Geschwindigkeit $\boldsymbol{v}_{10}$ des ersten Teilchens im Massenmittelpunktsystem. Sie hängt durch die Beziehung

$$\boldsymbol{v}_{10} = \boldsymbol{v}_1 - \boldsymbol{V}$$

mit seiner Geschwindigkeit $\boldsymbol{v}_1$ im Laborsystem zusammen, die gleichzeitig gleich der Relativgeschwindigkeit der beiden Teilchen ist. Dabei ist

$$\boldsymbol{V} = \frac{m_1 \boldsymbol{v}_1 + m_2 \boldsymbol{v}_2}{m_1 + m_2} = \frac{m_1}{m_1 + m_2} \boldsymbol{v}_1$$

die Geschwindigkeit des Massenmittelpunktes. Setzt man die zweite Gleichung in die erste ein, so folgt

$$\boldsymbol{v}_{10} = \frac{m_2}{m_1 + m_2} \boldsymbol{v}_1 \,.$$

Die Geschwindigkeit $\boldsymbol{v}'_{10}$ des ersten Teilchens nach dem Stoß ergibt sich durch Drehung der Geschwindigkeit $\boldsymbol{v}_{10}$ um einen Winkel Θ und wird in Abb. 13 durch den Vektor $\overrightarrow{01'}$ dargestellt. Der Übergang zum Laborsystem bedeutet, daß zu allen Geschwindigkeiten die Geschwindigkeit $\boldsymbol{V}$ des Massenmittelpunktes addiert werden muß. Diese wird in Abb. 13 durch den Vektor $\overrightarrow{A0}$ dargestellt. Dann repräsentiert der Vektor $\overrightarrow{A1}$ die Geschwindigkeit $\boldsymbol{v}_1$ des ankommenden Teilchens vor dem Stoß, während der Vektor $\overrightarrow{A1'}$ die gesuchte

Geschwindigkeit dieses Teilchens nach dem Stoß angibt. Eine ähnliche Konstruktion ist für die Geschwindigkeiten des zweiten Teilchens möglich.

In Abb. 13 liegt der Punkt A innerhalb des Kreises, da die Ungleichung $m_1 < m_2$ vorausgesetzt wurde. In diesem Falle kann der Vektor $\overrightarrow{A1'}$, d. h. die Geschwindigkeit $\boldsymbol{v}_1'$, beliebig gerichtet sein.

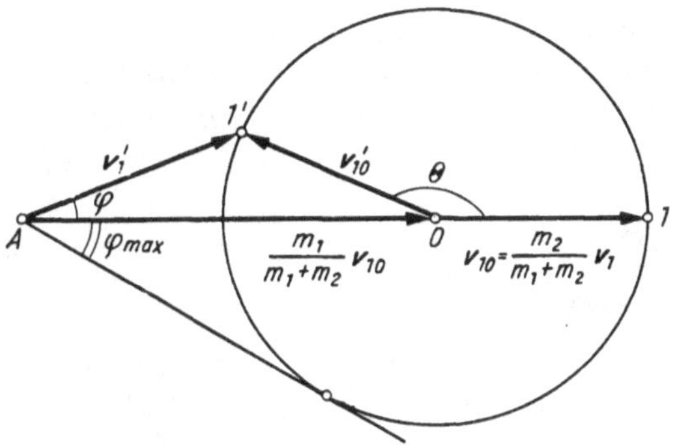

Abb. 14

Für $m_1 > m_2$ liegt der Punkt A außerhalb des Kreises (Abb. 14). In diesem Falle kann der Winkel φ zwischen den Geschwindigkeiten des Teilchens vor und nach dem Stoß (im Laborsystem) nicht größer als ein bestimmter Maximalwert sein. Dieser wird erreicht, wenn die Gerade $A1'$ eine Tangente des Kreises ist. Dabei steht die Seite $\overline{A1'}$ des Dreiecks $\triangle\, A1'0$ senkrecht auf der Seite $\overline{01'}$, so daß

$$\sin \varphi_{\max} = \frac{\overline{01'}}{\overline{A0}} = \frac{m_2}{m_1} .$$

Ferner ist zu beachten, daß die Geschwindigkeit des Teilchens nach dem Stoß nicht unter einem bestimmten Wert liegen kann, der erreicht wird, wenn der Punkt $1'$ in Abb. 13 bzw. 14 dem Punkt 1 gegenüberliegt. Dieser Fall entspricht dem zentralen Stoß der Teilchen, und der Minimalwert der Geschwindigkeit ist

$$v'_{1\,\min} = \frac{|m_1 - m_2|}{m_1 + m_2} v_1 .$$

§ 15. Drehimpuls

Jedes abgeschlossene System besitzt außer Energie und Impuls eine weitere Erhaltungsgröße, den Vektor des *Drehimpulses*. Diese Größe setzt sich aus den Drehimpulsen der einzelnen Teilchen zusammen, die folgendermaßen definiert werden.

Wir betrachten ein Teilchen mit dem Impuls $\boldsymbol{p}$, dessen Lage gegenüber einem beliebigen Bezugspunkt 0 durch den Radiusvektor $\boldsymbol{r}$ bestimmt wird. Der Drehimpuls $\boldsymbol{L}$ dieses Teilchens ist als Vektor definiert, der den Betrag

$$L = r\, p \sin \Theta$$

besitzt (Θ bedeutet den Winkel zwischen $\boldsymbol{p}$ und $\boldsymbol{r}$) und der auf der durch $\boldsymbol{p}$ und $\boldsymbol{r}$ aufgespannten Ebene senkrecht steht. Durch die letzte Angabe ist die Richtung von $\boldsymbol{L}$ noch nicht eindeutig bestimmt, da noch die beiden Möglichkeiten „auf" und „ab" existieren. Es ist üblich, die Richtung folgendermaßen festzulegen: Eine Schraube, die in der Richtung von $\boldsymbol{r}$ nach $\boldsymbol{p}$ gedreht wird, bewegt sich in der Richtung von $\boldsymbol{L}$ (Abb. 15).

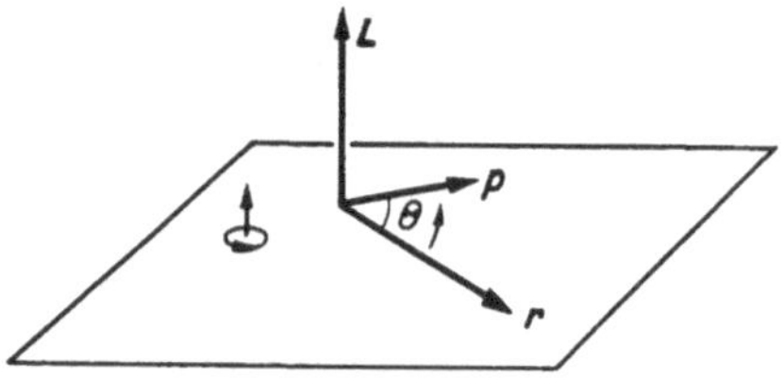

Abb. 15

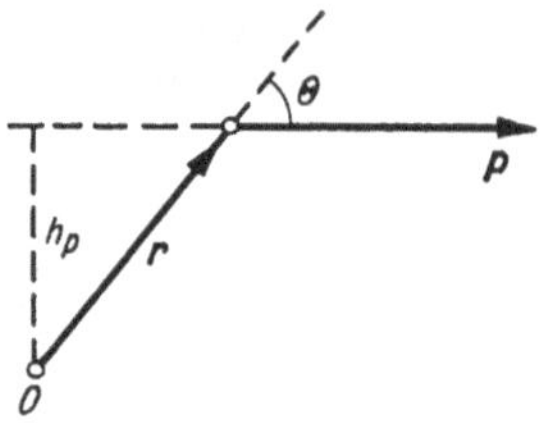

Abb. 16

Die Größe $\boldsymbol{L}$ kann in einer anschaulichen Form dargestellt werden. Das Produkt $r \sin \Theta$ ist gleich der Länge h_p des vom Punkt 0 auf die Impulsrichtung gefällten Lots (Abb. 16). Der Drehimpuls ist gleich dem Produkt von h_p mit dem Betrag des Impulses:

$$L = p\, h_p\,.$$

Die für den Vektor $\boldsymbol{L}$ angegebene Definition entspricht dem aus der Vektoralgebra bekannten Begriff des *Vektorprodukts*: Der Vektor $\boldsymbol{L}$, der nach der angegebenen Regel aus den Vektoren $\boldsymbol{r}$ und $\boldsymbol{p}$ gebildet wird, ist gleich dem Vektorprodukt von $\boldsymbol{r}$ mit $\boldsymbol{p}$ und wird in der Form

$$\boldsymbol{L} = \boldsymbol{r} \times \boldsymbol{p}$$

geschrieben. Wegen $\boldsymbol{p} = m\,\boldsymbol{v}$ ist

$$\boldsymbol{L} = m\,\boldsymbol{r} \times \boldsymbol{v}\,.$$

Durch diese Formel ist der Drehimpuls eines einzelnen Teilchens definiert. Als Drehimpuls eines Systems bezeichnet man die Summe

$$\boldsymbol{L} = \boldsymbol{r}_1 \times \boldsymbol{p}_1 + \boldsymbol{r}_2 \times \boldsymbol{p}_2 + \cdots$$

aus den Drehimpulsen der einzelnen Teilchen. Die Aussage, daß diese Summe für jedes abgeschlossene System von Teilchen zeitlich konstant ist, bildet den Inhalt des *Drehimpulserhaltungssatzes*.

Man muß berücksichtigen, daß der Drehimpuls von der Wahl des Punktes 0 abhängt, auf den die Radiusvektoren der Teilchen bezogen werden. Wie man leicht zeigen kann, ist die Tatsache, daß Betrag und Richtung von $\boldsymbol{L}$ von der

Wahl des Punktes 0 abhängen, für die Gültigkeit des Drehimpulserhaltungssatzes ohne Bedeutung. Verschiebt man nämlich den Bezugspunkt 0 um einen Vektor $\boldsymbol{a}$, dessen Betrag und Richtung vorgegeben sind, so ändern sich die Radiusvektoren aller Teilchen um diesen Vektor, so daß sich der Gesamtdrehimpuls um die Größe

$$\boldsymbol{a}\times\boldsymbol{p}_1 + \boldsymbol{a}\times\boldsymbol{p}_2 + \cdots = \boldsymbol{a}\times(\boldsymbol{p}_1 + \boldsymbol{p}_2 + \cdots) = \boldsymbol{a}\times\boldsymbol{P}$$

verändert, wobei $\boldsymbol{P}$ den Gesamtimpuls des Systems bedeutet. Für ein abgeschlossenes System ist $\boldsymbol{P}$ jedoch konstant. Eine Verschiebung des Bezugspunktes hat also keinen Einfluß auf die Konstanz des Gesamtdrehimpulses eines abgeschlossenen Systems.

Es ist üblich, sich bei der Definition des Gesamtdrehimpulses eines abgeschlossenen Systems auf den Massenmittelpunkt zu beziehen. Im folgenden gehen wir in dieser Weise vor.

Wir bestimmen nun die zeitliche Ableitung des Drehimpulses eines Teilchens. Auf Grund der Produktregel gilt

$$\frac{\mathrm{d}\boldsymbol{L}}{\mathrm{d}t} = \frac{\mathrm{d}}{\mathrm{d}t}(\boldsymbol{r}\times\boldsymbol{p}) = \frac{\mathrm{d}\boldsymbol{r}}{\mathrm{d}t}\times\boldsymbol{p} + \boldsymbol{r}\times\frac{\mathrm{d}\boldsymbol{p}}{\mathrm{d}t}\,.$$

Da $\mathrm{d}\boldsymbol{r}/\mathrm{d}t$ gleich der Geschwindigkeit $\boldsymbol{v}$ des Teilchens ist und $\boldsymbol{p} = m\,\boldsymbol{v}$ gilt, ist der erste Term auf der rechten Seite dieser Gleichung gleich $m\,\boldsymbol{v}\times\boldsymbol{v}$. Dieser Ausdruck ist gleich Null, da das Vektorprodukt eines beliebigen Vektors mit sich selbst verschwindet. Im zweiten Term ist die Ableitung $\mathrm{d}\boldsymbol{p}/\mathrm{d}t$ gleich der am Teilchen angreifenden Kraft $\boldsymbol{F}$. Wir erhalten also

$$\frac{\mathrm{d}\boldsymbol{L}}{\mathrm{d}t} = \boldsymbol{r}\times\boldsymbol{F}\,.$$

Das Vektorprodukt $\boldsymbol{r}\times\boldsymbol{F}$ heißt *Drehmoment* (bezogen auf einen vorgegebenen Punkt 0). Wir bezeichnen es mit $\boldsymbol{K}$:

$$\boldsymbol{K} = \boldsymbol{r}\times\boldsymbol{F}\,.$$

Ähnlich wie im Falle des Drehimpulses kann der Betrag des Drehmoments als Produkt des Betrages der Kraft $\boldsymbol{F}$ mit der Länge h_F des vom Punkt 0 auf die Kraftrichtung gefällten Lotes geschrieben werden:

$$K = F\,h_F\,.$$

Die zeitliche Ableitung des Drehimpulses ist also gleich dem Drehmoment:

$$\frac{\mathrm{d}\boldsymbol{L}}{\mathrm{d}t} = \boldsymbol{K}\,.$$

Der Gesamtdrehimpuls eines abgeschlossenen Systems bleibt erhalten. Das bedeutet, daß die zeitliche Ableitung der Summe der Drehimpulse der im System enthaltenen Teilchen gleich Null ist:

$$\frac{\mathrm{d}}{\mathrm{d}t}(\boldsymbol{L}_1 + \boldsymbol{L}_2 + \cdots) = \frac{\mathrm{d}\boldsymbol{L}_1}{\mathrm{d}t} + \frac{\mathrm{d}\boldsymbol{L}_2}{\mathrm{d}t} + \cdots = 0\,.$$

Daraus folgt

$$\boldsymbol{K}_1 + \boldsymbol{K}_2 + \cdots = 0 .$$

Wie wir gesehen haben, ist in einem abgeschlossenen System nicht nur die Summe der an den Teilchen angreifenden Kräfte (s. § 7), sondern auch die Summe aller Drehmomente gleich Null. Die erste Aussage ist dem Impulserhaltungssatz äquivalent, während die zweite dem Drehimpulserhaltungssatz entspricht.

Diese Eigenschaften eines abgeschlossenen Systems hängen eng mit den Eigenschaften des Raumes zusammen.

Der Raum ist *homogen*. Das bedeutet, daß die Eigenschaften eines abgeschlossenen Systems nicht von seiner räumlichen Lage abhängen. Ein System von Teilchen möge im Raum um eine unendlich kleine Strecke verschoben werden, wobei alle Teilchen in derselben Richtung um dieselbe Strecke verschoben werden. Den entsprechenden Verschiebungsvektor bezeichnen wir mit $\mathrm{d}\boldsymbol{R}$. Am i-ten Teilchen wird bei der Verschiebung die Arbeit $\boldsymbol{F}_i\,\mathrm{d}\boldsymbol{R}$ geleistet. Die Summe aller dieser Arbeiten ist gleich der Änderung der potentiellen Energie des Systems. Diese muß jedoch gleich Null sein, wenn die Eigenschaften des Systems nicht von seiner räumlichen Lage abhängen. Daher gilt die Beziehung

$$\boldsymbol{F}_1\,\mathrm{d}\boldsymbol{R} + \boldsymbol{F}_2\,\mathrm{d}\boldsymbol{R} + \cdots = (\boldsymbol{F}_1 + \boldsymbol{F}_2 + \cdots)\,\mathrm{d}\boldsymbol{R} = 0 .$$

Da diese Beziehung bei beliebiger Richtung des Vektors $\mathrm{d}\boldsymbol{R}$ erfüllt sein muß, folgt, daß die Summe der Kräfte $\boldsymbol{F}_1 + \boldsymbol{F}_2 + \cdots$ verschwindet.

Die Homogenität des Raums ist also die Ursache für die Gültigkeit des Impulserhaltungssatzes.

Ein ähnlicher Zusammenhang besteht zwischen dem Drehimpulserhaltungssatz und einer anderen Eigenschaft des Raums, seiner *Isotropie*, wonach alle räumlichen Richtungen äquivalent sind. Deshalb ändern sich die Eigenschaften eines abgeschlossenen Systems nicht, wenn man es als Ganzes dreht. Die dabei geleistete Arbeit ist gleich Null. Man kann zeigen, daß die Summe der Drehmomente aller Teilchen eines abgeschlossenen Systems auf Grund dieser Bedingung ebenfalls verschwindet (diese Frage werden wir im § 28 nochmals betrachten).

§ 16. Bewegung im Zentralfeld

Wir haben den Drehimpulserhaltungssatz für ein abgeschlossenes System erhalten, jedoch nicht für die einzelnen Teilchen, aus denen es sich zusammensetzt. Es ist jedoch auch der Fall möglich, daß er für ein sich in einem Kraftfeld bewegendes Teilchen gilt. Dabei handelt es sich um ein Zentralfeld.

Als *Zentralfeld* bezeichnet man ein Kraftfeld, bei dem die potentielle Energie des Teilchens nur von seinem Abstand r von einem bestimmten Punkt, dem Zentrum des Feldes, abhängt: $U = U(r)$. Die in einem solchen Feld am Teilchen angreifende Kraft hängt ebenfalls nur vom Abstand r ab und besitzt in jedem Raumpunkt die Richtung des vom Feldzentrum aus zu diesem Punkt gezogenen Radiusvektors.

Obwohl ein Teilchen, das sich in einem solchen Feld bewegt, kein abgeschlossenes System darstellt, ist sein auf das Feldzentrum bezogener Drehimpuls eine Erhaltungsgröße. Da nämlich die am Teilchen angreifende Kraft die Richtung seines vom Feldzentrum aus gezogenen Radiusvektors hat, ist das Drehmoment gleich Null. Auf Grund der Gleichung $\mathrm{d}\boldsymbol{L}/\mathrm{d}t = \boldsymbol{K}$ folgt daraus $\boldsymbol{L} = \text{const}$.

Der Drehimpuls $\boldsymbol{L} = m\,\boldsymbol{r}\times\boldsymbol{v}$ steht senkrecht auf dem Radiusvektor $\boldsymbol{r}$. Daher ergibt sich aus der Konstanz der Richtung von $\boldsymbol{L}$, daß der Radiusvektor des Teilchens sich in einer Ebene bewegt, die auf der Richtung von $\boldsymbol{L}$ senkrecht steht. Im Zentralfeld liegen die Teilchenbahnen in Ebenen, die das Feldzentrum enthalten.

Bei einer solchen ,,ebenen" Bewegung hat der Drehimpulserhaltungssatz eine anschauliche Bedeutung. Wir schreiben $\boldsymbol{L}$ in der Form

$$\boldsymbol{L} = m\,\boldsymbol{r}\times\boldsymbol{v} = m\,\boldsymbol{r}\times\frac{\mathrm{d}\boldsymbol{s}}{\mathrm{d}t} = m\,\frac{\boldsymbol{r}\times\mathrm{d}\boldsymbol{s}}{\mathrm{d}t}\,,$$

wobei $\mathrm{d}\boldsymbol{s}$ den Vektor bedeutet, der die Verschiebung des Massenpunktes in der Zeit $\mathrm{d}t$ beschreibt. Bekanntlich ist der Betrag des Vektorprodukts zweier Vektoren gleich dem Flächeninhalt des von ihnen gebildeten Parallelogramms. Der Flächeninhalt des von den Vektoren $\mathrm{d}\boldsymbol{s}$ und $\boldsymbol{r}$ gebildeten Parallelogramms ist gleich der doppelten Fläche des Sektors $0AA'$ (Abb. 17), den der Radiusvektor des sich bewegenden Punktes in der Zeit $\mathrm{d}t$ überstreicht. Bezeichnet man diese Fläche mit $\mathrm{d}S$, so kann der Betrag des Drehimpulses in der Form

$$L = 2\,m\,\frac{\mathrm{d}S}{\mathrm{d}t}$$

geschrieben werden. Die Größe $\mathrm{d}S/\mathrm{d}t$ heißt *Flächengeschwindigkeit.*

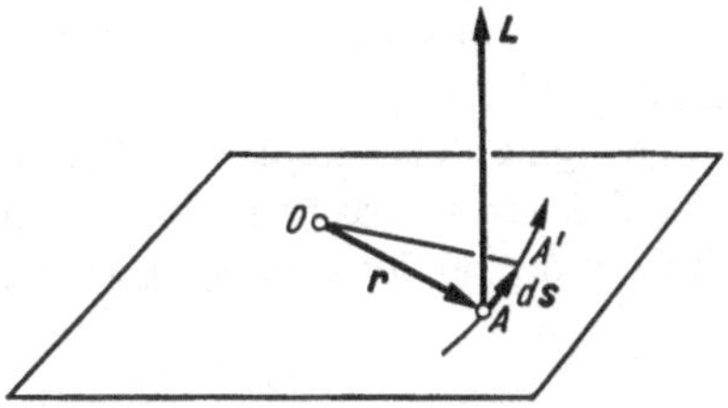

Abb. 17

Der Drehimpulserhaltungssatz kann also als Satz über die Erhaltung der Flächengeschwindigkeit formuliert werden: Der Radiusvektor eines sich im Zentralfeld bewegenden Teilchens überstreicht in gleichen Zeiten gleiche Flächen. Diese Aussage ist als *zweites Keplersches Gesetz* bekannt.

Die Bewegung im Zentralfeld ist deshalb besonders wichtig, weil die Bewegung zweier miteinander in Wechselwirkung stehender Massenpunkte, das sogenannte *Zweikörperproblem,* auf sie zurückgeführt werden kann.

Diese Bewegung betrachten wir im Massenmittelpunktsystem der beiden Teilchen. In diesem Bezugssystem ist der Gesamtimpuls gleich Null:

$$m_1\,\boldsymbol{v}_1 + m_2\,\boldsymbol{v}_2 = 0\,.$$

Dabei bedeuten $\boldsymbol{v}_1$ und $\boldsymbol{v}_2$ die Geschwindigkeiten der Teilchen. Wir definieren ferner die Relativgeschwindigkeit der Teilchen:

$$\boldsymbol{v} = \boldsymbol{v}_1 - \boldsymbol{v}_2 .$$

Aus diesen beiden Gleichungen erhält man leicht die Formeln

$$\boldsymbol{v}_1 = \frac{m_2}{m_1 + m_2}\,\boldsymbol{v}, \qquad \boldsymbol{v}_2 = -\,\frac{m_1}{m_1 + m_2}\,\boldsymbol{v},$$

die die Geschwindigkeiten der einzelnen Teilchen durch die Relativgeschwindigkeiten ausdrücken.

Diese Ausdrücke setzen wir in die Formel

$$E = \frac{m_1}{2}\,v_1^2 + \frac{m_2}{2}\,v_2^2 + U(r)$$

für die Gesamtenergie der Teilchen ein. Dabei ist $U(r)$ die potentielle Energie der Teilchen als Funktion ihres gegenseitigen Abstandes r (r ist der Betrag des Vektors $\boldsymbol{r} = \boldsymbol{r}_1 - \boldsymbol{r}_2$). Nach einfacher Umformung ergibt sich

$$E = \frac{m}{2}\,v^2 + U(r) .$$

Dabei bedeutet m die Größe

$$m = \frac{m_1\, m_2}{m_1 + m_2},$$

die man als *reduzierte Masse* der Teilchen bezeichnet.

Die Energie der Relativbewegung zweier Teilchen ist also von derselben Form wie die eines Teilchens mit der Masse m, das sich mit der Geschwindigkeit $\boldsymbol{v} = \mathrm{d}\boldsymbol{r}/\mathrm{d}t$ in einem äußeren Zentralfeld mit der potentiellen Energie $U(r)$ befindet. Mit anderen Worten, das Zweikörperproblem läuft auf das Bewegungsproblem eines Teilchens mit reduzierter Masse im äußeren Feld hinaus.

Ist das zuletzt genannte Problem gelöst (d. h. die Bahn $\boldsymbol{r} = \boldsymbol{r}(t)$ des Teilchens mit der reduzierten Masse bestimmt), so können die Bahnen der beiden Teilchen mit den Massen m_1 und m_2 mit Hilfe der Formeln

$$\boldsymbol{r}_1 = \frac{m_2}{m_1 + m_2}\,\boldsymbol{r}, \qquad \boldsymbol{r}_2 = -\,\frac{m_1}{m_1 + m_2}\,\boldsymbol{r}$$

berechnet werden, die die Radiusvektoren $\boldsymbol{r}_1$ und $\boldsymbol{r}_2$ der Teilchen gegenüber dem Massenmittelpunkt mit ihrem Relativvektor $\boldsymbol{r} = \boldsymbol{r}_1 - \boldsymbol{r}_2$ verbinden (diese Beziehungen ergeben sich aus der Relation $m_1\,\boldsymbol{r}_1 + m_2\,\boldsymbol{r}_2 = 0$ und entsprechen den oben angegebenen Formeln für die Geschwindigkeiten $\boldsymbol{v}_1 = \mathrm{d}\boldsymbol{r}_1/\mathrm{d}t$ und $\boldsymbol{v}_2 = \mathrm{d}\boldsymbol{r}_2/\mathrm{d}t$). Die beiden Teilchen bewegen sich also relativ zum Massenmittelpunkt auf geometrisch ähnlichen Bahnen, die sich nur durch ihre Abmessungen, die den Teilchenmassen umgekehrt proportional sind, voneinander unterscheiden, denn es gilt

$$\frac{r_1}{r_2} = \frac{m_2}{m_1} .$$

Während der Bewegung befinden sich die Teilchen immer in den Endpunkten einer Strecke, die durch den Massenmittelpunkt verläuft.

KAPITEL II

DAS FELD

§ 17. Elektrische Wechselwirkung

Im vorigen Kapitel wurde der Begriff der Kraft definiert und mit dem der potentiellen Energie in Zusammenhang gebracht. Wir gehen nun dazu über, einige der in der Natur vorkommenden Wechselwirkungen zu betrachten.

Zu den wichtigsten gehört die *elektrische Wechselwirkung*. Insbesondere sind die in Atomen und Molekülen wirkenden Kräfte hauptsächlich elektrischer Natur. Daher werden die inneren Strukturen der verschiedenen Körper im wesentlichen durch diese Wechselwirkung bestimmt.

Die Kräfte der elektrischen Wechselwirkung beruhen auf einer besonderen physikalischen Eigenschaft der Teilchen, ihrer *elektrischen Ladung*. Körper, die keine elektrische Ladungen tragen, zeigen keine elektrische Wechselwirkung miteinander.

Die Kraft der elektrischen Wechselwirkung zwischen zwei Körpern, die als Teilchen aufgefaßt werden können, ist dem Produkt ihrer Ladungen direkt und dem Quadrat ihres gegenseitigen Abstandes umgekehrt proportional. Dieser Sachverhalt bildet den Inhalt des COULOMB*schen Gesetzes*. Bezeichnen wir die Kraft der elektrischen Wechselwirkung mit F, die Ladungen der beiden Körper mit e_1 und e_2 und ihren gegenseitigen Abstand mit r, so läßt sich das COULOMBsche Gesetz in der Form

$$F = \text{const} \cdot \frac{e_1 e_2}{r^2}$$

schreiben.

Die Kraft F besitzt die Richtung der Verbindungsgeraden zwischen den Teilchen und führt erfahrungsgemäß entweder zur Abstoßung oder zur Anziehung der beiden geladenen Körper. Aus diesem Grunde ordnet man den Ladungen verschiedene Vorzeichen zu. Körper mit gleichnamigen Ladungen stoßen sich voneinander ab, während sich solche mit verschiedenen Ladungsvorzeichen gegenseitig anziehen. Im COULOMBschen Gesetz ist das Vorzeichen der Kraft bei Abstoßung positiv und bei Anziehung negativ. Es ist gleichgültig, welche der Ladungen als positiv bzw. negativ vereinbart wird. Die in der Physik gebräuchliche Wahl des Ladungsvorzeichens hat historische Gründe. Von Bedeutung ist lediglich der Unterschied der Ladungsvorzeichen. Eine Umbenennung aller negativen Ladungen in positive und umgekehrt würde nichts an den physikalischen Gesetzen ändern.

Da bei unseren Überlegungen an dieser Stelle zum ersten Mal Ladungen auftreten und wir für sie noch keine Maßeinheit festgelegt haben, können wir die im COULOMBschen Gesetz auftretende Proportionalitätskonstante gleich 1 setzen, so daß

$$F = \frac{e_1 e_2}{r^2}$$

gilt. Damit haben wir uns auf die Wahl einer bestimmten Ladungseinheit festgelegt. Sie ist gleich derjenigen Ladung, die auf eine ihr gleiche im Abstand von 1 cm mit der Kraft von 1 dyn wirkt. Diese Ladung nennt man *elektrostatische Ladungseinheit* (esL). Das bei dieser Wahl der Konstanten im COULOMBschen Gesetz erhaltene System von Einheiten nennen wir *elektrostatisches cgs-System*. In diesem Maßsystem hat die Ladung die Dimension

$$[e] = ([F]\,[r]^2)^{1/2} = \left(\frac{\text{g cm}}{\text{s}^2}\,\text{cm}^2\right)^{1/2} = \text{g}^{1/2}\,\text{cm}^{3/2}\,\text{s}^{-1}\,.$$

Die Ladungseinheit des Internationalen Maßsystems ist größer. Sie heißt *Coulomb* (C) und ist

$$1\,\text{C} = 3 \cdot 10^9\,\text{esL}\,.$$

Mit Hilfe des Ausdrucks für die Kraft der elektrischen Wechselwirkung zweier Ladungen e_1 und e_2 läßt sich die entsprechende potentielle Energie bestimmen. Bei einer Vergrößerung des gegenseitigen Abstandes der Ladungen um $\mathrm{d}r$ wird die Arbeit

$$\mathrm{d}A = \frac{e_1 e_2}{r^2}\,\mathrm{d}r$$

geleistet. Diese ist gleich der Abnahme der potentiellen Energie U. Es gilt also

$$-\,\mathrm{d}U = \frac{e_1 e_2}{r^2}\,\mathrm{d}r = -\,e_1 e_2\,\mathrm{d}\left(\frac{1}{r}\right).$$

Daraus folgt

$$U = \frac{e_1 e_2}{r^2}\,.$$

Zu diesem Ausdruck ist strenggenommen noch ein konstanter Term zu addieren. Diesen setzen wir jedoch gleich Null, damit die potentielle Energie bei unendlich großem Abstand zwischen den Ladungen gleich Null ist. Die potentielle Energie der Wechselwirkung zweier Ladungen ist also ihrem gegenseitigen Abstand umgekehrt proportional.

§ 18. Elektrische Feldstärke

Da im COULOMBschen Gesetz das Produkt der Ladungen vorkommt, läßt sich die Kraft, mit der die Ladung e_1 an der Ladung e angreift, in der Form

$$\boldsymbol{F} = e\,\boldsymbol{E}$$

schreiben. Dabei ist $\boldsymbol{E}$ ein von der Größe der Ladung e unabhängiger Vektor, der durch die Ladung e_1 und den Abstand r zwischen den Ladungen e und e_1

bestimmt wird. Man bezeichnet den Vektor $\boldsymbol{E}$ als *elektrische Feldstärke* oder oft einfacher als *elektrisches Feld*, das durch die Ladung e_1 erzeugt wird. Der Vektor $\boldsymbol{E}$ hat den Betrag

$$E = \frac{e_1}{r^2}$$

und besitzt die Richtung der Verbindung zwischen den Ladungen e_1 und e. Man kann sagen, daß die Kraft, mit der die Ladung e_1 an der Ladung e angreift, gleich dem Produkt von e mit dem durch die Ladung e_1 am Ort der Ladung e erzeugten elektrischen Feld ist.

Damit kommen wir zu einer anderen Beschreibungsweise der elektrischen Wechselwirkung. An die Stelle der Aussage, daß das Teilchen *2* vom Teilchen *1* angezogen oder abgestoßen wird, setzen wir die Aussage, daß das erste geladene Teilchen in seiner Umgebung ein besonderes Kraftfeld, das elektrische Feld, aufbaut, und daß das zweite Teilchen mit dem ersten Teilchen nicht direkt, sondern mit dem von ihm erzeugten elektrischen Feld in Wechselwirkung steht.

Zwischen diesen beiden Betrachtungsweisen scheint zunächst nur ein formaler Unterschied zu bestehen. In Wahrheit ist das jedoch nicht der Fall. Der Begriff des elektrischen Feldes besitzt keineswegs nur formalen Charakter. Wie die Untersuchung zeitlich veränderlicher elektrischer und magnetischer Felder zeigt, sind diese auch bei Abwesenheit elektrischer Ladungen existenzfähig. Ebenso wie die in der Natur existierenden Teilchen stellen sie eine selbständige physikalische Realität dar. Diese Fragen sprengen jedoch den Rahmen unserer Überlegungen über die Wechselwirkungen der Teilchen, die hier im Zusammenhang mit der Untersuchung ihrer Bewegungsgesetze angestellt werden.

Das durch mehrere elektrische Ladungen erzeugte elektrische Feld läßt sich durch die folgende fundamentale Eigenschaft der elektrischen Wechselwirkung bestimmen: Die zwischen zwei Ladungen bestehende elektrische Wechselwirkung wird durch die Anwesenheit einer dritten Ladung nicht beeinflußt.

Daraus kann folgendes geschlossen werden. Das von mehreren Ladungen insgesamt erzeugte elektrische Feld ist gleich der Vektorsumme der von den einzelnen Ladungen erzeugten elektrischen Felder. Mit anderen Worten, die elektrischen Felder der einzelnen Ladungen überlagern sich, ohne miteinander in Wechselwirkung zu treten. Diese bemerkenswerte Eigenschaft des elektrischen Feldes nennt man das *Superpositionsprinzip.*

Das Superpositionsprinzip für das elektrische Feld folgt keineswegs unmittelbar aus der Tatsache, daß die elektrische Wechselwirkung existiert. Es ist vielmehr als Naturgesetz anzusehen. Das Superpositionsprinzip gilt für jedes elektrische Feld und spielt in der Physik eine außerordentlich wichtige Rolle.

Als Anwendung des Superpositionsprinzips bestimmen wir das elektrische Feld in großer Entfernung eines zusammengesetzten Körpers. Setzt sich der Körper aus den Ladungen $e_1, e_2, \ldots$ zusammen, so sind die von ihnen im Abstand r erzeugten Felder

$$E_1 = \frac{e_1}{r^2}, \qquad E_2 = \frac{e_2}{r^2}, \ldots$$

Befindet sich der Punkt, in dem das Feld betrachtet wird, in großem Abstand vom Körper, so kann man annehmen, daß die Verbindungen zwischen diesem Punkt und den einzelnen Ladungen alle gleich lang sind und dieselbe Richtung besitzen. Vom Superpositionsprinzip ausgehend, erhalten wir deshalb das vom Körper erzeugte Gesamtfeld einfach durch algebraische Addition der Felder $E_1, E_2, \ldots$:

$$E = \frac{e_1 + e_2 + \cdots}{r^2}.$$

Das Feld des zusammengesetzten Körpers ist also gleich dem Feld eines Teilchens, dessen Ladung

$$e = e_1 + e_2 + \cdots$$

ist. Mit anderen Worten, die Gesamtladung des zusammengesetzten Körpers ist gleich der Summe der Ladungen der Teilchen, aus denen er besteht, und hängt nicht von deren gegenseitiger Anordnung und Bewegung ab. Dieser Sachverhalt heißt *Ladungserhaltungssatz.*

Im allgemeinen Fall sind sowohl Betrag als auch Richtung des elektrischen Feldes von Ort zu Ort verschieden. Graphisch stellt man es mit Hilfe *elektrischer Kraftlinien* dar. Das sind Linien, deren Richtungen in jedem Raumpunkt mit der Richtung des entsprechenden elektrischen Feldes übereinstimmen.

Die Kraftlinien des von einer einzelnen Ladung erzeugten Feldes sind Geraden. Sie gehen vom Ort der Ladung aus, falls diese positiv ist, und münden in den Ort der Ladung ein, falls diese negativ ist (Abb. 18).

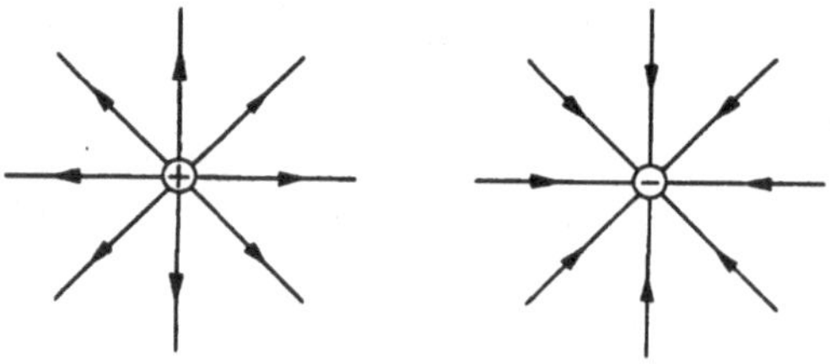

Abb. 18

Wie aus der Definition der Kraftlinien folgt, kann durch jeden Raumpunkt, in dem sich keine Ladung befindet, nur eine Kraftlinie verlaufen, die die Richtung des in diesem Punkt herrschenden elektrischen Feldes besitzt. Mit anderen Worten, Kraftlinien können sich in Raumpunkten, in denen sich keine Ladungen befinden, nicht schneiden.

Die Kraftlinien eines konstanten elektrischen Feldes können nicht geschlossen sein. Wird nämlich eine Ladung längs einer Kraftlinie verschoben, so leisten die Kräfte des Feldes eine positive Arbeit, weil Kraft und Weg dabei ständig dieselbe Richtung besitzen. Wären geschlossene Kraftlinien möglich, so würden die Kräfte des Feldes beim einmaligen Durchlaufen einer solchen Kraftlinie, wobei die Ladung in den Anfangspunkt zurückkehrt, eine von Null verschiedene Arbeit leisten. Das steht im Widerspruch zum Energieerhaltungssatz.

Jede Kraftlinie muß also außer einem Anfangspunkt auch einen Endpunkt besitzen oder im Unendlichen verschwinden. Die das Feld erzeugenden Ladungen sind Anfangs- und Endpunkte der Kraftlinien. Es ist unmöglich, daß beide Grenzpunkte einer Kraftlinie im Unendlichen liegen. Wäre das der Fall, so würden die Kräfte des Feldes bei einer Verschiebung einer Ladung von Unendlich nach Unendlich längs eines solchen Weges eine von Null verschiedene Arbeit leisten. Das steht im Widerspruch zum Verschwinden der potentiellen Energie im Unendlichen, also an den beiden Grenzpunkten des betrachteten Weges.

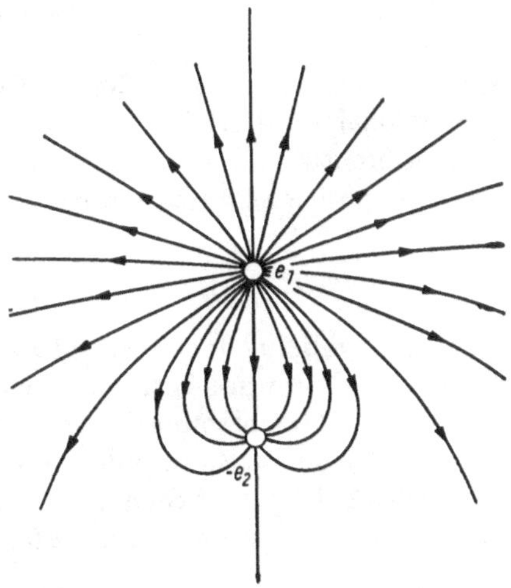

Abb. 19

Aus diesem Grunde ist ein Randpunkt jeder Kraftlinie unbedingt eine Ladung, während der zweite Grenzpunkt entweder im Unendlichen oder auf einer Ladung entgegengesetzten Vorzeichens liegt. Zur Veranschaulichung zeigt Abb. 19 das Feld zweier ungleichnamiger Ladungen e_1 und $-e_2$. Die Zeichnung entspricht dem Fall, daß e_1 größer als e_2 ist. Ein Teil der vom Punkt e_1 ausgehenden Kraftlinien endet im Punkt $-e_2$, während der andere nach Unendlich geht.

§ 19. Elektrostatisches Potential

Ebenso wie die Kraft ist auch die potentielle Energie U einer Ladung e, die sich in einem elektrischen Feld befindet, der Größe der Ladung proportional:

$$U = e\,\varphi\,.$$

Die in dieser Beziehung vorkommende Größe φ, die gleich der potentiellen Energie der Ladungseinheit ist, nennt man *Potential des elektrischen Feldes.*

Vergleicht man diese Definition mit derjenigen des elektrischen Feldes ($\boldsymbol{F} = e\,\boldsymbol{E}$, wobei $\boldsymbol{F}$ die an der Ladung e angreifende Kraft ist) und benutzt den allgemeinen Zusammenhang $F_s = -\,\mathrm{d}U/\mathrm{d}s$ zwischen Kraft und potentieller

Energie (s. § 10), so sieht man, daß Feldstärke und Potential des Feldes durch eine ähnliche Beziehung miteinander zusammenhängen:

$$E_s = -\frac{d\varphi}{ds}.$$

Wie wir bereits wissen, ist die potentielle Energie zweier Ladungen im Abstand r voneinander

$$U = \frac{e_1 e_2}{r}.$$

Daher ist das Potential des Feldes, das die Ladung e_1 im Abstand r hervorruft,

$$\varphi = \frac{e_1}{r}.$$

Nimmt der Abstand von der Ladung zu, so nimmt das Potential umgekehrt proportional zu ihm ab.

Das Potential eines durch mehrere Ladungen erzeugten Feldes ist auf Grund des Superpositionsprinzips durch die Formel

$$\varphi = \frac{e_1}{r_1} + \frac{e_2}{r_2} + \cdots$$

bestimmt, wobei r_i den Abstand zwischen der Ladung e_i und dem Raumpunkt, in dem das Potential betrachtet wird, bezeichnet.

Bei einer Verschiebung einer Ladung von einem Raumpunkt mit dem Potential φ_1 in einen Raumpunkt mit dem Potential φ_2 ist die von den Kräften des Feldes geleistete Arbeit gleich dem Produkt der Ladung mit der Differenz zwischen den Potentialen im Anfangs- und Endpunkt des Weges:

$$A_{12} = e(\varphi_1 - \varphi_2).$$

Raumpunkte gleichen Potentials bilden Flächen, die man als *Äquipotentialflächen* bezeichnet.

Bei der Verschiebung einer Ladung in einer Äquipotentialfläche ist die von den Kräften des Feldes geleistete Arbeit gleich Null. Das Verschwinden der Arbeit bedeutet, daß die Kraft auf der Verschiebungsrichtung senkrecht steht. Daraus ergibt sich, daß in jedem Raumpunkt die elektrische Feldstärke senkrecht auf der durch diesen Raumpunkt verlaufenden Äquipotentialfläche steht. Mit anderen Worten, Kraftlinien und Äquipotentialflächen stehen aufeinander senkrecht. Zum Beispiel sind im Falle einer Punktladung die Kraftlinien Geraden, die durch den Ort der Ladung verlaufen, während die Äquipotentialflächen Oberflächen konzentrischer Kugeln darstellen, deren Mittelpunkte im Ort der Ladung liegen.

Das elektrische Potential besitzt die Dimension

$$[\varphi] = \frac{[U]}{[e]} = g^{1/2}\,cm^{1/2}\,s^{-1}.$$

Einheit des Potentials ist im elektrostatischen cgs-System die Größe $1\,g^{1/2}\,cm^{1/2}\,s^{-1}$. Im Internationalen Maßsystem benutzt man eine andere Einheit, die um den Faktor 1/300 kleiner ist. Diese Einheit heißt *Volt* (V):

$$1\,V = \frac{1}{300}\,esL\,.$$

Geht eine Ladung von 1 C zwischen zwei Raumpunkten über, zwischen denen die Potentialdifferenz von 1 V besteht, so ist die von den Kräften des Feldes geleistete Arbeit gleich $3 \cdot 10^9/300 = 10^7$ erg, d. h. gleich 1 J:

$$1\,C\,V = 1\,J\,.$$

§ 20. Gausssches Theorem

Ein weiterer wichtiger Begriff ist der *Fluß des elektrischen Feldes.* Um ihn anschaulich zu erklären, stellen wir uns vor, daß sich in dem vom Feld eingenommenen Raum eine Flüssigkeit befindet, deren Geschwindigkeit in jedem Raumpunkt nach Betrag und Richtung mit der jeweiligen elektrischen Feldstärke übereinstimmt. Dann hat der Fluß des elektrischen Feldes durch eine bestimmte Fläche die Bedeutung des Volumens der in der Zeiteinheit durch diese Fläche strömenden Flüssigkeit.

Wir bestimmen nun den Fluß des von einer Punktladung e erzeugten elektrischen Feldes durch die Oberfläche einer Kugel mit dem Radius r, deren Mittelpunkt sich am Ort der Ladung befindet. Die Feldstärke ergibt sich in diesem Falle auf Grund des Coulombschen Gesetzes zu $E = e/r^2$. Die gedachte Flüssigkeit hat also die Geschwindigkeit e/r^2, und der Fluß durch die Kugeloberfläche ist gleich dem Produkt der Geschwindigkeit mit der Oberfläche $4\pi r^2$. Wir erhalten also den Fluß

$$E \cdot 4\pi r^2 = 4\pi e\,.$$

Wir sehen, daß dieser Fluß nicht vom Radius abhängt und nur durch die Ladung bestimmt wird. Man kann zeigen, daß der Fluß durch eine beliebige andere, die Ladung umschließende Fläche ebenfalls gleich $4\pi e$ ist. Dieses wichtige Resultat ist eine Folgerung aus der Tatsache, daß die Feldstärke auf Grund des Coulombschen Gesetzes dem Quadrat des Abstandes umgekehrt proportional ist.

Wir betrachten nun den Fluß eines durch mehrere Ladungen erzeugten Feldes. Dieser läßt sich auf Grund der Tatsache, daß das elektrische Feld dem Superpositionsprinzip genügt, bestimmen. Offenbar ist in diesem Falle der Fluß des Feldes durch eine beliebige geschlossene Oberfläche gleich der Summe der Flüsse, die von den einzelnen in ihr befindlichen Ladungen herrühren. Da jeder dieser Flüsse gleich der mit 4π multiplizierten entsprechenden Ladung ist, ergibt sich der gesamte Fluß des elektrischen Feldes als algebraische Summe der mit 4π multiplizierten Summe der innerhalb der Oberfläche befindlichen Ladungen. Dieser Sachverhalt bildet den Inhalt des Gaussschen *Theorems.*

Der Fluß des elektrischen Feldes durch eine geschlossene Oberfläche ist gleich Null, wenn sich in ihr keine Ladungen befinden bzw. die Summe der von ihr umschlossenen Ladungen gleich Null ist.

Wir betrachten nun ein enges Bündel von Kraftlinien, das durch eine von Kraftlinien gebildete Oberfläche umschlossen wird (Abb. 20). Wir schneiden dieses Bündel, das wir als Kraftlinienröhre bezeichnen wollen, durch die beiden Äquipotentialflächen *1* und *2* auf und bestimmen den Fluß durch die geschlossene Fläche, die von der Seitenfläche der Kraftlinienröhre und den beiden Äquipotentialflächenstücken gebildet wird. Liegen innerhalb dieser geschlossenen Fläche keine Ladungen, so ist der Gesamtfluß durch sie gleich Null. Da andererseits der Fluß durch die Seitenfläche gleich Null ist, müssen die Flüsse durch die beiden Flächen *1* und *2* gleich sein. Anschaulich kann man sich das betrachtete Bündel von Kraftlinien als Strömungsröhre einer Flüssigkeit vorstellen.

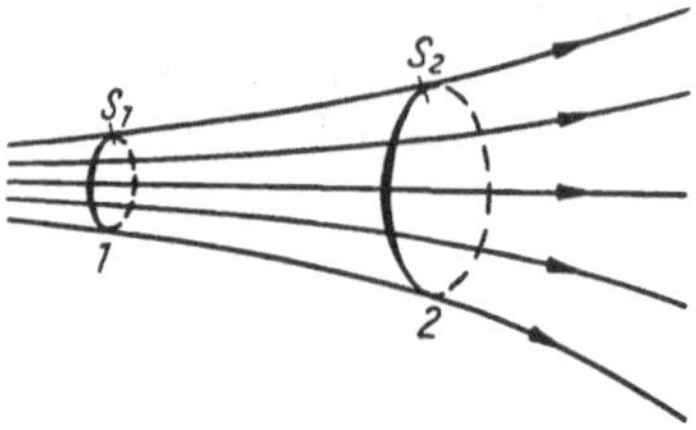

Abb. 20

Die elektrischen Feldstärken in den beiden Querschnitten *1* und *2*, deren Flächen gleich S_1 und S_2 sein mögen, bezeichnen wir mit E_1 und E_2. Setzen wir voraus, daß die Kraftlinienröhre genügend eng ist, so können wir die Felder E_1 und E_2 auf den entsprechenden Querschnitten als konstant annehmen. Dann läßt sich die Bedingung für die Gleichheit der Flüsse durch die Flächen *1* und *2* in der Form

$$S_1 E_1 = S_2 E_2$$

schreiben (da das elektrische Feld auf der Äquipotentialfläche senkrecht steht, ist der Fluß gleich dem Produkt der Feldstärke mit der entsprechenden Querschnittsfläche). Da die Zahl N_1 der durch den Querschnitt *1* verlaufenden Kraftlinien gleich der Zahl N_2 der durch den Querschnitt *2* hindurchgehenden Kraftlinien ist, läßt sich schreiben

$$\frac{N_1}{S_1 E_1} = \frac{N_2}{S_2 E_2}.$$

Die Größen $n_1 = N_1/S_1$ und $n_2 = N_2/S_2$ sind die Zahlen der Kraftlinien, die durch die Flächeneinheiten der zu den Kraftlinien orthogonalen Querschnitte *1* und *2* hindurchgehen. Die Kraftliniendichte ist also der Feldstärke proportional:

$$\frac{n_1}{n_2} = \frac{E_1}{E_2}.$$

Die graphische Darstellung eines Feldes mit Hilfe von Kraftlinien erfaßt also nicht nur die Richtung, sondern auch den Betrag der Feldstärke. Die größere Kraftliniendichte entspricht dem stärkeren Feld, die kleinere Kraftliniendichte dem schwächeren Feld.

§ 21. Einfachste elektrische Felder

Oft läßt sich mit Hilfe des GAUSSschen Theorems das von einem zusammengesetzten geladenen Körper erzeugte Feld bestimmen, wenn die Ladungen genügend symmetrisch angeordnet sind.

Als erstes Beispiel betrachten wir das Feld einer symmetrisch geladenen Kugel. Es ist radial gerichtet und hängt nur vom Abstand zum Kugelmittelpunkt ab. Davon ausgehend, kann man das außerhalb der Kugel herrschende Feld leicht berechnen. Zu diesem Zweck bestimmen wir den Fluß des Feldes durch die Oberfläche einer Kugel mit dem Radius r, deren Mittelpunkt mit dem der geladenen Kugel übereinstimmt. Dieser Fluß ist offenbar gleich $4 \pi r^2 E$. Er ist andererseits auf Grund des GAUSSschen Theorems gleich $4 \pi e$, wobei e die Ladung der Kugel bedeutet. Es gilt also $4 \pi r^2 E = 4 \pi e$. Daraus folgt

$$E = \frac{e}{r^2} .$$

Das außerhalb der Kugel bestehende Feld entspricht also dem Feld einer Punktladung, die die Ladung der Kugel trägt und in deren Mittelpunkt angeordnet ist. Entsprechend ist auch das Potential dieses Feldes gleich dem einer Punktladung:

$$\varphi = \frac{e}{r} .$$

Das innerhalb der Kugel herrschende Feld ist davon abhängig, in welcher Weise die Ladungen in der Kugel angeordnet sind. Ist nur die Kugeloberfläche geladen, so ist das Feld innerhalb der Kugel gleich Null.

Besteht innerhalb der Kugel eine gleichmäßige Ladungsverteilung der Dichte ϱ (ϱ bedeutet die Ladung der Volumeneinheit), so findet man das Feld innerhalb der Kugel, indem man das GAUSSsche Theorem auf eine innerhalb der Kugel liegende Kugeloberfläche mit dem Radius r anwendet:

$$E \cdot 4 \pi r^2 = 4 \pi e_r .$$

Dabei ist e_r die von der Kugeloberfläche mit dem Radius r umschlossene Ladung. Sie ist gleich dem Produkt der Ladungsdichte mit dem Volumen der Kugel vom Radius r:

$$e_r = \frac{4 \pi}{3} r^3 \varrho .$$

Es ist also

$$4 \pi r^2 E = 4 \pi \frac{4 \pi}{3} r^3 \varrho .$$

Daraus ergibt sich

$$E = \frac{4 \pi}{3} \varrho r .$$

Das Feld einer Kugel, deren Ladung gleichmäßig über das Volumen verteilt ist, ist innerhalb der Kugel dem Abstand von ihrem Mittelpunkt direkt und außerhalb der Kugel dem Quadrat des Abstandes von ihrem Mittelpunkt umgekehrt proportional. Abb. 21 zeigt das Feld einer solchen Kugel als Funktion des Abstandes von ihrem Mittelpunkt (a bezeichnet den Kugelradius).

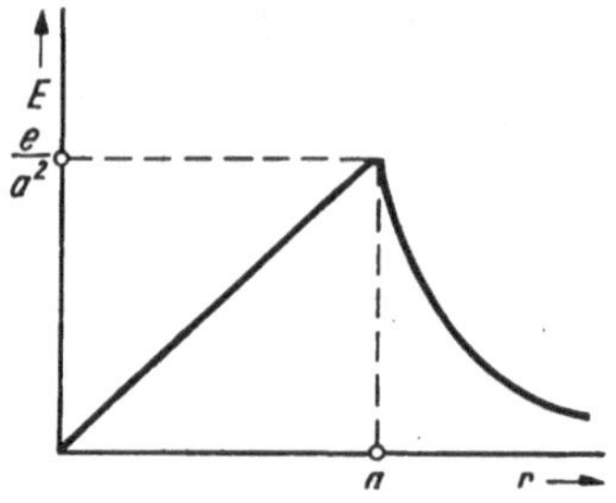

Abb. 21

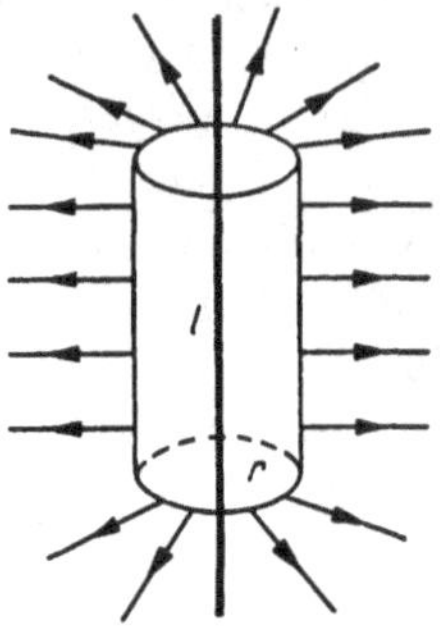

Abb. 22

Als zweites Beispiel berechnen wir das Feld eines geradlinigen geladenen Drahtes mit gleichmäßiger Ladungsverteilung. Wir setzen den Draht als so lang voraus, daß wir den Einfluß seiner Enden nicht zu berücksichtigen brauchen. Wir gehen also so vor, als ob der Draht unendlich lang ist. Das von einem solchen Draht erzeugte Feld kann aus Symmetriegründen keine Komponenten in den beiden Richtungen längs des Drahtes besitzen (da beide Richtungen völlig äquivalent sind). Das Feld steht also in jedem Raumpunkt auf dem Draht senkrecht. Auf Grund dieser Eigenschaft läßt es sich leicht bestimmen. Wir betrachten den Fluß des Feldes durch die geschlossene Oberfläche eines Zylinders mit dem Radius r und der Höhe l, dessen Achse der Draht ist (Abb. 22). Da das Feld auf der Zylinderachse senkrecht steht, ist der Fluß durch die beiden Basisflächen gleich Null. Der gesamte Fluß des Feldes durch die betrachtete geschlossene Oberfläche ist daher gleich dem Fluß durch den Zylindermantel und ergibt sich offenbar zu $e \cdot 2\pi r l$. Andererseits ist der Fluß nach dem Gaussschen Theorem gleich $4\pi e$, wobei e die auf dem Drahtstück der Länge l befindliche Ladung bedeutet. Bezeichnet man die Ladung des Drahtes pro Längeneinheit mit q, so gilt $e = q l$. Wir erhalten also

$$2\pi r l E = 4\pi e = 4\pi q l .$$

Daraus folgt

$$E = \frac{2q}{r} .$$

Das von einem gleichmäßig geladenen Draht erzeugte Feld ist also dem Abstand r vom Draht umgekehrt proportional.

Wir berechnen das Potential dieses Feldes. Da das Feld in jedem Raumpunkt radial gerichtet ist, stimmt seine radiale Komponente E_r mit seinem gesamten Betrag E überein. Auf Grund des allgemeinen Zusammenhangs zwischen Feldstärke und Potential gilt deshalb

$$-\frac{d\varphi}{dr} = E = \frac{2\,q}{r}\,.$$

Daraus folgt

$$\varphi = -\,2\,q \ln r + \text{const}\,.$$

Im betrachteten Fall hängt also das Potential logarithmisch vom Abstand zum Draht ab. Die in dieser Formel vorkommende Konstante kann nicht mit Hilfe der Bedingung, daß das Potential im Unendlichen verschwinden muß, bestimmt werden, da der erhaltene Ausdruck für $r \to \infty$ gegen Unendlich strebt. Dieser Sachverhalt hängt mit der Annahme über die Unendlichkeit der Drahtlänge zusammen. Die erhaltene Formel ist deshalb nur für Abstände r anwendbar, die klein gegen die tatsächliche Drahtlänge sind.

Schließlich bestimmen wir noch das Feld einer gleichmäßig geladenen unbegrenzten Ebene. Aus Symmetriegründen muß das Feld auf der Ebene senkrecht stehen und auf beiden Seiten der Ebene bei gleichen Abständen von ihr denselben Betrag haben und entgegengesetzt gerichtet sein.

Wir betrachten den Fluß des elektrischen Feldes durch die Oberfläche eines Parallelepipeds (Abb. 23), das so angeordnet ist, daß zwei Seitenflächen parallel zur geladenen Ebene liegen und die geladene Ebene das Parallelepiped in zwei Hälften teilt (in der Abbildung ist der innerhalb des Parallelepipeds liegende Teil der geladenen Ebene schraffiert dargestellt). Nur der Fluß durch die parallel zur geladenen Ebene liegenden Seitenflächen des Parallelepipeds ist ungleich Null. Daher gilt auf Grund des Gaussschen Theorems

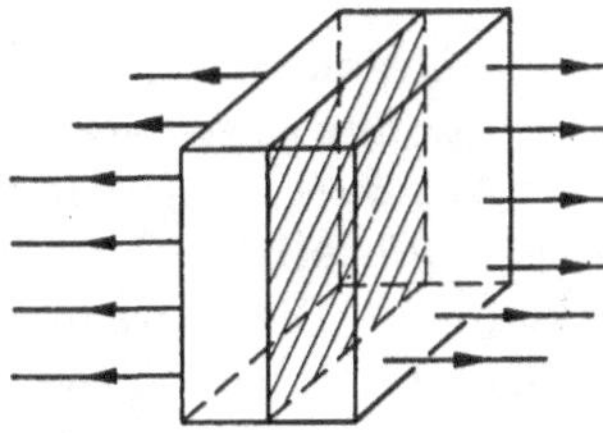

Abb. 23

$$2\,S\,E = 4\,\pi\,e = 4\,\pi\,S\,\sigma\,.$$

Dabei bedeuten S den Inhalt einer der beiden Seitenflächen und σ die Ladung pro Flächeneinheit auf der geladenen Ebene (Flächenladungsdichte). Es folgt also

$$E = 2\,\pi\,\sigma\,.$$

Wir sehen, daß das Feld einer unendlich ausgedehnten geladenen Ebene nicht vom Abstand von der Ebene abhängt. Mit anderen Worten, das von der geladenen Ebene erzeugte elektrische Feld ist auf beiden Seiten homogen. Das Potential dieser gleichmäßig geladenen Ebene ist eine lineare Funktion des Abstandes x von ihr.

§ 22. Gravitationsfeld

In der Natur spielt die *Gravitationswechselwirkung* neben der elektrischen Wechselwirkung eine außerordentlich wichtige Rolle. Sie ist bei allen Körpern, unabhängig davon, ob diese elektrisch geladen oder neutral sind, vorhanden und wird nur durch ihre Massen bestimmt. Auf Grund der Gravitationswechselwirkung ziehen sich alle Körper gegenseitig an. Die Kraft der Gravitationswechselwirkung zweier Körper ist dem Produkt ihrer Massen proportional.

Wenn es möglich ist, die betrachteten Körper als Teilchen aufzufassen, ist die Kraft der Gravitationswechselwirkung ihrem gegenseitigen Abstand umgekehrt und dem Produkt ihrer Massen direkt proportional. Bezeichnen wir die entsprechenden Massen mit m_1 und m_2 und ihren gegenseitigen Abstand mit r, so läßt sich die zwischen ihnen bestehende Gravitationskraft in der Form

$$F = -G\frac{m_1 m_2}{r^2}$$

schreiben. Dabei bezeichnet G einen universellen Proportionalitätsfaktor, der nicht von der Natur der miteinander in Wechselwirkung stehenden Körper abhängt. Das Minuszeichen weist darauf hin, daß die Kraft F immer anziehend ist. Die angegebene Formel heißt NEWTON*sches Gravitationsgesetz.*

Die Größe G bezeichnet man als *Gravitationskonstante.* Sie ist gleich der Kraft, mit der sich zwei Massenpunkte von jeweils 1 g Masse im Abstand von 1 cm gegenseitig anziehen. Die Gravitationskonstante besitzt die Dimension

$$[G] = \frac{[F]\,[r]^2}{[m]^2} = \frac{\text{g cm s}^{-2}\,\text{cm}^2}{\text{g}^2} = \frac{\text{cm}^3}{\text{g s}^2}\,.$$

Ihr Wert ist

$$G = 6{,}67 \cdot 10^{-8}\,\frac{\text{cm}^3}{\text{g s}^2}\,.$$

Da die Gravitationskonstante außerordentlich klein ist, kann die Kraft der Gravitationswechselwirkung nur im Falle sehr großer Massen von Bedeutung sein. Aus diesem Grunde spielt sie in der Mechanik der Atome und Moleküle keine Rolle. Mit wachsender Masse nimmt die Stärke der Gravitationswechselwirkung zu. Die Bewegung solcher Körper wie des Mondes, aber auch die der künstlichen Erdtrabanten, wird vollständig durch sie bestimmt.

Das NEWTONsche Gravitationsgesetz für Teilchen ist in seiner mathematischen Formulierung dem COULOMBschen Gesetz für Punktladungen analog. In beiden Fällen ist die Kraft zwischen den Teilchen dem Quadrat ihres gegenseitigen Abstandes proportional, wobei die Massen im Gravitationsgesetz dieselbe Rolle spielen wie die Ladungen im COULOMBschen Gesetz. Im Unterschied zur Kraft der elektrischen Wechselwirkung, die sowohl anziehend als auch abstoßend sein kann, ist jedoch die Kraft der Gravitationswechselwirkung immer anziehend.

Die Einheit der Ladung wurde so festgelegt, daß die Proportionalitätskonstante im COULOMBschen Gesetz dimensionslos gleich 1 gesetzt wurde. Offenbar kann man im Falle des Gravitationsgesetzes ähnlich vorgehen. Setzen wir die Gravitationskonstante dimensionslos gleich 1, so legen wir die Einheit der Masse fest. Diese neue Masseneinheit leitet sich aus den Grundeinheiten cm und s ab und besitzt die Dimension cm^3/s^2. Sie ist gleich derjenigen Masse, die einer ihr gleichen Masse im Abstand von 1 cm die Beschleunigung von 1 cm/s² erteilt. Bezeichnen wir diese Masseneinheit mit μ, so können wir

$$G = 6{,}67 \cdot 10^{-8} \frac{\mathrm{cm}^3}{\mathrm{g\,s}^2} = 1 \frac{\mathrm{cm}^3}{\mu\,\mathrm{s}^2}$$

schreiben. Daraus folgt $\mu = 1{,}5 \cdot 10^7$ g $= 15$ t. Selbstverständlich ist diese Masseneinheit ungünstig. In der Physik wird sie deshalb nicht benutzt. Grundsätzlich ist es jedoch möglich, ein Maßsystem aufzubauen, in dem nur die Einheiten von Länge und Zeit beliebig wählbar sind, während für alle übrigen Größen, darunter die Masse, abgeleitete Einheiten gebildet werden können. Ein solches Maßsystem wird praktisch nicht benutzt, jedoch weist die Möglichkeit seiner Bildung nochmals auf die Bedingtheit des cgs-Systems hin.

Mit Hilfe des Ausdrucks für die Kraft der Gravitationswechselwirkung zwischen zwei Massenpunkten läßt sich leicht die entsprechende potentielle Energie U bestimmen. Auf Grund des allgemeinen Zusammenhangs

$$-\frac{\mathrm{d}U}{\mathrm{d}r} = F = -G\frac{m_1 m_2}{r^2}$$

zwischen U und F ergibt sich

$$U = -G\frac{m_1 m_2}{r}.$$

Die beliebige additive Konstante in diesem Ausdruck für U wurde gleich Null gesetzt, damit die potentielle Energie für den Fall unendlich weit voneinander entfernter Massen gleich Null wird. Die erhaltene Formel ist dem Ausdruck

$$U = \frac{e_1 e_2}{r}$$

für die potentielle Energie der elektrischen Wechselwirkung analog.

Wir haben die Formeln für die Kraft und die potentielle Energie der Gravitationswechselwirkung zweier Massenpunkte angegeben. Diese Beziehungen sind jedoch auf die Gravitationswechselwirkung zwischen zwei beliebigen Körpern anwendbar, wenn ihre Abmessungen klein gegenüber ihrem gegenseitigen Abstand sind. Für kugelförmige Körper gelten die Formeln jedoch auch bei beliebigen Abständen voneinander (in diesem Falle bedeutet r den Abstand zwischen den Kugelmittelpunkten).

Die Tatsache, daß die an einem Teilchen angreifende Gravitationskraft seiner Masse proportional ist, gestattet es, ähnlich wie im Falle des elektrischen Feldes den Begriff der *Stärke des Gravitationsfeldes* (*Schwerefeldes*) einzuführen. Dazu stellen wir die am Teilchen mit der Masse m angreifende Kraft $\boldsymbol{F}$ in der Form

$$\boldsymbol{F} = m\,\boldsymbol{g}$$

dar, wobei die Feldstärke $\boldsymbol{g}$ nur von den Massen und von der Anordnung der das Feld erzeugenden Körper abhängt.

Da für das Gravitationsfeld das NEWTONsche Gesetz gilt, dessen mathematische Form der des COULOMBschen Gesetzes für das elektrische Feld analog ist, genügt es auch dem GAUSSschen Theorem. Der einzige Unterschied besteht darin, daß nun an Stelle der Ladung e das Produkt der Masse mit der Gravitationskonstanten einzusetzen ist. Der Fluß des Gravitationsfeldes durch eine geschlossene Oberfläche ist also gleich $-4\pi m G$, wobei m die Summe aller innerhalb der Oberfläche liegenden Ladungen bedeutet; das Minuszeichen tritt auf, weil die Gravitationskraft anziehend ist.

Mit Hilfe des GAUSSschen Theorems kann z. B. die Stärke des Gravitationsfeldes innerhalb einer homogenen Kugel bestimmt werden. Die Rechnung verläuft ebenso wie im Falle des Problems der gleichmäßig geladenen Kugel, die im § 21 betrachtet wurde. Auf Grund des dort erhaltenen Resultats ergibt sich sofort

$$g = -\frac{4\pi}{3} G \varrho r ,$$

wobei ϱ die Massendichte der Kugel bedeutet.

Die in der Nähe der Erdoberfläche an einem Körper angreifende Schwerkraft nennt man sein *Gewicht* P. Bedeutet R den Erdradius und z die Höhe des Körpers über der Erdoberfläche, so ist der Abstand zwischen Körper und Erdmittelpunkt gleich $R + z$. Ist die Höhe z vernachlässigbar klein gegenüber R, so ergibt sich das Gewicht des Körpers zu

$$P = G \frac{m M}{R^2} ,$$

wobei M die Erdmasse bezeichnet.

Stellt man diese Beziehung in der Form

$$P = m g$$

dar, so folgt

$$g = \frac{G M}{R^2} .$$

Die Konstante g heißt *Erdbeschleunigung*. Sie ist die Beschleunigung eines in der Nähe der Erdoberfläche im Schwerefeld der Erde frei fallenden Körpers.

Für Höhen z, in denen die Schwerkraft konstant angenommen werden kann, ist die potentielle Energie eines Körpers durch die folgende Formel gegeben:

$$U = P z = m g z .$$

Dieser Ausdruck folgt aus der im § 10 erhaltenen allgemeinen Formel für die potentielle Energie im homogenen Feld, wenn man berücksichtigt, daß die Kraft im betrachteten Fall nach unten gerichtet ist, d. h. die Richtung besitzt, in der die z-Werte abnehmen.

Da die Erde nicht genau kugelförmig ist, hat die Erdbeschleunigung g nicht überall auf der Erdoberfläche denselben Wert. Außerdem ist zu berücksichtigen, daß die auf Grund der Drehung der Erde um ihre eigene Achse entstehende Zentrifugalkraft der Schwerkraft entgegengerichtet ist. Daher muß man eine effektive Erdbeschleunigung einführen, die kleiner als die auf der von uns zunächst als ruhend angenommenen Erde ist. Sie ist an den Erdpolen gleich $g = 983{,}2\ \mathrm{cm/s^2}$ und am Äquator $g = 978{,}0\ \mathrm{cm/s^2}$.

Der Wert von g tritt oft bei der Bestimmung von Maßeinheiten physikalischer Größen auf (z. B. der Kraft und der Arbeit). In diesen Fällen benutzt man den Standardwert

$$g = 980{,}665\ \mathrm{cm/s^2}\ ,$$

der etwa dem Wert der Erdbeschleunigung auf dem 45. Breitengrad entspricht.

§ 23. Äquivalenzprinzip

Die zwischen Gravitationskraft und Masse des Teilchens, an dem sie angreift, herrschende Proportionalität ($\boldsymbol{F} = m\,\boldsymbol{g}$) ist von tiefer physikalischer Bedeutung.

Die einem Teilchen erteilte Beschleunigung ist gleich der an ihm angreifenden Kraft, dividiert durch seine Masse. Dementsprechend ist die Beschleunigung $\boldsymbol{g}$, die das Teilchen im Gravitationsfeld erfährt, gleich seiner Feldstärke:

$$\boldsymbol{w} = \boldsymbol{g}\ .$$

Sie hängt also nicht von der Teilchenmasse ab. Mit anderen Worten, das Gravitationsfeld weist die folgende bemerkenswerte Eigenschaft auf: In ihm erfahren alle Körper unabhängig von ihrer Masse dieselbe Beschleunigung (diese Eigenschaft entdeckte Galilei bei seinen Fallversuchen).

In einem Raum, in dem am Körper keine äußere Kraft angreift, findet man ganz ähnliche Eigenschaften vor, wenn man die Bewegung von einem Nichtinertialsystem aus beobachtet. Stellen wir uns etwa eine Rakete vor, die sich im interstellaren Raum bewegt, wo der Einfluß der Gravitationskraft auf sie als klein vernachlässigt werden kann. Innerhalb der Rakete befindliche Gegenstände „schweben" und sind gegenüber der Rakete in Ruhe. Wird der Rakete eine gewisse Beschleunigung $\boldsymbol{w}$ erteilt, so fallen alle Gegenstände in ihr mit der Beschleunigung $-\boldsymbol{w}$ zu Boden. Ebenso muß sich jedoch auch ein Körper in einer nichtbeschleunigt bewegten Rakete verhalten, in der ein zum Raketenboden gerichtetes homogenes Gravitationsfeld der Stärke $-\boldsymbol{w}$ wirkt. Es gibt kein Experiment, das zu unterscheiden gestattet, ob man sich in einer beschleunigt bewegten Rakete oder in einem homogenen Gravitationsfeld befindet.

Diese Analogie zwischen dem Verhalten eines Körpers im Gravitationsfeld einerseits und im Inertialsystem andererseits bildet den Inhalt des sogenannten *Äquivalenzprinzips* (die fundamentale Bedeutung dieser Analogie wird in der Theorie der Gravitation, die auf der Relativitätstheorie beruht, völlig klar).

Bei unserem Beispiel gingen wir von der Betrachtung einer Rakete aus, die sich in einem Raum ohne Gravitationsfeld bewegt. Man kann die Überlegung auch „umgekehrt“ anstellen und eine Rakete betrachten, die sich in einem Gravitationsfeld bewegt, z. B. in dem der Erde. Eine sich „frei“ (d. h. ohne Antrieb) in diesem Feld bewegende Rakete erhält eine Beschleunigung, die gleich der Feldstärke $\boldsymbol{g}$ ist. Deshalb stellt die Rakete ein Nichtinertialsystem dar. Der Einfluß dieser Eigenschaft auf die Bewegung der in ihr befindlichen Gegenstände gegenüber der Rakete wird dabei durch den Einfluß des Gravitationsfeldes kompensiert. Ergebnis ist der Zustand der „Schwerelosigkeit“, d. h., Gegenstände in der Rakete verhalten sich so, als würden sie sich in einem Inertialsystem bei Abwesenheit eines Schwerefeldes befinden. Betrachten wir also die Bewegung in bezug auf ein geeignet gewähltes Nichtinertialsystem (im betrachteten Fall in bezug auf die beschleunigt bewegte Rakete), so läßt sich das Gravitationsfeld gewissermaßen „eliminieren“. Dieser Sachverhalt ist natürlich nur ein anderer Aspekt desselben Äquivalenzprinzips.

Das Schwerefeld, das sich in der beschleunigt bewegten Rakete zeigt, ist im ganzen Raketenvolumen homogen, d. h., seine Feldstärke ist überall in der Rakete von derselben Größe $-\boldsymbol{w}$. Das tatsächliche Gravitationsfeld ist indessen immer inhomogen. Das „Eliminieren“ des tatsächlichen Gravitationsfeldes durch Übergang zu einem Nichtinertialsystem ist daher nur in kleinen Raumbereichen möglich, in denen sich das Feld so wenig verändert, daß es mit ausreichender Genauigkeit als homogen angesehen werden kann. In diesem Sinne muß man sagen, daß die Äquivalenz von Gravitationsfeld und Nichtinertialsystem „lokalen“ Charakter besitzt.

§ 24. Kepler-Bewegung

Wir betrachten die Bewegung zweier Körper, zwischen denen auf Grund der Gravitationswechselwirkung Anziehung besteht. Zunächst nehmen wir an, daß die Masse M eines Körpers bedeutend größer als die Masse m des anderen Körpers ist. Sind die Abmessungen der Körper klein gegenüber ihrem gegenseitigen Abstand r, so hat man das Problem der Bewegung eines Teilchens der Masse m im zentralen Gravitationsfeld des Körpers mit der Masse M, da dieser als ruhend angenommen werden kann.

Die einfachste Bewegung in diesem Feld ist die gleichförmige Bewegung auf einem Kreis, dessen Mittelpunkt im Feldzentrum (d. h. im Mittelpunkt des Körpers mit der Masse M) liegt. In diesem Falle ist die Beschleunigung zum Kreismittelpunkt hin gerichtet und, wie wir wissen, dem Betrage nach gleich v^2/r, wobei v die Geschwindigkeit des Teilchens mit der Masse m bedeutet. Das Produkt dieser Beschleunigung mit der Masse m muß gleich der Kraft sein, die der Körper mit der Masse M auf das Teilchen ausübt:

$$\frac{m v^2}{r} = G \frac{m M}{r^2}.$$

Daraus folgt

$$v = \sqrt{\frac{G M}{r}}.$$

Mit Hilfe dieser Formel kann man insbesondere die Geschwindigkeit eines künstlichen Erdtrabanten bestimmen, der sich in unmittelbarer Nähe der Erdoberfläche bewegt. Setzt man für r den Erdradius R ein und berücksichtigt, daß der Ausdruck $G\,M/R^2$ gleich der Erdbeschleunigung g ist, so ergibt sich für die gesuchte Geschwindigkeit der Ausdruck

$$v_1 = \sqrt{\frac{G\,M}{R}} = \sqrt{g\,R}\,.$$

Dies ist die sogenannte *erste kosmische Geschwindigkeit*. Setzt man die Werte $g \approx 980\ \mathrm{cm/s^2}$ und $R = 6500$ km ein, so folgt

$$v_1 = 8\,\frac{\mathrm{km}}{\mathrm{s}}\,.$$

Die für v erhaltene Formel gestattet es, den Zusammenhang zwischen Bahnradius r und Umlaufszeit T zu bestimmen. Setzt man

$$v = \frac{2\,\pi\,r}{T}\,,$$

so folgt

$$T^2 = \frac{4\,\pi^2}{G\,M}\,r^3\,.$$

Danach verhalten sich die Quadrate der Umlaufszeiten wie die dritten Potenzen der Bahnradien. Diese Aussage heißt *drittes* KEPLER*sches Gesetz.* Der Astronom KEPLER fand zu Beginn des 17. Jahrhunderts empirisch durch Beobachtung der Planetenbewegung die Grundgesetze für die Bewegung zweier Körper unter dem Einfluß der Gravitationswechselwirkung (diese Bewegung nennt man KEPLER-Bewegung). Diese Gesetze spielten bei der Entdeckung des NEWTONschen Gravitationsgesetzes eine wichtige Rolle. (Das zweite KEPLERsche Gesetz, wonach die Flächengeschwindigkeit bei der Bewegung im Zentralfeld konstant ist, wurde im § 16 behandelt.)

Wir bestimmen nun die Energie des Teilchens mit der Masse m. Seine potentielle Energie ist bekanntlich

$$U = -\,G\,\frac{m\,M}{r}\,.$$

Die Summe aus U und der kinetischen Energie $m\,v^2/2$ ist gleich der Gesamtenergie E:

$$E = \frac{m}{2}\,v^2 - G\,\frac{m\,M}{r}\,.$$

Diese ändert sich nicht mit der Zeit.

Für den Fall der Bewegung auf einem Kreis gilt

$$m\,v^2 = G\,\frac{m\,M}{r}\,,$$

so daß

$$E = -\,\frac{m}{2}\,v^2 = -\,G\,\frac{m\,M}{2\,r}\,.$$

Wir sehen, daß die Gesamtenergie eines sich auf einer Kreisbahn bewegenden Teilchens negativ ist. Das entspricht dem im § 13 erhaltenen Resultat, wonach die Bewegung bei $E < 0$ endlich und bei $E \geqq 0$ unendlich ist, sofern die potentielle Energie im Unendlichen verschwindet.

Wir betrachten die einfachste Kreisbewegung, die unter der Wirkung der Anziehungskraft

$$F = -G \frac{m M}{r^2}$$

abläuft. In einem solchen Feld kann sich das Teilchen jedoch außer auf Kreisen auch auf Ellipsen, Hyperbeln und Parabeln bewegen. Bei allen diesen Kegelschnitten liegt einer der Brennpunkte (im Falle der Parabel der einzige Brennpunkt) im Kraftfeldzentrum. Dieser Sachverhalt stellt den Inhalt des *ersten* Kepler*schen Gesetzes* dar. Elliptischen Bahnen entsprechen offenbar negative Werte der Gesamtenergie E des Teilchens (da die Bewegung endlich ist). Hyperbelbahnen entsprechen positive Werte der Gesamtenergie E. Ist die Teilchenbahn eine Parabel, so ist $E = 0$. Das bedeutet, daß die Geschwindigkeit eines Teilchens, das sich auf einer Parabel bewegt, im Unendlichen gleich Null ist.

Mit Hilfe der Formel für die Gesamtenergie des Teilchens können wir leicht die kleinste Geschwindigkeit bestimmen, die einem künstlichen Erdtrabanten erteilt werden muß, damit er sich auf einer Parabelbahn bewegt, also das Schwerefeld der Erde verläßt. Sie ergibt sich, indem man in der Formel

$$E = \frac{m}{2} v^2 - G \frac{m M}{r}$$

r gleich dem Erdradius R und E gleich Null setzt:

$$v_2 = \sqrt{2 \frac{G H}{R}} = \sqrt{2 g R}\,.$$

Man bezeichnet sie als *zweite kosmische Geschwindigkeit.* Wir vergleichen sie mit der ersten kosmischen Geschwindigkeit v_1:

$$v_2 = \sqrt{2}\, v_1 = 11{,}2 \frac{\text{km}}{\text{s}}\,.$$

Wir fragen nun danach, durch welche Größe die Parameter der Teilchenbahn bestimmt werden. Der Radius der Kreisbahn läßt sich durch die Teilchenenergie ausdrücken:

$$r = \frac{\alpha}{2\,|E|}\,.$$

Dabei ist $\alpha = G\,m\,M$. Im Falle einer elliptischen Teilchenbahn wird die große Halbachse durch dieselbe Formel bestimmt:

$$a = \frac{\alpha}{2\,|E|}\,.$$

Die kleine Halbachse hängt außer von der Energie noch vom Drehimpuls L ab:

$$b = \frac{L}{\sqrt{2\,m\,|E|}}\,.$$

Bei vorgegebener Energie ist die Ellipse um so flacher, je kleiner der Drehimpuls L ist.

Die Umlaufszeit T ist eine Funktion der großen Halbachse allein. Sie hängt durch die Formel

$$T^2 = \frac{4\,\pi^2\,m}{\alpha}\,a^3$$

mit der großen Halbachse zusammen.

Bisher haben wir den Fall betrachtet, daß die Masse M eines Körpers bedeutend größer als die Masse m des anderen ist. Dementsprechend haben wir den Körper mit der Masse M als ruhend vorausgesetzt. Tatsächlich jedoch befinden sich natürlich beide Körper in Bewegung. Beide beschreiben im Massenmittelpunktsystem geometrisch ähnliche Bahnen, und zwar Kegelschnitte, die im Massenmittelpunkt einen gemeinsamen Brennpunkt besitzen. Abb. 24 zeigt solche geometrisch ähnlichen Ellipsen. Ihre Abmessungen sind

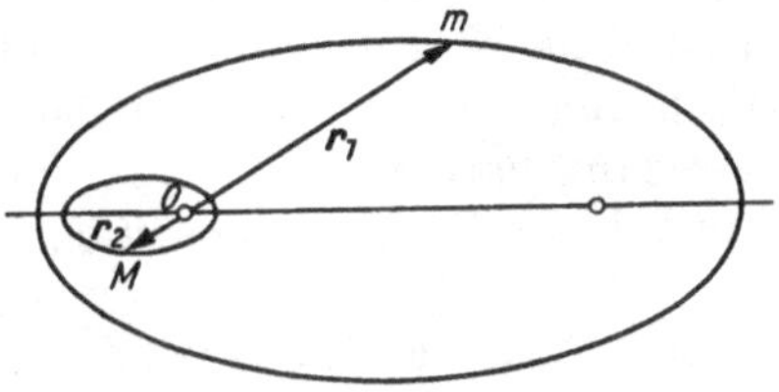

Abb. 24

den entsprechenden Teilchenmassen umgekehrt proportional. Die oben angegebenen Ausdrücke für die Halbachsen a und b beziehen sich nun auf die Bahn eines Teilchens mit reduzierter Masse; man hat m durch

$$\mu = \frac{m\,M}{m + M}$$

zu ersetzen, wobei die Größe $\alpha = G\,m\,M$ beizubehalten ist.

KAPITEL III

KINEMATIK DES STARREN KÖRPERS

§ 25. Bewegungsarten starrer Körper

Bisher untersuchten wir die Bewegung solcher Körper, die für ein gegebenes Problem als Massenpunkte angesehen werden konnten. Wir gehen jetzt zur Untersuchung von Bewegungen über, für die die endliche Ausdehnung der Körper wesentlich ist. Hierbei werden wir den Körper als *starr* ansehen. Als starr bezeichnet man in der Mechanik einen Körper, bei dem sich die gegenseitige Anordnung der Bestandteile im Verlaufe der Bewegung nicht ändert. Ein derartiger Körper verhält sich bei Bewegungen wie ein einheitliches Ganzes.

Die einfachste Bewegung eines starren Körpers ist die, bei der der Körper parallel zu sich selbst verschoben wird; man bezeichnet sie als *Translationsbewegung*. Wenn man z. B. einen Kompaß langsam auf einer horizontalen Ebene bewegt, so beschreibt die Kompaßnadel — unter Beibehaltung ihrer konstanten Nord—Süd-Richtung — eine Translationsbewegung.

Bei der Translationsbewegung haben alle Punkte eines starren Körpers die gleiche Geschwindigkeit und beschreiben gleichartige, nur gegeneinander verschobene Bahnen.

Eine weitere fundamentale Form der Bewegung eines starren Körpers ist die *Drehung* um eine Achse. Bei einer Drehung beschreiben die einzelnen Punkte des Körpers Kreise, deren Ebenen senkrecht zur Drehachse liegen.

Wenn sich in der Zeit $\mathrm{d}t$ der Körper um den Winkel $\mathrm{d}\varphi$ dreht, so ist der Weg $\mathrm{d}s$, den in dieser Zeit ein beliebiger Punkt P des Körpers zurücklegt, offenbar $\mathrm{d}s = r\,\mathrm{d}\varphi$; r ist der Abstand des Punktes P von der Drehachse. Wenn wir $\mathrm{d}s$ durch $\mathrm{d}t$ dividieren, erhalten wir die Geschwindigkeit des Punktes P:

$$v = r\,\frac{\mathrm{d}\varphi}{\mathrm{d}t}\,.$$

Die Größe $\mathrm{d}\varphi/\mathrm{d}t$ ist für alle Punkte des Körpers die gleiche und stellt die Drehung des Körpers in der Zeiteinheit dar. Sie wird *Winkelgeschwindigkeit* genannt; wir werden sie mit dem Buchstaben Ω bezeichnen.

Die Geschwindigkeit der einzelnen Punkte eines um eine Achse rotierenden starren Körpers ist also durch die Formel

$$v = r\,\Omega$$

gegeben, wobei r der Abstand des Punktes von der Achse ist; die Geschwindigkeit ist proportional diesem Abstand.

Die Größe Ω ist im allgemeinen zeitlich veränderlich. Falls die Drehung gleichförmig verläuft, d. h. mit konstanter Winkelgeschwindigkeit, kann man Ω bestimmen, wenn die Periode T der Rotation bekannt ist:

$$\Omega = \frac{2\,\pi}{T}\,.$$

Eine Drehung ist bestimmt durch die Richtung der Drehachse und durch den Betrag der Winkelgeschwindigkeit. Diese beiden Größen lassen sich vereinigen durch Einführung des Vektors $\boldsymbol{\Omega}$ der Winkelgeschwindigkeit; dieser Vektor hat die Richtung der Drehachse und ist dem Betrage nach gleich der Größe der Winkelgeschwindigkeit. Von den beiden möglichen Orientierungen der Drehachse schreibt man üblicherweise dem Vektor der Winkelgeschwindigkeit diejenige zu, die mit der Drehrichtung durch die sogenannte Schraubenregel verbunden ist, d. h. die Richtung einer Rechtsschraube, die sich wie der starre Körper dreht.

Die einfachsten Bewegungsarten des starren Körpers, die wir hier betrachten — Translation und Rotation —, sind deshalb besonders wichtig, weil sich jede Bewegung des starren Körpers auf diese beiden zurückführen läßt.

Wir wollen dies am Beispiel eines Körpers erläutern, der parallel zu einer Ebene bewegt wird. Betrachten wir zwei aufeinanderfolgende Lagen A_1 und A_2 des Körpers (Abb. 25). Wir können den Körper offenbar in folgender Weise aus der Lage A_1 in die Lage A_2 überführen. Wir bringen den Körper zunächst aus der Lage A_1 durch Parallelverschiebung in die Lage A', und zwar so, daß sich z. B. der Punkt 0 nach dieser Verschiebung in seiner Endlage befindet. Wenn wir dann den Körper um den Punkt 0 um einen bestimmten Winkel φ drehen, so geht er in seine endgültige Lage A_2 über.

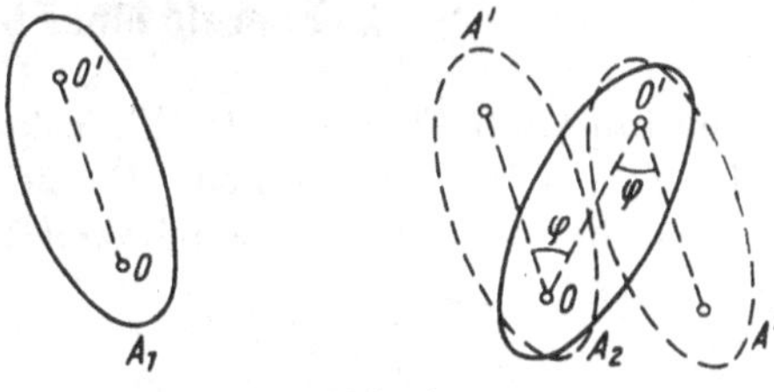

Abb. 25

Wir sehen, daß sich die gesamte Lageveränderung des Körpers zusammensetzt aus einer Translation, die ihn aus der Lage A_1 in A' überführt, und einer Drehung um den Punkt 0, die den Körper in seine Endlage A_2 bringt. Offenbar ist der Punkt 0 hierbei völlig willkürlich, d. h., man kann mit dem gleichen Erfolg eine Parallelverschiebung des Körpers aus der Lage A_1 in A'' vornehmen, wobei dann ein beliebiger anderer Punkt 0' anstelle von 0 in seine Endlage kommt; man kann dann eine Drehung um den Punkt 0' ausführen, durch die der Körper endgültig in die Lage A_2 gebracht wird. Wesentlich ist, daß hierbei der Drehwinkel genau der gleiche ist wie bei der Drehung um den Punkt 0; die Länge des Weges, den die Punkte 0 und 0' bei der Translation zurücklegen, wird im allgemeinen verschieden sein.

Dieses Beispiel zeigt — und das ist eine allgemeine Regel —, daß sich eine beliebige Bewegung des starren Körpers darstellen läßt als Summe einer Translation des Körpers, wobei etwa der Punkt 0 mit der Translationsgeschwindigkeit $\boldsymbol{V}$ in seine neue Lage übergeht, und einer Drehung um eine durch diesen Punkt gehende Achse. Dabei hängt die Translationsgeschwindigkeit $\boldsymbol{V}$ davon ab, welchen Punkt des Körpers wir als Bezugspunkt wählen. Die Winkelgeschwindigkeit ist hingegen unabhängig davon: für jede Wahl des Punktes 0 hat die durch diesen Punkt führende Drehachse die gleiche Richtung, und auch der Betrag der Winkelgeschwindigkeit $\boldsymbol{\Omega}$ bleibt der gleiche. Man kann also sagen, daß die Winkelgeschwindigkeit $\boldsymbol{\Omega}$ „absoluten" Charakter hat; man kann von der Winkelgeschwindigkeit der Rotation eines starren Körpers sprechen, ohne dabei anzugeben, durch welchen Punkt die Drehachse verläuft. Die Translationsgeschwindigkeit hingegen hat keinen derartigen „absoluten" Charakter.

Meistens wählt man als Bezugspunkt 0 den Massenmittelpunkt des Körpers. Die Translationsgeschwindigkeit $\boldsymbol{V}$ ist hierbei die Geschwindigkeit, mit der sich der Massenmittelpunkt bewegt. Der Vorteil dieser Wahl wird im § 26 klar werden.

Die beiden Vektoren $\boldsymbol{V}$ und $\boldsymbol{\Omega}$ sind bezüglich irgendeines Koordinatensystems durch die Werte ihrer drei Komponenten gegeben. Deshalb muß man insgesamt sechs unabhängige Größen angeben, um die Geschwindigkeit irgendeines Punktes des starren Körpers zu kennen; man sagt deshalb, der starre Körper stellt ein mechanisches System mit sechs *Freiheitsgraden* dar.

§ 26. Energie eines bewegten starren Körpers

Die kinetische Energie der Translationsbewegung eines starren Körpers läßt sich sehr einfach bestimmen. Da bei dieser Bewegung sämtliche Punkte des Körpers die gleiche Geschwindigkeit haben, ist die kinetische Energie einfach

$$E_{\text{kin}} = \frac{1}{2} M\, V^2 ,$$

wobei $\boldsymbol{V}$ die Geschwindigkeit des Körpers und M seine Gesamtmasse ist. Dieser Ausdruck ist der gleiche wie für die Bewegung eines Massenpunktes der Masse M mit der Geschwindigkeit $\boldsymbol{V}$. Es ist klar, daß sich ganz allgemein die Translationsbewegung des starren Körpers nicht wesentlich von der Bewegung eines Massenpunktes unterscheidet.

Wir wollen jetzt die kinetische Energie eines rotierenden Körpers bestimmen. Zu diesem Zweck zerlegen wir ihn in Gedanken in einzelne Bestandteile, die so klein sind, daß man annehmen könnte, sie bewegten sich wie Massenpunkte. Wenn m_i die Masse des i-ten Elements ist, r_i seine Entfernung von der Drehachse, dann ist seine Geschwindigkeit $v_i = r_i\, \Omega$, wobei Ω die Winkelgeschwindigkeit der Rotation des Körpers ist. Die kinetische Energie dieses Elementes ist gleich $m_i\, v_i^2/2$, und durch Summation dieser Energieanteile erhalten wir die gesamte kinetische Rotationsenergie des Körpers

$$E_{\text{kin}} = \frac{1}{2} m_1 v_1^2 + \frac{1}{2} m_2 v_2^2 + \cdots = \frac{1}{2} \Omega^2 (m_1 r_1^2 + m_2 r_2^2 + \cdots) .$$

Die hier in der Klammer stehende Summe hängt davon ab, wie der betreffende starre Körper beschaffen ist (Form, Ausmaße und Massenverteilung) und wie seine Drehachse verläuft. Diese Größe, die den starren Körper und die vorgegebene Drehachse charakterisiert, nennt man *Trägheitsmoment* bezüglich der gegebenen Achse. Wir bezeichnen sie mit dem Buchstaben I:

$$I = m_1 r_1^2 + m_2 r_2^2 + \cdots .$$

Wenn der starre Körper homogen ist, muß man ihn sich in eine unendlich große Anzahl infinitesimal kleiner Teile zerlegt denken; die Summierung in der Formel für I wird dann durch eine Integration ersetzt. So ist z. B. das Trägheitsmoment einer homogenen Kugel (mit der Masse M und dem Radius R) bezüglich einer Achse durch den Mittelpunkt $I = \frac{2}{5} M R^2$; das Trägheitsmoment einer dünnen Stange (Länge l) bezüglich der Achse, die senkrecht zur Stange verläuft und durch seine Mitte geht, ist $I = \frac{1}{12} M l^2$.

Die kinetische Energie eines rotierenden Körpers kann also in der Form

$$E_{\text{kin}} = \frac{I \Omega^2}{2}$$

geschrieben werden. Dieser Ausdruck ist formal ähnlich dem Ausdruck für die Energie der Translationsbewegung; er unterscheidet sich dadurch, daß an Stelle der Geschwindigkeit V die Winkelgeschwindigkeit Ω steht und statt der Masse das Trägheitsmoment. Wir haben hier ein erstes Beispiel dafür, daß bei der Drehbewegung das Trägheitsmoment eine Rolle spielt, die derjenigen der Masse bei der Translationsbewegung entspricht.

Die kinetische Energie eines beliebig bewegten starren Körpers läßt sich darstellen als Summe der Translations- und Rotationsenergie, falls man bei der im vorigen Abschnitt beschriebenen Aufteilung der beiden Bewegungsformen den Bezugspunkt 0 im Massenmittelpunkt des Körpers wählt. Dann stellt die Rotationsbewegung die Bewegung der einzelnen Punkte des Körpers dar bezüglich seines Massenmittelpunktes; dies ist völlig analog zu der im § 12 betrachteten Aufteilung der Bewegung eines Systems von Teilchen in Bewegung des Systems als Ganzes und „innere" Bewegung der Teilchen bezüglich des Massenmittelpunktes. Wir sahen dort, daß auch die Energie des Systems in zwei entsprechende Anteile zerfällt. Die Rolle der „inneren" Bewegung spielt jetzt die Rotation des Körpers um den Massenmittelpunkt. Deshalb haben wir als kinetische Energie einer beliebigen Bewegung des Körpers

$$E_{\text{kin}} = \frac{1}{2} M V^2 + \frac{1}{2} I_0 \Omega^2 .$$

Der Index „0" beim Trägheitsmoment bedeutet, daß es auf die Achse durch den Massenmittelpunkt bezogen ist.

Es muß indessen bemerkt werden, daß der Ausdruck in dieser Form praktisch nur dann einen Sinn hat, wenn im Verlaufe der Bewegung die Drehachse im Körper eine konstante Richtung beibehält. Im anderen Falle müßte das

Trägheitsmoment zu verschiedenen Zeitpunkten auf verschiedene Achsen bezogen werden, d. h., es wäre nicht mehr konstant.

Betrachten wir einen starren Körper, der sich um eine Achse Z dreht, die nicht durch den Massenmittelpunkt geht. Die kinetische Energie dieser Bewegung ist

$$E_{kin} = \frac{1}{2} I \Omega^2 ,$$

wobei I das Trägheitsmoment bezüglich der Z-Achse ist. Andererseits kann man die gleiche Bewegung auffassen als Summe einer Translationsbewegung mit der Geschwindigkeit V des Massenmittelpunktes und einer Rotation (mit der gleichen Winkelgeschwindigkeit Ω) um eine Achse, die parallel zu Z durch den Massenmittelpunkt verläuft. Wenn a der Abstand des Massenmittelpunktes von der Achse Z ist, so ist dessen Geschwindigkeit $V = a\,\Omega$. Daher kann man die kinetische Energie des Körpers auch in der Form

$$E_{kin} = \frac{1}{2} M V^2 + \frac{1}{2} I_0 \Omega^2 = \frac{1}{2} (M a^2 + I_0) \Omega^2$$

schreiben. Durch Gleichsetzen dieser beiden Ausdrücke finden wir

$$I = I_0 + M a^2 .$$

Diese Formel verbindet das Trägheitsmoment des Körpers bezüglich einer beliebigen Achse mit dem Trägheitsmoment bezüglich einer zweiten Achse, die zur ersten parallel ist und durch den Massenmittelpunkt geht. Offenbar ist I stets größer als I_0. Mit anderen Worten, bei vorgegebener Richtung der Achse nimmt das Trägheitsmoment den kleinsten Wert an für die Achse, die durch den Massenmittelpunkt geht.

Wenn sich der starre Körper im Schwerefeld bewegt, ist seine Gesamtenergie E gleich der Summe von kinetischer und potentieller Energie. Betrachten wir als Beispiel die Bewegung einer Kugel auf der schiefen Ebene (Abb. 26). Die potentielle Energie der Kugel ist gleich $M g z$, wobei M die Masse der Kugel ist und z die Höhe ihres Schwerpunktes. Dann hat der Energieerhaltungssatz die Form

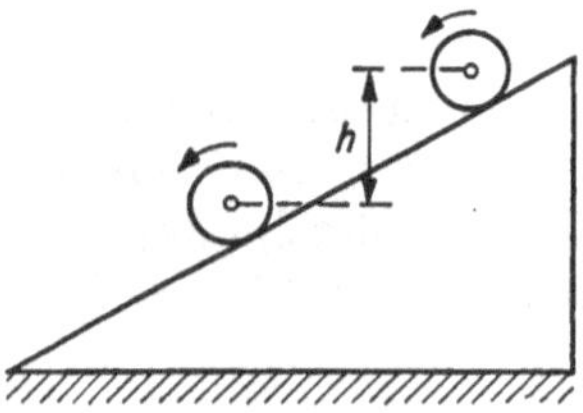

Abb. 26

$$E = \frac{1}{2} M V^2 + \frac{1}{2} I_0 \Omega^2 + M g z = \text{const} .$$

Nehmen wir an, daß die Kugel abrollt, ohne zu gleiten. Dann ist die Geschwindigkeit v ihres Berührungspunktes mit der schiefen Ebene gleich Null. Andererseits setzt sich v aus zwei Geschwindigkeiten zusammen: der Geschwindigkeit V der Abwärtsbewegung der Kugel als Ganzes und einer infolge der Rotation um den Kugelmittelpunkt entgegengesetzten, längs der Ebene nach oben gerichteten Geschwindigkeit des Berührungspunktes. Diese letztere Geschwindigkeit ist gleich ΩR, wobei R der Radius der Kugel ist. Aus der Gleichung $v = V - \Omega R = 0$ finden wir

$$\Omega = \frac{V}{R}.$$

Wenn wir diesen Ausdruck in den Energieerhaltungssatz einsetzen und annehmen, daß am Beginn der Bewegung die Geschwindigkeit der Kugel gleich Null ist, finden wir die Geschwindigkeit des Massenmittelpunktes der Kugel in dem Zeitpunkt, in dem sie um die Höhe h heruntergerollt ist:

$$V = \sqrt{\frac{2gh}{1 + \frac{I_0}{MR^2}}}.$$

Wie zu erwarten war, ist diese Geschwindigkeit kleiner als die Geschwindigkeit des freien Falls eines Massenpunktes oder eines nicht rotierenden Körpers aus der gleichen Höhe h; die Abnahme der potentiellen Energie $M g h$ dient nicht nur zur Vergrößerung der kinetischen Energie der Translationsbewegung, sondern auch zur Vergrößerung der kinetischen Energie der Rotation der Kugel.

§ 27. Drehimpuls

Bei der Drehbewegung eines Körpers spielt sein Drehimpuls die gleiche Rolle wie der Impuls bei der Bewegung eines Massenpunktes. Im einfachsten Falle eines Körpers, der um eine feste Achse rotiert, spielt diese Rolle die Komponente des Drehimpulses längs der Drehachse (nennen wir sie Z-Achse).

Zur Berechnung dieser Größe zerlegen wir den Körper, wie bei der Berechnung der kinetischen Energie, wieder in einzelne Bestandteile. Der auf die Z-Achse bezogene Drehimpuls des i-ten Elements ist $m_i \boldsymbol{R}_i \times \boldsymbol{v}_i$; $\boldsymbol{R}_i$ ist der Radiusvektor dieses Elements, gerechnet vom Punkt 0 der Z-Achse (Abb. 27). Da sich jeder Punkt des Körpers auf einer Kreisbahn um die Drehachse bewegt, stellt die Geschwindigkeit $\boldsymbol{v}_i$ eine Tangente an den Kreis dar (senkrecht zur Zeichenebene in Abb. 27). Zerlegen wir den Vektor $\boldsymbol{R}_i$ in zwei Vektoren, von denen einer längs der Achse gerichtet ist und der andere ($\boldsymbol{r}_i$) senkrecht dazu. Dann gibt das Produkt $m_i \boldsymbol{r}_i \times \boldsymbol{v}_i$ gerade den Anteil des Drehimpulses, der parallel zur Z-Achse gerichtet ist (wir erinnern daran, daß das Vektorprodukt zweier Vektoren senkrecht zu der Ebene steht, die durch die beiden Vektoren aufgespannt wird). Da die Vektoren $\boldsymbol{r}_i$ und $\boldsymbol{v}_i$ senkrecht zueinander stehen (Radius und Tangente des Kreises), ist der Betrag des Produktes $\boldsymbol{r}_i \times \boldsymbol{v}_i$ einfach $r_i v_i$, wobei r_i der Abstand des Elements m_i von der Drehachse ist. Da außerdem $v_i = \Omega r_i$ ist, finden

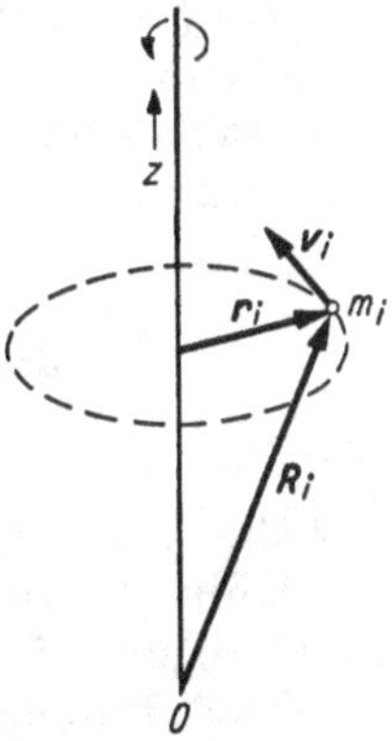

Abb. 27

wir, daß die Komponente des Drehimpulses längs der Drehachse für das Element m_i gleich $m_i r_i^2 \Omega$ ist. Durch Bildung der Summe

$$m_1 r_1^2 \Omega + m_2 r_2^2 \Omega + \cdots$$

erhalten wir dann die gesuchte Projektion L_Z des Gesamtdrehimpulses des Körpers auf die Z-Achse. Diese Größe wird auch als *Drehimpuls des Körpers bezüglich der gegebenen Achse* bezeichnet.

Wenn wir in dieser Summe den gemeinsamen Faktor Ω ausklammern, haben wir in der Klammer eine Summe, die identisch ist mit dem Ausdruck für das Trägheitsmoment I. Somit erhalten wir also endgültig

$$L_Z = I\,\Omega\,,$$

d. h., der Drehimpuls des Körpers ist gleich dem Produkt aus Winkelgeschwindigkeit und Trägheitsmoment des Körpers. Man beachte die Analogie zwischen diesem Ausdruck und dem Ausdruck $m\,\boldsymbol{v}$ für den Impuls eines Teilchens; anstelle der Geschwindigkeit $\boldsymbol{v}$ steht die Winkelgeschwindigkeit, und für die Masse steht wieder das Trägheitsmoment.

Wenn auf den Körper keine äußeren Kräfte wirken, so bleibt das Drehmoment unverändert; der Körper rotiert infolge seiner Trägheit mit konstanter Winkelgeschwindigkeit Ω. Die Konstanz von Ω folgt hierbei aus der Unveränderlichkeit von L_Z, weil wir vorausgesetzt hatten, daß der Körper selbst, und somit sein Trägheitsmoment, bei der Rotation unverändert bleibt. Ändert sich aber die gegenseitige Lage der Bestandteile des Körpers (und damit auch sein Trägheitsmoment), so ändert sich bei der freien Rotation auch die Winkelgeschwindigkeit, und zwar so, daß das Produkt $I\,\Omega$ konstant bleibt. Steht z. B. ein Mensch auf einer mit geringer Reibung rotierenden Scheibe und hält Gewichtsstücke in den Händen, so vergrößert er durch Ausstrecken der Arme sein Trägheitsmoment; die Erhaltung des Produktes $I\,\Omega$ führt dabei zur Verkleinerung der Winkelgeschwindigkeit seiner Rotation.

§ 28. Bewegungsgleichung des rotierenden Körpers

Wie wir wissen, verknüpft die Bewegungsgleichung eines Massenpunktes die zeitliche Ableitung des Impulses mit der Kraft, die auf den Punkt wirkt (§ 7). Die Translationsbewegung des starren Körpers unterscheidet sich wenig von der Bewegung eines Massenpunktes, und dessen Bewegungsgleichung verknüpft den Gesamtimpuls $\boldsymbol{P} = M\,\boldsymbol{V}$ des Körpers mit der gesamten auf ihn wirkenden Kraft $\boldsymbol{F}$:

$$\frac{\mathrm{d}\boldsymbol{P}}{\mathrm{d}t} = M\,\frac{\mathrm{d}\boldsymbol{V}}{\mathrm{d}t} = \boldsymbol{F}\,.$$

Bei der Rotation haben wir eine entsprechende Bewegungsgleichung; hier hängt die zeitliche Ableitung des Drehimpulses mit dem Drehmoment der auf den Körper wirkenden Kräfte zusammen. Machen wir uns klar, wie dieser Zusammenhang aussieht; hierbei beschränken wir uns wieder auf den einfachsten Fall der Rotation des Körpers um eine bestimmte feste Achse (Z-Achse).

Den Drehimpuls des Körpers bezüglich der Drehachse hatten wir schon berechnet. Wenden wir uns jetzt den Kräften zu, die auf den Körper wirken. Offenbar können diejenigen Kräfte, die parallel zur Drehachse gerichtet sind, den Körper nur längs dieser Achse verschieben und keine Drehung hervorrufen. Wir brauchen also diese Kräfte nicht in Betracht zu ziehen, sondern nur die, die in einer Ebene senkrecht zur Drehachse liegen.

Das Drehmoment K_Z einer solchen Kraft $\boldsymbol{F}$ bezüglich der Z-Achse ist durch den Betrag des Vektorproduktes $\boldsymbol{r} \times \boldsymbol{F}$ gegeben; $\boldsymbol{r}$ ist der Vektor zum Angriffspunkt A der Kräfte (Abb. 28). Gemäß der Definition des Vektorproduktes haben wird

$$K_Z = F\, r \sin \Theta$$

wobei Θ der Winkel zwischen $\boldsymbol{r}$ und $\boldsymbol{F}$ ist (in Abb. 28 steht die Z-Achse senkrecht zur Zeichenebene und geht durch den Punkt 0). Wir können auch schreiben

$$K_Z = h_F\, F\,,$$

wobei $h_F = r \sin \Theta$ der Hebelarm der Kraft ist (Abstand von der Achse bis zur Richtung der Kraft).

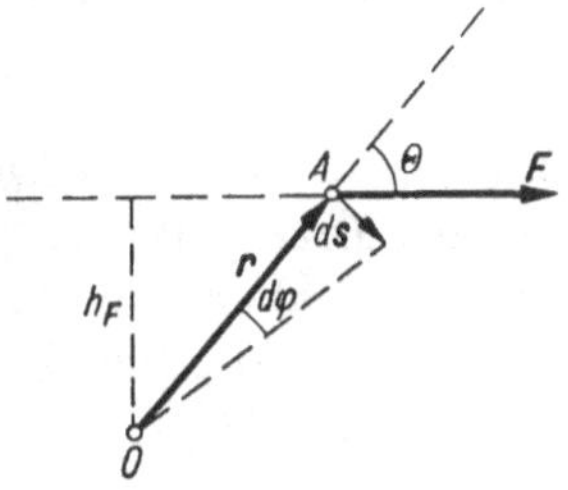

Abb. 28

Auf Grund des Zusammenhangs, den wir im § 15 zwischen der zeitlichen Ableitung des Drehimpulses und dem Drehmoment der angreifenden Kräfte gefunden hatten, können wir nun die Gleichung

$$\frac{\mathrm{d}L_Z}{\mathrm{d}t} = K_Z \qquad \text{oder} \qquad I\,\frac{\mathrm{d}\Omega}{\mathrm{d}t} = K_Z$$

hinschreiben Dies ist die *Bewegungsgleichung eines rotierenden Körpers.* Die Ableitung $\mathrm{d}\Omega/\mathrm{d}t$ kann man als *Winkelbeschleunigung* bezeichnen. Wir sehen, daß diese durch das Drehmoment der auf den Körper wirkenden Kraft ebenso bestimmt ist wie die Beschleunigung der Translationsbewegung durch die Kraft selbst.

Falls auf den Körper mehrere Kräfte wirken, so hat man unter K_Z in der obigen Gleichung natürlich die Summe ihrer Drehmomente zu verstehen. Hierbei muß man den Vektorcharakter der Größe K_Z beachten und den Drehmomenten, die den Körper in entgegengesetzte Richtungen um seine Achse zu drehen trachten, verschiedene Vorzeichen geben. Positives Vorzeichen haben die Drehmomente, unter deren Wirkung sich der Körper in der Richtung dreht, die dem vereinbarten Drehsinn des Winkels φ entspricht (φ ist der Winkel, dessen zeitliche Ableitung die Winkelgeschwindigkeit der Rotation ist: $\Omega = \mathrm{d}\varphi/\mathrm{d}t$).

Wir bemerken noch, daß man beim starren Körper den Angriffspunkt der Kraft längs der Richtung ihrer Wirkung beliebig verschieben kann, ohne dabei den Charakter der Bewegung zu ändern. Offenbar verändert eine solche Verschiebung nicht den Hebelarm und somit auch nicht das Drehmoment der Kraft.

Die Gleichgewichtsbedingung für einen Körper, der sich um eine Achse drehen kann, bedeutet offenbar, daß die Summe der Drehmomente der auf ihn wirkenden Kräfte gleich Null ist. Dies ist der sogenannte *Momentensatz.* Ein Spezialfall ist der bekannte Hebelsatz, der die Gleichgewichtsbedingung einer Stange ausdrückt, die sich um einen ihrer Punkte drehen kann.

Es besteht ein einfacher Zusammenhang zwischen dem Drehmoment der Kraft, die auf einen Körper wirkt, und der von dieser Kraft bei der Drehung des Körpers geleisteten Arbeit. Die von der Kraft $\boldsymbol{F}$ geleistete Arbeit bei einer Drehung um den infinitesimalen Winkel $\mathrm{d}\varphi$ (Abb. 28) ist gleich dem Produkt aus der Verschiebung $\mathrm{d}s = r\,\mathrm{d}\varphi$ des Angriffspunktes A der Kraft und der Kraftkomponente $F_s = F \sin\Theta$ längs der Bewegungsrichtung:

$$F_s\,\mathrm{d}s = F\,r \sin\Theta\,\mathrm{d}\varphi = K_Z\,\mathrm{d}\varphi\,.$$

Wir sehen, daß das Drehmoment gleich der geleisteten Arbeit ist, bezogen auf den Drehwinkel 1. Andererseits ist die an einem Körper geleistete Arbeit gleich der Abnahme seiner potentiellen Energie. Deshalb kann man schreiben $K_Z\,\mathrm{d}\varphi = -\,\mathrm{d}U$, und hieraus folgt

$$K_Z = -\frac{\mathrm{d}U}{\mathrm{d}\varphi}\,.$$

Somit ist das Drehmoment gleich der mit dem Minuszeichen genommenen Ableitung der potentiellen Energie nach dem Drehwinkel. Wir weisen auf die Analogie zwischen dieser Beziehung und der Formel $F = -\,\mathrm{d}U/\mathrm{d}x$ hin, die die Kraft selbst mit der Veränderung der potentiellen Energie bei der Bewegung eines Massenpunktes oder der Translationsbewegung eines Körpers verbindet.

Man überzeugt sich leicht davon, daß sich die Bewegungsgleichung eines rotierenden Körpers, wie zu erwarten, in Übereinstimmung mit dem Energieerhaltungssatz befindet. Die Gesamtenergie des Körpers ist

$$E = \frac{1}{2} I\,\Omega^2 + U\,,$$

die Energieerhaltung wird durch die Gleichung

$$\frac{\mathrm{d}}{\mathrm{d}t}\left(\frac{1}{2} I\,\Omega^2 + U\right) = 0$$

ausgedrückt. Nach der Kettenregel haben wir

$$\frac{\mathrm{d}U}{\mathrm{d}t} = \frac{\mathrm{d}U}{\mathrm{d}\varphi}\frac{\mathrm{d}\varphi}{\mathrm{d}t} = -\,K_Z\,\Omega\,.$$

Wenn wir die Ableitung $\mathrm{d}\Omega^2/\mathrm{d}t = 2\,\Omega\,\mathrm{d}\Omega/\mathrm{d}t$ bilden, diese Ausdrücke einsetzen und den gemeinsamen Faktor Ω herauskürzen, erhalten wir wieder die uns schon bekannte Gleichung $I\,\mathrm{d}\Omega/\mathrm{d}t = K_Z$.

Am Schluß des § 15 war gezeigt worden, daß ein Zusammenhang zwischen dem Drehimpulserhaltungssatz eines abgeschlossenen Systems und der Isotropie des Raumes besteht. Der Nachweis dieses Zusammenhangs läuft auf den Beweis hinaus, daß die Summe der Drehmomente aller im System wirkenden Kräfte gleich Null ist, und zwar als Folge der Unveränderlichkeit der Eigenschaften eines abgeschlossenen Systems bei beliebigen Drehungen des Systems als Ganzes (d. h., als ob das System einen starren Körper darstellte). Wenden wir die Beziehung $dU/d\varphi = -K_Z$ auf die innere potentielle Energie des Systems an, wobei wir unter K_Z das Gesamtdrehmoment der auf sämtliche Teilchen des Systems wirkenden Kräfte verstehen. Wir sehen dann, daß die Bedingung der Unveränderlichkeit der potentiellen Energie bei der Drehung eines abgeschlossenen Systems um eine beliebige Achse tatsächlich bedeutet, daß das Gesamtdrehmoment der Kräfte gleich Null ist.

§ 29. Resultierende Kraft

Wenn auf einen starren Körper mehrere Kräfte wirken, so hängt seine Bewegung nur von der Summe dieser Kräfte und der Summe ihrer Drehmomente ab. Dieser Umstand gestattet es, manchmal die Gesamtheit aller auf den Körper wirkenden Kräfte durch eine einzige zu ersetzen, die man dann als *resultierende Kraft* bezeichnet. Offenbar muß diese Kraft nach Betrag und Richtung gleich der Summe aller übrigen Kräfte sein und ihr Angriffspunkt so gewählt werden, daß ihr Drehmoment gleich dem Gesamtdrehmoment aller Kräfte ist.

Der wichtigste Spezialfall dieser Art ist die Addition paralleler Kräfte. Insbesondere gehört hierzu die Wirkung der Schwerkraft auf die einzelnen Teile eines starren Körpers.

Betrachten wir einen beliebigen Körper und bestimmen das Gesamtdrehmoment der Schwerkraft in bezug auf eine willkürlich gewählte horizontale Achse (Z-Achse in Abb. 29). Die auf das Element m_i des Körpers wirkende Schwerkraft ist gleich $m_i g$, ihr Hebelarm ist die Koordinate x_i dieses Elements. Folglich ist das Gesamtdrehmoment aller Kräfte

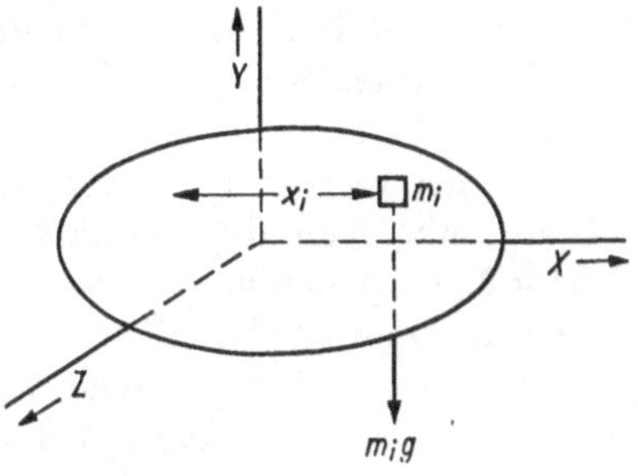

Abb. 29

$$K_Z = m_1 g x_1 + m_2 g x_2 + \cdots.$$

Die resultierende Kraft ist dem Betrage nach gleich dem Gesamtgewicht $(m_1 + m_2 + \cdots) g$ des Körpers, und wenn wir die Koordinate ihres Angriffspunktes mit X bezeichnen, dann läßt sich dieses Gesamtdrehmoment K_Z auch schreiben

$$K_Z = (m_1 + m_2 + \cdots) g X .$$

Durch Vergleich beider Ausdrücke finden wir

$$X = \frac{m_1 x_1 + m_2 x_2 + \cdots}{m_1 + m_2 + \cdots}.$$

Dies ist nichts anderes als die x-Koordinate des Massenmittelpunktes des Körpers.

Wir sehen also, daß die gesamte auf die einzelnen Teile eines Körpers wirkende Schwerkraft durch eine Kraft ersetzt werden kann; ihr Betrag ist gleich dem Gesamtgewicht des Körpers, und sie greift in seinem Massenmittelpunkt an. Deshalb wird der Massenmittelpunkt eines Körpers häufig auch als sein *Schwerpunkt* bezeichnet.

Es ist indessen nicht möglich, ein System paralleler Kräfte auf eine resultierende Kraft zurückzuführen, wenn die Summe der Kräfte gleich Null ist. Die Wirkung solcher Kräfte kann nur auf ein sogenanntes *Kräftepaar* zurückgeführt werden: zwei Kräfte, die den gleichen Betrag, aber entgegengesetzte Richtung haben. Man berechnet leicht die Summe K_Z der Drehmomente zweier solcher Kräfte bezüglich einer Achse Z, die senkrecht zur Ebene dieser Kräfte steht: K_Z ist gleich dem Produkt aus der Größe F und dem Abstand h zwischen den Richtungen der beiden Kräfte (*Hebelarm*):

$$K_Z = F\,h\,.$$

Die Wirkung, die ein Kräftepaar auf die Bewegung eines Körpers ausübt, hängt nur von diesem sogenannten *Drehmoment des Kräftepaares* ab.

§ 30. Gyroskop

Im § 27 hatten wir die Projektion L_Z des Drehimpulses auf die Drehachse gefunden. Im Falle eines um eine feste Achse rotierenden Körpers existiert nur diese Projektion des Vektors $\boldsymbol{L}$. Als Folge der einfachen Abhängigkeit der Projektion L_Z von der Winkelgeschwindigkeit $\boldsymbol{\Omega}$ ($L_Z = I\,\Omega$) ist die ganze Bewegung hier relativ unkompliziert.

Wenn hingegen die Drehachse nicht fest ist, so hat man den gesamten Vektor $\boldsymbol{L}$ in Abhängigkeit vom Vektor der Winkelgeschwindigkeit $\boldsymbol{\Omega}$ zu betrachten. Diese Abhängigkeit ist indessen erheblich komplizierter: Die Komponenten des Vektors $\boldsymbol{L}$ sind lineare Funktionen der Komponenten von $\boldsymbol{\Omega}$, aber die Richtungen beider Vektoren sind im allgemeinen verschieden. Dieser Umstand kompliziert im allgemeinen Falle ganz wesentlich den Charakter der Bewegung des Körpers.

Wir betrachten hier nur ein Beispiel der Bewegung eines Körpers mit einer Drehachse, die sich frei einstellen kann, und zwar das sogenannte *Gyroskop*, ein axialsymmetrischer Körper, der schnell um seine geometrische Achse rotiert.

Bei einer solchen Rotation ist der Vektor des Drehimpulses $\boldsymbol{L}$ ebenfalls längs der Körperachse gerichtet (wie auch der Vektor der Winkelgeschwindigkeit $\boldsymbol{\Omega}$). Das sieht man schon ohne Rechnung, einfach aus Symmetrieüberlegungen: Dank der Axialsymmetrie der Bewegung gibt es keine andere ausgezeichnete Richtung, in welche der Vektor $\boldsymbol{L}$ gerichtet sein könnte.

Solange auf das Gyroskop keine äußeren Kräfte wirken, behält seine Achse ihre Richtung im Raum: Nach dem Erhaltungssatz des Drehimpulses bleibt die Richtung (und der Betrag) des Vektors $\boldsymbol{L}$ unverändert. Wenn aber am

Gyroskop äußere Kräfte angreifen, so beginnt seine Achse eine Ausweichbewegung. Eben diese Bewegung der Gyroskopachse wird uns interessieren; man bezeichnet sie als Präzession.

Die Richtungsänderung der Gyroskopachse ist eine Rotation des Gyroskops bezüglich einer bestimmten anderen Achse, und zwar so, daß der Vektor der Gesamtwinkelgeschwindigkeit nicht mehr die Richtung der geometrischen Körperachse hat. Ebenso wie dieser Vektor wird auch der Vektor $\boldsymbol{L}$ des Drehimpulses nicht mehr mit der geometrischen Achse zusammenfallen (auch nicht mit der Richtung von $\boldsymbol{\Omega}$). Wenn aber die ursprüngliche Rotation des Gyroskops genügend schnell war und die äußeren Kräfte nicht allzu stark sind, so wird die Geschwindigkeit des Kreisens der Gyroskopachse relativ klein sein, und die Richtung des Vektors $\boldsymbol{\Omega}$, ebenso wie diejenige von $\boldsymbol{L}$, wird immer in der Nähe der Gyroskopachse liegen. Wenn wir also wissen, wie sich der Vektor $\boldsymbol{L}$ ändert, so kennen wir damit auch genähert die Bewegung der Gyroskopachse. Die Änderung des Drehimpulses selbst ist durch die Gleichung

$$\frac{\mathrm{d}L}{\mathrm{d}t} = \boldsymbol{K}$$

gegeben, wo $\boldsymbol{K}$ das Drehmoment der am Körper angreifenden Kräfte ist.

Nehmen wir z. B. an, daß an den Enden der Gyroskopachse (z-Achse in Abb. 30) ein Kräftepaar F angreift, das in der yz-Ebene wirkt. Dann hat dessen Drehmoment $\boldsymbol{K}$ die Richtung der x-Achse, und die gleiche Richtung hat die Ableitung $\mathrm{d}\boldsymbol{L}/\mathrm{d}t$. Mit anderen Worten, der Drehimpuls $\boldsymbol{L}$, und damit auch die Gyroskopachse, weichen in Richtung der x-Achse aus.

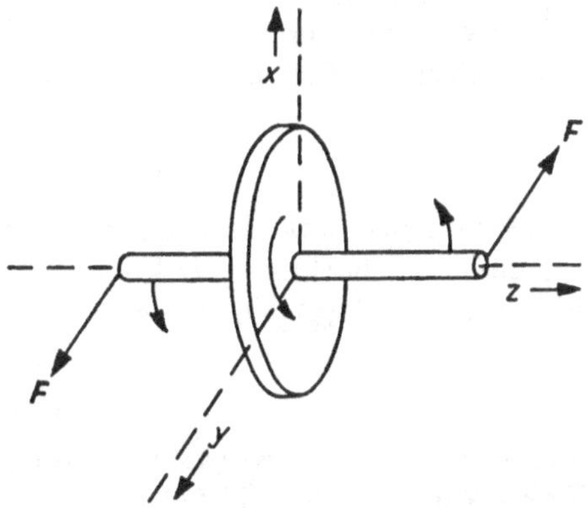

Abb. 30

Wenn also am Gyroskop eine Kraft angreift, so ruft sie eine Drehung der Achse in einer Richtung senkrecht zur Achse selbst hervor.

Ein Beispiel für das Gyroskop ist der mit seiner Spitze unten feststehende Kreisel (die Reibung des Kreisels auf seiner Unterlage wird in den folgenden Überlegungen nicht berücksichtigt). Auf den Kreisel wirkt die Schwerkraft, also eine Kraft konstanter Richtung senkrecht nach unten. Diese Kraft ist gleich dem Gewicht des Kreisels $P = M\,g$ (M ist seine Masse) und greift in seinem Schwerpunkt an (Punkt C in Abb. 31). Das Drehmoment dieser Kraft bezüglich des Stützpunktes O ist dem Betrage nach $K = P\,l \sin \Theta$ (l ist die Entfernung $O\,C$, Θ der Winkel zwischen Kreiselachse und der Vertikalen); es ist stets senkrecht zur Ebene gerichtet, die durch die Kreiselachse und die Vertikale geht. Unter der Wirkung dieses Drehmoments beginnt der Vektor $\boldsymbol{L}$ (und damit auch

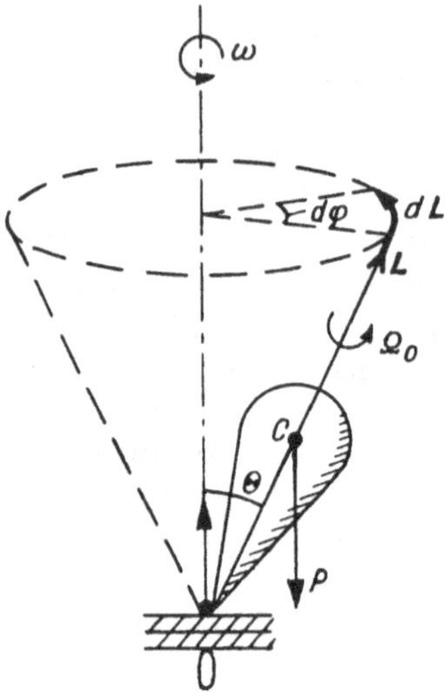

Abb. 31

die Kreiselachse) zu rotieren; hierbei bleiben sein Betrag und der Winkel Θ, den er mit der Senkrechten bildet, konstant, d. h., $\boldsymbol{L}$ beschreibt einen Kegel um die Vertikale.

Die Winkelgeschwindigkeit der Kreiselpräzession läßt sich leicht berechnen. Wir bezeichnen sie mit ω, im Unterschied zur Winkelgeschwindigkeit der Eigenrotation des Kreisels um seine Achse, die wir $\boldsymbol{\Omega}_0$ nennen.

Während des infinitesimalen Zeitintervalls $\mathrm{d}t$ erfährt der Vektor $\boldsymbol{L}$ den Zuwachs $\mathrm{d}\boldsymbol{L} = \boldsymbol{K}\,\mathrm{d}t$, der senkrecht zu $\boldsymbol{L}$ selbst in einer horizontalen Ebene liegt (Abb. 31). Wenn wir jetzt durch den Betrag der Projektion von $\boldsymbol{L}$ auf diese Ebene dividieren, so erhalten wir den Winkel $\mathrm{d}\varphi$, um welchen diese Projektion sich in der Zeit $\mathrm{d}t$ dreht:

$$\mathrm{d}\varphi = \frac{K}{L \sin \Theta}\,\mathrm{d}t\,.$$

Die Ableitung $\mathrm{d}\varphi/\mathrm{d}t$ ist offenbar die gesuchte Winkelgeschwindigkeit der Präzession, also

$$\omega = \frac{K}{L \sin \Theta}\,.$$

Setzen wir hier $K = M\,g\,l \sin \Theta$ und $L = I\,\Omega_0$ ein (wobei I das Trägheitsmoment des Kreisels bezüglich seiner Achse ist), so erhalten wir endgültig

$$\omega = \frac{M\,g\,l}{I\,\Omega_0}\,.$$

Erinnern wir uns, daß wir die Rotation des Kreisels als hinreichend schnell angenommen hatten. Wir können diese Bedingung jetzt genauer formulieren: Es soll gelten $\Omega_0 \gg \omega$. Es ist aber

$$\frac{\omega}{\Omega_0} = \frac{M\,g\,l}{I\,\Omega_0^2}\,,$$

und wir sehen die Bedeutung dieser Bedingung: Die potentielle Energie des Kreisels im Schwerefeld ($M\,g\,l \cos \Theta$) soll klein sein im Vergleich zu seiner kinetischen Energie ($\frac{1}{2}\,I\,\Omega_0^2$).

§ 31. Trägheitskräfte

Bis jetzt haben wir die Bewegung von Körpern in bezug auf Inertialsysteme betrachtet. Lediglich im § 23 sprachen wir über ein Bezugssystem, das eine beschleunigte Translationsbewegung beschrieb (beschleunigt bewegte Rakete). Wegen der Beschleunigung ist für einen Beobachter in der Rakete das Bezugssystem kein Inertialsystem, und er empfindet dies als Auftreten eines Kraftfeldes, das einem gleichförmigen Schwerefeld äquivalent ist.

Die Zusatzkräfte, die in Bezugssystemen auftreten, die keine Inertialsysteme sind, werden allgemein als *Trägheitskräfte* bezeichnet. Diese haben die charakteristische Besonderheit, daß sie proportional der Masse des Körpers sind, auf den sie wirken. Eben wegen dieser Eigenschaft sind sie der Schwerkraft analog.

Untersuchen wir jetzt die Frage, wie die Bewegung in einem rotierenden Bezugssystem abläuft und welcher Art die hier auftretenden Trägheitskräfte sind. Ein solches Bezugssystem ist z. B. die Erde selbst; infolge der täglichen Erddrehung ist ein mit ihr verbundenes Bezugssystem genaugenommen kein Inertialsystem, obwohl wegen der geringen Geschwindigkeit der Rotation die auftretenden Trägheitskräfte verhältnismäßig klein sind.

Der Einfachheit halber stellen wir uns vor, das Bezugssystem sei eine Scheibe, die sich mit der Winkelgeschwindigkeit Ω gleichförmig dreht; wir betrachten die einfachste Bewegung auf dieser Scheibe, nämlich ein sich gleichförmig entlang des Randes bewegendes Teilchen. Bezeichnen wir dessen Geschwindigkeit relativ zur Scheibe mit v_N (der Index „N" deutet an, daß das System kein Inertialsystem ist). Die Geschwindigkeit v_I dieses Teilchens relativ zu einem unbewegten Beobachter (Inertialsystem) ist offenbar gleich der Summe aus v_N und der Geschwindigkeit der Punkte des Scheibenrandes. Die letztere ist gleich $\Omega\, r$, wobei r der Scheibenradius ist. Folglich ist

$$v_I = v_N + \Omega\, r\,.$$

Die Beschleunigung w_I des Teilchens relativ zum Inertialsystem läßt sich unschwer berechnen. Da das Teilchen sich gleichförmig auf einem Kreis vom Radius r mit der Geschwindigkeit v_I bewegt, gilt

$$w_I = \frac{v_I^2}{r} = \frac{v_N^2}{r} + 2\,\Omega\, v_N + \Omega^2\, r\,.$$

Wir multiplizieren diese Beschleunigung mit der Masse m des Teilchens und finden die Kraft F, die auf das Teilchen im Inertialsystem wirkt:

$$F = m\, w_I\,.$$

Sehen wir jetzt, wie ein Beobachter, der sich auf der Scheibe befindet und diese als ruhend ansieht, diese Bewegung betrachtet. Für ihn bewegt sich das Teilchen ebenfalls gleichförmig auf einem Kreis vom Radius r, aber die Geschwindigkeit ist gleich v_N. Deshalb hat die Beschleunigung des Teilchens relativ zur Scheibe den Betrag

$$w_N = \frac{v_N^2}{r}$$

und ist zur Scheibenmitte hin gerichtet. Da der Beobachter die Scheibe für feststehend hält, multipliziert er w_N mit der Masse des Teilchens und sagt, daß dieses Produkt die auf das Teilchen wirkende Kraft F_N darstellt:

$$F_N = m\, w_N\,.$$

Wenn wir beachten, daß

$$w_N = w_I - 2\,\Omega\,v_N - \Omega^2\,r$$

ist, und $m\,w_I = F$ berücksichtigen, dann erhalten wir

$$F_N = F - 2\,m\,\Omega\,v_N - m\,\Omega^2\,r\,.$$

Wir sehen also, daß relativ zum rotierenden Bezugssystem auf das Teilchen außer der „wirklichen" Kraft F noch zwei zusätzliche Kräfte wirken: $-\,m\,\Omega^2\,r$ und $-\,2\,m\,\Omega\,v_N$. Die erste dieser beiden Kräfte wird als *Zentrifugalkraft* bezeichnet, die zweite als CORIOLIS-*Kraft*. Die Minuszeichen bedeuten, daß in diesem Falle diese beiden Kräfte von der Drehachse der Scheibe fort gerichtet sind.

Die Zentrifugalkraft hängt nicht von der Geschwindigkeit v_N ab, mit anderen Worten, sie ist auch dann vorhanden, wenn das Teilchen relativ zur Scheibe ruht. Für ein Teilchen, das sich im Abstande r von der Drehachse des Bezugssystems befindet, ist diese Kraft stets gleich $m\,\Omega^2\,r$ und radial von der Rotationsachse fort gerichtet.

Ebenso wie den Begriff der Zentrifugalkraft können wir auch den Begriff der *Zentrifugalenergie* einführen als potentielle Energie U_Z eines Teilchens im Feld der Zentrifugalkraft. Gemäß der allgemeinen Formel, die Kraft und potentielle Energie verknüpft, haben wir

$$-\frac{\mathrm{d}U_Z}{\mathrm{d}r} = m\,\Omega^2\,r$$

und damit

$$U_Z = -\frac{m\,\Omega^2\,r^2}{2} + \text{const}\,.$$

Die willkürliche Konstante setzt man zweckmäßig gleich Null, d. h., man rechnet die potentielle Energie vom Ort der Drehachse an ($r = 0$), in dem die Zentrifugalkraft verschwindet.

Die Zentrifugalkraft kann in besonders gebauten Zentrifugen sehr große Werte annehmen. Auf der Erde hingegen ist sie unbedeutend. Sie ist am größten am Äquator, wo sie für ein Teilchen mit der Masse 1 g

$$m\,\Omega^2\,R = 1 \cdot \left(\frac{2\,\pi}{24 \cdot 60 \cdot 60}\right)^2 \cdot 6{,}3 \cdot 10^8\,[\text{dyn}] = 3{,}3\ \text{dyn}$$

ist ($R = 6{,}3 \cdot 10^8$ cm ist der Erdradius). Diese Kraft vermindert offenbar das Gewicht eines Körpers um 3,3 dyn pro Gramm, d. h. etwa um 0,3% des Körpergewichts.

Die zweite Trägheitskraft, die CORIOLIS-Kraft, unterscheidet sich ihrem Wesen nach wesentlich von allen anderen Kräften, mit denen wir es bisher zu tun hatten. Sie wirkt nur auf ein Teilchen, das sich relativ zu einem gegebenen Bezugssystem bewegt, und hängt von dessen Geschwindigkeit ab. Andererseits zeigt sich, daß diese Kraft nicht von der Lage des Teilchens abhängt. In dem oben betrachteten Beispiel war sie dem Betrage nach gleich $2\,m\,\Omega\,v_N$ und von der Rotationsachse fort gerichtet. Man kann zeigen, daß im allgemeinen Falle die CORIOLIS-Kraft, die auf ein Teilchen wirkt, das sich mit beliebiger Geschwindigkeit v_N bewegt, gleich

$$2\, m\, \boldsymbol{v}_N \times \boldsymbol{\Omega}$$

ist; $\boldsymbol{\Omega}$ ist die Winkelgeschwindigkeit des rotierenden Systems. Mit anderen Worten, sie ist senkrecht zur Rotationsachse und zur Geschwindigkeit des Teilchens gerichtet und dem Betrage nach gleich $2\, m\, v_N\, \Omega \sin \Theta$, wobei Θ der Winkel zwischen $\boldsymbol{v}_N$ und $\boldsymbol{\Omega}$ ist. Wenn die Geschwindigkeit $\boldsymbol{v}_N$ ihr Vorzeichen umkehrt, so gilt das Gleiche für die CORIOLIS-Kraft.

Da die CORIOLIS-Kraft stets senkrecht zur Bewegungsrichtung des Teilchens gerichtet ist, leistet sie keine Arbeit. Mit anderen Worten, sie ändert nur die Bewegungsrichtung des Teilchens, aber nicht den Betrag seiner Geschwindigkeit.

Obwohl die auf der Erde wirksame CORIOLIS-Kraft äußerst klein ist, führt sie doch zu einigen spezifischen Effekten. Infolge dieser Kraft sollte sich ein frei fallender Körper nicht genau senkrecht bewegen, sondern ein wenig nach Osten abgelenkt werden. Diese Ablenkung ist indessen äußerst gering. Die Rechnung zeigt z. B., daß diese Ablenkung beim Fall aus 100 m Höhe (in 60° Breite) etwa 1 cm beträgt.

Mit der CORIOLIS-Kraft hängt das Verhalten des FOUCAULT*schen Pendels* zusammen, das einen Beweis für die Erddrehung erbrachte. Ohne die CORIOLIS-Kraft würde die Schwingungsebene eines nahe der Erdoberfläche schwingenden Pendels unverändert bleiben (relativ zur Erde). Die Wirkung dieser Kraft führt zu einer Drehung der Schwingungsebene um die Vertikale mit der Winkelgeschwindigkeit $\Omega \sin \varphi$, wobei Ω die Winkelgeschwindigkeit der Erddrehung ist und φ die geographische Breite des Ortes, an dem das Pendel schwingt.

Eine große Rolle spielt die CORIOLIS-Kraft bei meteorologischen Erscheinungen. So sollte z. B. der Passat (Wind, der von den Tropen zum Äquator weht) ohne Erddrehung streng von Norden nach Süden (auf der nördlichen Halbkugel) bzw. von Süden nach Norden (südliche Halbkugel) gerichtet sein. Unter dem Einfluß der CORIOLIS-Kraft wird er nach Westen abgelenkt.

KAPITEL IV

SCHWINGUNGSVORGÄNGE

§ 32. Harmonische Schwingungen

Wir sahen in § 13, daß die eindimensionale Bewegung, die ein Teilchen in einer Potentialmulde beschreibt, periodisch ist, d. h. sich in gleichen Zeitabständen wiederholt. Ein solches Zeitintervall, in dessen Verlauf sich die Bewegung wiederholt, nennt man die *Periode* der Bewegung. Wenn T die Periode der Bewegung ist, so hat das Teilchen in den Zeitpunkten t und $t + T$ dieselbe Lage und die gleiche Geschwindigkeit.

Die zur Periode inverse Größe heißt *Frequenz*. Die Frequenz, die wir mit ν bezeichnen:

$$\nu = \frac{1}{T},$$

gibt an, wir oft sich der Bewegungsvorgang in der Zeiteinheit wiederholt. Diese Größe hat offenbar die Dimension 1/s. Die Maßeinheit der Frequenz, die einer Periode von 1 s entspricht, heißt *Hertz* (Hz): 1 Hz = 1 s^{-1}.

Es gibt offenbar unendlich viele Arten der periodischen Bewegung. Die einfachsten periodischen Funktionen sind die trigonometrischen Funktionen Sinus und Kosinus. Die einfachste periodische Bewegung ist deshalb diejenige, bei der sich die Koordinaten eines Massenpunktes nach dem Gesetz

$$x = A \cos(\omega t + \alpha)$$

ändern, wobei A, ω und α Konstanten sind. Eine solche periodische Bewegung wird *harmonische Schwingung* genannt. Die Größen A und ω haben einen einfachen physikalischen Sinn. Da der Kosinus die Periode 2π hat, ist die Periode T der Bewegung mit ω verknüpft durch die Relation

$$T = \frac{2\pi}{\omega}.$$

Hieraus ersieht man, daß sich ω durch den Faktor 2π von der Frequenz ν unterscheidet:

$$\omega = 2\pi\nu .$$

Die Größe ω heißt *Kreisfrequenz*; in der Physik wird zur Kennzeichnung von Schwingungen eben diese Größe benutzt, und häufig spricht man einfach von ω als von der Frequenz.

Da der Kosinus dem Betrage nach maximal gleich 1 ist, wird der Betrag der Koordinate x maximal gleich A. Diesen Maximalwert nennt man *Amplitude* der Schwingung. x ändert sich in den Grenzen von $-A$ bis $+A$.

Das Argument $\omega t + \alpha$ des Kosinus heißt *Phase* der Schwingung; α ist die *Anfangsphase* (im Augenblick $t = 0$).

Die Geschwindigkeit des Teilchens ist

$$v = \frac{dx}{dt} = -A\,\omega \sin \omega\,(t + \alpha)\,.$$

Wir sehen, daß sich die Geschwindigkeit ebenfalls gemäß einer harmonischen Schwingung ändert, nur steht hier anstelle des Kosinus der Sinus. Wenn wir diesen Ausdruck in der Form

$$v = A\,\omega \cos\left(\omega t + \alpha + \frac{\pi}{2}\right)$$

schreiben, können wir sagen, daß die Geschwindigkeit der Koordinate „in der Phase" um $\pi/2$ vorauseilt. Die Amplitude der Geschwindigkeit hingegen ist gleich dem Produkt aus der Amplitude der Schwingung und der Frequenz ω.

Machen wir uns jetzt klar, wie die auf ein Teilchen wirkende Kraft aussehen müßte, damit dieses eine harmonische Schwingung beschreibt, Dazu berechnen wir die Beschleunigung eines Teilchens bei einer derartigen Bewegung. Wir haben

$$w = \frac{dv}{dt} = -A\,\omega^2 \cos(\omega t + \alpha)\,.$$

Diese Größe ändert sich nach demselben Gesetz wie die Koordinate des Teilchens, unterscheidet sich von dieser in der Phase aber um π. Wenn wir w mit der Masse m des Teilchens multiplizieren und bemerken, daß $A \cos(\omega t + \alpha) = x$ ist, so erhalten wir den folgenden Ausdruck für die Kraft:

$$F = -m\,\omega^2 x\,.$$

Damit also ein Teilchen harmonische Schwingungen beschreibt, muß die auf das Teilchen wirkende Kraft proportional dem Betrag von x sein und die entgegengesetzte Richtung wie x haben. Ein einfaches Beispiel: die Kraft, die auf einen Körper durch eine auseinandergezogene (oder zusammengedrückte) Sprungfeder wirkt, ist proportional der Ausdehnung (oder Verkürzung) der Feder und stets so gerichtet, daß die Feder ihre normale Länge einzunehmen sucht. Eine solche Kraft wird häufig als *Direktionskraft* bezeichnet.

Die oben beschriebene Abhängigkeit der Kraft von der Lage eines Teilchens trifft man in physikalischen Problemen sehr häufig. Wenn sich irgendein Körper in der Lage stabilen Gleichgewichts befindet (es sei dies der Punkt $x = 0$) und wir ihn aus dieser Lage ein wenig in die eine oder andere Richtung verschieben, so entsteht eine Kraft F, die den Körper in die Gleichgewichtslage zurückzuführen sucht. Als Funktion der Lage x des Körpers wird die Kraft $F = F(x)$ durch eine Kurve dargestellt, die den Koordinatenanfangspunkt schneidet: im Punkt $x = 0$ ist die Kraft $F = 0$, und zu beiden Seiten dieses Punktes hat sie entgegengesetztes Vorzeichen. In einem kleinen Intervall von x-Werten kann diese Kurve genähert durch ein Stück einer Geraden dargestellt werden, so daß sich die Kraft als proportional zum Betrage der Auslenkung x erweist. Wenn also der Körper eine kleine Verschiebung aus der Gleichgewichtslage erleidet und danach sich selbst überlassen bleibt, so entstehen bei der Rückkehr in die Gleichgewichtslage harmonische Schwingungen.

Bewegungen, bei denen der Körper wenig aus der Gleichgewichtslage verschoben wird, nennt man *kleine Schwingungen*. Wir sehen, daß kleine Schwingungen harmonisch sind. Die Frequenz dieser Schwingungen ist durch die „Elastizität" der Ankopplung des Körpers bestimmt; die „Elastizität" charakterisiert den Zusammenhang zwischen der Kraft und der Auslenkung aus der Ruhelage. Ist die Kraft mit der Auslenkung durch die Beziehung

$$F = -k\,x$$

verknüpft — wobei k der Koeffizient der Direktionskraft ist —, so folgt durch Vergleich dieses Ausdrucks mit dem Ausdruck für die Kraft $F = -m\,\omega^2\,x$ bei einer harmonischen Schwingungsbewegung, daß die Frequenz der Schwingungen

$$\omega = \sqrt{\frac{k}{m}}$$

ist.

Wir heben den Umstand hervor, daß die Frequenz sich nur als von den Eigenschaften des schwingenden Systems abhängig erweist (Elastizität der Ankopplung, Masse des Körpers), nicht aber von der Schwingungsamplitude. Wenn ein und derselbe Körper Schwingungen mit verschiedener Schwingungsweite ausführt, so beschreibt er diese mit ein und derselben Frequenz. Dies ist eine sehr wichtige Eigenschaft kleiner Schwingungen. Die Schwingungsamplitude hingegen bestimmt sich nicht aus den Eigenschaften des Systems, sondern aus den Anfangsbedingungen der Bewegung, d. h. aus dem „Anstoß", der das System aus der Ruhelage herausführte. Die als Ergebnis des Anstoßes entstehenden Schwingungen des sich dann selbst überlassenen Systems werden als *Eigenschwingungen* bezeichnet.

Die potentielle Energie eines schwingenden Teilchens findet man leicht, wenn man berücksichtigt, daß

$$\frac{dU}{dx} = -F = k\,x$$

ist. Hieraus folgt

$$U = \frac{k}{2}\,x^2 + \text{const}\,.$$

Indem wir die Integrationskonstante so wählen, daß die potentielle Energie in der Gleichgewichtslage $x = 0$ gleich Null ist, erhalten wir schließlich

$$U = \frac{k}{2}\,x^2\,,$$

d. h., die potentielle Energie ist proportional dem Quadrat der Auslenkung des Teilchens.

Wir addieren die potentielle Energie zur kinetischen und finden für die Gesamtenergie des schwingenden Teilchens

$$E = \frac{m}{2} v^2 + \frac{k}{2} x^2 = \frac{m}{2} A^2 \omega^2 \sin^2 (\omega t + \alpha) + \frac{m}{2} A^2 \omega^2 \cos^2 (\omega t + \alpha)$$

oder

$$E = \frac{m}{2} A^2 \omega^2 .$$

Die Gesamtenergie ist somit dem Quadrat der Schwingungsamplitude proportional. Man beachte, daß die kinetische und potentielle Energie sich wie $\sin^2 (\omega t + \alpha)$ und $\cos^2 (\omega t + \alpha)$ ändern, so daß eine von beiden abnimmt, wenn die andere zunimmt. Mit anderen Worten, der Schwingungsvorgang ist verbunden mit einem periodischen Übergang der Energie von potentieller zu kinetischer und umgekehrt. Die über eine Schwingungsperiode genommenen Mittelwerte der potentiellen und kinetischen Energie sind identisch, beide sind gleich $E/2$.

§ 33. Pendel

Als Beispiel kleiner Schwingungen betrachten wir die Schwingungen des *mathematischen Pendels*, d. h. eines Massenpunktes, der an einem Faden im Schwerefeld der Erde aufgehängt ist.

Wir lenken das Pendel um einen Winkel φ aus seiner Gleichgewichtslage aus und bestimmen die Kraft, die dabei auf das Pendel wirkt. Diese Kraft ist allgemein gleich $m g$, wobei m die Masse des Pendels und g die Schwerebeschleunigung sind. Diese Kraft zerlegen wir in zwei Komponenten (Abb. 32): die eine längs des Fadens, die andere senkrecht dazu. Die erste Komponente wird kompensiert durch die Spannung des Fadens, die zweite verursacht die Pendelbewegung. Letztere Komponente ist offenbar

$$F = - m g \sin \varphi .$$

Im Falle kleiner Schwingungen ist der Winkel φ klein. Dann ist $\sin \varphi$ genähert gleich dem Winkel φ selbst, somit $F \approx - m g \varphi$. Da $l \varphi$ (wobei l die Pendellänge ist) der von dem Massenpunkt zurückgelegte Weg x ist, schreiben wir F in der Form

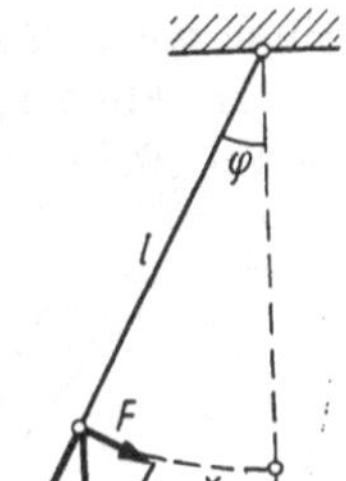

Abb. 32

$$F = - \frac{m g}{l} x .$$

Hieraus sieht man, daß der Koeffizient k im Falle kleiner Pendelschwingungen $k = m g/l$ ist. Deshalb wird die Frequenz der Pendelschwingungen

$$\omega = \sqrt{\frac{g}{l}} .$$

Die Schwingungsperiode des Pendels ist

$$T = \frac{2 \pi}{\omega} = 2 \pi \sqrt{\frac{l}{g}} .$$

Wir erwähnen, daß die Länge des Pendels mit der Periode $T = 1$ s (für den Standardwert der Schwerebeschleunigung, s. Kap. II, § 22) $l = 248{,}4$ cm ist.

Die Abhängigkeit der Periode von der Pendellänge und der Schwerebeschleunigung kann auch leicht aus Dimensionsbetrachtungen bestimmt werden. Als Größen, die ein gegebenes mechanisches System kennzeichnen, haben wir m, l und g mit den Dimensionen

$$[m] = \mathrm{g}\,, \quad [l] = \mathrm{cm}\,, \quad [g] = \mathrm{cm/s^2}$$

zur Verfügung. Die Periode T kann auch nur von diesen Größen abhängen. Da von diesen Größen lediglich m die Dimension g hat, die Dimension der gesuchten Größe $[T] = \mathrm{s}$ aber g nicht enthält, ist klar, daß T überhaupt nicht von m abhängen kann. Aus den beiden übrigbleibenden Größen l und g kann man die in T nicht enthaltene Dimension cm ausschließen, indem man das Verhältnis l/g bildet. Schließlich nehmen wir die Wurzel $\sqrt{l/g}$ und erhalten eine Größe der Dimension s; aus den angeführten Überlegungen folgt dabei, daß dies die einzige Möglichkeit ist, eine solche Größe zu bilden. Somit können wir behaupten, daß die Periode T proportional $\sqrt{l/g}$ sein muß; den Proportionalitätsfaktor 2π kann man auf diese Weise natürlich nicht bestimmen.

Wir haben bisher von kleinen Schwingungen gesprochen, als ob es sich nur um Schwingungen eines Massenpunktes handelt. Die Resultate, die wir dabei erhielten, gelten in Wirklichkeit aber auch für Schwingungen komplizierterer Systeme.

Als Beispiel betrachten wir die Schwingungen eines starren Körpers, der sich unter dem Einfluß der Schwerkraft um eine horizontale Achse drehen kann. Einen solchen Körper nennt man *physikalisches Pendel.*

Wir sahen im § 28, daß sich die Bewegungsgesetze des rotierenden Körpers formal nicht von denen eines Massenpunktes unterscheiden; hierbei spielt die Rolle der Koordinate x der Drehwinkel φ, die Rolle der Masse das Trägheitsmoment I des Körpers (bezogen auf die Drehachse), und an die Stelle der Kraft F tritt das Drehmoment K_z der Kraft.

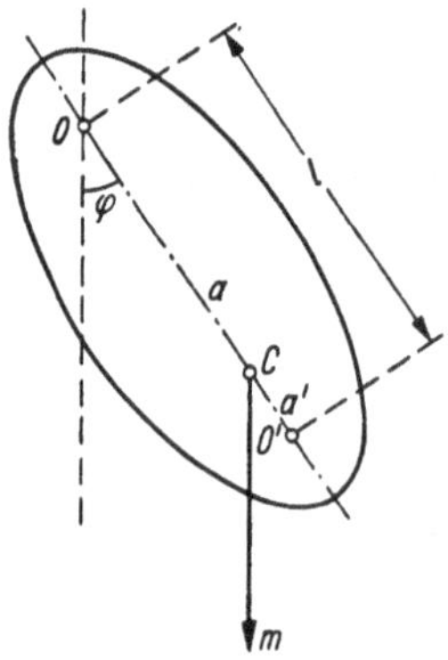

Abb. 33

In diesem Falle ist das Drehmoment der Schwerkraft bezüglich der Drehachse $K_z = -\, m\, g\, a \sin\varphi$, wobei m die Körpermasse ist, a der Abstand des Schwerpunkts C von der Drehachse (diese geht durch den Punkt O von Abb. 33, senkrecht zur Zeichenebene), φ ist der Winkel der Auslenkung der Linie OC aus der Vertikalen; das Minuszeichen drückt den Umstand aus, daß das Drehmoment K_z den Winkel φ zu verkleinern sucht. Für kleine Schwingungen ist der Winkel φ klein, so daß $K_z = -\, m\, g\, a\, \varphi$ ist. Wenn wir diesen Ausdruck mit dem für die Direktionskraft $F = -\, k\, x$ für die Schwingungen eines Massenpunktes vergleichen, sehen wir, daß die Rolle des Koeffizienten k hier die Größe $m\, g\, a$ spielt. Man kann somit in Analogie zu der Formel $\omega = \sqrt{k/m}$

den folgenden Ausdruck für die Schwingungsfrequenz eines physikalischen Pendels hinschreiben:

$$\omega = \sqrt{\frac{m\,g\,a}{I}}\,.$$

Durch Vergleich dieses Ausdrucks mit der Formel für die Schwingungsfrequenz des mathematischen Pendels ($\omega = \sqrt{g/l}$) sehen wir, daß ein physikalisches Pendel genauso schwingt wie ein mathematisches Pendel der Länge

$$l = \frac{I}{m\,a}\,.$$

Man bezeichnet sie als *reduzierte Länge* des physikalischen Pendels.

Wenn wir $I = I_0 + m\,a^2$ setzen (wobei I_0 das Trägheitsmoment des Pendels bezüglich einer horizontalen Achse durch den Schwerpunkt ist), können wir die reduzierte Länge in der Form

$$l = a + \frac{I_0}{m\,a}$$

darstellen.

Aus diesem Ausdruck kann man folgenden interessanten Schluß ziehen: Wir tragen auf der Geraden OC (Abb. 33) den Abschnitt $OO' = l$ auf. Stellen wir uns nun vor, das Pendel werde so aufgehängt, daß seine Achse durch den Punkt O' geht. Die reduzierte Länge des neuen Pendels, das man auf diese Weise erhält, wird

$$l' = a' + \frac{I_0}{m\,a'}\,.$$

Wegen $a' = l - a = I_0/m\,a$ wird deshalb $l' = l$. Somit sind für diese Pendel, deren Achsen um den Abstand l voneinander entfernt sind, die reduzierten Längen und damit auch die Schwingungsperioden identisch.

Betrachten wir schließlich noch die *Drehschwingungen* einer Scheibe, die an einem elastischen Faden aufgehängt ist (Abb. 34). Das Drehmoment der elastischen Kraft, die infolge der Torsion des Fadens entsteht und die Scheibe in ihre Ausgangsstellung zurückzudrehen sucht, ist proportional dem Winkel φ, um den sich die Scheibe dreht: $K_z = -\,k\,\varphi$, wobei k eine Konstante ist, die von der Beschaffenheit des Fadens abhängt. Wenn das Trägheitsmoment der Scheibe (bezüglich ihres Mittelpunktes) gleich I_0 ist, so wird die Schwingungsfrequenz

$$\omega = \sqrt{\frac{k}{I_0}}\,.$$

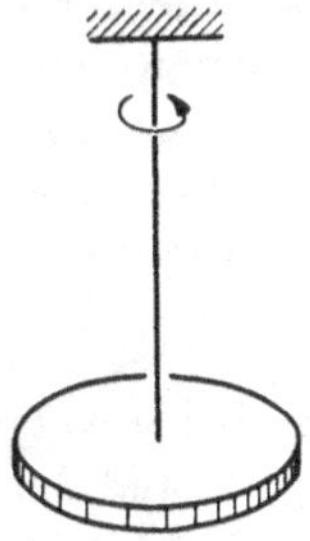
Abb. 34

§ 34. Gedämpfte Schwingungen

Wir haben die Bewegungen von Körpern (darunter auch Schwingungen) bisher so behandelt, als ob sie völlig ungehindert vor sich gehen. Wenn aber die Bewegung in einem äußeren Medium vor sich geht, so setzt dieses der Bewegung einen Widerstand entgegen, der die Bewegung zu verlangsamen sucht. Die Wechselwirkung des Körpers mit dem Medium ist ein komplizierter Prozeß, der letzten Endes dazu führt, daß Energie des sich bewegenden Körpers in Wärme übergeht, oder, wie man in der Physik sagt, dieser Prozeß führt zur *Dissipation von Energie*. Dieser Vorgang ist schon kein rein mechanischer mehr, und seine detaillierte Untersuchung erfordert die Einbeziehung auch anderer Gebiete der Physik; vom rein mechanischen Standpunkt aus kann er beschrieben werden durch Einführung einer bestimmten Zusatzkraft, die als Ergebnis der Bewegung selbst auftritt und dieser entgegengerichtet ist. Diese Kraft wird als *Reibungskraft* bezeichnet. Für genügend kleine Geschwindigkeiten der Bewegung ist sie proportional der Geschwindigkeit des Körpers:

$$F_{\mathrm{R}} = - b\, v ,$$

wobei b eine positive Konstante ist, die die Wechselwirkung des Körpers mit dem Medium kennzeichnet; das Minuszeichen bedeutet, daß die Kraft entgegengesetzt zur Geschwindigkeit gerichtet ist.

Machen wir uns klar, welchen Einfluß die Anwesenheit einer solchen Reibung auf die Schwingungsbewegung hat. Wir werden dabei annehmen, daß die Reibungskraft so klein ist, daß der von ihr hervorgerufene Energieverlust des Körpers (während einer Schwingungsperiode) verhältnismäßig gering ist.

Der Energieverlust wird bestimmt als die von der Reibungskraft geleistete Arbeit. Im Zeitintervall $\mathrm{d}t$ ist diese Arbeit und damit auch der Energieverlust $\mathrm{d}E$ gleich dem Produkt aus Reibungskraft und dem von dem Körper zurückgelegten Weg $\mathrm{d}x = v\,\mathrm{d}t$:

$$\mathrm{d}E = F_{\mathrm{R}}\,\mathrm{d}x = - b\, v^2\,\mathrm{d}t ;$$

somit gilt

$$\frac{\mathrm{d}E}{\mathrm{d}t} = - b\, v^2 = - \frac{2\, b}{m} \frac{m\, v^2}{2} .$$

Unter der hier gemachten Voraussetzung, daß die Reibung gering ist, können wir diese Formel auf den mittleren Energieverlust während einer Periode anwenden, wobei wir auch die kinetische Energie $\frac{1}{2}\, m\, v^2$ durch ihren Mittelwert ersetzen können. Wir sahen aber im § 32, daß der Mittelwert der kinetischen Energie eines Körpers gleich der Hälfte seiner Gesamtenergie E ist. Wir können also schreiben

$$\frac{\mathrm{d}E}{\mathrm{d}t} = - 2\,\gamma\, E ,$$

wobei $\gamma = b/2\, m$ ist. Man sieht, daß die zeitliche Änderung der Energie proportional der Energie selbst ist.

Wenn wir diese Beziehung umformen in

$$\frac{\mathrm{d}E}{E} = \mathrm{d}\,(\ln E) = - 2\,\gamma\,\mathrm{d}t ,$$

so finden wir $\ln E = - 2\,\gamma\, t + \mathrm{const}$ und hieraus schließlich

$$E = E_0\, \mathrm{e}^{-2\gamma t} ,$$

wobei E_0 der Anfangswert der Energie im Zeitpunkt $t = 0$ ist.

Somit fällt infolge der Reibung die Energie der Schwingungen exponentiell ab. Mit der Energie fällt auch die Schwingungsamplitude ab; da die Energie proportional dem Quadrat der Amplitude ist, wird

$$A = A_0 \, e^{-\gamma t} .$$

Der zeitliche Abfall der Amplitude wird durch die Größe γ bestimmt, die als *Dämpfungsfaktor* bezeichnet wird. Im Verlaufe der Zeit $\tau = 1/\gamma$ fällt die Amplitude um den Faktor $1/e$ ab; diese Zeit τ wird als *Lebensdauer* der Schwingung bezeichnet. Die hier gemachte Annahme, daß die Reibung gering ist, bedeutet, daß τ als groß im Verhältnis zur Schwingungsperiode $T = 2\,\pi/\omega$ angenommen wird, d. h., daß während der Lebensdauer eine große Anzahl $n = \tau/T$ von Schwingungen erfolgt. Die Größe $1/n$ bezeichnet man als *logarithmisches Dekrement* der Dämpfung.

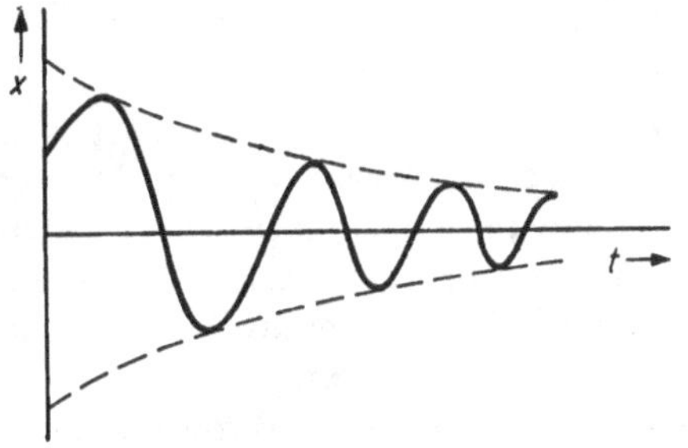

Abb. 35

Abb. 35 zeigt eine graphische Darstellung der Zeitabhängigkeit der Schwingung im Falle gedämpfter Schwingungen:

$$x = A \cos(\omega t + \alpha)$$
$$= A_0 \, e^{-\gamma t} \cos(\omega t + \alpha) .$$

Die gestrichelte Linie stellt die zeitliche Abnahme der Amplitude dar.

Die Reibung beeinflußt auch die Frequenz der Schwingungen. Indem sie die Bewegung verlangsamt, vergrößert sie die Periode, d. h., sie verkleinert die Schwingungsfrequenz. Indessen ist bei kleiner Reibung diese Veränderung äußerst gering (deshalb haben wir sie oben auch nicht berücksichtigt): man kann zeigen, daß diese Frequenzänderung proportional dem Quadrat der kleinen Größe γ/ω ist. Hingegen kann bei hinreichend starker Reibung die Schwingung so sehr verlangsamt werden, daß die Dämpfung der Bewegung ohne Schwingungen vor sich geht oder, wie man sagt, *aperiodisch* ist.

§ 35. Erzwungene Schwingungen

In jedem in der Wirklichkeit vorkommenden System, das Schwingungen ausführt, gehen stets irgendwelche Reibungsprozesse vor sich. Deshalb werden freie Schwingungen, die infolge eines ursprünglichen Anstoßes im System auftreten, im Verlaufe der Zeit gedämpft.

Um in einem solchen System ungedämpfte Schwingungen zu erzeugen, ist es notwendig, den durch die Reibung verursachten Energieverlust auszugleichen. Diese Kompensation kann erfolgen durch äußere (in bezug auf das schwingende System) Energiequellen. Der einfachste Fall ist die Einwirkung einer veränderlichen äußeren Kraft F_a auf das System, wobei F_a eine harmonische Zeitabhängigkeit

$$F_a = F_0 \cos \omega t$$

hat mit einer bestimmten Frequenz ω (zur Unterscheidung von dieser Frequenz werden wir hier die Frequenz der freien Eigenschwingungen des Systems mit ω_0 bezeichnen). Unter dem Einfluß dieser Kraft entstehen im System Schwingungen, die im Takt mit dem zeitlichen Verlauf der Kraft vor sich gehen; man bezeichnet diese Schwingungen als *erzwungene*. Die Bewegung des Systems wird dabei, allgemein gesprochen, eine Überlagerung beider Schwingungen darstellen, der Eigenschwingungen mit der Frequenz ω_0 und der erzwungenen mit der Frequenz ω.

Die freien Schwingungen hatten wir bereits untersucht. Betrachten wir jetzt die erzwungenen Schwingungen und bestimmen deren Amplitude. Wir schreiben diese Schwingungen in der Form

$$x = B \cos(\omega t - \beta) ,$$

wobei B die Amplitude ist, hingegen β eine zunächst noch unbekannte Phasenverschiebung zwischen der äußeren (oder, wie man sagt, erregenden) Kraft und den von ihr hervorgerufenen Schwingungen. Wir haben β mit einem Minuszeichen geschrieben, d. h. als Phasenverzögerung, entsprechend dem wirklichen Sachverhalt, wie wir im folgenden sehen werden.

Die Beschleunigung w eines Körpers, der erzwungene Schwingungen beschreibt, ist bestimmt durch die gleichzeitige Wirkung dreier Kräfte: der Direktionskraft $-kx$ der äußeren Kraft F_a und der Reibungskraft $F_R = -bv$. Somit gilt

$$m w = -kx - bv + F_a .$$

Wenn wir die Gleichung durch die Masse m teilen, $k/m = \omega_0^2$ berücksichtigen und wieder b/m mit 2γ bezeichnen, dann können wir diese Gleichung umformen in

$$w = -\omega_0^2 x - 2\gamma v + \frac{1}{m} F_a .$$

Wir benutzen nun eine bequeme graphische Methode zur Darstellung der Schwingungen. Diese beruht darauf, daß man die Größe $x = B \cos\varphi$ (wo φ die Schwingungsphase ist) in einer bestimmten Hilfskonstruktion, dem *Vektordiagramm*, geometrisch als Projektion eines Radiusvektors auf eine horizontale Achse auffassen kann; der Radiusvektor hat die Länge B und bildet mit der Achse den Winkel φ. (Zur Vermeidung von Mißverständnissen sei betont, daß diese „Vektoren" nichts zu tun haben mit dem Begriff des Vektors als physikalische Größe).

Jeder Term in der obigen Gleichung stellt eine periodisch veränderliche Größe mit der für alle Terme gleichen Frequenz ω dar, wobei aber die Phasen für die einzelnen Terme verschieden sind. Nehmen wir z. B. den Zeitpunkt $t = 0$, für den die Phase der äußeren Kraft $F_a = F_0 \cos \omega t$ gleich Null ist, die Größe F_a/m somit durch einen horizontalen Vektor der Länge F_0/m dargestellt wird (Abb. 36). Die Größe $\omega_0^2 x = \omega_0^2 B \cos(\omega t - \beta)$ schwingt mit einer Phasenverschiebung β; sie läßt sich durch einen Vektor der Länge $\omega_0^2 B$ darstellen, der

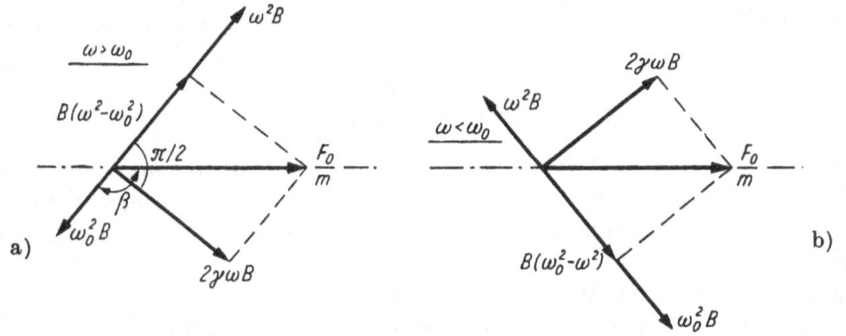

Abb. 36

um den Winkel β (im Gegenuhrzeigersinn) gegen den Vektor der Kraft gedreht ist. Ferner hat die Beschleunigung w (wie wir im § 32 sahen) die Amplitude $w^2 B$ und das entgegengesetzte Vorzeichen wie die Koordinate x; in der Zeichnung läßt sie sich also als Vektor darstellen, der entgegengesetzt zu x gerichtet ist. Die Geschwindigkiet v schließlich hat die Amplitude ωB und eilt der Koordinate x in der Phase um den Winkel $\pi/2$ vor; die Größe $2\gamma v$ ist ein Vektor der Länge $2\gamma\omega B$, senkrecht zum Vektor x.

Gemäß der Gleichung

$$\frac{F_a}{m} = w + \omega_0^2 x + 2\gamma v$$

sollte die Schwingung der Größe F_a/m gleich der Summe der Schwingungen der drei Terme auf der rechten Seite dieser Gleichung sein. In unserer Zeichnung bedeutet dies, daß die Summe der Horizontalprojektionen der letzteren drei Vektoren gleich F_0/m sein sollte. Hierzu muß offenbar die Vektorsumme dieser Vektoren gleich dem Vektor F_a/m sein. Aus der Zeichnung, in der die Fälle $\omega > \omega_0$ und $\omega < \omega_0$ einzeln dargestellt sind, sieht man, daß diese Gleichung erfüllt ist, wenn

$$(2\gamma\omega B)^2 + B^2(\omega^2 - \omega_0^2)^2 = \left(\frac{F_0}{m}\right)^2$$

gilt. Hieraus finden wir die gesuchte Schwingungsamplitude

$$B = \frac{F_0/m}{\sqrt{(\omega^2 - \omega_0^2)^2 + 4\gamma^2\omega^2}}.$$

Mittels dieser Konstruktion kann man auch die Phasenverschiebung β bestimmen. Wir werden den entsprechenden Ausdruck hier nicht hinschreiben; es sei nur bemerkt, daß die Phasenverschiebung der Schwingungen x relativ zur erregenden Kraft einen spitzen oder stumpfen Winkel bildet für $\omega < \omega_0$ bzw. $\omega > \omega_0$.

Man sieht, daß die Amplitude der erzwungenen Schwingungen proportional der Amplitude der erregenden Kraft F_0 ist und außerdem wesentlich vom Verhältnis der Frequenz ω dieser Kraft zur Eigenfrequenz ω_0 des Systems abhängt.

Die Amplitude erreicht ein Maximum, wenn diese Frequenzen zusammenfallen ($\omega = \omega_0$) oder, wie man sagt, im Falle der *Resonanz*; dieses Maximum ist

$$B_{\text{max}} = \frac{F_0}{2\,m\,\omega_0\,\gamma}\,.$$

Wir bemerken, daß dieser Maximalwert umgekehrt proportional dem Dämpfungskoeffizienten γ ist. Aus diesem Grunde darf man bei Resonanzerscheinungen die im System wirkende Reibung nicht vernachlässigen, auch wenn sie nur klein ist.

Es ist interessant, den Wert B_{max} mit der Amplitude zu vergleichen, die der Körper unter dem Einfluß einer konstanten (statischen) Kraft F_0 haben würde. Diese Amplitude (nennen wir sie B_{stat}) können wir aus der allgemeinen Formel für B erhalten, wenn wir dort $\omega = 0$ setzen: $B_{\text{stat}} = F_0/m\,\omega_0^2$. Das Verhältnis der Resonanzamplitude zur statischen ist

$$\frac{B_{\text{max}}}{B_{\text{stat}}} = \frac{\omega_0}{2\,\gamma}\,.$$

Man sieht, daß die entsprechende Vergrößerung der Schwingungsamplitude im Resonanzfalle (relativ zum statischen Fall) durch das Verhältnis der Frequenz der Eigenschwingungen zum Dämpfungskoeffizienten bestimmt ist. Für Systeme mit geringer Dämpfung kann dieses Verhältnis sehr groß werden. Dieser Umstand macht die außerordentliche Bedeutung der Resonanzerscheinung in Physik und Technik verständlich. Man benutzt sie in jeder Weise, wenn man Schwingungen verstärken will, man sucht sie zu vermeiden, wenn die Resonanz zu einem unerwünschten Anwachsen der Schwingungen führen kann.

Die Herkunft der Resonanzverstärkung von Schwingungen kann man sich klar machen, wenn man sich das Verhältnis zwischen den Phasen der erregenden Kraft F_a und der Geschwindigkeit v ansieht. Im Falle $\omega \neq \omega_0$ besteht zwischen beiden eine bestimmte Phasenverschiebung. Deshalb ist während eines Bruchteils jeder Periode die Kraft F_a der Geschwindigkeit entgegengesetzt gerichtet, d. h., sie wirkt wie eine Verlangsamung der Bewegung, anstatt sie zu beschleunigen. Im Resonanzfalle hingegen fallen die Phasen der Kraft und der Geschwindigkeit zusammen (vgl. das Vektordiagramm in Abb. 37), so daß die Kraft stets in Richtung der Bewegung wirkt, diese stets „aufschaukelt".

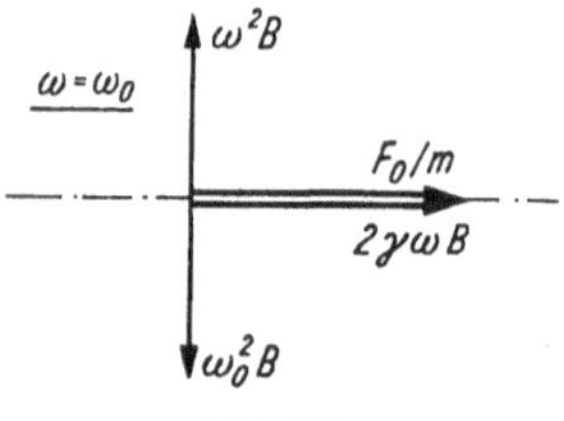

Abb. 37

In der Nähe einer Resonanz (d. h., wenn die Differenz $|\omega - \omega_0|$ klein ist verglichen mit der Resonanzfrequenz ω_0 selbst) kann man die Formel für die Amplitude der erzwungenen Schwingungen in einer einfacheren Form darstellen. Indem wir im Nenner schreiben $\omega^2 - \omega_0^2 = (\omega + \omega_0)\,(\omega - \omega_0)$ können wir die Summe $\omega + \omega_0$ genähert durch $2\,\omega_0$ ersetzen, ebenso ω durch ω_0 im Glied $4\,\gamma^2\,\omega^2$. Im Resultat erhalten wir

$$B = \frac{F_0}{2\,m\,\omega_0\sqrt{(\omega - \omega_0)^2 + \gamma^2}}\,.$$

Diese Formel kann man umschreiben in der Form

$$B = \frac{B_{\max} \gamma}{\sqrt{(\omega - \omega_0)^2 + \gamma^2}},$$

wobei $B_{\max} = F_0/2\, m\, \omega_0\, \gamma$ das Amplitudenmaximum im Resonanzfalle ist.

In Abb. 38 sind Resonanzkurven nach dieser Formel gezeichnet, d. h. die Abhängigkeit der Schwingungsamplitude von der Frequenz für verschiedene Werte des Dämpfungskoeffizienten γ (als Ordinate ist das Verhältnis $B/B_{\max}$ aufgetragen). Solange der Absolutbetrag der Differenz $\omega - \omega_0$ klein ist verglichen mit γ, unterscheidet sich die Amplitude B wenig von ihrem Maximalwert. Ein wesentlicher Abfall der Amplitude erfolgt bei $|\omega - \omega_0| \approx \gamma$. Aus

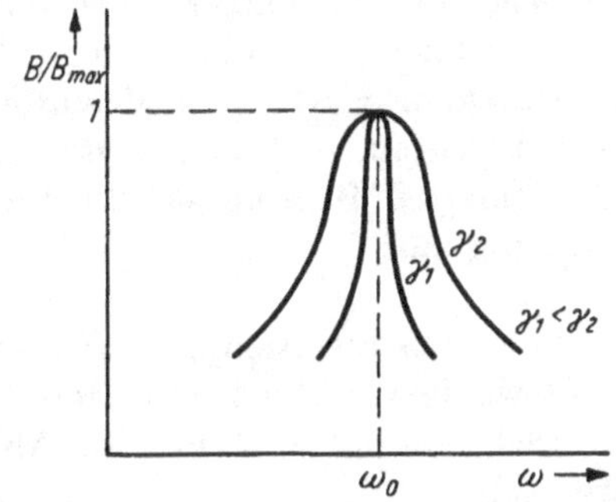

Abb. 38

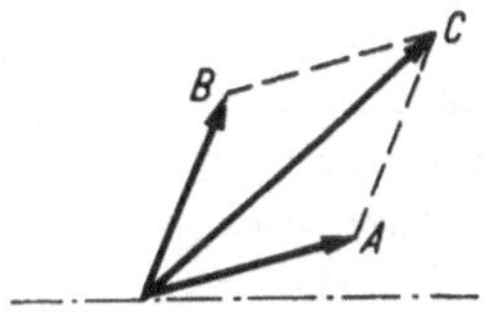

Abb. 39

diesem Grunde sagt man, daß die „Breite" der Resonanzkurve von der Ordnung der Größe γ ist. Die Höhe des Maximums ist hingegen für vorgegebenes F_0 umgekehrt proportional γ. Somit ist das Resonanzmaximum um so schärfer, je geringer die Dämpfung ist, und desto höher und schmaler ist auch die Resonanzkurve.

Wir sagten oben, daß die Bewegung eines schwingenden Systems unter dem Einfluß einer äußeren periodischen Kraft eine Überlagerung von erzwungenen Schwingungen und Eigenschwingungen darstellt. Wenn man von der geringen Dämpfung der Eigenschwingungen absieht, dann handelt es sich um die Addition zweier harmonischer Schwingungen mit den Frequenzen ω und ω_0 sowie bestimmten Amplituden A und B. Wenn wir uns in der Nähe der Resonanz befinden, dann liegen die Frequenzen ω und ω_0 dicht beieinander, d. h., die Differenz $\Omega = |\omega - \omega_0|$ ist klein verglichen mit ω und ω_0. Machen wir uns den Charakter der hieraus resultierenden Bewegung klar.

Wir benutzen hierzu ein Vektordiagramm, in dem jede der Schwingungen durch ihren Vektor dargestellt wird, in Abb. 39 als A und B bezeichnet. Gemäß der Änderung der Schwingungsphasen rotieren diese Vektoren im Verlaufe der Zeit gleichmäßig mit Winkelgeschwindigkeiten ω_0 und ω (im Verlaufe einer Periode T führt ein Vektor eine volle Umdrehung aus, d. h. dreht sich um den Winkel $2\,\pi$; seine Winkelgeschwindigkeit ist also $2\,\pi/T$, d. h., sie fällt mit der

Kreisfrequenz der Schwingung zusammen). Die Gesamtschwingung wird dann durch die geometrische Summe beider Vektoren dargestellt, den Vektor C. Im Gegensatz zur Länge der Vektoren A und B ist die Länge des Vektors C nicht konstant; sie wird sich zeitlich ändern, da sich wegen der Verschiedenheit der Winkelgeschwindigkeiten ω_0 und ω der Winkel zwischen den Vektoren A und B ändert. Die Änderung der Länge von C erfolgt offenbar in den Grenzen von $C_{\max} = A + B$, wenn die Richtungen von A und B zusammenfallen, bis $C_{\min} = |A - B|$, wenn A und B entgegengesetzt gerichtet sind. Diese Änderung geht periodisch mit einer Frequenz Ω vor sich (diese Größe ist gleich der Winkelgeschwindigkeit der Drehung des Vektors A relativ zu B).

Wenn wir wieder den Fall betrachten, daß die Frequenzen ω_0 und ω sich wenig unterscheiden, dann vollführen die Vektoren A und B eine schnelle Rotation, wobei sie sich gleichzeitig langsam relativ zueinander drehen. Die Änderung des resultierenden Vektors C kann man hierbei als gleichförmige Drehung mit derselben Frequenz $\omega_0 \approx \omega$ betrachten, wobei sich gleichzeitig seine Länge langsam (mit der Frequenz Ω) ändert. Mit anderen Worten, die resultierende Bewegung stellt eine Schwingung mit langsam veränderlicher Amplitude dar.

Diese Erscheinung einer periodischen Änderung der resultierenden Amplitude bei der Überlagerung von Schwingungen mit wenig verschiedenen Frequenzen nennt man *Schwebung*, die Größe Ω heißt Schwebungsfrequenz. In Abb. 40 ist ein Schwebungsvorgang für $A = B$ dargestellt.

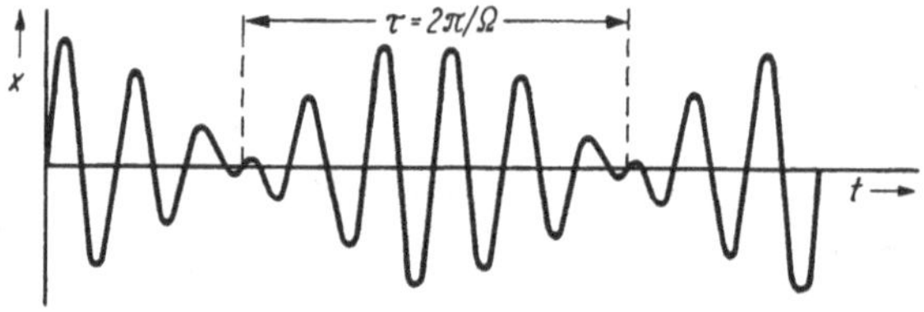

Abb. 40

§ 36. Parametrische Resonanz

Ungedämpfte Schwingungen können nicht nur unter dem Einfluß einer periodischen äußeren Kraft angeregt werden, sondern auch bei einer periodischen Änderung der Parameter des schwingenden Systems. Diese Art der Anregung von Schwingungen nennt man *parametrische Resonanz*. Ein Beispiel hierfür ist das Ingangsetzen einer Schaukel, wobei ein Mensch sich regelmäßig niederhockt und aufrichtet und somit periodisch die Lage des Systemschwerpunktes verändert.

Um uns den Mechanismus dieser Art der Anregung von Schwingungen klar zu machen, wenden wir uns einem einfachen Beispiel zu, einem Pendel, dessen Pendellänge man verändern kann, indem man den über eine Rolle geführten

Faden anzieht oder lösläßt (Abb. 41). Stellen wir uns vor, daß durch eine äußere Kraft F das Pendel um einen kleinen Betrag a (klein im Vergleich zur Pendellänge l) angehoben wird, wenn es durch die (vertikale) Gleichgewichtslage geht, hingegen der Pendelfaden um den gleichen Betrag a gesenkt wird in den Punkten maximaler Auslenkung. Während jeder Periode wird das Pendel folglich zweimal verlängert und zweimal verkürzt; mit anderen Worten, die Frequenz der periodischen Änderung des Parameters (der Pendellänge) wird doppelt so groß wie die Frequenz der Eigenschwingungen.

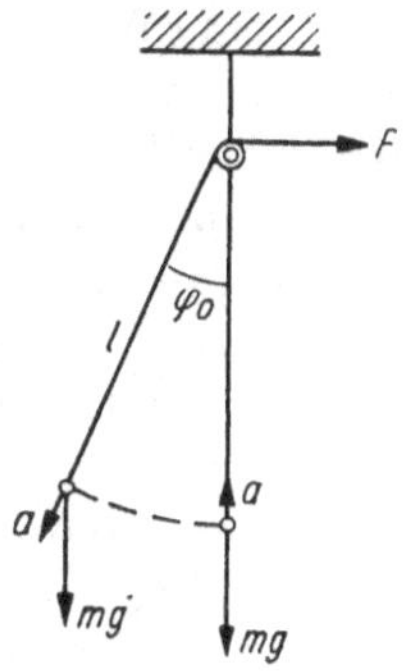

Abb. 41

Die Verlängerung des Fadens erfolgt während der maximalen Auslenkung. Daher senkt sich das Pendel hierbei um den Betrag $a \cos \varphi_0$ (φ_0 ist die Winkelamplitude der Pendelschwingungen), der kleiner ist als der Betrag a, um den es im Moment des Anziehens des Fadens angehoben wird. Deshalb leistet bei jedem Anziehen oder Loslassen des Fadens die auf diesen wirkende äußere Kraft gegen die Schwerkraft eine Arbeit

$$m\,g\,a\,(1 - \cos \varphi_0) \approx \frac{1}{2}\,m\,g\,a\,\varphi_0^2$$

(da der Winkel φ_0 als klein vorausgesetzt wird, ist $\cos \varphi_0 \approx 1 - \frac{1}{2}\,\varphi_0^2$). Außerdem leistet die äußere Kraft F gegen die Zentrifugalkraft (die den Faden spannt) eine Arbeit; diese ist in der tiefsten Lage des Pendels gleich $m\,v_0^2/l$ (v_0 ist die maximale Geschwindigkeit des Pendels) und gleich Null bei maximaler Auslenkung (in diesen Punkten ist die Geschwindigkeit des Pendels gleich Null). Somit ist die gesamte Arbeit der äußeren Kraft während einer Schwingungsperiode des Pendels

$$A = 2\left(\frac{1}{2}\,m\,g\,a\,\varphi_0^2 + \frac{m\,v_0^2}{l}\,a\right).$$

Wegen $v_0 = l\,\varphi_0\,\omega$, wobei $\omega = \sqrt{g/l}$ die Frequenz der Pendelschwingungen ist, wird

$$A = 6\,\frac{a}{l}\,\frac{m\,v_0^2}{2}\,.$$

Man sieht, daß die von der äußeren Kraft an dem Pendel geleistete Arbeit positiv und der Pendelenergie proportional ist. Aus diesem Grunde wächst die Energie des Pendels systematisch an, da sie in jeder Periode ein wenig vergrößert wird; dieser Zuwachs ist der Pendelenergie selbst sowie der Größe a/l proportional.

Hierin besteht dann auch der Mechanismus der parametrischen Resonanz: die periodische Änderung der Parameter des schwingenden Systems (mit einer Frequenz, die doppelt so groß ist wie diejenige der Eigenfrequenz des Systems) kann zu einem systematischen Anwachsen der mittleren Energie E des Systems führen, wobei die zeitliche Ableitung von E der Energie E selbst proportional ist:

$$\frac{\mathrm{d}E}{\mathrm{d}t} = 2\,\varkappa\,E\;;$$

$\varkappa$ ist eine (kleine) Konstante. Diese Beziehung hat die gleiche Form wie im Falle gedämpfter Schwingungen, aber mit dem Unterschied, daß die Ableitung dE/dt hier nicht negativ, sondern positiv ist. Dies bedeutet, daß die Energie der Schwingungen (und damit auch die Amplitude) im Verlaufe der Zeit exponentiell anwächst.

Natürlich ist in Wirklichkeit stets eine gewisse Reibung vorhanden, die eine Dämpfung der Schwingungen hervorruft. Damit also wirklich eine parametrische Schwingungsanregung erfolgt, muß der Verstärkungskoeffizient $\varkappa$ einen bestimmten Mindestwert überschreiten, der gleich dem Wert des durch die Reibung bedingten Dämpfungskoeffizienten ist.

Wir haben die Erregung von Schwingungen in einem System betrachtet, auf das eine periodische Kraft von außen wirkt. Es gibt indessen auch Schwingungssysteme, in denen die Schwingungen nicht auf Kosten einer periodisch wirkenden Kraft, sondern auf Kosten einer dauernd wirkenden Energiequelle angeregt werden. Diese Energiequelle kompensiert ständig in dem System die Energieverluste, die zur Dämpfung der Schwingungen führen. Mechanische Uhren sind ein Beispiel solcher Systeme, wobei als Energiequelle eine gespannte Feder oder hochgezogene Gewichte dienen.

KAPITEL V

STRUKTUR DER MATERIE

§ 37. Atome

In diesem Kapitel werden wir nicht im einzelnen auf die Probleme der Atomphysik eingehen, sondern nur einige Fragen der Struktur der Materie betrachten, die für das Verständnis der folgenden Überlegungen wichtig sind.

Jeder Körper besteht aus einer nicht sehr großen Zahl einfacherer Stoffe, den *chemischen Elementen*. Das kleinste Teilchen eines chemischen Elements ist sein *Atom*.

Die Massen der Atome sind außerordentlich klein. Das Gramm ist daher als Masseneinheit nicht geeignet. Man könnte die Masse des leichtesten Atoms, des Wasserstoffatoms, als Eichgröße wählen. Es ist jedoch üblich, alle Atommassen auf die des Sauerstoffs zu beziehen, der für chemische Untersuchungen günstiger als Wasserstoff ist. Die Masse des Sauerstoffatoms ist näherungsweise gleich der 16fachen Masse des Wasserstoffatoms. Als Masseneinheit definiert man nun ein Sechzehntel der Masse des Sauerstoffatoms (diese Definition wird im § 38 noch weiter präzisiert). Man bezeichnet die in diesen Einheiten ausgedrückte Masse eines Atoms als die *relative Atommasse* oder das *Atomgewicht* des betreffenden chemischen Elements und bezeichnet es gewöhnlich mit A. Das Atomgewicht von Wasserstoff ist dann gleich 1,008.

Die in Gramm ausgedrückte Masse eines Atoms ist dem entsprechenden Atomgewicht proportional. Ein Grammatom (das ist die Menge in Gramm, die gleich dem Atomgewicht ist) enthält also für alle Elemente die gleiche Zahl von Atomen. Diese bezeichnet man als LOSCHMIDT*sche Zahl*. Sie ist

$$L = 6{,}02 \cdot 10^{23} .$$

Die Masse eines Atoms mit dem Atomgewicht A ist also

$$m_A = \frac{A}{L} = 1{,}66 \cdot 10^{-24} \, A \text{ g} .$$

Das Atom ist zwar das kleinste Teilchen eines chemischen Elements, besitzt jedoch eine komplizierte Struktur. Es besteht aus einem verhältnismäßig schweren *Atomkern* mit positiver Ladung und den bedeutend leichteren *Elektronen*, die negativ geladen sind. Die Elektronen bewegen sich um den Atomkern und bilden die sogenannte *Elektronenhülle* des Atoms. Unterschiedliche Atome haben verschiedene Kerne. Die Elektronen sind dagegen alle gleich.

Da die Elektronenmasse sehr viel kleiner als die Masse eines Kerns ist, kann man sagen, daß sich die Gesamtmasse eines Atoms in seinem Kern konzentriert. Man bezeichnet den Kern des leichtesten Atoms, des Wasserstoffatoms, als

Proton. Seine Masse ist ungefähr gleich der 1837fachen Elektronenmasse. Die Masse des Elektrons ist

$$m = 9{,}11 \cdot 10^{-28}\ \mathrm{g}\ .$$

Das Volumen eines Atoms wird nur zu einem ganz kleinen Teil vom Kern eingenommen. Der Atomradius, d. h. der Radius des Gebietes um den Kern, in dem sich die Elektronen bewegen, hat die Größenordnung von 10^{-8} cm. Die Kernradien sind um einige Größenordnungen kleiner und liegen zwischen 10^{-13} und 10^{-12} cm.

Die Ladung eines Elektrons ist dem Betrage nach

$$e = 4{,}80 \cdot 10^{-10}\ \mathrm{esL} = 1{,}60 \cdot 10^{-19}\ \mathrm{C}\ .$$

In vielen Fällen tritt die mit der LOSCHMIDTschen Zahl multiplizierte Ladung des Elektrons auf. Dieses Produkt heißt FARADAY-*Konstante* und ist

$$F = e\,L = 9{,}65 \cdot 10^{4}\ \mathrm{C}\ .$$

Jedes Atom ist als Ganzes neutral, seine Gesamtladung ist gleich Null. Die positive Kernladung wird also genau durch die negative Ladung der Elektronenhülle kompensiert. Das bedeutet, daß die Kernladung immer ein ganzes Vielfaches der Ladung eines Elektrons darstellt. Man bezeichnet die Ladung eines Elektrons als *Elementarladung*. Die Ladungen aller in der Natur vorkommenden Teilchen sind ganze Vielfache der Elementarladung. Das ist eine der grundlegenden physikalischen Eigenschaften der Materie.

Man bezeichnet die in Einheiten der Elementarladung ausgedrückte Ladung eines Atomkerns als *Kernladungszahl Z* des Elements. Da die Kernladung genau durch die Ladung der Elektronen kompensiert wird, gibt die Kernladungszahl Z gleichzeitig die Zahl der Elektronen in der Elektronenhülle des Atoms an. Die unter den gewöhnlichen Bedingungen erscheinenden Eigenschaften der Atome werden durch ihre Elektronenhüllen hervorgerufen. Das trifft z. B. für die chemischen und optischen Eigenschaften von Stoffen zu. Ein Atom wird also im wesentlichen durch seine Kernladungszahl charakterisiert. Im Periodensystem von MENDELEJEW sind die Elemente nach zunehmenden Kernladungszahlen angeordnet. Die Ordnungszahl eines Elements im Periodensystem ist gleich seiner Kernladungszahl.

Die Struktur eines Atoms wird im wesentlichen durch die Kräfte der elektrischen Wechselwirkung der Elektronen mit dem Kern sowie der Elektronen untereinander bestimmt. Die Elektronen werden vom Kern angezogen und stoßen sich gegenseitig ab. Magnetische Kräfte spielen im Atom eine untergeordnete Rolle. Die elektrische Ladung des Kerns und damit auch das elektrische Feld, in dem sich die Elektronen bewegen, werden durch die Kernladungszahl bestimmt. Darin kommt erneut ihre fundamentale physikalische Bedeutung zum Ausdruck.

Die Gravitationswechselwirkung ist im Kern praktisch überhaupt nicht vorhanden. Für zwei Elektronen, die sich im Abstand r voneinander befinden, ist die Energie der elektrischen Wechselwirkung gleich e^2/r und die Energie der

Gravitationswechselwirkung gleich $G\,m^2/r$. Das Verhältnis dieser beiden Energien zueinander beträgt

$$\frac{G\,m^2}{e^2} = 2{,}3 \cdot 10^{-43}\,.$$

Diese Zahl ist so klein, daß es sinnlos ist, von einer Gravitationswechselwirkung im Atom zu sprechen.

Die Eigenschaften eines Atoms können keineswegs mit Hilfe der klassischen Mechanik beschrieben werden. Sie vermag weder die Struktur des Atoms noch die Tatsache, daß es als stabiles System existiert, zu erklären. Teilchen mit so kleinen Massen wie der des Elektrons, die sich in einem durch die Abmessungen des Atoms charakterisierten kleinen Raumgebiet bewegen, gehorchen den Gesetzen der Quantenmechanik.

Unter dem Einfluß einer äußeren Störung können sich aus der Elektronenhülle eines Atoms ein Elektron oder mehrere Elektronen herauslösen. Dabei entsteht ein atomares Teilchen, das nicht mehr neutral, sondern positiv geladen ist, ein positiv geladenes *Ion*. Der für die Ablösung des äußersten Elektrons vom Atom erforderliche Energieaufwand heißt *Ionisationspotential* des Atoms.

Energien atomarer Vorgänge werden gewöhnlich nicht auf die Einheit erg bezogen, die für diesen Bereich zu groß ist. Gebräuchlich ist die Energieeinheit *Elektronvolt* (eV). Sie ist gleich der Energie, die ein Elektron beim Durchfallen einer Potentialdifferenz von 1 V aufnimmt. Da die Arbeit im elektrischen Feld gleich dem Produkt der Größe der Ladung mit der Potentialdifferenz 1 V und gleich 1/300 esL ist, ergibt sich

$$1\ \text{eV} = 4{,}80 \cdot 10^{-10} \cdot \frac{1}{300}\,\text{erg} = 1{,}60 \cdot 10^{-12}\ \text{erg}\,.$$

Auch die Ionisationspotentiale der Atome werden in Elektronvolt gemessen. Sie variieren zwischen den Grenzen von mindestens 3,89 eV (Cäsiumatom) und höchstens 24,6 eV (Heliumatom). Das Ionisationspotential des Wasserstoffatoms ist gleich 13,6 eV.

Das Ionisationspotential ist eine eigenartige periodische Funktion der Kernladungszahl. Sie steigt in jeder Periode des Periodensystems mehr oder weniger stark an, erreicht für das entsprechende Edelgas ihr Maximum und fällt beim Übergang zur nachfolgenden Periode steil ab. Das ist eine der fundamentalen periodisch wiederkehrenden Eigenschaften der Atome, die die Bezeichnung Periodensystem für die Tabelle der Atome rechtfertigen.

Die Größe des Ionisationspotentials ist ein Maß für die Stärke der Bindung der äußeren Elektronen im Atom. Die Bindungsenergien der sich im Innern der Elektronenhülle bewegenden „inneren" Elektronen sind bedeutend größer. Die zur Ablösung innerer Elektronen aus der Hülle erforderliche Energie erreicht bei schweren Atomen Werte von $10^4 \cdots 10^5$ eV.

Neben positiv geladenen gibt es auch negativ geladene Ionen. Sie entstehen, wenn ein Atom ein zusätzliches Elektron aufnimmt. Jedoch hat nicht jedes isolierte Atom die Fähigkeit, zusätzlich ein Elektron aufnehmen und ein stabiles System bilden zu können. Nur Halogene (F, Cl, Br, J) sowie Wasserstoff und die Elemente der Sauerstoffgruppe (O, S, Se, Te) können negativ geladene Ionen bilden. Diese Elemente haben verschiedene *Elektronenaffinitäten.* Sie ist für Halogene am größten und für Wasserstoff am kleinsten, für den die Bindungsenergie im negativ geladenen Ion etwa 0,1 eV beträgt.

Ionen werden dadurch gekennzeichnet, daß man das zugehörige chemische Symbol entsprechend dem Ladungsvorzeichen mit dem Index + bzw. − versieht, z. B. H^+, Cl^- usw. (an Stelle der Indizes + und − wurden früher auch Punkte bzw. Striche benutzt, z. B. $H^{\cdot}$, Cl' usw.).

§ 38. Isotope

Atomkerne sind komplizierte Gebilde, die im allgemeinen aus vielen Teilchen bestehen. Diese sind Protonen (Wasserstoffkerne) und *Neutronen.* Das Neutron hat nahezu dieselbe Masse wie das Proton, besitzt jedoch im Unterschied zum Proton keine elektrische Ladung. Die Gesamtzahl der Protonen und Neutronen eines Kerns bezeichnet man als seine *Massenzahl.* Da die Ladung eines Kerns durch die in ihm enthaltenen Protonen bestimmt wird, ist sie, in Einheiten der Elementarladung e ausgedrückt, gleich der Zahl der Protonen. Mit anderen Worten, die Ordnungszahl Z eines Kerns ist gleich der Protonenzahl. Die übrigen im Kern enthaltenen Teilchen sind Neutronen.

Die Teilchen eines Kerns sind durch spezifische Kräfte nichtelektrischer Natur aneinander gebunden. Diese Wechselwirkung ist außerordentlich stark. Die Bindungsenergien der Teilchen im Kern haben die Größenordnung von 10^7 eV, sind also gegenüber den Bindungsenergien der Elektronen im Atom außerordentlich groß. Die Atomkerne erleiden bei allen Vorgängen, die nicht durch sie hervorgerufen werden, keinerlei innere Veränderungen und erscheinen einfach als Teilchen mit bestimmten Massen und Ladungen.

Wir wiesen bereits darauf hin, daß die Eigenschaften eines Atoms im wesentlichen durch die Kernladung bestimmt werden. Die Kernmasse dagegen spielt eine untergeordnete Rolle. Besonders deutlich zeigt sich das bei Atomen mit gleicher Ordnungszahl und verschiedenen Kernmassen.

Die Atome eines chemischen Elements müssen nicht alle einander völlig gleich sein. Sie haben zwar gleich viele Elektronen, können jedoch verschiedene Kerne besitzen, die sich bei gleicher Ladung durch verschiedene Massen voneinander unterscheiden. Man bezeichnet diese unterschiedlichen Formen eines Elements als *Isotope.* Alle Isotope eines Elements sind chemisch identisch, aber auch ihre physikalischen Eigenschaften sind einander sehr ähnlich. Die Zahl der in natürlicher Form vorkommenden Isotope ist für verschiedene Atome recht unterschiedlich. Sie ändert sich zwischen 1 (Be, F, Na, Al u. a.) und einigen 10 (z. B. Sn).[1]

[1] Um Mißverständnisse zu vermeiden, heben wir hervor, daß von den in natürlicher Form vorkommenden Isotopen die Rede ist. Künstlich können auch andere Isotope erhalten werden, deren Kerne instabil sind und spontan zerfallen.

Die auf der Erde vorkommenden chemischen Elemente sind Mischungen verschiedener Isotope in bestimmten Verhältnissen. Die Atomgewichte, die gewöhnlich im Periodensystem der Elemente angegeben werden, stellen die mittleren Gewichte der in diesen Gemischen enthaltenen Atome dar (man bezeichnet sie oft als chemische Atomgewichte), sind also nicht die exakten Gewichte bestimmter Isotope. Die Atomgewichte der Isotope liegen sehr nahe bei ganzen Zahlen, den Massenzahlen, und unterscheiden sich von diesen nur um Bruchteile von Hundertsteln oder sogar Tausendsteln. Dagegen können die mittleren (chemischen) Atomgewichte natürlich beliebig von ganzen Zahlen verschieden sein.

In diesem Zusammenhang erweist es sich als notwendig, die im vorigen Paragraphen gegebene Definition der Einheit des Atomgewichts zu präzisieren. Diese wurde als 1/16 des Atomgewichts von Sauerstoff festgelegt. Sauerstoff hat die drei Isotope ^{16}O, ^{17}O und ^{18}O (man schreibt die Massenzahlen der Isotope als obere Indizes des entsprechenden chemischen Elements). Von diesen ist ^{16}O am meisten verbreitet, während die Isotope ^{17}O und ^{18}O im natürlichen Gemisch nur zu 0,04 bzw. 0,2% enthalten sind. Obwohl diese Beimischungen verhältnismäßig geringfügig sind, haben sie für eine exakte Bestimmung der Atomgewichte Bedeutung.

Man bezieht die mittleren Atomgewichte natürlicher Isotopengemische auf das Atomgewicht des natürlichen Sauerstoffs, das genau gleich 16 angenommen wird (in diesem Falle spricht man vom chemischen Atomgewicht). In der Kernphysik geht man bei der Bestimmung der exakten Atomgewichte einzelner Isotope natürlich vom Atomgewicht eines bestimmten Isotops aus; man setzt das des Isotops ^{16}O gleich 16. Die entsprechenden Atomgewichte heißen physikalische Atomgewichte. Die Einheit des physikalischen Atomgewichts ist um 0,027% kleiner als die des chemischen.

Die Benutzung von zwei unterschiedlich definierten Atomgewichten ist in vieler Hinsicht ungünstig. Daher ist es üblich geworden, von einer neuen einheitlichen Definition des Atomgewichts auszugehen, bei der das Atomgewicht des Kohlenstoffisotops ^{12}C gleich 12 gesetzt wird. Um diese Atomgewichte zu erhalten, müssen die entsprechenden chemischen Atomgewichte nur ganz geringfügig verändert (genauer, um 0,0043% erhöht) werden.

Das erste Element des Periodensystems, Wasserstoff, besitzt zwei natürliche Isotope. Außer dem Hauptisotop mit dem Atomgewicht 1 existiert ein Isotop mit dem Atomgewicht 2. In natürlichem Wasserstoff entfällt auf ungefähr 6000 ^{1}H-Atome ein ^{2}H-Atom. Man bezeichnet das „schwere" Wasserstoffisotop als *Deuterium* (chemisches Symbol D). Der Atomkern dieses Isotops heißt *Deuteron*. Das Massenverhältnis der beiden Wasserstoffisotope ist gleich 2, also verhältnismäßig groß. Ihre physikalischen Eigenschaften unterscheiden sich daher stärker voneinander als im Falle anderer Elemente, bei denen die entsprechenden Massenverhältnisse bedeutend kleiner sind. Zum Beispiel liegen Gefrier- und Siedepunkt des „schweren Wassers", das mit dem schweren Wasserstoffisotop gebildet ist, bei 3,8 °C bzw. 101,4 °C; die entsprechenden Werte für gewöhnliches Wasser H_2O sind 0 °C bzw. 100 °C.

Das auf Wasserstoff folgende Element Helium besitzt ebenfalls zwei Isotope, und zwar ^{3}He und ^{4}He. Von diesen ist ^{4}He am meisten verbreitet. In natürlichem Helium entfällt auf 10^6 ^{4}He-Atome ein ^{3}He-Atom. Das Isotop ^{3}He kann jedoch mit kernphysikalischen Methoden künstlich in großen Mengen hergestellt werden.

§ 39. Moleküle

Atome verschiedener Elemente können sich miteinander verbinden und *Moleküle* bilden. Die zur Molekülbildung führenden Kräfte zwischen den Atomen (die sogenannte chemische Wechselwirkung) sowie die Kräfte innerhalb der Atome sind im wesentlichen *elektrischen* Ursprungs. Die Bildung von Molekülen ist wie auch die der Atome nicht mit Hilfe der klassischen Mechanik erklärbar, sondern stellt eine Quantenerscheinung dar. Wir beschreiben hier nur einige fundamentale Eigenschaften dieser Wechselwirkung, ohne ihre Natur näher zu erklären.

Die einfachste Struktur hat ein aus zwei gleichen oder verschiedenen Atomen bestehendes Molekül. Die zu seiner Bildung führende Wechselwirkung zwischen den Atomen wird durch eine potentielle Energie charakterisiert, wie sie in Abb. 42 graphisch dargestellt ist, wo die potentielle Energie U der Wechsel-

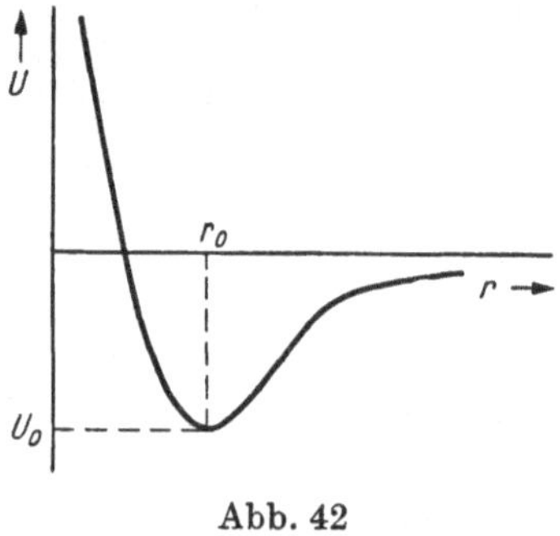

Abb. 42

wirkung zweier Atome als Funktion des Abstandes r zwischen ihnen (genauer, des Abstandes zwischen ihren Kernen) gezeigt wird. Diese Funktion besitzt an einer bestimmten Stelle $r = r_0$ ein ziemlich tiefes, stark ausgeprägtes Minimum. Zu kleineren Abständen hin steigt die Kurve sehr stark an. In diesem Gebiet stoßen sich die Atome sehr stark gegenseitig ab. Das ist hauptsächlich auf die Coulomb-Abstoßung der einander annähernden Atomkerne zurückzuführen. Dagegen ziehen sich die Atome in größeren Abständen gegenseitig an.

Der Abstand r_0 entspricht dem stabilen Gleichgewicht der gegenseitigen Anordnung der Atomkerne im Molekül. In Wirklichkeit haben die Kerne jedoch nicht genau diesen Abstand, sondern führen um ihn herum Schwingungen aus, deren Amplituden allerdings gewöhnlich klein sind. Die Potentialtiefe U_0 ist ein Maß für die Festigkeit der Bindung der Atome im Molekül (zwischen U_0

und dem exakten Wert der *Bindungsenergie*, die aufgewandt werden muß, um die Atome voneinander zu trennen, besteht wegen der Schwingungen der Kerne um die Gleichgewichtslage r_0 ein kleiner Unterschied).

Als Beispiel sind in der Tabelle für einige zweiatomige Moleküle die Werte von r_0 (in Ångström, $1\ \text{Å} = 10^{-8}$ cm) und von U_0 (in Elektronvolt) angegeben.

Molekül	r_0	U_0
H_2	0,75	4,5
O_2	1,2	5,1
Cl_2	2,0	2,5
N_2	1,1	7,4

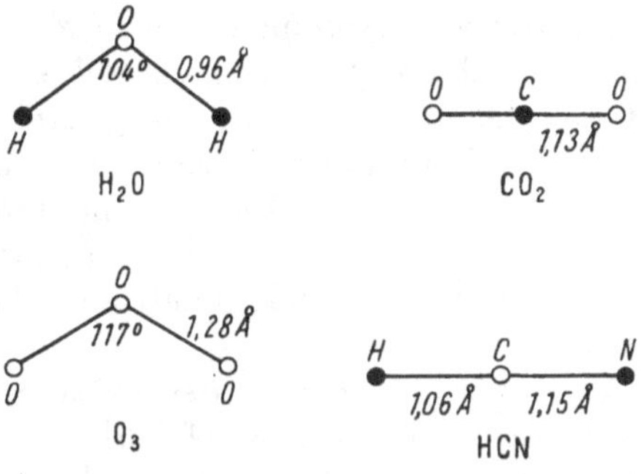

Abb. 43

Abb. 43 zeigt die Anordnung der Atomkerne für einige dreiatomige Moleküle (die Abstände zwischen den Kernen sind in Ångström angegeben). Während sich die Atome beim Wassermolekül H_2O und Ozonmolekül O_3 in den Eckpunkten von Dreiecken befinden, sind sie beim Kohlendioxidmolekül CO_2 und beim Blausäuremolekül HCN auf Geraden angeordnet. Im § 40 geben wir einige Beispiele für kompliziertere Moleküle an.

Wie wir sehen, sind die Abstände zwischen den Kernen im Molekül von der Größenordnung 10^{-8} cm, also von der Größenordnung der Abmessungen der Atome selbst. Das bedeutet, daß die Atome im Molekül dicht aneinandergelagert sind. Daher können die Elektronenhüllen verschiedener Atome in einem Molekül nicht voneinander unterschieden werden. Während sich die Innengebiete der Elektronenhüllen bei der Vereinigung von Atomen zu einem Molekül nur unbedeutend verändern, kann die Bewegung der äußeren Elektronen stark beeinflußt werden. Diese werden gewissermaßen von den Atomen „kollektiviert".

Bei einigen Molekülen sind die Außengebiete der Elektronenhüllen in der Weise umgeordnet, daß im Mittel einige Kerne von weniger und einige Kerne von mehr Elektronen umgeben sind als im Falle der entsprechenden neutralen Atome. Solche Moleküle sind gewissermaßen aus Ionen zusammengesetzt (z. B. besteht das Molekül KCl aus dem positiven Ion K^+ und dem negativen Ion Cl^-). In anderen Fällen (z. B. H_2, O_2, HCl) bleiben die Atome im Molekül im Mittel elektrisch neutral. Diese beiden Sachverhalte sind Grenzfälle, zwischen denen verschiedene andere Situationen möglich sind.

Eine charakteristische Eigenschaft der chemischen Wechselwirkung zwischen den Atomen ist ihre *Sättigung*. Darunter verstehen wir die Tatsache, daß Atome, die sich auf Grund der chemischen Wechselwirkung miteinander verbinden, die Fähigkeit verlieren können, mit weiteren Atomen in derselben Weise in Wechselwirkung zu treten.

Verschiedene Moleküle stehen ebenfalls miteinander in Wechselwirkung. Man bezeichnet sie als VAN DER WAALS*sche Wechselwirkung*. Sie ist von der chemischen zu unterscheiden, die zur Molekülbildung führt.

Die Wechselwirkung zwischen Molekülen kann im allgemeinen nicht wie die zwischen Atomen in einfacher Weise in Form einer Kurve $U = U(r)$ dargestellt werden, da die gegenseitige Anordnung von Molekülen durch eine größere Zahl von Parametern beschrieben wird als die von Atomen. Außer dem Abstand r zwischen den Molekülen muß nämlich auch ihre gegenseitige Orientierung angegeben werden. Jedoch ist es möglich, die über alle gegenseitigen Orientierungen der Moleküle gemittelte Wechselwirkung als einfache Kurve darzustellen.

Zwischen dieser und der entsprechenden Kurve für die Wechselwirkung zwischen den Atomen im Molekül besteht insofern eine Ähnlichkeit, als sich alle Moleküle bei großen Abständen gegenseitig anziehen und bei kleinen abstoßen. Die Anziehungskräfte zwischen Molekülen nehmen mit wachsendem Abstand schnell ab. Nähert man Moleküle einander, so wachsen die für die Abstoßung verantwortlichen Kräfte in noch stärkerem Maße. Die Moleküle verhalten sich dabei wie harte undurchdringliche Kugeln. Das Minimum der die VAN DER WAALSsche Wechselwirkung beschreibenden Kurve ist jedoch sehr flach. Seine Tiefe beläuft sich auf einige zehntel oder sogar hunderstel Elektronvolt (s. § 68). Für den Fall der chemischen Wechselwirkung liegt die entsprechende Größe bei mehreren Elektronvolt.

Die beiden betrachteten Wechselwirkungsarten unterscheiden sich ferner dadurch wesentlich voneinander daß die VAN DER WAALSschen Kräfte im Unterschied zu den chemischen nicht die Eigenschaft der Sättigung aufweisen. Zwei Moleküle, die sich auf Grund der VAN DER WAALSschen Wechselwirkung annähern, vermögen also noch weitere Moleküle anzuziehen. Die für die gegenseitige Anziehung der Moleküle verantwortliche Wechselwirkung führt also nicht zur Bildung von ,,Übermolekülen". Sie drückt nur aus, daß alle Moleküle die allgemeine Tendenz einer gegenseitigen Annäherung aufweisen. Diese realisiert sich, wenn eine Substanz in einen kondensierten (flüssigen oder festen) Zustand übergeht.

KAPITEL VI

SYMMETRIELEHRE

§ 40. Molekülsymmetrien

Der Symmetriebegriff spielt in der Physik eine fundamentale Rolle. Symmetrien zählen zu den wichtigsten qualitativen Merkmalen physikalischer Objekte und beeinflussen oft entscheidend den Charakter von Prozessen, bei denen diese beteiligt sind.

Wir beginnen mit dem Studium der Symmetrieeigenschaften einzelner Moleküle. Sie setzen sich aus verschiedenen *Symmetrieelementen* zusammen, die wir zunächst betrachten.

Ein Molekül besitzt eine *n-zählige Drehachse*, die wir mit dem Symbol C_n bezeichnen wollen, wenn es bei einer Drehung um den Winkel $2\,\pi/n$ ($n = 2, 3, \ldots$) um C_n in sich übergeht. Ein Molekül mit einer zweizähligen Drehachse C_2 geht z. B. bei einer Drehung um den Winkel 180° um C_2 in sich über, d. h., jedem der Atome A, B, ... entspricht ein gleichartiges Atom A', B', ..., das in der in Abb. 44 dargestellten Weise in bezug auf A, B, ... und die Drehachse C_2 angeordnet ist. Ein Molekül mit einer dreizähligen Drehachse C_3 kommt bei Drehungen um die Winkel 120° und 240° um C_3 mit sich zur Deckung; jedem Atom A entsprechen zwei gleichartige Atome A' und A'' in der in Abb. 45 gezeigten Anordnung.

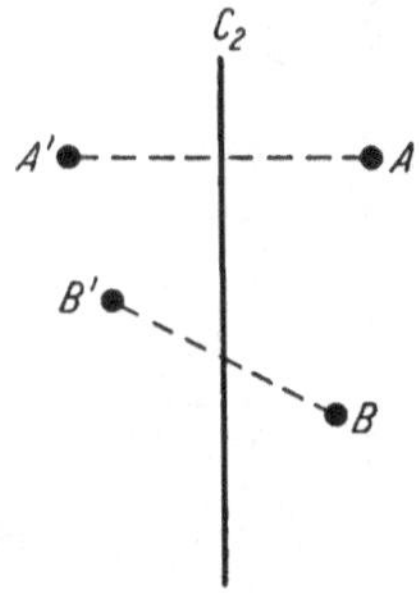

Abb. 44

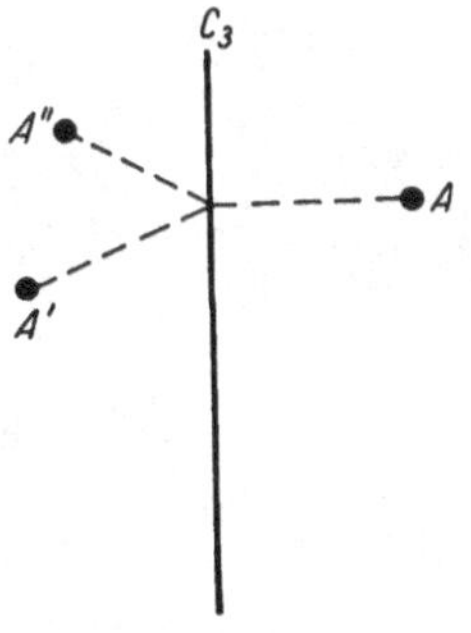

Abb. 45

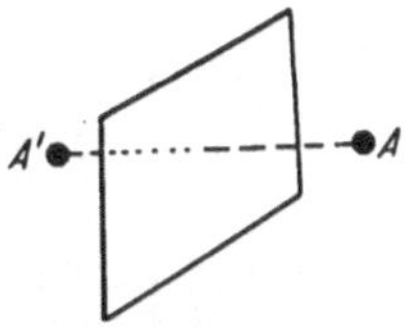

Abb. 46

Ein Molekül besitzt eine *Spiegelebene*, wenn es bei einer Spiegelung an ihr mit sich selbst zur Deckung gebracht wird. Wir bezeichnen dieses Symmetrieelement mit dem Symbol σ. Das bedeutet, daß es im Molekül zu jedem Atom A ein gleichartiges Atom A' gibt, das auf der Verlängerung des von A auf die Spiegelebene gefällten Lotes liegt und denselben Abstand von ihr hat wie A (s. Abb. 46).

Die „Spiegelung an einem Punkt“ stellt ein weiteres Symmetrieelement dar. Es heißt *Inversionszentrum* und wird durch das Symbol i gekennzeichnet. In einem Molekül, das ein Inversionszentrum i besitzt (s. Abb. 47), entspricht jedem Atom A ein weiteres gleichartiges Atom A', das auf der durch die Punkte A und i festgelegten Geraden liegt, wobei die Abstände Ai und $A'i$ gleich sind.

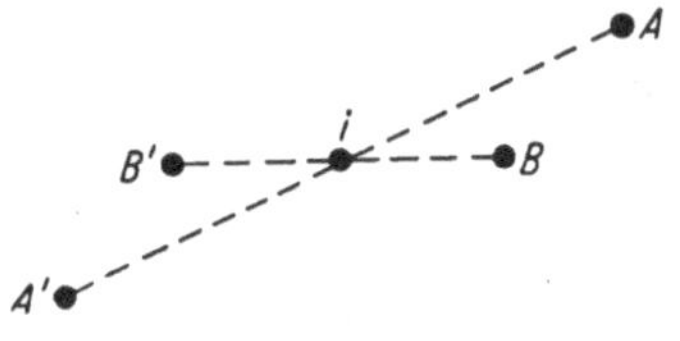

Abb. 47

Schließlich gibt es das Symmetrieelement der n-zähligen Drehspiegelachse, die wir mit S_n bezeichnen. Ein Molekül besitzt dieses Symmetrieelement, wenn es durch Drehung um den Winkel $2\pi/n$ um eine Achse und anschließende Spiegelung an einer dazu senkrechten Ebene mit sich zur Deckung kommt. Die Zähligkeit n einer Drehspiegelachse kann nur gerade sein (im Falle $n = 3$ sieht man z. B. leicht durch Ausführung einer sechsfachen Drehspiegelung, daß die Drehspiegelachse S_3 sich auf zwei andere Symmetrieelemente, nämlich die Drehachse C_3 und die zu ihr senkrechte Spiegelebene σ, reduziert). In einem Molekül mit einer vierzähligen Drehspiegelachse existieren zu jedem Atom A drei gleichartige Atome A', A'' und A''' in der in Abb. 48 gezeigten Anordnung. Ist ein Drehspiegelachse vorhanden, so gibt es automatisch auch eine Drehachse der Zähligkeit $n/2$, beim letzten betrachteten Beispiel also die Drehachse C_2.

Wie man leicht sieht, ist eine zweizählige Drehspiegelachse einem Inversionszentrum äquivalent, das im Schnittpunkt der Achse mit der entsprechenden Spiegelebene liegt. S_2 ist also kein neues Symmetrieelement.

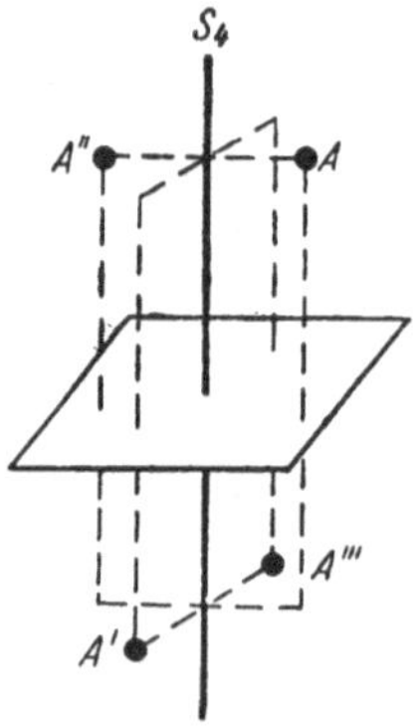

Abb. 48

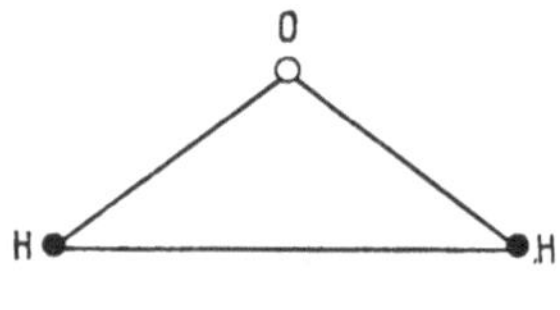

Abb. 49

Wir kennen nun die Elemente, aus denen sich die Symmetrieeigenschaften eines Moleküls zusammensetzen. Im folgenden betrachten wir an Hand einiger Beispiele Kombinationen dieser Symmetrieelemente.

Das Wassermolekül H_2O bildet ein gleichschenkliges Dreieck (Abb. 49). Seine Symmetrie ist eine Kombination einer zweizähligen Drehachse (Höhe des Dreiecks) und von zwei sie schneidenden, zueinander senkrechten Spiegelebenen.

Das Ammoniakmolekül NH_3 hat die Form einer gleichseitigen Pyramide, wobei das N-Atom in der Spitze und die H-Atome in den Eckpunkten des Basisdreiecks liegen (diese Pyramide ist ziemlich flach, ihre Höhe beträgt etwa ein Viertel der Seitenlänge des Basisdreiecks). Es hat eine vertikale dreizählige Drehachse und drei diese enthaltende Spiegelebenen, die miteinander den Winkel von 60° bilden, wobei jede Spiegelebene die Höhe und ein H-Atom enthält (Abb. 50).

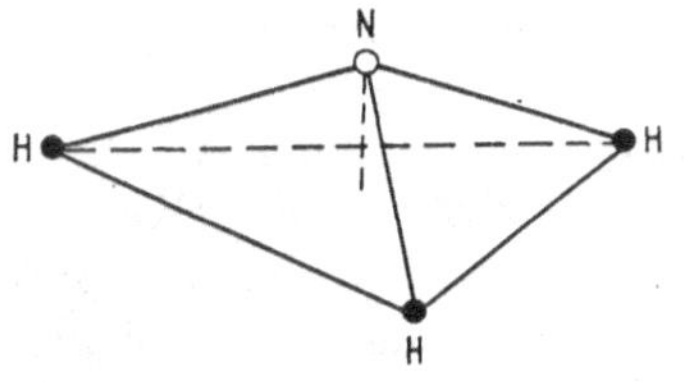

Abb. 50

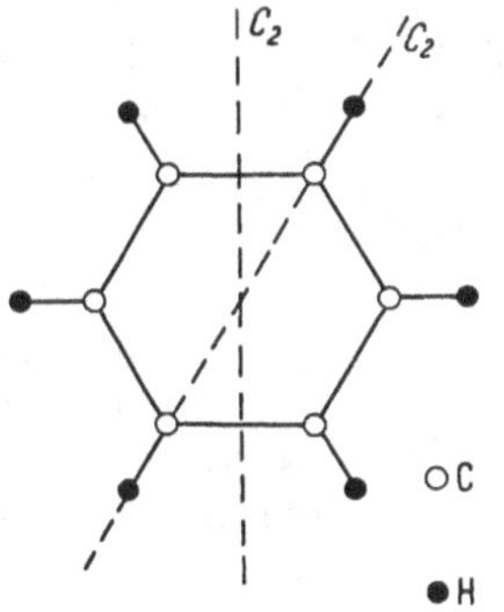

Abb. 51

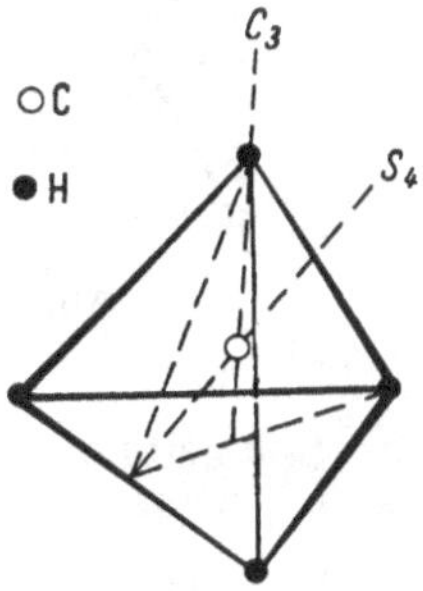

Abb. 52

Das Benzolmolekül C_6H_6, dessen Atome in einer Ebene liegen und ein gleichseitiges Sechseck bilden, besitzt eine größere Zahl von Symmetrieelementen (Abb. 51). Diese Ebene ist offenbar eine Spiegelachse des Moleküls. Es besitzt außerdem eine sechszählige Drehachse, die auf der Zeichenebene senkrecht steht und sie im Mittelpunkt des Sechsecks schneidet. Der Sechseckmittelpunkt ist ein Inversionszentrum. Ferner gibt es sechs zweizählige Drehachsen, von denen drei die einander gegenüberliegenden Atome verbinden und die übrigen drei die einander gegenüberliegenden Sechseckseiten halbieren (in Abb. 8 ist jeweils eine dieser Achsen eingezeichnet). Schließlich hat das Molekül sechs Spiegelebenen, die die Drehachsen C_2 enthalten und auf der Zeichenebene senkrecht stehen.

Wir betrachten noch das Methanmolekül CH_4, das ein reguläres Tetraeder bildet (seine Oberfläche besteht aus vier gleichseitigen Dreiecken). Die H-Atome liegen in den vier Eckpunkten des Tetraeders und das C-Atom in seinem Mittelpunkt (Abb. 52). Das Methanmolekül besitzt vier dreizählige Drehachsen, die durch jeweils einen Eckpunkt und den Mittelpunkt des Tetraeders hindurchgehen. Drei vierzählige Drehspiegelachsen halbieren jeweils einander gegenüberliegende Tetraederseiten. Schließlich gibt es sechs Spiegelebenen, die jeweils eine Seite und den Mittelpunkt der gegenüberliegenden Seite enthalten. (In Abb. 52 ist jeweils eines der angegebenen Symmetrieelemente eingezeichnet.)

§ 41. Spiegelbildisomerie

Eine eigenartige Erscheinung tritt bei hinreichend asymmetrischen Molekülen auf, die ihrem Spiegelbild ähnlich, aber nicht völlig gleich sind. Ein

Molekül dieser Art ist z. B. CHClBrJ, das aus dem Methanmolekül CH_4 durch Substitution von drei H-Atomen durch die verschiedenen Atome Cl, Br und J entsteht. Abb. 53 zeigt zwei Moleküle, die durch Spiegelung an der zur Zeichenebene senkrechten Ebene auseinander hervorgehen. Sie können offenbar nicht durch räumliche Drehung zur Deckung gebracht werden und sind in diesem Sinne nicht identisch.

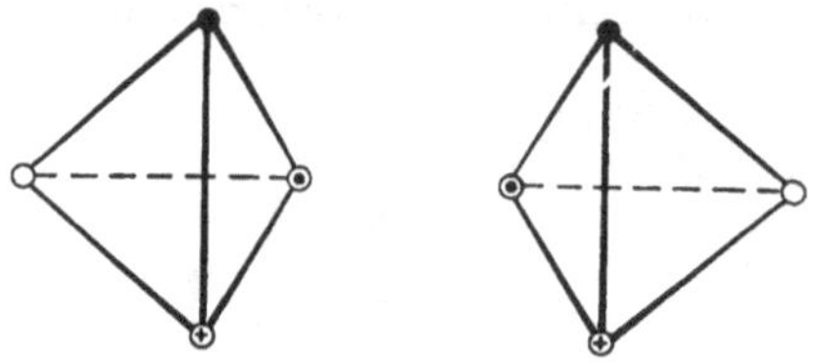

Abb. 53

Zwei ähnliche, aber nicht identische Moleküle, die durch Spiegelung zur Deckung gebracht werden, bezeichnet man als (rechts- bzw. linksseitige) *Spiegelbildisomere*.

Spiegelbildisomere existieren durchaus nicht für alle Moleküle. Die Existenz von Spiegelbildisomeren ist von den Symmetrieeigenschaften der entsprechenden Moleküle abhängig. Zum Beispiel ist ein Molekül, das eine Spiegelebene besitzt, mit seinem Spiegelbild identisch; beide gehen durch Drehung um eine räumliche Achse ineinander über. Nicht nur im Falle des stark symmetrischen Moleküls CH_4, sondern auch des bedeutend schwächer symmetrischen Moleküls CH_3Cl und sogar des Moleküls CH_2ClBr, das nur eine Spiegelebene besitzt, existieren keine Spiegelbildisomere.

Ebenso haben Moleküle mit Inversionszentrum oder Drehspiegelachse keine Spiegelbildisomere.

Hinsichtlich ihrer physikalischen Eigenschaften sind Spiegelbildisomere nahezu gleichwertig. Unterschiede zeigen sich z. B. bei bestimmten Erscheinungen, die mit dem Durchgang von Licht durch Lösungen solcher Stoffe zusammenhängen (daher werden Spiegelbildisomere oft auch als *optische Isomere* bezeichnet).

Spiegelbildisomere spielen bei Reaktionen mit anderen, ebenfalls asymmetrischen Molekülen unterschiedliche Rollen. Reaktionen zwischen Rechtsisomeren laufen ebenso ab wie zwischen Linksisomeren, da beide Prozesse sich nur um eine Spiegelung voneinander unterscheiden und deshalb bezüglich ihrer physikalischen Eigenschaften gleichberechtigt sein müssen. Ähnlich sieht man, daß auch die Reaktion zwischen einem Rechts- und einem Linksisomer ebenso abläuft wie die zwischen einem Links- und einem Rechtsisomer. Jedoch bestehen zwischen den beiden ersten Fällen einerseits und den beiden letzten Fällen andererseits bedeutende Unterschiede. In diesen Eigenschaften ist der Hauptunterschied zwischen Spiegelbildisomeren zu sehen.

Bilden sich bei einer chemischen Reaktion zwischen zwei symmetrischen (keine Spiegelbildisomere besitzenden) Stoffen asymmetrische Moleküle, so kann eine Spiegelung die Reaktionsprodukte nicht verändern, da sie auch die Ausgangsstoffe nicht ändert. Das bedeutet, daß das Reaktionsprodukt ein Gemisch gleicher Mengen von Rechts- und Linksisomeren enthalten muß.

§ 42. Kristallgitter

Kristalle haben die wesentliche Eigenschaft, daß die Atome in ihnen regelmäßig angeordnet sind. Im folgenden betrachten wir die Symmetrie der Anordnung von Atomen in Kristallen, jedoch nicht die Symmetrie ihrer äußeren Form.

Man bezeichnet die Gesamtheit der Punkte, in denen die Atome (genauer, die Atomkerne) angeordnet sind, als *Kristallgitter* und die Punkte selbst als *Knotenpunkte* des Gitters. Ein Gitter kann bei der Untersuchung seiner Symmetrieeigenschaften als räumlich unbegrenzt angenommen werden, da die Begrenzungen des Kristalls nichts mit der Gitterstruktur zu tun haben.

Kristallgitter sind räumlich periodisch. Sie können durch drei Scharen paralleler Ebenen in gleiche Parallelepipede zerlegt werden, die gleiche Zahlen in gleicher Weise angeordneter Atome enthalten. Die Gesamtheit von Parallelepipeden, die durch Parallelverschiebung auseinander hervorgehen, bildet einen Kristall. Das Kristallgitter kommt also mit sich zur Deckung, wenn es als Ganzes parallel zur einer Kante eines Parallelepipeds um ein ganzes Vielfaches der entsprechenden Kantenlänge verschoben wird. Man bezeichnet die Symmetrie des Gitters bei einer solchen Verschiebung (*Translation*) als *Translationssymmetrie*.

Das Parallelepiped mit dem kleinsten Volumen, aus dem sich in dieser Weise der ganze Kristall aufbauen läßt, heißt *Elementarzelle*. Abmessungen, Form und Atomanordnung der Elementarzelle bestimmen vollständig die Kristallstruktur. Den Richtungen und Längen der Kanten einer Elementarzelle entsprechen drei Vektoren. Ihre Längen sind die kleinsten Strecken, um die das Gitter verschoben werden muß, damit es sich selbst überdeckt. Wir bezeichnen sie als *Perioden* des Gitters.

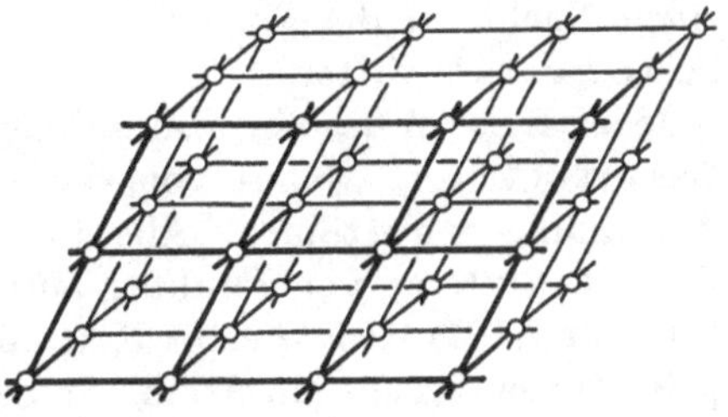

Abb. 54

Befindet sich ein Atom in irgendeinem Eckpunkt einer Elementarzelle, so müssen in allen Eckpunkten sämtlicher Elementarzellen gleichartige Atome vorhanden sein. Die Gesamtheit dieser gleichartigen und in gleicher Weise angeordneten Atome bildet das Bravais-*Gitter* des betrachteten Kristalls (Abb. 54). Es ist gewissermaßen das Skelett des Kristallgitters und drückt seine volle Translationssymmetrie (Periodizität) aus. Alle seine Atome können durch Translation des Gitters mit sich zur Deckung gebracht werden.

Das Bravais-Gitter enthält nicht alle Atome des Kristalls, nicht einmal alle Atome derselben Sorte. Diese wichtige Tatsache erläutern wir mit Hilfe eines Beispiels, wobei wir aus Gründen der besseren Anschaulichkeit kein räumliches, sondern ein ebenes Gitter betrachten, das sich leichter zeichnerisch darstellen läßt.

Wir betrachten ein Gitter, das nur aus gleichartigen Atomen bestehen möge (Abb. 55a). Wie man leicht sieht, sind sie jedoch in kristallographischer Hinsicht durchaus nicht völlig gleichberechtigt (man sagt, daß sie nicht *äquivalent* sind). Da die Atome des BRAVAIS-Gitters in gleicher Weise angeordnet sind, müssen für jedes Atom in derselben Richtung und in demselben Abstand gleichartige benachbarte Atome liegen. In diesem Sinne sind in Abb. 55a die Punkte der Sorte *1* in anderer Weise als die Punkte der Sorte *2* angeordnet. Während im Abstand *d* vom Punkt *1* der benachbarte Punkt *2* liegt, hat der Punkt *2* in derselben Richtung und in demselben Abstand keinen Nachbarn. Die Punkte *1* und *2* sind also nicht äquivalent und gehören nicht zu demselben BRAVAIS-Gitter. Jedoch bilden beide Punktsorten für sich BRAVAIS-Gitter, die um die Strecke *d* gegeneinander verschoben sind.

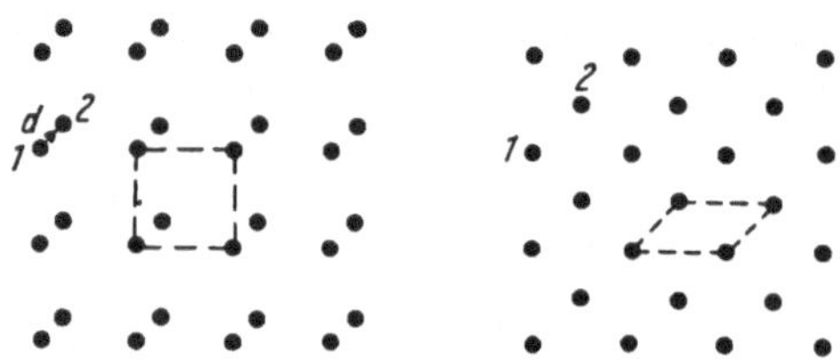

Abb. 55

Legt man die Punkte der Sorte *2* in die Mittelpunkte der Quadrate, in deren Ecken sich Punkte der Sorte *1* befinden (s. Abb. 55b), so sind alle Atome äquivalent, denn in gleichem Abstand und gleicher Richtung hat jeder Punkt der Sorte *2* einen Nachbarn der Sorte *1* und ebenso jeder Punkt der Sorte *1* einen Nachbarn der Sorte *2*. In diesem Falle bilden alle Atome ein einheitliches BRAVAIS-Gitter.

Jeder Kristall besteht also im allgemeinen aus mehreren ineinandergestellten BRAVAIS-Gittern. Jedes von diesen entspricht einer bestimmten Sorte und Anordnung von Atomen. Alle diese Gitter sind völlig identisch, wenn sie einfach als Systeme von Punkten aufgefaßt werden.

Gehören alle Atome eines Kristalls zu demselben BRAVAIS-Gitter, so enthält jede Elementarzelle ein Atom. So befindet sich in Abb. 55b in jeder Elementarzelle (beim ebenen Gitter ist das ein Parallelogramm) ein Punkt der Sorte *1* oder *2*. (Bei der Abzählung der auf eine Elementarzelle entfallenden Atome ist zu berücksichtigen, daß zu einer bestimmten Elementarzelle nur ein Eckpunkt gehört, während die anderen Eckpunkte den benachbarten Elementarzellen zugeordnet werden.)

Ist ein Kristallgitter aus mehreren BRAVAIS-Gittern zusammengesetzt, so enthält eine Elementarzelle mehrere Atome, und zwar jeweils eins vom entsprechenden BRAVAIS-Gitter. Im Falle des in Abb. 55a dargestellten Kristallgitters gehören z. B. zu einer Elementarzelle zwei Punkte, und zwar ein Punkt der Sorte *1* und ein Punkt der Sorte *2*.

Die Zerlegung eines Kristalls in Elementarzellen ist nicht eindeutig. Grundsätzlich gibt es für die Wahl einer Elementarzelle unendlich viele Möglichkeiten. Das können wir mit Hilfe des in Abb. 56 dargestellten ebenen Gitters erkennen, wo die Parallelogramme a und a' mit gleichem Recht als Elementarzelle wählbar sind.

Es ist jedoch wesentlich, daß alle Elementarzellen unabhängig von ihrer Wahl dieselbe Anzahl von Atomen enthalten und gleiche Volumina besitzen (dementsprechend sind bei dem in Abb. 56 dargestellten ebenen Gitter die Flächen der Parallelogramme a und a' gleich, denn sie besitzen gleiche Grundseiten und Höhen). Betrachtet man gleichartige Atome in einer bestimmten Anordnung, so folgt nämlich aus dem Gesagten, daß jede Elementarzelle eines dieser Atome enthält. Die Zahl der Elementarzellen im Kristallvolumen V ist also immer gleich der Zahl N der in ihm enthaltenen gleichartigen Atome. Das Volumen einer Elementarzelle ist demnach unabhängig von ihrer Wahl $v = V/N$.

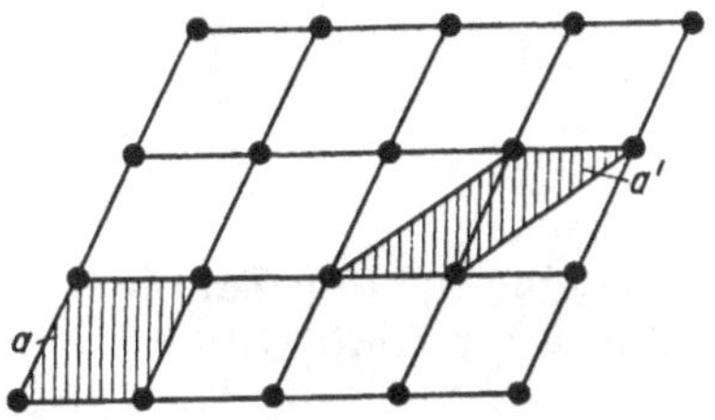

Abb. 56

§ 43. Kristallsysteme

Das Bravais-Gitter ist für die Charakterisierung eines Kristalls besonders wichtig. Die Klasseneinteilung der verschiedenen Kristallsymmetrien beruht in erster Linie auf der Unterscheidung zwischen den verschiedenen Sorten von Bravais-Gittern.

Alle Bravais-Gitter sind translationssymmetrisch. Außerdem können sie jedoch auch die in § 40 besprochenen Symmetrieelemente besitzen, die bei der nun folgenden Klasseneinteilung wichtig sind.

Zunächst ist jeder Knotenpunkt eines Bravais-Gitters ein Inversionszentrum, denn jedem Gitteratom läßt sich ein anderes in der Weise zuordnen, daß die Verbindungsstrecke zwischen ihnen durch einen Knotenpunkt halbiert wird. Das Symmetrieelement des Inversionszentrums ist also für jedes beliebige Bravais-Gitter vorhanden. Jedoch können Bravais-Gitter auch weitere Symmetrien aufweisen.

Ein Körper mit endlichen Abmessungen (Molekül) kann grundsätzlich eine Symmetrieachse beliebiger Zähligkeit besitzen. Dagegen kann eine periodische Struktur (Kristallgitter) nur zwei-, drei-, vier- und sechszählige Symmetrieachsen haben. Besäße ein Gitter z. B. eine fünfzählige Symmetrieachse, so könnte man eine Ebene finden, in der durch Knotenpunkte reguläre Fünfecke gebildet werden. Das ist jedoch sicher unmöglich, da man eine Ebene nicht mit anderen regulären Vielecken als mit gleichseitigen Dreiecken, Quadraten und regulären Sechsecken lückenlos überdecken kann. Um das zu zeigen, betrachten wir einen Punkt der Ebene, in dem sich die Seiten der die Ebene überdeckenden Vielecke schneiden mögen. Da die Überdeckung lückenlos sein soll, muß der Winkel zwischen zwei anliegenden Seiten des Vielecks gleich $2\pi/p$ sein, wobei p eine beliebige ganze Zahl ist. Andererseits ist dieser Winkel für ein reguläres n-Eck gleich $\pi(n-2)/n$. Durch Gleichsetzen folgt die Beziehung

$$\frac{\pi(n-2)}{n} = \frac{2\pi}{p},$$

wonach die Größe

$$\frac{2n}{n-2}$$

gleich einer ganzen Zahl sein muß. Das ist nur für $n = 3, 4, 6$ möglich.

Wir sehen, daß Gitter durchaus nicht alle Formen von Symmetrien aufweisen. Das hat zur Folge, daß für BRAVAIS-Gitter nur eine verhältnismäßig kleine Zahl von Symmetrietypen existiert, die man als *Kristallsysteme* bezeichnet. Diese betrachten wir im folgenden.

1. Das kubische System. Das BRAVAIS-Gitter, das die Symmetrie eines Würfels aufweist, ist am stärksten symmetrisch. (Statt die Symmetrieelemente anzugeben, nennen wir im folgenden nur die geometrische Figur, im vorliegenden Fall den Würfel, die die entsprechende Symmetrie besitzt.)

Man erhält ein solches Gitter, indem man die Atome in den Eckpunkten kubischer Zellen anordnet. Das ist jedoch nicht die einzige Möglichkeit, ein würfelsymmetrisches BRAVAIS-Gitter zu konstruieren. Die Würfelsymmetrie bleibt offenbar erhalten, wenn zusätzlich im Mittelpunkt jeder kubischen Zelle ein Atom angeordnet wird. Die in den Eckpunkten und den Mittelpunkten der kubischen Zellen befindlichen Atome haben sämtlich dieselbe gegenseitige Lage (und besitzen gleichartige Nachbarn), gehören also zu einem einheitlichen BRAVAIS-Gitter. Ebenso entsteht ein kubisches BRAVAIS-Gitter, indem man außer in den Eckpunkten der kubischen Zellen auch in den Mittelpunkten ihrer Seitenflächen Atome anordnet.

Demnach gibt es drei verschiedene BRAVAIS-Gitter des kubischen Systems. Man nennt sie *einfaches*, *innenzentriertes* (oder raumzentriertes) bzw. *flächenzentriertes* Gitter und kennzeichnet sie durch die Symbole P, I und F. Abb. 57 zeigt die Lage der Atome in den entsprechenden Gitterzellen.

Beim einfachen BRAVAIS-Gitter ist die kubische Zelle eine Elementarzelle. Das trifft für das innen- und das flächenzentrierte Gitter keineswegs zu. Man erkennt das schon an der Tatsache, daß eine kubische Zelle in diesen Fällen mehr als ein Atom enthält. In Abb. 58 sind (mit ausgezogenen Linien) die Elementarzellen der drei Gitter des kubischen Systems dargestellt. Eine innenzentrierte kubische Zelle enthält zwei Atome (in Abb. 58 die Atome *1* und *1'*) und eine flächenzentrierte kubische Zelle vier Atome (in Abb. 58 die Atome *1*, *1'*, *1''*, *1'''*); die übrigen Atome müssen den Nachbarzellen zugeordnet werden. Daraus folgt, daß das Elementarzellenvolumen beim innen- bzw. flächen-

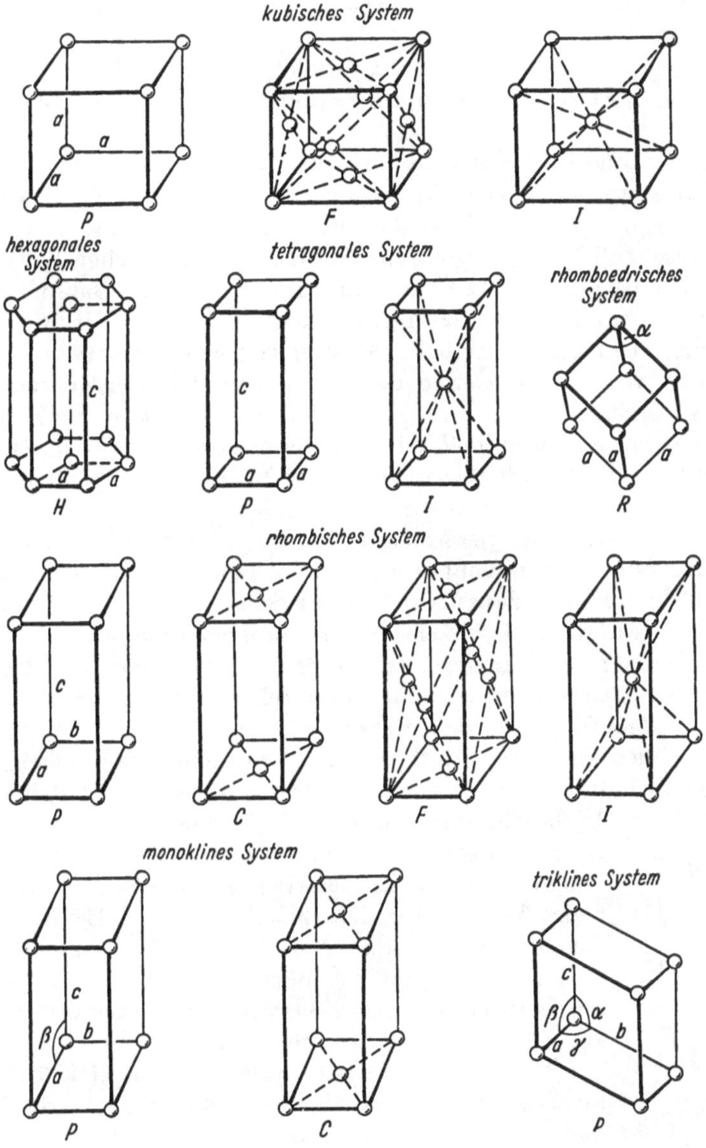
kubisches System
a
a
a
P
F
I
hexagonales System
tetragonales System
rhomboedrisches System
α
c
c
a
a
a
a
a
a
a
H
P
I
R
rhombisches System
c
b
a
P
C
F
I
monoklines System
triklines System
c
β
b
a
c
β
α
b
a γ
P
C
P

Abb. 57

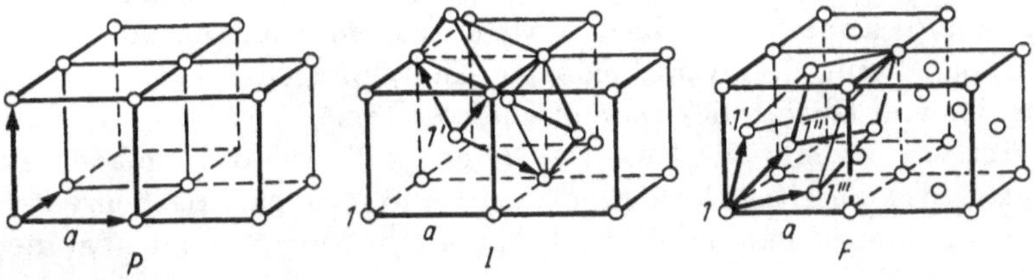
a
P
1
1'
a
I
1
1'
1''
1'''
a
F

Abb. 58

zentrierten Gitter gleich $a^3/2$ bzw. $a^3/4$ ist, wobei a die Kantenlänge der kubischen Zelle bedeutet.

Die Länge a wird als *Gitterkonstante* bezeichnet. Sie ist der einzige Parameter, dessen Zahlenwert für die Charakterisierung eines kubischen Gitters erforderlich ist.

Beim innen- und flächenzentrierten Gitter besitzen die Elementarzellen nicht die für das Gitter selbst charakteristische Würfelsymmetrie. In diesem Sinne kann man sagen, daß die Kristallstruktur mit Hilfe solcher Elementarzellen nicht so anschaulich erfaßt wird wie mit Hilfe der kubischen Zellen, die allerdings in den betrachteten Fällen keine Elementarzellen darstellen. Deshalb charakterisiert man gewöhnlich die Anordnung der Atome im Kristall mittels solcher kubischen Zellen. Dabei geht man von einem rechtwinkligen Koordinatensystem aus, dessen Achsen die Richtungen der drei Kanten einer kubischen Zelle besitzen, und benutzt die Gitterkonstante a als Längeneinheit. Zum Beispiel hat ein Atom im Würfelmittelpunkt die Koordinaten (1/2, 1/2, 1/2), ein Atom im Mittelpunkt der in der (x, y)-Ebene liegenden Seitenfläche die Koordinaten (1/2, 1/2, 0), usw.

2. Das tetragonale (oder quadratische) System. Durch Dehnung eines Würfels in Richtung einer seiner Kanten erhält man eine weniger symmetrische geometrische Figur, ein gerades quadratisches Prisma. Es hat dieselben Symmetrieeigenschaften wie die Bravais-Gitter des tetragonalen Systems.

Es gibt einfache und innenzentrierte tetragonale Bravais-Gitter (die entsprechenden Zellen sind in Abb. 57 dargestellt). Ordnet man in den Mittelpunkten der Basisflächen einer Prismazelle je ein Atom an (Abb. 59), so scheint ein weiteres Bravais-Gitter des tetragonalen Systems zu entstehen. Man sieht jedoch leicht, daß dies nur ein einfaches tetragonales Bravais-Gitter darstellt.

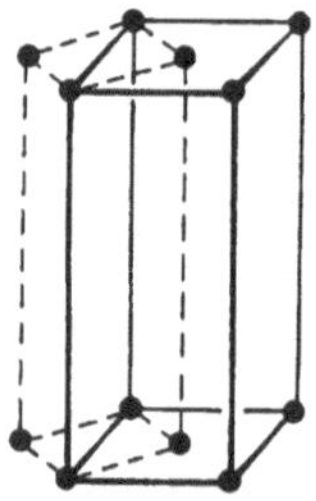

Abb. 59

Verbindet man nämlich die in den Mittelpunkten der Basisflächen liegenden Atome zweier benachbarter Zellen mit den Atomen in den Eckpunkten (s. Abb. 59), so ergibt sich ein neues Prisma, bei dem lediglich in den Eckpunkten Atome angeordnet sind und das deshalb die Symmetrie des einfachen Gitters hat. Ähnlich sieht man, daß kein flächenzentriertes tetragonales Bravais-Gitter existiert, da sich dieses auf ein innenzentriertes reduziert.

Das tetragonale Gitter wird durch zwei Konstanten charakterisiert, und zwar durch die Seitenlänge a der Basisfläche und die Höhe h einer Prismazelle.

3. Das rhombische (oder orthogonale) System. Dehnt man einen Würfel längs zweier seiner Kanten verschieden weit aus, so entsteht ein rechtwinkliges Parallelepiped mit drei verschiedenen Kantenlängen. Seine Symmetrie entspricht der von Gittern des rhombischen Systems.

Es gibt vier rhombische Bravais-Gitter, und zwar das einfache, das innenzentrierte, das allseitig flächenzentrierte und das basisflächenzentrierte (das letzte kennzeichnet man durch das Symbol C). Abb. 57 zeigt u. a. die Parallelepipedzellen der rhombischen Gitter, deren Form der Symmetrie des betrachteten Kristallsystems entspricht. Eine Übereinstimmung mit der Elementarzelle liegt auch hier nur im Falle des einfachen BRAVAIS-Gitters vor.

Ein rhombisches Gitter wird durch drei Parameter (die Kantenlängen a, b und c einer Prismazelle) charakterisiert. Diese benutzt man als Längeneinheiten auf den entsprechenden Achsen des rechtwinkligen Koordinatensystems, das durch die Prismakanten bestimmt wird.

4. Das monokline System hat eine noch schwächere Symmetrie als das rhombische. Seine Symmetrie entspricht der einer geometrischen Figur, die aus einem rechtwinkligen Parallelepiped hervorgeht, indem man von ihm in Richtung einer seiner Kanten ein Stück abschneidet. Dabei entsteht ein gerades Parallelepiped mit beliebiger Basisfläche. Es gibt zwei monokline BRAVAIS-Gitter (P und C in Abb. 57).

Ein monoklines Gitter wird durch vier Parameter charakterisiert, und zwar durch die Längen a, b, c der drei Zellenkanten und den Winkel β zwischen zwei Zellenkanten (die übrigen Winkel sind rechte Winkel). Die Anordnung der Atome wird auch in diesem Falle mit Hilfe eines Koordinatensystems beschrieben, auf dessen Achsen die drei Zellenkanten liegen. Es ist jedoch nicht mehr rechtwinklig, sondern schiefwinklig.

5. Das trikline System. Gitter dieses Systems haben die Symmetrie eines beliebigen schiefwinkligen Parallelepipeds. Sie sind am schwächsten symmetrisch (es gibt nur ein Inversionszentrum). Es gibt nur ein BRAVAIS-Gitter dieses Systems (P), charakterisiert durch die Längen a, b, c der Zellenkanten und die Winkel α, β, γ zwischen ihnen.

Die beiden nun folgenden Kristallsysteme nehmen eine gewisse Sonderstellung ein.

6. Das hexagonale System. Gitter dieses Systems sind hochgradig symmetrisch. Ihre Symmetrie entspricht der eines geraden Prismas, dessen Basisfläche ein reguläres Sechseck darstellt. Es gibt nur ein BRAVAIS-Gitter dieses Systems (es wird mit dem Symbol H bezeichnet). Die Knotenpunkte liegen in den Eckpunkten und den Mittelpunkten der Basisflächen der entsprechenden Prismazellen.

Zwei Parameter, die Seitenlänge a der Basisfläche und die Höhe c der Prismazelle, charakterisieren das hexagonale Gitter. Elementarzelle dieses Gitters ist jedoch das in Abb. 57 gestrichelt eingezeichnete Parallelepiped, dessen Basisfläche einen Rhombus darstellt, in dem der stumpfe Winkel gleich 120° ist. In den Richtungen der Kanten dieser Elementarzelle legt man Koordinatenachsen, mit deren Hilfe die Anordnung der Atome im Gitter beschrieben wird.

7. Das rhomboedrische System. Seine Symmetrie entspricht der eines Rhomboeders, das durch Stauchung oder Dehnung eines Würfels in Richtung einer räumlichen Diagonalen (ohne Änderung der Kantenlängen) entsteht. Alle Seitenflächen eines Rhomboeders bestehen aus denselben Rhomben. Beim einzigen möglichen BRAVAIS-Gitter dieses Systems (Symbol R) befinden sich die Knotenpunkte in den Eckpunkten der Rhomboeder. Es wird durch zwei

Parameter bestimmt, die Länge a der Zellenkanten und den Winkel α zwischen ihnen (für $\alpha = 90°$ liegt ein Würfel vor).

Damit haben wir alle verschiedenen BRAVAIS-Gitter aufgezählt. Es gibt insgesamt sieben Kristallsysteme, denen 14 verschiedene Typen von BRAVAIS-Gittern entsprechen.

Zur Charakterisierung eines Kristalls gibt man in erster Linie das entsprechende System an. Die oft benutzten Bezeichnungen ,,hexagonaler Kristall", ,,kubischer Kristall" usw. beziehen sich auf die Zugehörigkeit des Kristalls zum entsprechenden Kristallsystem, jedoch nicht auf die äußere Form einer Probe.

Kristalle des rhomboedrischen, hexagonalen und tetragonalen Systems, deren Gitter durch zwei Parameter charakterisiert werden, nennt man *einachsig* und die des triklinen, monoklinen und rhombischen Systems *zweiachsig*.

§ 44. Raumgruppen

BRAVAIS-Gitter sind Gesamtheiten gleichartiger und in gleicher Weise angeordneter Atome. Wir wiesen bereits darauf hin, daß im BRAVAIS-Gitter im allgemeinen nicht alle Atome eines Kristalls enthalten sind. Ein reales Kristallgitter kann als Gesamtheit mehrerer ineinandergestellter BRAVAIS-Gitter aufgefaßt werden. Obwohl diese einander völlig gleich sind, kann sich die Symmetrie ihrer Gesamtheit, d. h. die eines realen Kristalls, bedeutend von der Symmetrie der einzelnen BRAVAIS-Gitter unterscheiden.

Zur Erklärung dieser wichtigen Tatsache betrachten wir ein Beispiel, wobei aus Gründen der Anschaulichkeit ein ebenes Gitter gewählt wird. In Abb. 60 stellen die kleinen Kreise die Knotenpunkte eines ebenen ,,hexagonalen"

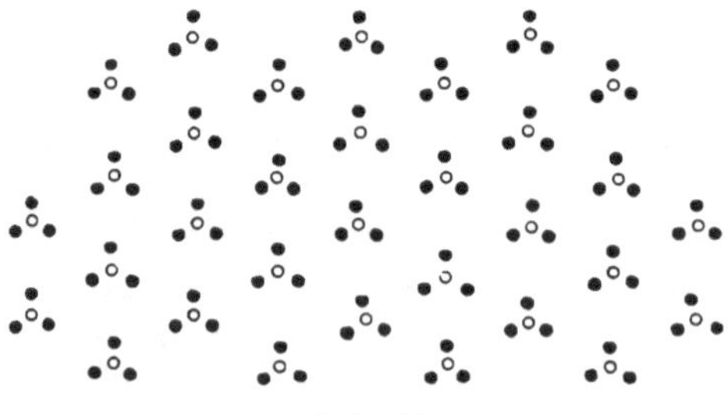

Abb. 60

BRAVAIS-Gitters dar. Durch jeden Knotenpunkt verläuft (senkrecht zur Zeichenebene) eine sechszählige Drehachse. Diesem Gitter mögen drei weitere Gitter derselben Form überlagert sein, deren Knotenpunkte in Abb. 60 durch kleine schwarze Kreisscheiben gekennzeichnet sind. In dem so erhaltenen realen Gitter haben die Drehachsen nur die Zähligkeit 3.

Ein reales Gitter hat also eine niedrigere Symmetrie als seine BRAVAIS-Gitter.

Bei realen Kristallgittern können Symmetrieelemente vorkommen, die durch Kombination von Drehungen oder Spiegelungen mit Parallelverschiebungen entstehen. Diese neuen Symmetrieelemente sind die Schraubenachse und die Gleitspiegelebene.

Ein Gitter besitzt eine n-zählige *Schraubenachse*, wenn es durch Drehung um den Winkel $2\pi/n$ um die Achse und gleichzeitige Translation um eine bestimmte Strecke längs der Achse mit sich zur Deckung kommt. Abb. 61 zeigt eine lineare Kette von Atomen, die man sich als nach beiden Seiten hin unbegrenzt vorstellen muß. Sie hat eine dreizählige Schraubenachse. Diese Struktur ist periodisch und hat die Periode a. Sie kommt durch Drehung um 120° um die Achse und gleichzeitige Translation um die Strecke $a/3$ längs der Achse mit sich zur Deckung.

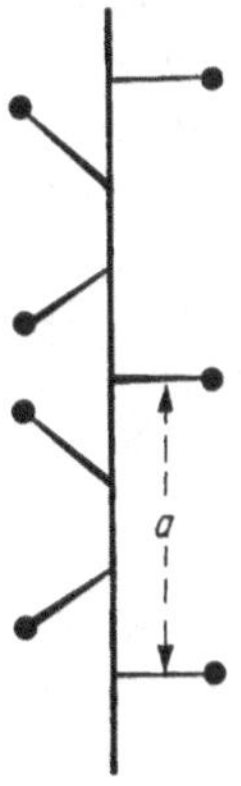

Abb. 61

Ein Gitter besitzt eine *Gleitspiegelebene*, wenn es durch Spiegelung an ihr und gleichzeitige Translation um eine in ihr liegende Strecke zur Deckung gebracht wird.

Ein realer Kristall hat eine bestimmte Translationssymmetrie. Diese wird durch den Typ seiner BRAVAIS-Gitter charakterisiert. Er kann ferner einfache Drehachsen, Schraubenachsen, Drehspiegelachsen, einfache Spiegelebenen und Gleitspiegelebenen besitzen. Alle diese Elemente können in unterschiedlicher Weise miteinander kombiniert werden.

Die Gesamtheit aller Symmetrieelemente eines realen Kristallgitters bezeichnet man als seine *Raumgruppe*. Sie bestimmt vollständig die Symmetrie der Anordnung der Atome im Kristall, d. h. die Symmetrie der inneren Struktur.

Es gibt insgesamt 230 verschiedene Raumgruppen (sie wurden 1891 von E. S. FEDOROW gefunden). Es ist üblich, sie in Abhängigkeit davon, welches BRAVAIS-Gitter ihnen zugrunde liegt, auf die verschiedenen Kristallsysteme zu verteilen. Wir können hier natürlich nicht alle Raumgruppen angeben. Die folgende Aufstellung zeigt, wie sich die Raumgruppen auf die verschiedenen Kristallsysteme verteilen:

Triklines System	2
Monoklines System	13
Rhombisches System	59
Rhomboedrisches System	7
Tetragonales System	68
Hexagonales System	45
Kubisches System	36

In § 41 wurde die Spiegelbildisomerie eines Moleküls beschrieben. Sie kann auch bei Kristallen auftreten (wo sie als *Enantiomorphismus* bezeichnet wird). Es gibt nämlich Kristallgitter, die nicht durch Translation mit ihrem Spiegelbild zur Deckung gebracht werden können. Ebenso wie im Falle von Molekülen können Kristallgitter nur dann enantiomorph sein, wenn sie keine Symmetrieelemente aufweisen, die mit einer Spiegelung an einer Ebene zusammenhängen. Eine solche Struktur hat z. B. gewöhnlicher Quarz, der zum rhombischen System gehört (das ist die Quarzmodifikation, die bei Zimmertemperatur vorkommt).

§ 45. Kristallklassen

Es gibt physikalische Vorgänge, bei denen sich die atomare Struktur eines Stoffes nicht unmittelbar zeigt. Bei ihrer Untersuchung braucht man die innere Struktur des Stoffes nicht zu berücksichtigen und kann ihn als dichtes Medium auffassen. Beispiele für derartige Vorgänge sind die Wärmeausdehnung und die Deformation eines Körpers unter dem Einfluß äußerer Kräfte. Man spricht in solchen Fällen von den *makroskopischen Eigenschaften* eines Stoffes.

Ein Kristall hat in verschiedenen Richtungen unterschiedliche makroskopische Eigenschaften. Das zeigt sich z. B. darin, daß die Einzelheiten des Durchgangs von Licht durch einen Kristall von der Strahlrichtung abhängen, daß sich ein Kristall bei Erwärmung in verschiedenen Richtungen im allgemeinen unterschiedlich ausdehnt, daß die Deformation des Kristallgitters von der Richtung der äußeren Kräfte abhängt, usw. Die Richtungsabhängigkeit der Eigenschaften hängt natürlich mit der Kristallstruktur zusammen. Es ist z. B. einleuchtend, daß sich ein kubischer Kristall längs der Kanten der Würfelzellen anders ausdehnt als längs ihrer Diagonalen.

Die Richtungsabhängigkeit der physikalischen Eigenschaften eines Körpers heißt *Anisotropie*. Man kann sagen, daß Kristalle anisotrope Medien sind. Sie unterscheiden sich in dieser Hinsicht grundsätzlich von den *isotropen* Medien (Flüssigkeiten und Gasen), deren physikalische Eigenschaften richtungsunabhängig sind.

Die physikalischen Eigenschaften eines Kristalls sind zwar im allgemeinen in verschiedenen Richtungen unterschiedlich, können jedoch in einigen bestimmten Richtungen gleich sein. Diese Richtungen sind äquivalent. Ist z. B. ein Inversionszentrum vorhanden, so ist jede Richtung im Kristall der dazu entgegengesetzten Richtung äquivalent. Existiert eine Spiegelebene, so ist jeder Richtung die durch Spiegelung an ihr bestimmte Richtung äquivalent (s. Abb. 62) usw.

Abb. 62

Die Symmetrieachsen und -ebenen eines Kristalls bestimmen die „Symmetrie der Richtungen" in ihm und damit auch die Symmetrie seiner makroskopischen Eigenschaften. Die Translationssymmetrie ist in diesem Zusammenhang ohne Bedeutung, da eine Parallelverschiebung des Gitters keinen Einfluß auf die Richtungen hat. Die makroskopischen Eigenschaften eines Kristalls hängen nicht davon ab, aus welchen in einem bestimmten System möglichen Bravais-Gittern er aufgebaut ist. Ebenso ist es in diesem Zusammenhang gleichgültig, ob eine Symmetrieachse bestimmter Zähligkeit eine Dreh- oder Schraubenachse darstellt und ob eine bestimmte Symmetrieebene eine Spiegel- oder Gleitspiegelebene ist.

Es gibt 32 Kombinationen aus Symmetrieebenen und -achsen zur Beschreibung der Symmetrie der Richtungen im Kristall. Man bezeichnet diese Kombinationen, die die Typen der makroskopischen Symmetrie eines als anisotropes Medium aufgefaßten Kristalls darstellen, als *Kristallklassen*.

Auf Grund des bisher Gesagten ist der Zusammenhang zwischen Raumgruppe und Klasse eines Kristalls klar. Man erhält die Klasse, indem man in der Raumgruppe alle Translationen ignoriert und nicht zwischen Dreh- und Schraubenachsen bzw. Spiegel- und Gleitspiegelebenen unterscheidet.

Die Klassen verteilen sich wie auch die Raumgruppen in Abhängigkeit davon, mit welchem Bravais-Gitter sie tatsächlich realisiert werden können, auf die Kristallsysteme. Es zeigt sich, daß zum triklinen System 2, zum monoklinen 3, zum rhombischen 3, zum tetragonalen 7, zum kubischen 5, zum rhomboedrischen 5 und zum hexagonalen 7 Klassen gehören (man muß jedoch berücksichtigen, daß alle Klassen des rhomboedrischen Systems sowohl mit dem rhomboedrischen als auch dem hexagonalen Bravais-Gitter realisiert werden können).

Es gibt unter den zu einem bestimmten System gehörenden Klassen solche, die die vollständige Symmetrie des Systems aufweisen. Die übrigen Klassen sind schwächer symmetrisch, besitzen also weniger Symmetrieelemente als das entsprechende System.

Als Beispiel für den Zusammenhang zwischen den makroskopischen Eigenschaften und der Symmetrie eines Kristalls betrachten wir die Wärmeausdehnung.

Ein isotroper Körper (Flüssigkeit oder Gas) dehnt sich bei Erwärmung allseitig gleichmäßig aus, besitzt also nur einen thermischen Ausdehnungskoeffizienten. Wie man leicht sieht, ist das auch für kubische Kristalle der Fall. Ein kubischer Kristall bleibt auch bei einer Wärmeausdehnung kubisch, d. h., seine Gitter vor und nach der Ausdehnung sind einander ähnlich. Ein solcher Kristall dehnt sich nach allen Seiten hin gleichmäßig, d. h. wie ein isotroper Körper aus.

Ein tetragonaler Kristall dagegen bleibt bei Erwärmung zwar tetragonal, jedoch ist das Verhältnis der Zellenhöhe c zur Zellenbreite a dabei nicht notwendig konstant. Daher dehnt sich ein solcher Kristall in Richtung der Zellenhöhe anders aus als senkrecht dazu. Die Wärmeausdehnung eines tetragonalen Kristalls wird also durch zwei thermische Ausdehnungskoeffizienten beschrieben (das gilt für alle einachsigen Kristalle). Die Wärmeausdehnung zweiachsiger Kristalle ist dagegen durch drei Koeffizienten bestimmt, die die Ausdehnung längs dreier verschiedener Achsen charakterisieren.

§ 46. Gitter chemischer Elemente

Wir gehen nun zur Beschreibung der Strukturen einiger realer Kristalle über. Vereinfachend haben wir bisher immer gesagt, daß in den Knotenpunkten des Gitters Atome angeordnet sind, meinten jedoch damit immer die Anordnung der entsprechenden Atomkerne. Die Gitteratome können keineswegs als punktförmig betrachtet werden. Sie nehmen einen großen Teil des Gittervolumens ein, so daß benachbarte Atome sich berühren. Wie auch im Falle von Molekülen werden die äußeren Gebiete ihrer Elektronenhüllen, verglichen mit denen isolierter Atome, bedeutend deformiert, und die äußeren Elektronen gehören nicht mehr zu ganz bestimmten Atomen. Zur genauen Beschreibung einer Kristallstruktur gehört also auch die Bestimmung der „Elektronendichte" im ganzen Gittervolumen.

Wir beginnen mit der Untersuchung der Kristallstruktur chemischer Elemente. Es sind etwa 40 verschiedene Gitter chemischer Elemente bekannt, darunter außerordentlich komplizierte. So kristallisiert sich eine der Modifikationen von Mangan mit einem innenzentrierten kubischen Bravais-Gitter, wobei in einer Würfelzelle 58 Atome (und in einer Elementarzelle 29 Atome) enthalten sind. Eine der Schwefelmodifikationen besitzt ein flächenzentriertes rhombisches Bravais-Gitter mit 128 Atomen in einer Zelle (und 32 Atomen in einer Elementarzelle). Die meisten Elemente kristallisieren sich jedoch mit verhältnismäßig einfachen Gittern.

Etwa 20 Elemente bilden kubische Kristalle, bei denen alle Atome ein flächenzentriertes Bravais-Gitter darstellen. Dazu gehören viele Metalle (Ag, Au, Cu, Al u. a.) sowie Kristalle der Edelgase. Bei ungefähr 15 Kristallen (Metalle) bilden die Atome ein innenzentriertes kubisches Bravais-Gitter, z. B. bei den Alkalimetallen (Li, Na, K). Es gibt jedoch kein Element mit einem einfachen kubischen Gitter.

Um den Grund für diese Bevorzugung der innen- und der flächenzentrierten Strukturen zu erklären, betrachten wir als Modell die Packung gleicher Kugeln. Es hat zwar keine unmittelbare reale Bedeutung, kommt jedoch der physikalischen Fragestellung nahe.

Wir betrachten zuerst die Packung von Kugeln im einfachen kubischen Gitter. Die in benachbarten Eckpunkten der Würfelzellen liegenden Kugeln berühren sich. Die Kantenlänge a einer Würfelzelle ist also gleich dem Kugeldurchmesser d. Da zu jeder Würfelzelle eine Kugel gehört, entfällt auf eine Kugel das Gittervolumen $a^3 = d^3$. Das Kugelvolumen ist gleich

$$\frac{4\pi}{3}\frac{d^3}{8} = 0{,}52\, d^3\,,$$

füllt also 52% einer Würfelzelle aus.

Beim innenzentrierten kubischen Gitter ist eine dichtere Packung möglich. In diesem Falle liegen die sich berührenden benachbarten Kugeln in den Eckpunkten und dem Mittelpunkt einer Würfelzelle. Die Länge der räumlichen Diagonale $\sqrt{3}\, a/2$ muß gleich dem Kugeldurchmesser d sein, so daß sich das Volumen einer Würfelzelle zu

$$a^3 = \frac{8\, d^3}{3\sqrt{3}}$$

ergibt. Zu einer innenzentrierten Würfelzelle gehören zwei Kugeln. Da das Volumen einer Elementarzelle, die nur eine Kugel enthält, gleich $4\,d^3/3\,\sqrt{3}$ ist, sieht man leicht, daß ihr Volumen zu 68% von der Kugel eingenommen wird.

Beim flächenzentrierten kubischen Gitter schließlich ist die Packung am dichtesten (man spricht deshalb auch von einer *kubischen dichten Packung*). Die in der Mitte einer Seitenfläche liegende Kugel berührt die Kugeln, deren Mittelpunkte sich in den Eckpunkten des Würfels befinden. Die Würfelkantenlänge ist also $a = \sqrt{2}\,d$. Das Volumen einer Elementarzelle beträgt ein Viertel des Würfelvolumens: $a^3/4 = d^3/\sqrt{2}$. Eine Kugel füllt also 73% des Volumens einer Elementarzelle aus.

Betrachtet man ein solches Gitter in Richtung der Würfeldiagonale, so zeigt sich, daß es aus verschiedenen Schichten besteht, wobei die Knotenpunkte (Kugelmittelpunkte) in jeder Schicht ein Netz gleichseitiger Dreiecke bilden (Abb. 63a). Die Knotenpunkte einer Schicht liegen jeweils über den Mittelpunkten der Dreiecke der benachbarten Schicht. Es gibt drei Formen von aufeinanderfolgenden Schichten (in Abb. 63a, b sind die Knotenpunkte mit Zahlen bezeichnet, um ihre Lage in diesen Schichten und in der entsprechenden Würfelzelle zu kennzeichnen).

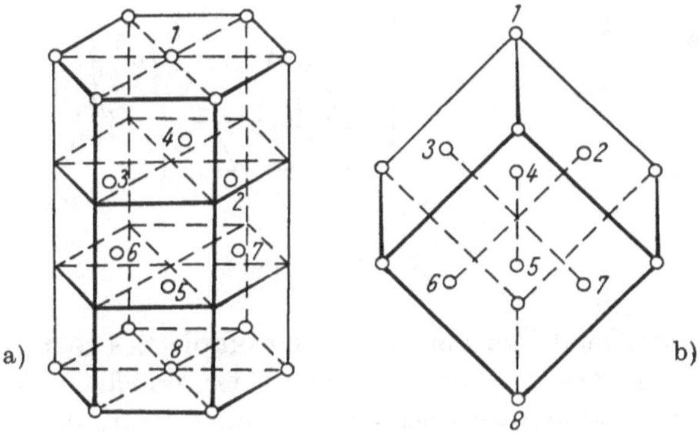

Abb. 63

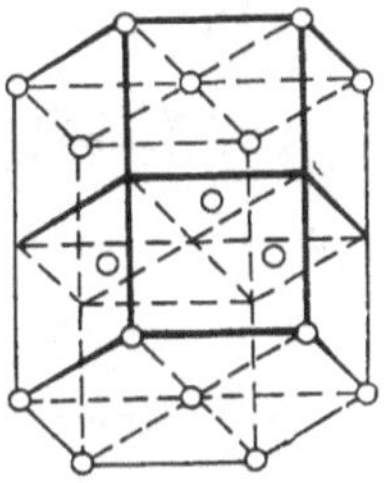

Abb. 64

Eine ebenso dichte Packung ist offenbar möglich, indem man Schichten zweier verschiedener Formen aneinandersetzt (Abb. 64). Dabei entsteht ein hexagonales Gitter mit zwei Atomen pro Elementarzelle. Ein solches Gitter bezeichnet man auch als *hexagonale dichte Packung*. Man findet, daß im Kugelmodell bei diesem Gitter das Verhältnis der Höhe c einer Prismazelle (Abstand zwischen benachbarten gleichen Schichten) zur Kantenlänge a seiner Basisfläche gleich $c/a = 1{,}63$ sein muß.

Etwa 15 Gitter (Metalle) sind vom Typ der hexagonalen dichten Packung, und zwar Mg, Cd, Zn u. a. Bei solchen Kristallen ist das Achsenverhältnis c/a meistens nahezu gleich dem Idealwert 1,63. Es kommen jedoch auch Ausnahmen vor. Bei Cd und Zn beträgt das Achsenverhältnis c/a etwa 1,9, d. h., diese Gitter sind gegenüber dem Fall der dichten Packung in Richtung der Prismenhöhe stark ausgedehnt. Das hat zur Folge, daß diese Kristalle eine stärkere Anisotropie aufweisen.

Die drei beschriebenen Gittertypen sind unter den chemischen Elementen am meisten verbreitet. Daneben gibt es auch einige Typen von Gittern, in die sich jeweils nur sehr wenige Elemente kristallisieren. Im folgenden beschreiben wir einige von ihnen.

Graphit, die am häufigsten vorkommende Kohlenstoffmodifikation, besitzt ein hexagonales Gitter, in das sich kein weiteres Element kristallisiert. Es besteht aus zueinander parallelen ebenen Schichten, in denen die Atome in den Eckpunkten regulärer Sechsecke angeordnet sind (Abb. 65). Der Abstand zwischen benachbarten Schichten ist gleich dem 2,3fachen Abstand zwischen den Atomen innerhalb einer Schicht. Das erklärt, weshalb sich Graphit leicht in Schuppen zerlegen läßt.

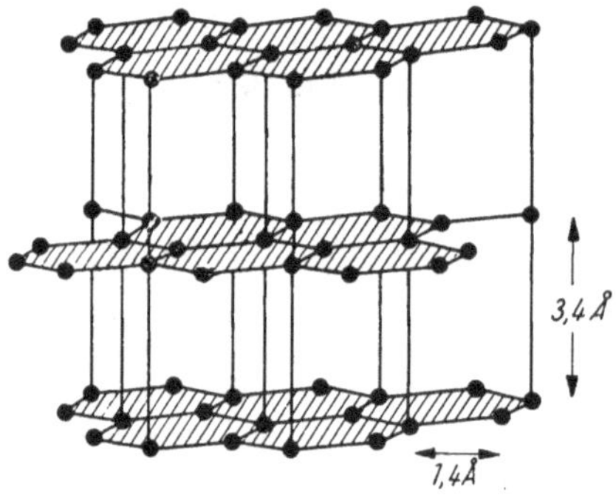

Abb. 65

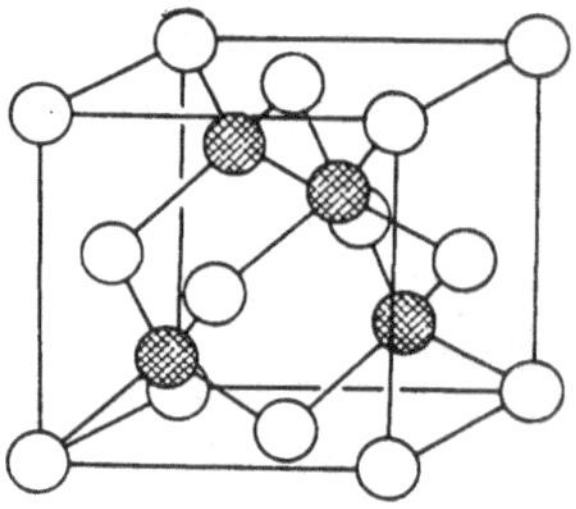
Abb. 66

Diamant, eine weitere Kohlenstoffmodifikation, besitzt ein kubisches Gitter, das man sich als aus zwei flächenzentrierten, um ein Viertel der Würfeldiagonalen gegeneinander versetzten Bravais-Gittern bestehend denken kann. Jedes Kohlenstoffatom ist in gleichen Abständen von vier in den Eckpunkten eines Tetraeders gelagerten Kohlenstoffatomen umgeben. Das Diamantgitter ist in Abb. 66 dargestellt (die weißen und schraffierten Kreise stellen Kohlenstoffatome dar, die zu verschiedenen Bravais-Gittern gehören). Auch die Kohlenstoffhomologen Silizium und Germanium haben ein solches Gitter.

Interessant ist die Struktur des Wismutgitters. Es gehört zum rhomboedrischen System, kommt jedoch dem kubischen sehr nahe. Man erhält das Wismutgitter aus einem kubischen, indem man die Würfelzellen in Richtung einer ihrer Diagonalen etwas abplattet (so daß sie zu Rhomboedern werden) und zusätzlich die Atome sehr wenig verschiebt.

Alle beschriebenen Gitter chemischer Elemente sind *Atomgitter*, d. h., in ihnen können keine einzelnen Moleküle ausgesondert werden. Einige Elemente kristallisieren sich jedoch in *Molekülgittern*. So bilden Wasserstoff, Stickstoff,

Sauerstoff und die Halogene (F, Cl, Br, J) Gitter, die aus zweiatomigen Molekülen zusammengesetzt sind, d. h., der Abstand zwischen den Atomen eines Paares ist bedeutend kleiner als die Abstände zwischen verschiedenen Paaren.

§ 47. Gitter chemischer Verbindungen

Die Vielfalt der chemischen Verbindungen zeigt sich auch in ihren Gittern. Wir befassen uns hier nur mit einigen einfachen Beispielen.

Die Struktur des Gitters von Steinsalz (NaCl) kommt sehr häufig vor. Es handelt sich um ein kubisches Gitter, dessen Knotenpunkte je zur Hälfte mit Na- und Cl-Atomen besetzt sind (Abb. 67). Jedes Na-Atom ist symmetrisch von sechs Cl-Atomen umgeben und umgekehrt. Das Bravais-Gitter von NaCl ist ein flächenzentriertes kubisches Gitter. In jeder Elementarzelle liegen zwei Atome, ein Na- und ein Cl-Atom.

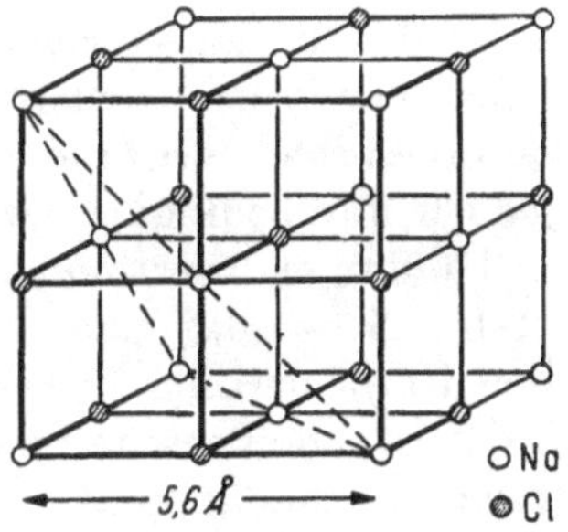

Abb. 67

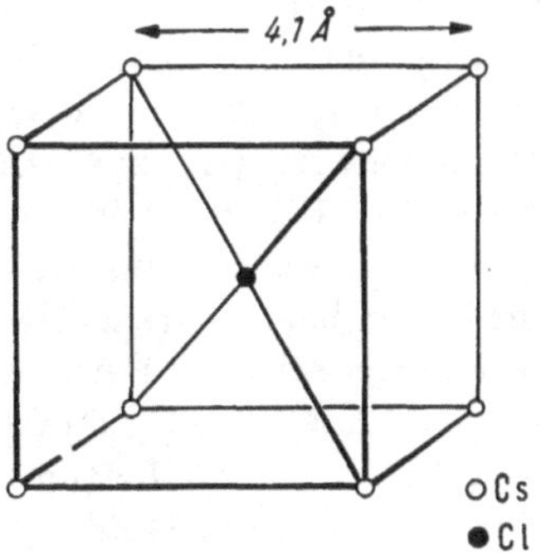

Abb. 68

Es ist üblich, die Anordnung der Atome im Kristallgitter durch Angabe ihrer Koordinaten zu beschreiben, wobei man das Koordinatensystem in der in § 43 beschriebenen Weise wählt. Dabei genügt es, die Lage einer minimalen Zahl von Atomen anzugeben. Durch Addition der Gitterperiode ergibt sich daraus die Anordnung der übrigen Atome. Zum Beispiel wird die Struktur von NaCl durch die folgenden Koordinaten der beiden Atome in bezug auf die Achsen einer Würfelzelle bestimmt: Na(0, 0, 0), Cl (1/2, 1/2, 1/2). Die Koordinaten aller übrigen Atome folgen hieraus durch Addition (oder Subtraktion) einer gewissen Zahl von Grundperioden, für die man z. B. die Abstände zwischen dem Ursprung des Koordinatensystems und den Mittelpunkten von drei Seitenflächen eines Würfels (Punkte mit den Koordinaten (0, 1/2, 1/2), (1/2, 0, 1/2), (1/2, 1/2, 0) wählen kann.

Sehr häufig kommt auch der Typ des Gitters von Cäsiumchlorid CsCl vor (Abb. 68). Es besitzt ein einfaches kubisches Bravais-Gitter. Die Atome der einen Sorte sind in den Eckpunkten und die Atome der anderen Sorte in den Mittelpunkten der Würfelzellen gelagert.

Wir erwähnen ferner das Gitter von Zinkblende ZnS. Es entsteht aus dem in § 46 beschriebenen Diamantgitter, indem man die Knotenpunkte der beiden gegeneinander versetzten flächenzentrierten BRAVAIS-Gitter (schwarze bzw. weiße Kreisscheiben in Abb. 66) mit verschiedenen Atomen (Zn bzw. S) besetzt. Jedes Zn-Atom ist von vier in den Eckpunkten eines Tetraeders liegenden S-Atomen umgeben und umgekehrt. Die Anordnung der Atome in einer Würfelzelle ist durch die Koordinaten Zn (0, 0, 0) und S (1/4, 1/4, 1/4) gegeben.

Die beschriebenen Gitter haben die charakteristische Eigenschaft, daß in ihnen einzelne Atomgruppen (Moleküle der Verbindungen) nicht ausgesondert werden können. Ein solcher Kristall stellt gewissermaßen ein riesiges Molekül dar.

Die Elektronen sind in solchen Gittern so verteilt, daß die Kerne einer Sorte im Mittel von mehr und die Kerne der anderen Sorte im Mittel von weniger Elektronen umgeben sind als im Falle freier neutraler Atome. Derartige Gitter kann man hinreichend adäquat als aus Ionen gebildet auffassen. Deshalb bezeichnet man sie häufig als *Ionengitter*. Zum Beispiel besteht das NaCl-Gitter aus positiv geladenen Na^+-Ionen und negativ geladenen Cl^--Ionen.

Es gibt auch Gitter chemischer Verbindungen, in denen man einzelne Moleküle als besonders eng aneinander gelagerte Gruppen von Atomen unterscheiden kann. Das trifft insbesondere für viele organische Kristalle zu. Die Unterteilung in Atom- und Molekülgitter ist jedoch nur bedingt möglich, da zwischen diesen beiden Grenzfällen liegende Möglichkeiten realisiert sein können.

Ein charakteristisches Beispiel dafür ist das CdJ_2-Gitter, das eine geschichtete Struktur hat. Jede Schicht von Cd-Atomen ist beiderseits von eng anliegenden Schichten aus J-Atomen umgeben. Die Abstände zwischen verschiedenen derartigen „Dreifach"-Schichten sind verhältnismäßig groß. Obwohl dieser Sachverhalt an die molekulare Zusammensetzung des betrachteten Stoffes erinnert, ist es unmöglich, innerhalb einer Dreifachschicht einzelne Moleküle zu unterscheiden.

§ 48. Kristallebenen

Oft ist es bei der Untersuchung von Kristallen nützlich, durch das Gitter hindurchgehende Ebenen zu betrachten. Dabei kann es sich z. B. um eine Ebene handeln, die eine natürliche Begrenzung des Kristalls darstellt, oder um Ebenen, die bestimmte physikalische Eigenschaften besitzen. So spaltet man einen Kristall mit einem Messer gewöhnlich in einer bestimmten Ebene, die sich durch ihre physikalischen Eigenschaften auszeichnet. Schließlich ist es im Zusammenhang mit der Röntgenstrukturanalyse erforderlich, verschiedene Ebenen im Kristall zu betrachten.

Es ist einleuchtend, daß nur solche Ebenen, die Atome des Kristalls enthalten, also durch Knotenpunkte hindurchgehen, eine physikalische Bedeutung haben können. Solche Ebenen werden wir im Folgenden betrachten. Man bezeichnet sie als *Kristallebenen*.

Im § 43 wurde bereits darauf hingewiesen, daß bei der Untersuchung von Kristallen ein (im allgemeinen schiefwinkliges) Koordinatensystem benutzt wird, dessen Achsen in bestimmter Weise mit den Zellenkanten des BRAVAIS-Gitters zusammenhängen, wobei die Koordinaten in Einheiten der im allgemeinen verschiedenen Kantenlängen a, b, c gemessen werden. Wir bezeichnen diese Koordinaten mit x, y, z. Die Koordinaten der Knotenpunkte des BRAVAIS-Gitters seien ganzzahlig (sie können auch halbzahlig sein, was jedoch nichts an den folgenden Überlegungen ändert).

Die allgemeine Gleichung einer Ebene lautet

$$l x + m g + n z = k$$

(sie gilt sowohl im rechtwinkligen als auch im schiefwinkligen Koordinatensystem). Sind die Zahlen l, m, n und k ganz, so hat diese Gleichung unendlich viele ganzzahlige Lösungen für die Unbekannten x, y und z. Das bedeutet, daß die Ebene unendlich viele Knotenpunkte enthält, also eine Kristallebene ist.

Die Bedeutung der Zahlen l, m, n ist leicht zu erklären. Setzt man $y = z = 0$, so folgt $x = k/l$. Das ist die Koordinate des Punktes, in dem die x-Achse die Ebene schneidet. Ähnlich sieht man, daß die Schnittpunkte der Ebene mit der y- und der z-Achse die Koordinaten k/m bzw. k/n haben. Daraus folgt, daß die Strecken, die die Ebene auf den drei Achsen abschneidet, sich verhalten wie

$$\frac{1}{l} : \frac{1}{m} : \frac{1}{n},$$

also den Zahlen l, m, n umgekehrt proportional sind. Da diese Strecken in Einheiten von a, b, c gemessen werden, erhält man in gewöhnlichen Einheiten das Verhältnis

$$\frac{a}{l} : \frac{b}{m} : \frac{c}{n}.$$

Wir sehen, daß die Zahlen l, m, n die Orientierung der Ebene in bezug auf die Achsen des Gitters bestimmen. Die Zahl k hängt nicht von der Orientierung der Ebene, sondern vom Abstand zwischen Ebene und Koordinatenursprung ab. Wählt man für k verschiedene ganze Zahlen, so erhält man (bei vorgegebenen Werten von l, m, n) eine Schar zueinander paralleler Kristallebenen. Da wir nur an der Orientierung und nicht an der genauen Lage einer Kristallebene im Gitter interessiert sind, können wir sie als durch das Zahlentripel l, m, n vollständig bestimmt ansehen. An der Orientierung der Kristallebene ändert sich nichts, wenn man die Zahlen l, m, n durch ihren größten gemeinsamen Teiler dividiert. Die so erhaltenen Zahlen l, m, n bezeichnet man als *Indizes der Kristallebene* und schreibt sie in der Form $(l m n)$.

Als Beispiele betrachten wir einige Kristallebenen des kubischen Gitters.

Die zur x-Achse senkrechte Ebene (Abb. 69) schneidet auf den Achsen die Abschnitte 1, ∞, ∞ ab. Die Kehrwerte dieser Größen sind 1, 0, 0, so daß wir für die Indizes dieser Kristallebene (100) erhalten. Analog dazu sind (010) und (001) die Indizes der Ebenen, die auf der y- bzw. z-Ebene senkrecht stehen. Da ein würfelförmiger Körper durch solche Ebenen begrenzt wird, bezeichnet man sie häufig als *Würfelebenen*.

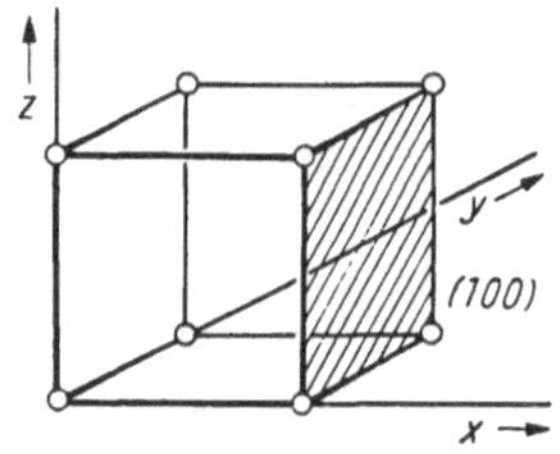

Abb. 69

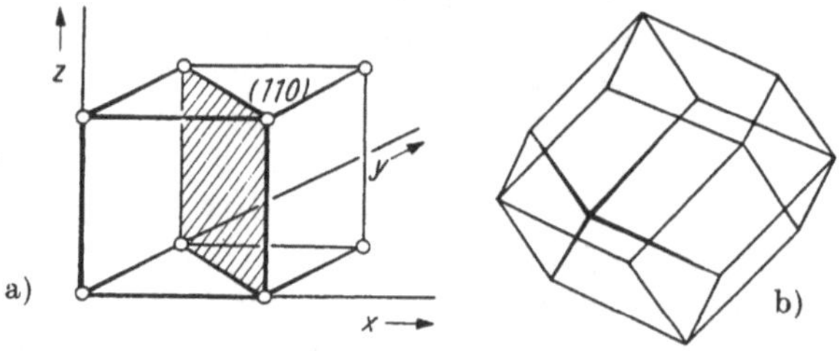

Abb. 70

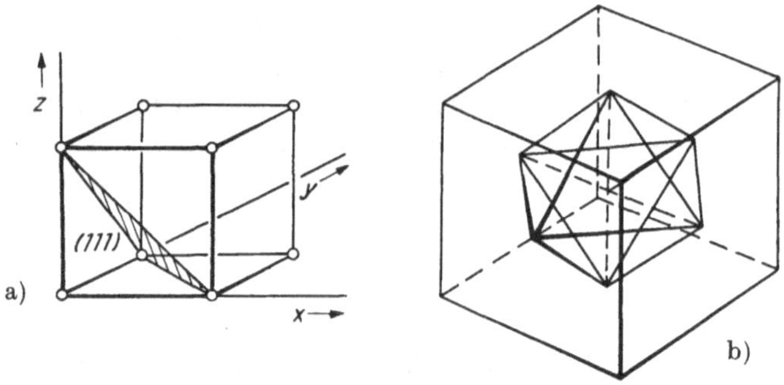

Abb. 71

Die zur z-Achse parallele Diagonalebene schneidet auf der x- und y-Achse gleiche Strecken ab (Abb. 70a). Sie besitzt also die Indizes (110). Solche Diagonalebenen bezeichnet man als *Flächen des rhombischen Dodekaeders* (Zwölfflächner, der durch derartige Flächen begrenzt wird, s. Abb. 70b).

Die in Abb. 71a dargestellte Diagonalebene eines Würfels schneidet von allen drei Achsen gleiche Strecken ab, hat also die Indizes (111). Sie heißen *Oktaederflächen*, da sie einen regulären Achtflächner bilden, dessen Seitenflächen Dreiecke sind (der in Abb. 71b dargestellte Oktaeder entsteht, indem man die Mittelpunkte der sechs Seitenflächen eines Würfels miteinander verbindet).

§ 49. Natürliche Kristallbegrenzungen

Die einen natürlichen Kristall begrenzenden Ebenen enthalten immer Knotenpunkte des Gitters, sind also Kristallebenen. Die Orientierungen der verschiedenen Randebenen des Kristalls und die von ihnen gebildeten Winkel hängen mit der Gitterstruktur zusammen und gehören deshalb zu seinen charakteristischen Eigenschaften.

Wir betrachten zwei beliebige Randebenen mit den Indizes (lmn) und $(l'm'n')$. Die von ihnen auf den Koordinatenachsen abgeschnittenen Strecken bezeichnen wir mit A, B, C bzw. A', B', C'. Sie verhalten sich auf Grund der im vorigen Paragraphen erhaltenen Resultate wie

$$A : B : C = \frac{a}{l} : \frac{b}{m} : \frac{c}{n}, \qquad A' : B' : C' = \frac{a}{l'} : \frac{b}{m'} : \frac{c}{n'}$$

(gemessen in gewöhnlichen Längeneinheiten). Dividiert man die erste Gleichung durch die zweite, so folgt

$$\frac{A}{A'} : \frac{B}{B'} : \frac{C}{C'} = \frac{l'}{l} : \frac{m'}{m} : \frac{n'}{n}.$$

Multipliziert man diese Beziehung mit dem kleinsten gemeinsamen Teiler der Zahlen l, m, n, so ergibt sich auf der rechten Seite der so erhaltenen Relation ein Verhältnis zwischen drei ganzen Zahlen.

Wie wir sehen, verhalten sich die von einer Randebene auf den Koordinatenachsen abgeschnittenen Strecken, bezogen auf die entsprechenden von einer anderen Randebene abgeschnittenen Strecken, immer wie drei ganze Zahlen zueinander.

Man bezeichnet diese Regel als *Gesetz der Rationalität der Randebenen.*

Die Randebenen von Ionenkristallen müssen Ionen unterschiedlicher Ladung enthalten. Kristallebenen, die lediglich Ionen eines Vorzeichens enthalten, können keine Randebenen darstellen. Unter Berücksichtigung dieser Tatsache ist es möglich, manche Erscheinungen der Kristallisierung verschiedener Stoffe zu erklären.

Als Beispiel dafür betrachten wir den NaCl-Kristall, dessen Gitter in Abb. 67 dargestellt ist. Die Na^+- und Cl^--Ionen liegen in den Ebenen (100) bzw. (111). Man sieht, daß die Ebene (111) (in Abb. 67 gestrichelt eingezeichnet) nur Ionen desselben Ladungsvorzeichens enthält. Da sie keine Randebene sein kann, ergibt sich, daß Steinsalz nicht in Form von Oktaedern kristallisieren kann. Die Vorzeichen der in der Ebene (001) (Würfelflächen in Abb. 67) gelagerten Ionen sind abwechselnd positiv und negativ. Steinsalz kann also kubisch kristallisieren.

Beim CsCl-Gitter (Abb. 68) dagegen enthalten die Ebenen (100) Ionen desselben Ladungsvorzeichens. Dieser Stoff kann also nicht kubisch kristallisieren.

Der Charakter der äußeren Grenzen von Kristallen hängt wie jede ihrer makroskopischen Eigenschaften mit der Kristallklasse zusammen. Im Prinzip kann man also aus der Form eines natürlichen Kristalls auf seine Klasse schließen. Praktisch ist das jedoch schwierig, weil Kristalle in Abhängigkeit von den zufälligen Bedingungen, unter denen sie gewachsen sind, unregelmäßige Formen haben. Die künstliche Bildung neuer Oberflächen durch Ätzung, bei der ein Lösungsmittel auf die Kristalloberflächen einwirkt, gestattet jedoch Informationen in dieser Richtung.

KAPITEL VI

WÄRME

§ 50. Temperatur

Die Teilchen, aus denen die in der Natur vorkommenden Körper zusammengesetzt sind, befinden sich in ständiger Bewegung. Sie ist universell, sowohl die Moleküle als auch die in ihnen enthaltenen Atome bewegen sich. Charakteristisch ist ihre Chaotizität, die immer in irgendeinem Maße vorhanden ist. Man bezeichnet sie als *Wärmebewegung*. Sie gibt Aufschluß über die Natur der Wärme und der thermischen Erscheinungen.

Obwohl man gewöhnlich annimmt, daß die Wärmebewegung in Gebieten mit atomaren (oder, wie man in diesem Zusammenhang auch sagt, mikroskopischen) Abmessungen erfolgt, sind ihr auch Teilchen mit größeren (makroskopischen) Abmessungen unterworfen. Ein bekanntes Beispiel dafür ist die BROWN*sche Bewegung* sehr kleiner, in Flüssigkeiten suspendierter Partikeln, die mikroskopisch betrachtet werden kann.

Wenn zwei Körper in Berührung gebracht werden, findet zwischen ihnen auf Grund der Zusammenstöße unter den Atomen ein Energieaustausch statt, von einem Körper wird Energie auf den anderen übertragen. Man bezeichnet dabei den Energie abgebenden Körper als wärmeren und den Energie aufnehmenden als kälteren Körper. Diese Energieübertragung setzt sich fort, bis ein definierter Zustand, der Zustand des thermischen Gleichgewichts, erreicht wird.

Um den Grad der Erwärmung eines Körpers zu charakterisieren, führen wir den Begriff der *Temperatur* ein. Bei ihrer quantitativen Definition könnte man grundsätzlich von jeder beliebigen Eigenschaft eines Körpers ausgehen, die vom Grad seiner Erwärmung abhängt. Zum Beispiel ließe sich die Temperatur eines Körpers einfach durch das Volumen einer mit ihm im thermischen Gleichgewicht stehenden Quecksilbersäule definieren. Natürlich kann eine solche ziemlich willkürliche *Temperaturskala* keinerlei tiefere physikalische Bedeutung haben. Sie wäre für die quantitative Beschreibung beliebiger anderer thermischer Erscheinungen denkbar ungeeignet. Daher muß man eine Temperaturskala finden, die eine physikalische Bedeutung besitzt und nicht von den zufälligen Eigenschaften bestimmter Stoffe (z. B. des Quecksilbers und des Glasgefäßes, in dem es sich befindet) abhängt.

In der Physik benutzt man die Skala der *thermodynamischen* oder *absoluten Temperatur*, die eng mit den allgemeinsten thermischen Eigenschaften aller Stoffe zusammenhängt. Ihre exakte Definition kann hier nicht gegeben werden, da sie eine über den Rahmen dieses Buches hinausgehende theoretische Analyse der thermischen Erscheinungen voraussetzt. Statt dessen charakterisieren wir diese Temperaturskala mit Hilfe einiger ihrer „sekundären" Eigenschaften.

Eine physikalische Temperaturdefinition muß selbstverständlich von einer solchen den Zustand des Körpers charakterisierenden physikalischen Größe ausgehen, die auch für andere, mit dem betrachteten im thermischen Gleichgewicht stehende Körper denselben Wert hat. Es zeigt sich, daß die mittlere kinetische Energie der Translation der Teilchen (Moleküle oder Atome) eines Körpers diese bemerkenswerte Eigenschaft aufweist. Sind diese Mittelwerte für die Teilchen zweier Körper gleich, so wird bei einer Berührung insgesamt keine Energie zwischen ihnen übertragen, obwohl einzelne Teilchen in beiden Richtungen Energie austauschen können.

Aus diesem Grunde ist es möglich, die mittlere kinetische Energie der Translationsbewegung der Teilchen in einem Körper als Maß für seine Temperatur zu wählen. Es ist üblich, zwei Drittel dieser Größe als Temperatur zu definieren:

$$T = \frac{2}{3}\,\frac{\overline{m\,v^2}}{2} = \frac{1}{3}\,\overline{m\,v^2}\,.$$

Dabei bezeichnen m die Masse und v die Geschwindigkeit eines Teilchens. Der Querstrich bedeutet, daß der Mittelwert gebildet wird (dieser Mittelwert kann als Mittel der Energien der verschiedenen Teilchen zu einem bestimmten Zeitpunkt oder als Mittel der Energien eines Teilchens zu verschiedenen Zeiten verstanden werden; beide Definitionen sind völlig äquivalent).

Die Temperatur besitzt auf Grund der angegebenen Definition die Dimension einer Energie, kann daher auch in entsprechenden Einheiten, z. B. in erg, gemessen werden. Diese Energieeinheit ist jedoch als Temperatureinheit höchst ungeeignet, weil die Energie der Wärmebewegung nur einen winzigen Bruchteil von 1 erg ausmacht. Außerdem ist eine Temperaturbestimmung durch direkte Messung der Teilchenenergien natürlich außerordentlich kompliziert.

Deshalb benutzt man in der Physik eine den praktischen Verhältnissen angemessene Maßeinheit der Temperatur, das *Grad*. Es ist als der hundertste Teil der Differenz zwischen den Temperaturen des Siede- und Gefrierpunktes von Wasser unter Atmosphärendruck definiert.

Der Umrechnungsfaktor zwischen den Einheiten erg und Grad heißt BOLTZMANN-*Konstante* und ist

$$k = 1{,}38 \cdot 10^{-16}\,\frac{\text{erg}}{\text{grd}}\,.$$

Wir sehen, daß ein Grad tatsächlich ein außerordentlich kleiner Bruchteil von einem erg ist. Um die Einheit Grad zu charakterisieren, fragen wir ferner nach der einem Grad entsprechenden gesamten kinetischen Energie der Teilchen in einem Mol. Sie ergibt sich durch Multiplikation von k mit der LOSCHMIDTschen Zahl L:

$$k\,L = 1{,}38 \cdot 10^{-16} \cdot 6{,}02 \cdot 10^{23}\ \text{erg} = 8{,}31\ \text{Ws}\,.$$

Wir geben auch den Umrechnungsfaktor zwischen einem Grad und der in der Atomphysik gebräuchlichen Energieeinheit Elektronvolt an. Es gilt

$$1\ \mathrm{eV} = 1{,}60 \cdot 10^{-12}\ \mathrm{erg} = \frac{1{,}60 \cdot 10^{-12}}{1{,}38 \cdot 10^{-16}}\ \mathrm{grd} = 11600\ \mathrm{grd}\,.$$

Im folgenden bezeichnen wir die in Grad gemessene Temperatur mit T. Dann ist die in erg gemessene Temperatur gleich kT, so daß die oben angegebene Gleichung in der Form

$$kT = \frac{1}{3}\,\overline{m v^2}$$

zu schreiben ist.

Die Temperatur T ist ebenso wie die kinetische Energie eine positive Größe. Diese Tatsache kann jedoch nicht als Naturgesetz angesehen werden, sondern ist einfach eine Folge der Temperaturdefinition.

Wir wiesen bereits darauf hin, daß man die so definierte Temperatur als absolute Temperatur bezeichnet. Ihrem Nullpunkt entspricht diejenige Temperatur, bei der keine Wärmebewegung vorhanden ist. Die diesem *absoluten Nullpunkt* entsprechende Temperaturskala nennt man KELVIN-*Skala* und bezeichnet die Einheit in ihr mit °K.

Neben dieser ist auch die CELSIUS-*Skala* üblich, deren Nullpunkt durch den Gefrierpunkt des Wassers definiert ist. In ihr bezeichnet man die Einheit mit °C.

Die Umrechnung der Temperatur von einer Skala in die andere setzt voraus, daß die absolute Temperatur des Gefrierpunktes von Wasser bekannt ist. Diese ist nach neuen Messungen gleich 273,15 °K. Mit anderen Worten, der absolute Nullpunkt liegt bei der Temperatur von $-273{,}15$ °C.

Im folgenden bezeichnen wir die absolute Temperatur mit T und die der CELSIUS-Skala, sofern sie angegeben werden muß, mit t. Offenbar gilt

$$T = t + 273{,}15\ {}^\circ\mathrm{K}\,.$$

Man sagt oft, daß ein Experiment bei *Zimmertemperatur* durchgeführt wird. Dem entspricht die Temperatur von 20 °C (d. h. $\approx$293 °K). Sie ist etwa gleich $\frac{1}{40}$ eV.

Man kann die Geschwindigkeit der Teilchen bei der Wärmebewegung mit Hilfe der Quadratwurzel aus der in die Temperaturdefinition eingehenden Größe $\overline{v^2}$ charakterisieren. Es ist üblich, sie als thermische Geschwindigkeit v_T zu bezeichnen. Es gilt

$$v_\mathrm{T} = \sqrt{\overline{v^2}} = \sqrt{\frac{3\,k\,T}{m}}\,.$$

In Abhängigkeit davon, welche Masse man in diese Formel einsetzt, bestimmt sie die thermische Geschwindigkeit eines Atoms, Moleküls oder eines an der BROWNschen Bewegung teilnehmendem Teilchens. Bei Anwendung auf Moleküle schreibt man diese Formel um, indem man Zähler und Nenner des unter dem Wurzelzeichen stehenden Ausdrucks mit der LOSCHMIDTschen Zahl multipliziert und beachtet, daß das Produkt $m\,L$ gleich dem Molekulargewicht μ ist:

$$v_{\mathrm{T}} = \sqrt{\frac{3\,L\,k\,T}{\mu}} = 15{,}8 \cdot 10^{3} \sqrt{\frac{T}{\mu}}\,\frac{\mathrm{cm}}{\mathrm{s}}\,.$$

Zum Beispiel ist die thermische Geschwindigkeit von Wasserstoffmolekülen (H_2, $\mu = 2$) bei Zimmertemperatur gleich $1{,}9 \cdot 10^{5}$ cm/s, also etwa gleich 2 km/s.

Wie wir gesehen haben, ist die thermische Geschwindigkeit der Quadratwurzel aus der Temperatur direkt und der Quadratwurzel aus der Teilchenmasse umgekehrt proportional. Die letzte Proportionalität erklärt, weshalb die Wärmebewegung für die Moleküle sehr intensiv, für die eine BROWNsche Bewegung ausführenden mikroskopisch kleinen Teilchen noch merklich und für Teilchen mit größerer Masse völlig unbedeutend ist.

Wir kehren nun wieder zur oben gegebenen Temperaturdefinition zurück. Es ist zu beachten, daß sie sich auf die klassische Mechanik gründet. Der angegebene quantitative Zusammenhang zwischen der Temperatur und der Energie der Wärmebewegung gilt nur in den Grenzen, in denen diese durch die klassische Mechanik beschreibbar ist. Mit sinkender Temperatur und dementsprechend abnehmender Energie der Teilchen werden die Bedingungen für die Gültigkeit der klassischen Mechanik früher oder später verletzt, so daß es notwendig ist, die Quantenmechanik anzuwenden. Das geschieht um so früher, je kleiner die Teilchenmasse ist und je stärker die Bewegung der Teilchen durch angreifende Kräfte eingeschränkt wird. Zum Beispiel ist die Translation von Gasmolekülen praktisch eine freie Bewegung, die immer als klassische angesehen werden kann. Dagegen besteht die Bewegung der Atome im Molekül in kleinen Schwingungen um bestimmte Gleichgewichtslagen in einem „Potentialtopf". In diesem Falle verliert die klassische Mechanik bereits sehr früh ihre Gültigkeit (dieser Frage wenden wir uns noch in den Paragraphen 57 und 58 zu).

Wir wiesen bereits darauf hin, daß die Wärmebewegung beim Erreichen des Nullpunkts der absoluten Temperatur aufhört. Das bedeutet jedoch keineswegs, daß jede Bewegung der Teilchen innerhalb eines Körpers verschwindet. Nach den Gesetzen der Quantenmechanik ist es nicht möglich, daß die Bewegung der Teilchen vollständig aufhört. Auch am absoluten Nullpunkt müssen die Atome in einem Molekül bzw. die in den Knotenpunkten des Kristallgitters eines festen Körpers gelagerten Atome gewisse Schwingungen ausführen. Diese Bewegung, die die Bezeichnung *Nullpunktsschwingung* trägt, stellt eine Quantenerscheinung dar. Die Energie dieser Bewegung ist ein Maß für den Quantencharakter eines Objekts. Der Vergleich zwischen den Energien der Wärmebewegung einerseits und der Nullpunktsschwingungen andererseits kann als Kriterium für die Gültigkeit der klassischen Mechanik dienen. Die Wärmebewegung kann mit Hilfe der klassischen Mechanik beschrieben werden, wenn ihre Energie genügend groß gegen die Nullpunktsenergie ist.

Die inneratomare Bewegung der leichtesten Teilchen, der Elektronen, ist ein sehr deutliches Beispiel einer Nullpunktsbewegung. Sie trägt immer Quantencharakter. Wegen ihrer verhältnismäßig großen Energie wird sie in nur sehr unbedeutendem Maße durch die Temperatur des Körpers beeinflußt. Lediglich bei sehr hohen Temperaturen von mehreren tausend Grad übt die Wärmebewegung der Atome einen wesentlichen Einfluß auf die Elektronenschalen aus.

§ 51. Druck

Ein Gas (bzw. eine Flüssigkeit) übt auf Grund der Wärmebewegung seiner Teilchen auf die Wand des Gefäßes, in dem es enthalten ist, einen Druck aus. Die Gasmoleküle stoßen an die Gefäßwand und übertragen ihr einen Impuls. Die Impulsänderung pro Zeiteinheit gibt die an der Wand angreifende Kraft an.

Bezieht man die seitens des Gases (bzw. der Flüssigkeit) angreifende Kraft auf die Flächeneinheit, so erhält man den Druck, den das Gas (bzw. die Flüssigkeit) auf die Gefäßwand ausübt.

Wir bezeichnen den Druck mit p. Er hat die Dimension einer Kraft pro Fläche, und man kann schreiben

$$[p] = \frac{\text{dyn}}{\text{cm}^2} = \frac{\text{erg}}{\text{cm}^3} = \frac{\text{g}}{\text{cm s}^2}.$$

Insbesondere hat also der Druck die Dimension einer auf das Volumen bezogenen Energie.

Die Maßeinheit für den Druck im cgs-System ist 1 dyn/cm²; das ist die an 1 cm² Fläche angreifende Kraft von 1 dyn. Diese Einheit ist jedoch sehr klein. Die um den Faktor 10^6 größere heißt *Bar*, und es gilt

$$1\ \text{bar} = 10^6\,\frac{\text{dyn}}{\text{cm}^2} = 10\,\frac{\text{N}}{\text{m}^2}.$$

Greift an 1 cm² Fläche die Kraft von 1 kp an, so bezeichnet man den entsprechenden Druck als 1 technische Atmosphäre (1 at):

$$1\ \text{at} = 1\,\frac{\text{kp}}{\text{cm}^2} = 0{,}981\ \text{bar}.$$

Unter einer physikalischen Atmosphäre (atm) versteht man dagegen den Druck einer Quecksilbersäule von 760 mm Höhe (bei definierter Quecksilberdichte und dem Standardwert der Erdbeschleunigung). Es gilt

$$1\ \text{atm} = 1{,}013\ \text{bar} = 1{,}033\ \text{at}.$$

Wir bemerken ferner, daß der 1 mm Quecksilbersäule entsprechende Druck gleich

$$1\ \text{Torr} = 1{,}333 \cdot 10^{-3}\ \text{bar}$$

ist.

Als *makroskopische Eigenschaften* eines Körpers bezeichnet man diejenigen, die ihn als Ganzes charakterisieren, ohne daß die Einzelheiten seiner molekularen Struktur (die aber mit den makroskopischen Eigenschaften zusammenhängen) betrachtet werden. Die wichtigsten Größen, die den makroskopischen Zustand eines Körpers charakterisieren, sind Temperatur T, Druck p und Volumen V. Diese sind jedoch nicht voneinander unabhängig. Befindet sich z. B. ein Gas in einem Gefäß mit vorgegebenem Volumen und hat es eine bestimmte Temperatur, so wird es automatisch unter einem definierten Druck stehen. Eine Volumen- oder Temperaturänderung führt zu einer Druckänderung.

Von den drei Größen p, V und T können also nur zwei beliebig vorgegeben werden, während die dritte sich als Funktion der beiden anderen ergibt. Man kann sagen, daß die thermischen Eigenschaften eines Körpers vollständig durch Vorgabe von zwei dieser Größen bestimmt werden.

Man bezeichnet den funktionalen Zusammenhang zwischen Druck, Volumen und Temperatur als *Zustandsgleichung*. Unter den Beziehungen, die den thermischen Zustand eines Körpers charakterisieren, ist sie eine der wichtigsten.

Theoretisch kann die Form der Zustandsgleichung nur im Falle der einfachsten Körper erhalten werden (s. § 53). In der Praxis muß man daher auf Experimente zurückgreifen, deren Resultate sich graphisch darstellen lassen. Da wir nach der gegenseitigen Abhängigkeit dreier Größen fragen, wird die Zustandsgleichung im dreidimensionalen Koordinatensystem, auf dessen Achsen die Größen p, V und T abgetragen sind, durch eine Fläche dargestellt. Gewöhnlich bevorzugt man jedoch ebene Darstellungen, da die räumliche unpraktisch ist. Dabei ergibt sich eine Schar von Kurven, die Schnittlinien der Fläche mit zu den Koordinatenebenen parallelen Ebenen sind. Schneidet man z. B. die Fläche mit Ebenen, die zur (p, V)-Ebene parallel sind (also auf der T-Achse senkrecht stehen), so erhält man eine Kurvenschar, die die Abhängigkeit des Druckes vom Volumen bei verschiedenen festen Werten der Temperatur beschreibt. Derartige Kurven bezeichnet man als *Isothermen.* Ähnlich konstruiert man eine Schar von *Isobaren* (T-Abhängigkeit von V bei vorgegebenen Werten des Druckes p) und von *Isochoren* (T-Abhängigkeit von p bei festen Größen des Volumens V).

Wir wiesen bereits in § 50 darauf hin, daß der Energieaustausch zwischen zwei zur Berührung gebrachten Körpern bis zur Einstellung des thermischen Gleichgewichts andauert. In diesem Zustand haben beide dieselbe Temperatur. Allgemein versteht man unter dem Zustand des thermischen Gleichgewichts eines Systems von Körpern denjenigen Zustand, in dem im System keine spontanen thermischen Prozesse ablaufen und sich alle Teile des Systems relativ zueinander in Ruhe befinden, d. h. keine makroskopische Bewegung ausführen (das gilt nicht für die mikroskopische Bewegung der Teilchen innerhalb der Körper). Wir können nun hinzufügen, daß im Zustand des thermischen Gleichgewichts nicht nur die Temperaturen, sondern auch die Drücke der sich berührenden Körper gleich sein müssen, denn anderenfalls würde eine von Null verschiedene resultierende Kraft entstehen, die die Körper in Bewegung setzen würde.

Der Druck ist unter den üblichen Bedingungen positiv, d. h., ein System hat die Tendenz, sich auszudehnen. Das trifft jedoch durchaus nicht immer zu. Es gibt auch Zustände mit negativem Druck. Ein Körper, der sich in einem solchen Zustand befindet, ist gewissermaßen „gedehnt" und zeigt das Bestreben, sich zusammenzuziehen. Einen Zustand dieser Art kann man z. B. realisieren, indem man eine sorgfältig gereinigte erhitzte Flüssigkeit in einer dickwandigen Kapillare aufsteigen läßt und diese zulötet. Während der Abkühlung ziehen sich die Kapillarenwände langsamer zusammen als die Flüssigkeit, die daher nur einen Teil des Kapillarenvolumens einnehmen dürfte. Tatsächlich jedoch bleibt die Flüssigkeit an den Wänden hängen und erweist sich als über das gesamte Volumen ausgedehnt. Eine andere Methode besteht darin, daß man Flüssigkeit in eine beiderseits geöffnete Kapillare bringt und diese in schnelle Drehungen um ihre Mitte versetzt. Ist eine bestimmte Winkelgeschwindigkeit erreicht, so zerreißt die Flüssigkeit unter der Wirkung der Zentrifugalkraft und tritt aus der Kapillaren aus. Mit dieser Methode erreicht man beträchtliche negative Drücke, und zwar für Wasser (bei Zimmertemperatur) -280 atm, für Alkohol -40 atm, für Benzol -160 atm usw. Man kann sagen, daß diese Werte die „Zerreißspannung" der Flüssigkeiten charakterisieren.

§ 52. Aggregatzustände

Zur allgemeinsten Beschreibung der thermischen Eigenschaften von Körpern benutzt man den Begriff des gasförmigen, flüssigen bzw. festen *Aggregatzustandes.*

Materie im gasförmigen Zustand ist stark verdünnt. Die Moleküle eines Gases sind relativ weit voneinander entfernt, d. h., die Abstände zwischen den Molekülen sind groß gegen ihre Abmessungen. Da sie sich überwiegend frei bewegen und ziemlich selten miteinander zusammenstoßen, ist die Wechselwirkung zwischen ihnen von untergeordneter Bedeutung. In Flüssigkeiten dagegen sind die Abstände zwischen den Molekülen mit ihren Abmessungen vergleichbar, so daß sie ständig miteinander wechselwirken und eine außerordentlich komplizierte thermische Bewegung ausführen.

Flüssigkeiten und Gase haben gewöhnlich derart verschiedene Dichten, daß ihre Unterscheidung keine Schwierigkeiten bereitet. Trotzdem besteht zwischen diesen beiden Aggregatzuständen kein prinzipieller, sondern nur ein gradueller Unterschied, der sich in der verschiedenen Größe der Dichte und damit in der verschiedenen Stärke der Wechselwirkung zwischen den Molekülen zeigt. Das Fehlen eines prinzipiellen Unterschiedes geht auch daraus hervor, daß der Übergang zwischen dem flüssigen und dem gasförmigen Zustand grundsätzlich kontinuierlich möglich ist, so daß man keine scharfe Grenze zwischen den beiden Aggregatzuständen angeben kann (Einzelheiten hierzu werden in § 69 ausgeführt).

Zwischen Flüssigkeiten und den sogenannten *amorphen* (nichtkristallinen) *festen Körpern,* zu denen Glas, einige Harze (z. B. Kolophonium) u. a. gehören, besteht ebenfalls kein grundsätzlicher Unterschied. Das zeigt sich auch hier in der Möglichkeit kontinuierlicher Übergänge zwischen beiden Aggregatzuständen (durch Erwärmung). Erhitzt man z. B. Glas, so wird es immer weicher und schließlich völlig flüssig. Dieser Vorgang ist kontinuierlich, und es läßt sich kein scharf definierter „Übergangspunkt" angeben. Ein amorpher Körper unterscheidet sich in seiner Dichte nur unbedeutend von der Flüssigkeit, in die er durch Erwärmung übergeht. Quantitativ stark unterscheiden sie sich hinsichtlich ihrer Zähigkeit und damit ihrer Fluidität (diese Frage untersuchen wir in § 118).

Gasen, Flüssigkeiten und amorphen Körpern ist die Eigenschaft der ungeordneten Molekülverteilung gemeinsam. Aus diesem Grunde sind sie isotrop, d. h., ihre Eigenschaften sind richtungsunabhängig. In dieser Hinsicht unterscheiden sie sich grundsätzlich von den *kristallinen festen Körpern*, in denen die Atome in geordneter Weise gelagert sind.

Die thermische Bewegung der Atome in festen Körpern besteht in kleinen Schwingungen um bestimmte Gleichgewichtslagen, bei Kristallen um die Knotenpunkte des Gitters (die im vorigen Kapitel gemachte Aussage, daß die Atomkerne in den Knotenpunkten des Gitters liegen, war also nicht völlig korrekt). Die Wärmebewegung in festen Körpern ist zwar stärker geordnet als in Gasen oder Flüssigkeiten, ist aber insofern chaotisch, als die Amplituden und Phasen für die verschiedenen Atome unterschiedlich sind und nicht miteinander zusammenhängen.

Nahezu alle festen Körper sind Kristalle. Einheitliche, im ganzen Volumen reguläre Kristalle, die man als *Einkristalle* bezeichnet, sind jedoch nur selten. Sie bilden sich nur unter bestimmten Wachstumsbedingungen.

Gewöhnlich haben kristalline feste Körper die Form von *Polykristallen* (z. B. alle Metalle). Ein solcher Körper besteht aus einer riesigen Zahl einzelner kleiner Kristalle (man nennt sie *Kristallite* oder *Körner*), deren Abmessungen oft mikroskopisch sind. So haben die Abmessungen der Kristallite in Metallen gewöhnlich die Größenordnung von $10^{-5}...10^{-3}$ cm (sie hängen wesentlich von der Art der Gewinnung und Bearbeitung des Metalls ab).

Gegenseitige Lage und Orientierung der einzelnen Kristallite in polykristalliner Materie sind gewöhnlich völlig chaotisch. Betrachtet man also eine solche Substanz in Maßstäben, die groß gegen die Abmessungen der Kristallite sind, so erweist sie sich als isotrop. Ihrer molekularen Natur nach sind polykristalline Körper jedoch anisotrop, was in der Anisotropie der einzelnen Kristallite zum Ausdruck kommt.

Durch geeignete Bearbeitung oder Anwendung bestimmter Züchtungsmethoden kann man polykristallines Material erhalten, in dem die Kristallite vorzugsweise eine bestimmte Orientierung aufweisen. In solchen Fällen spricht man vom Vorhandensein einer *Textur*. So kann in Metallen bei verschiedenen Methoden der Kaltbearbeitung durch Deformation eine Textur entstehen. Solche Substanzen sind natürlich anisotrop.

§ 53. Ideales Gas

Die einfachsten thermischen Eigenschaften hat ein Gas bei derart starker Verdünnung, daß die Wechselwirkung zwischen seinen Molekülen vernachlässigbar klein ist. Man bezeichnet ein Gas, bei dem von der Wechselwirkung zwischen den Molekülen abgesehen werden kann, als *ideales Gas*.

Man darf jedoch nicht voraussetzen, daß zwischen den Molekülen eines idealen Gases überhaupt keine Wechselwirkung besteht. Im Gegenteil, die zwischen den Gasmolekülen stattfindenden Zusammenstöße sind gerade für die Einstellung definierter thermischer Eigenschaften des Gases verantwortlich. Diese Stöße sind aber so selten, daß die Gasmoleküle sich überwiegend frei bewegen.

Wir fragen nun nach der Zustandsgleichung, d. h. nach dem Zusammenhang zwischen Druck, Volumen und Temperatur eines idealen Gases. Dazu stellen wir uns vor, daß sich das Gas in einem Gefäß befindet, das die Form eines rechtwinkligen Parallelepipeds besitzt, und nehmen an, daß die Wände „ideal reflektieren", d. h. die auf sie auftreffenden Moleküle so zurückwerfen, daß sich die Geschwindigkeiten dem Betrage nach nicht ändern und die Einfalls- gleich den Ausfallswinkeln sind. (In Abb. 72 sind $\boldsymbol{v}$ und $\boldsymbol{v}'$ die Geschwindigkeiten eines Moleküls vor und nach dem Stoß; sie sind dem Betrage nach gleich und bilden mit der Wand denselben Winkel α.) Diese vereinfachenden Annahmen sind nicht wesentlich. Die inneren Eigenschaften des Gases können natürlich nicht von der Gefäßform und der Beschaffenheit der Wände abhängen.

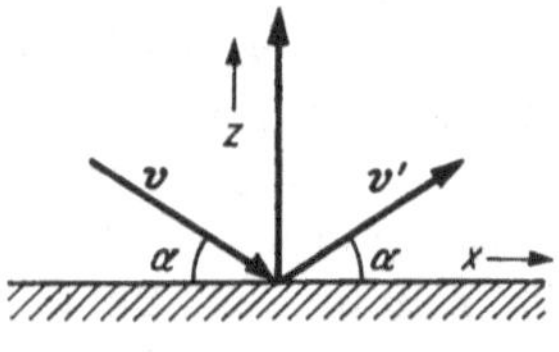

Abb. 72

Wollen wir den Druck des Gases auf eine Grenzfläche des Parallelepipeds bestimmen, so müssen wir den pro Sekunde von den Molekülen auf sie übertragenen Impuls berechnen. Da sich nur die Geschwindigkeitskomponente senkrecht zur Wand v_z beim Stoß ändert, und zwar lediglich ihr Vorzeichen umkehrt, ist der bei einem Stoß auf die Wand übertragene Impuls gleich

$$m\, v_z - (-\, m\, v_z) = 2\, m\, v_z\,,$$

wobei m die Molekülmasse bedeutet. Das Molekül legt in freier Bewegung die Strecke h zur gegenüberliegenden Wand in der Zeit h/v_z zurück, so daß es nach der Zeit $2\,h/v_z$ zur ersten Wand zurückgekehrt ist. Innerhalb einer Sekunde trifft also jedes Molekül eine bestimmte Wand $v_z/2\,h$-mal und überträgt ihr den Impuls $2\,m\,v_z\,v_z/2\,h = m\,v_z^2/h$. Die an der Wand angreifende Gesamtkraft F_z ist gleich dem Impuls, der ihr in einer Sekunde von allen Molekülen übertragen wird:

$$F_z = \frac{1}{h} \sum m\, v_z^2\,,$$

wobei sich die Summe über alle Moleküle erstreckt.

Befinden sich N Moleküle im Gefäß, so kann diese Summe als Produkt von N mit dem Mittelwert $\overline{m\, v_z^2}$ geschrieben werden. Da nun alle Richtungen im Gas völlig gleichberechtigt sind, gilt

$$\overline{m v_x^2} = \overline{m v_y^2} = \overline{m v_z^2},$$

und wegen

$$v_x^2 + v_y^2 + v_z^2 = v^2$$

ist

$$\overline{m v_z^2} = \frac{1}{3} \overline{m v^2}.$$

Es folgt

$$F_z = \frac{1}{h} \frac{N}{3} \overline{m v^2}.$$

Ersetzt man F_z durch $p\, S$, wobei p den Gasdruck und S den Randflächeninhalt bedeuten, und berücksichtigt, daß das Volumen des Parallelepipeds gleich $h\, S$ ist, so ergibt sich

$$p\, V = \frac{1}{3} N \overline{m v^2} = \frac{2}{3} N \overline{\frac{m v^2}{2}}.$$

Auf Grund der Temperaturdefinition ist die mittlere kinetische Energie eines Moleküls gleich $3\, kT/2$, so daß man schließlich die *Zustandsgleichung des idealen Gases* erhält:

$$p\, V = N\, kT.$$

Diese Zustandsgleichung gilt allgemein, da sie keine von der Natur des Gases abhängigen Größen enthält. Das ist eine Folge der Vernachlässigung der Wechselwirkung zwischen den Molekülen, wodurch die „Individualität" des Gases verlorengeht.

Gleiche Volumina verschiedener idealer Gase mit gleichen Drücken und gleichen Temperaturen enthalten dieselbe Anzahl von Molekülen. Das ist die sogenannte AVOGADRO*sche Regel*. Insbesondere enthält 1 cm³ eines beliebigen idealen Gases bei der Temperatur 0 °C und dem Druck 1 atm

$$\overline{L} = \frac{p\, V}{kT} = \frac{1.013 \cdot 10^6 \cdot 1}{1{,}38 \cdot 10^{-16} \cdot 273} = 2{,}7 \cdot 10^{19}$$

Moleküle.

Die Anzahl N der Moleküle eines Gases kann in der Form $N = \nu\, L$ geschrieben werden, wobei ν die Zahl der Mole des Gases und L die LOSCHMIDTsche Zahl bedeuten. Dann lautet die Zustandsgleichung

$$p\, V = \nu\, R\, T$$

wobei $R = k\, L$ die (*universelle*) *Gaskonstante* ist. Insbesondere gilt für 1 mol

$$p\, V = R\, T.$$

Durch Multiplikation der Werte von k und L folgt

$$R = 8{,}314 \cdot 10^7 \frac{\text{erg}}{\text{grd mol}} = 8{,}314 \frac{\text{J}}{\text{grd mol}}$$

(benutzt man als Energieeinheit die Kalorie, so ist R ziemlich genau gleich 2 cal/grd mol).

Mißt man den Gasdruck in Atmosphären und das Volumen in Litern, so ist

$$R = 0{,}082\,\frac{1\,\text{atm}}{\text{grd mol}}\,.$$

Mit Hilfe dieser Größen erhält man leicht das Volumen, das 1 mol Gas beim Druck von 1 atm und der Temperatur von 0 °C einnimmt:

$$V = \frac{R\,T}{p} = \frac{0{,}082 \cdot 273}{1} = 22{,}4\,\text{l}\,.$$

Bei konstanter Temperatur ist das Produkt aus Volumen und Druck einer bestimmten Gasmenge konstant:

$$p\,V = \text{const} \qquad \text{für} \qquad T = \text{const}\,.$$

Das ist das bekannte Boyle-Mariotte*sche Gesetz.*

Aus der Zustandsgleichung des idealen Gases ergibt sich ferner, daß das Volumen eines Gases bei konstantem Druck seiner absoluten Temperatur proportional ist:

$$\frac{V}{V_0} = \frac{T}{T_0} \qquad \text{für} \quad p = \text{const}\,.$$

Dabei bedeutet V bzw. V_0 das Gasvolumen bei der Temperatur T bzw. T_0. Ähnlich folgt

$$\frac{p}{p_0} = \frac{T}{T_0} \qquad \text{für} \quad V = \text{const}\,.$$

Diese wichtigen Beziehungen zeigen, daß man, von den Eigenschaften idealer Gase ausgehend, die absolute Temperaturskala erhalten kann, ohne die Geschwindigkeiten und Energien der Moleküle zu messen.

Bezeichnet man den Gefrierpunkt von Wasser mit T_0 und führt an Stelle der absoluten Temperatur T die Temperatur t der Celsius-Skala ein ($T = t + 273$ grd), so erhält die oben angegebene Beziehung zwischen Volumen und Temperatur eines Gases die Form

$$V = V_0\left(1 + \frac{t}{273}\right) \qquad \text{für} \quad p = \text{const}\,.$$

Das ist das bekannte Gay-Lussac*sche Gesetz,* wonach das Volumen eines Gases bei einer Erwärmung um 1 grd um den 1/273-sten Teil seines Volumens bei °0 C zunimmt.

Bei der Ableitung der Zustandsgleichung des idealen Gases haben wir nicht benutzt, daß alle seine Moleküle gleich sein müssen. Daher gilt sie auch für ein Gemisch verschiedener idealer Gase, was wiederum auf die Vernachlässigung der Wechselwirkung zwischen den Molekülen zurückzuführen ist. In diesem Falle ist unter N die Summe der Molekülzahlen der verschiedenen Gassorten zu verstehen:

$$N = N_1 + N_2 + \cdots\,,$$

wobei N_i die Anzahl der Moleküle der i-ten Gassorte bedeutet. Schreiben wir die Zustandsgleichung des Gemisches in der Form

$$p\,V = N_1\,kT + N_2\,kT + \cdots$$

und berücksichtigen, daß der Druck p_i der i-ten Gassorte der Gleichung $p_i\,V = N_i\,k\,T$ genügt, falls diese das ganze Volumen V einnimmt, so folgt

$$p = p_1 + p_2 + \cdots.$$

Der Druck eines Gemisches von Gasen ist also gleich der Summe der Drücke, die die einzelnen Gase hätten, falls sie das gesamte Volumen einnehmen würden (DALTON*sche Regel*). Man bezeichnet die Drücke $p_1, p_2, \ldots$ als die *Partialdrücke* der entsprechenden Gase.

§ 54. Ideales Gas im äußeren Feld

Wir betrachten ein ideales Gas, das sich in einem Kraftfeld, z. B. dem Schwerefeld, befindet. Da an den Gasmolekülen in diesem Falle äußere Kräfte angreifen, ist der Gasdruck nicht überall gleich, sondern von Ort zu Ort verschieden.

Zur Vereinfachung betrachten wir den Fall, daß das Kraftfeld eine unveränderliche Richtung hat, die wir als z-Achse wählen können. Wir betrachten zwei Flächen von je 1 cm^2 Inhalt, die senkrecht zur z-Achse orientiert sind und den Abstand dz voneinander haben. Die Gasdrücke auf beide Flächen seien gleich p bzw. $p + dp$. Dann muß die Druckdifferenz dp offenbar gleich der Gesamtkraft sein, die an den im Parallelepiped mit 1 cm^2 Grundfläche und der Höhe dz eingeschlossenen Gasteilchen angreift. Diese Kraft ist gleich $F\,n\,dz$, wobei n die Dichte (Anzahl der Moleküle pro Volumeneinheit) und F die an einem Molekül mit der Koordinate z angreifende Kraft bedeuten. Es gilt also

$$dp = n\,F\,dz\,.$$

Da zwischen der Kraft F und der potentiellen Energie $U(z)$ eines Moleküls die Beziehung $F = -\,dU/dz$ besteht, folgt

$$dp = -\,n\,dz\,\frac{dU}{dz} = -\,n\,dU\,.$$

Im betrachteten Falle des idealen Gases gilt die Beziehung $p\,V = N\,kT$, die wegen $N/V = n$ in der Form $p = n\,kT$ geschrieben werden kann. Nehmen wir an, daß die Temperatur des Gases in verschiedenen Punkten gleich ist, so folgt

$$dp = kT\,dn\,.$$

Setzt man diesen Ausdruck gleich dem oben gefundenen Ausdruck $dp = -\,n\,dU$, so ergibt sich

$$\frac{dn}{n} = d\,(\ln n) = -\,\frac{dU}{kT}\,.$$

Daraus folgt

$$\ln n = \frac{U}{kT} + \text{const}$$

und schließlich

$$n = n_0 \, e^{-U/kT} ,$$

wobei n_0 eine Konstante bezeichnet, die offenbar gleich der Dichte im Punkt mit $U = 0$ ist.

Diese Beziehung zwischen der Gasdichte und der potentiellen Energie der Moleküle heißt BOLTZMANN*sche Formel.* Da sich der Druck durch den im betrachteten Fall konstanten Faktor kT von der Dichte unterscheidet, gilt diese Formel auch für den Druck:

$$p = p_0 \, e^{-U/kT} .$$

Betrachtet man das Gravitationsfeld in der Nähe der Erdoberfläche, so ist die potentielle Energie eines Moleküls in der Höhe z gleich $U = m \, g \, z$, wobei m die Molekülmasse bezeichnet. Nimmt man zusätzlich an, daß die Temperatur des Gases nicht von der Höhe abhängt, so ergibt sich die folgende Beziehung zwischen dem Druck p in der Höhe z und dem Druck p_0 auf der Erdoberfläche:

$$p = p_0 \, e^{-m g z/kT} .$$

Diese Relation bezeichnet man als *Barometerformel.* Man schreibt sie gewöhnlich in der Form

$$p = p_0 \, e^{-\mu g z/RT} ,$$

wobei μ das Molekulargewicht des Gases und R die Gaskonstante bedeuten.

Diese Formel gilt auch für den Fall eines Gemisches von Gasen. Da die Moleküle idealer Gase praktisch nicht miteinander in Wechselwirkung stehen, kann jedes Gas für sich allein betrachtet werden, so daß die Partialdrücke der einzelnen Gase Gleichungen der oben angegebenen Form genügen.

Der Druck eines Gases nimmt mit wachsender Höhe um so schneller ab, je größer sein Molekulargewicht ist. Die Atmosphäre ist also mit zunehmender Höhe in immer stärkerem Maße mit leichten Gasen angereichert. Zum Beispiel nimmt der Sauerstoffgehalt mit zunehmender Höhe schneller ab als der Stickstoffgehalt.

Man muß jedoch berücksichtigen, daß die Barometerformel nicht streng für die reale Atmosphäre gilt, da diese sich in Wirklichkeit nicht im thermischen Gleichgewicht befindet und die Temperatur sich mit der Höhe ändert.

Die BOLTZMANNsche Formel führt zu einem interessanten Resultat, wenn man sie auf die Atmosphäre bei beliebigen Abständen von der Erdoberfläche anwendet. Bei sehr großen Abständen von der Erdoberfläche ist die potentielle Energie eines Teilchens nicht gleich $m \, g \, z$, sondern

$$U = -G \frac{M \, m}{r} ,$$

wobei G die Gravitationskonstante, M die Masse der Erde und r den Abstand vom Erdmittelpunkt bedeuten (s. § 22). Setzt man diesen Ausdruck in die BOLTZMANNsche Formel ein, so erhält man für die Gasdichte die Beziehung

$$n = n_\infty \, e^{G M m/kT r} ,$$

wobei n_∞ die Gasdichte am Ort mit $U = 0$ (d. h. in unendlich großem Abstand von der Erde) bezeichnet. Setzt man in dieser Relation r gleich dem Erdradius R, so ergibt sich eine Gleichung zwischen den Atmosphärendichten n_{E} auf der Erdoberfläche und n_∞ im Unendlichen:

$$n_\infty = n_{\mathrm{E}}\, \mathrm{e}^{-GMm/RkT} .$$

Nach dieser Formel muß die Dichte der Atmosphäre in unendlich großem Abstand von der Erde von Null verschieden sein. Dieses Resultat ist jedoch absurd, da die Atmosphäre irdischen Ursprungs ist und eine endliche Gasmenge sich nicht mit einer nirgends verschwindenden Dichte auf ein unendlich großes Volumen verteilen kann. Es ist eine Folge unserer nicht der Realität entsprechenden Voraussetzung, daß sich die Atmosphäre im Zustand des thermischen Gleichgewichts befindet. Jedoch zeigt dieses Ergebnis, daß das Gravitationsfeld überhaupt nicht in der Lage ist, ein Gas im Gleichgewichtszustand zusammenzuhalten, sondern daß die Atmosphäre sich kontinuierlich im Raum zerstreuen muß. Diese Streuung erfolgt im Falle der Erde außerordentlich langsam, so daß sie während der Zeit ihrer Existenz noch keinen bedeutenden Teil ihrer Atmosphäre verloren hat. Beim Mond, dessen Gravitationsfeld weitaus schwächer ist, ging die Zerstreuung der Atmosphäre bedeutend schneller vor sich als im Falle der Erde. Der Mond besitzt bereits keine Atmosphäre mehr.

§ 55. MAXWELL-Verteilung

Die thermische Geschwindigkeit v_{T}, die die Wärmebewegung der Teilchen charakterisiert, stellt einen Mittelwert dar. Tatsächlich bewegen sich die verschiedenen Moleküle mit unterschiedlichen Geschwindigkeiten, und es entsteht die Frage, wie viele Moleküle (im Mittel) eine bestimmte Geschwindigkeit besitzen.

Wir beantworten diese Frage für den Fall eines idealen Gases, das sich im Zustand des thermischen Gleichgewichts befindet. Dazu betrachten wir eine Gassäule, die sich im homogenen Schwerefeld befindet. Zunächst fragen wir nach der Verteilung der Moleküle auf die Größen der vertikalen Geschwindigkeitskomponenten v_z. Mit

$$n\, f(v_z)\, \mathrm{d}v_z$$

bezeichnen wir die Anzahl der Moleküle im Gasvolumen von 1 cm³, für die die vertikale Geschwindigkeitskomponente im infinitesimalen Intervall zwischen v_z und $v_z + \mathrm{d}v_z$ liegt. Dabei ist n die Gesamtzahl der Moleküle im betrachteten Volumen, so daß die Funktion $f(v_z)$ angibt, wie viele davon eine Geschwindigkeit zwischen v_z und $v_z + \mathrm{d}v_z$ haben.

Wir betrachten die Moleküle mit Geschwindigkeiten zwischen v_z und $v_z + \mathrm{d}v_z$, die sich in der Höhe z in einer unendlich dünnen Gasschicht der Dicke dz befinden. Hat die Gassäule den Querschnitt 1 cm², so ist das Volumen dieser Schicht gleich dz, und die Zahl der betrachteten Moleküle ist gleich

$$n(z)\, f(v_z)\, \mathrm{d}v_z\, \mathrm{d}z ,$$

wobei $n(z)$ die Gasdichte in der Höhe z bezeichnet. Diese Moleküle bewegen sich frei (beim idealen Gas kann von Zusammenstößen zwischen den Molekülen abgesehen werden) und gehen im Laufe der Zeit in eine andere, in der Höhe z' liegende Schicht der Dicke dz' über, in der ihre Geschwindigkeiten im Intervall zwischen v_z' und $v_z' + dv_z'$ liegen. Die Erhaltung der Zahl dieser Moleküle wird durch die Gleichung

$$n(z)\, f(v_z)\, dv_z\, dz = n(z')\, f(v_z')\, dv_z'\, dz'$$

ausgedrückt.

Während sich die horizontalen Geschwindigkeitskomponenten v_x und v_y bei der Bewegung im Schwerefeld nicht ändern, wird die Änderung von v_z durch den Energieerhaltungssatz bestimmt:

$$\frac{m\, v_z^2}{2} + m\, g\, z = \frac{m\, v_z'^2}{2} + m\, g\, z' \, .$$

Differenziert man diese Gleichung (bei vorgegebenen konstanten Werten von z und z'), so erhält man die Beziehung

$$v_z\, dv_z = v_z'\, dv_z'$$

zwischen den Intervallängen dv_z und dv_z' in denen die Vertikalkomponenten der Geschwindigkeiten der betrachteten Moleküle in den Höhen z bzw. z' enthalten sind. Zwischen den Schichtdicken dz und dz' besteht der Zusammenhang

$$\frac{dz}{v_z} = \frac{dz'}{v_z'} \, ,$$

der einfach die Tatsache ausdrückt, daß ein Molekül in der Zeit $dt = dv_z/v_z$ in der Höhe z eine Schicht der Dicke dz und in derselben Zeit in der Höhe z' eine Schicht der Dicke $dz' = v_z'\, dt$ durchläuft. Multipliziert man die beiden angegebenen Gleichungen miteinander, so folgt die Beziehung

$$dv_z\, dz = dv_z'\, dz' \, .$$

Mit Hilfe dieser Gleichung und der oben angegebenen Bedingung für die Erhaltung der Zahl der Moleküle ergibt sich

$$n(z)\, f(z) = n(z')\, f(z') \, .$$

Nun gilt auf Grund der Barometerformel die Beziehung

$$\frac{n(z)}{n(z')} = e^{-m g h/kT} \, ,$$

so daß

$$f(v_z') = f(v_z)\, e^{-m g h/kT}$$

folgt ($h = z - z'$ bezeichnet die Höhendifferenz). Die gesuchte Verteilungsfunktion multipliziert sich also mit dem Faktor

$$e^{-m g h/kT} \, ,$$

wenn man von der Größe $m\,v_z^2/2$ zur Größe

$$\frac{m\,v_z'^2}{2} = \frac{m\,v_z^2}{2} + m\,g\,h$$

übergeht. Die einzige Funktion mit dieser Eigenschaft ist die Exponentialfunktion:

$$f(v_z) = \text{const} \cdot \mathrm{e}^{-m\,v_z^2/2\,kT} .$$

Wir weisen darauf hin, daß die Erdbeschleunigung nicht in diese Formel eingeht. Das ist verständlich, weil die Einstellung der Geschwindigkeitsverteilung der Gasmoleküle mit den Zusammenstößen der Moleküle untereinander zusammenhängt und nichts mit dem äußeren Feld zu tun hat. Bei der gegebenen Ableitung spielt das äußere Feld nur eine untergeordnete Rolle. Es wurde benutzt, um die Geschwindigkeitsverteilung mit der bereits behandelten BOLTZMANN-Formel in Zusammenhang zu bringen.

Bisher haben wir die Verteilung der Moleküle auf die z-Komponenten ihrer Geschwindigkeiten abgeleitet. Offenbar ergibt sich der Bruchteil aller Moleküle, für die alle drei Geschwindigkeitskomponenten gleichzeitig bestimmte Werte haben, durch Multiplikation derjenigen Bruchteile aller Moleküle, für die jeweils eine Geschwindigkeitskomponente einen bestimmten Wert besitzt. Daher hat die vollständige Verteilungsfunktion die Form

$$f(v_x, v_y, v_z) = \text{const} \cdot \mathrm{e}^{-m\,v_x^2/2\,kT}\, \mathrm{e}^{-m\,v_y^2/2\,kT}\, \mathrm{e}^{-m\,v_z^2/2\,kT} .$$

Berücksichtigt man, daß die Summe $v_x^2 + v_y^2 + v_z^2$ gleich dem Quadrat v^2 der Geschwindigkeit ist, so ergibt sich schließlich

$$f = \text{const} \cdot \mathrm{e}^{-m v^2/2\,kT} .$$

Deshalb ist die Zahl $\mathrm{d}N$ der Gasmoleküle, deren Geschwindigkeitskomponenten in den Intervallen zwischen v_x, v_y, v_z und $v_x + \mathrm{d}v_x$, $v_y + \mathrm{d}v_y$, $v_z + \mathrm{d}v_z$ liegen,

$$\mathrm{d}N = \text{const} \cdot \mathrm{e}^{-m v^2/2\,kT}\, \mathrm{d}v_x\, \mathrm{d}v_y\, \mathrm{d}v_z$$

(die Konstante in dieser Formel wird durch die Bedingung bestimmt, daß die Gesamtzahl der Moleküle mit allen möglichen Geschwindigkeiten gleich einer vorgegebenen Zahl N ist; die Größe dieser Konstanten wird hier nicht angegeben). Man bezeichnet diese Beziehung als MAXWELL-*Verteilung*.

Zwischen dieser Beziehung und der BOLTZMANNschen Formel für die räumliche Verteilung der Gasdichte im äußeren Feld besteht insofern eine Analogie, als in beiden Fällen Exponentialfunktionen der Form

$$\mathrm{e}^{-\varepsilon/kT}$$

auftreten, wobei ε die Energie eines Moleküls bedeutet. Im Falle der Geschwindigkeitsverteilung ist ε die kinetische Energie $m\,v^2/2$ und im Falle der räumlichen Verteilung die potentielle Energie $U(x, y, z)$ im äußeren Feld. Ausdrücke dieser Form bezeichnet man oft als BOLTZMANN-*Faktoren*.

Durch Vorgabe der drei Komponenten v_x, v_y, v_z sind sowohl der Betrag als auch die Richtung der Geschwindigkeit eines Moleküls bestimmt. Auf die Richtungen der Geschwindigkeiten sind die Moleküle jedoch gleichmäßig verteilt, so daß sich im Mittel in jeder Richtung gleich viele Moleküle bewegen. (Das ergibt sich aus der MAXWELL-Verteilung, die nur den Betrag v der Geschwindigkeit enthält, ist jedoch auch von vornherein klar. Wären die Moleküle nämlich ungleichmäßig auf die Richtungen verteilt, so müßte es eine bestimmte Richtung geben, in der sich die Moleküle vorzugsweise bewegen. Das würde bedeuten, daß das Gas nicht ruht, sondern sich als Ganzes in dieser Richtung bewegt.)

Die MAXWELL-Verteilung kann in einer Form geschrieben werden, die die Verteilung der Gasmoleküle auf die Beträge der Geschwindigkeiten unmittelbar zeigt. Dazu muß man die Gesamtzahl der Moleküle bestimmen, für die bei verschiedenen Geschwindigkeitskomponenten v_x, v_y, v_z die Summe $v_x^2 + v_y^2 + v_z^2 = v^2$ gleich ist. Das ist leicht mit Hilfe der folgenden geometrischen Analogie möglich. In einem Koordinatensystem mit den Achsen v_x, v_y, v_z ist das Produkt $dv_x\,dv_y\,dv_z$ gleich dem Volumen eines infinitesimalen Parallelepipeds mit den Seitenlängen dv_x, dv_y, dv_z. Wir müssen die Summe aller derartigen Volumenelemente bilden, die denselben Abstand vom Koordinatenursprung haben (v ist offenbar die Länge des Radiusvektors in diesem Koordinatensystem). Dabei erhalten wir eine Hohlkugel mit den infinitesimal benachbarten Radien v und $v + dv$, deren Volumen gleich dem Produkt der Kugeloberfläche $4\pi v^2$ mit der Schichtdicke dv ist.

Ersetzt man also in der MAXWELL-Verteilung das Produkt $dv_x\,dv_y\,dv_z$ durch $4\pi v^2\,dv$, so ergibt sich die Zahl der Moleküle, deren Geschwindigkeiten im Intervall zwischen v und $v + dv$ liegen:

$$dN = \text{const} \cdot e^{-mv^2/2kT}\, v^2\, dv\ .$$

Der vor dem Differential dv stehende Ausdruck stellt die Zahl der Moleküle im Geschwindigkeitsintervall der Länge 1 dar und besitzt als Funktion von v die in Abb. 73 gezeigte Form. Diese Funktion ist gleich Null bei $v = 0$, erreicht bei einem bestimmten Wert $v = v_0$ ein Maximum und fällt mit weiter zunehmender Geschwindigkeit wieder ab. Das Maximum entspricht dem Wert $v_0 = \sqrt{2\,kT/m}$, der etwas kleiner als die in § 50 bestimmte thermische Geschwindigkeit v_T ist.

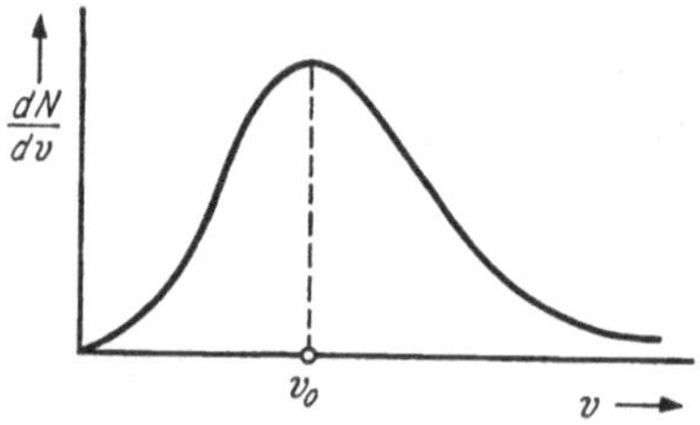

Abb. 73

Da die verschiedenen Moleküle unterschiedliche Geschwindigkeiten besitzen, hängt das Ergebnis einer Mittelwertbildung wesentlich von der Art der Größe ab, für die die Mittelung durchgeführt wird. Zum Beispiel stimmt der Mittelwert $\bar{v}$ der ersten Potenz der Geschwindigkeit keineswegs mit der Geschwindigkeit $v_T = \sqrt{\overline{v^2}}$ überein (um diesen Unterschied hervorzuheben, bezeichnet man

v_T oft auch als Wurzel aus dem mittleren Geschwindigkeitsquadrat). Mit Hilfe der MAXWELL-Verteilung läßt sich zeigen, daß $v = 0{,}92\,\bar{v}_T$ ist.

Die MAXWELL-Verteilung, die wir hier für ein einatomiges Gas abgeleitet haben, kann auch auf Grund weitaus allgemeinerer theoretischer Überlegungen erhalten werden und besitzt universelle Gültigkeit. Sie ist für die Wärmebewegung der Moleküle und Atome in beliebigen Körpern richtig. Man muß jedoch berücksichtigen, daß sie auf der klassischen Mechanik beruht. Ihre Gültigkeit wird also durch Quantenerscheinungen begrenzt. Ähnliches gilt allgemein für die Anwendbarkeit der klassischen Mechanik auf die thermische Bewegung.

Experimentell untersucht man die Geschwindigkeitsverteilung mit verschiedenen Methoden, bei denen *Molekularstrahlen* benutzt werden. Man erhält Molekularstrahlen, indem man Moleküle, die ein in einem Ofen erhitzter Stoff abdampft, in einen evakuierten Raum leitet. Dieser Raum muß so stark evakuiert sein, daß die Moleküle in ihm praktisch keine Zusammenstöße erleiden.

Im folgenden beschreiben wir eine dieser Methoden (Monochromator für Molekularstrahlen). In einem evakuierten Raum rotieren zwei kreisförmige Scheiben, die im Abstand l voneinander auf einer gemeinsamen Achse befestigt und in radialer Richtung mit Schlitzen versehen sind, die miteinander den Winkel α bilden (Abb. 74). Auf diese Scheiben wird ein Molekularstrahl gerichtet, der aus dem Ofen O kommt und durch den Spalt S hindurchtritt. Ein Molekül, das den Schlitz in der ersten Scheibe mit der Geschwindigkeit v passiert, erreicht nach der Zeit $t = l/v$ die zweite Scheibe. In dieser Zeit drehen sich beide Scheiben um den Winkel $\Omega t = \Omega l/v$, wobei Ω ihre Winkelgeschwindigkeit bedeutet. Nur Moleküle mit einer Geschwindigkeit v, die der Gleichung $\Omega l/v = \alpha$ genügt, gelangen durch den Schlitz in der zweiten Scheibe hindurch (und hinterlassen auf dem Schirm *Sch* eine Spur). Ändert man die Winkelgeschwindigkeit der Scheiben und mißt die Auftreffdichte auf den Schirm, so erhält man die Verhältnisse der Zahlen der Teilchen mit verschiedenen Geschwindigkeiten.

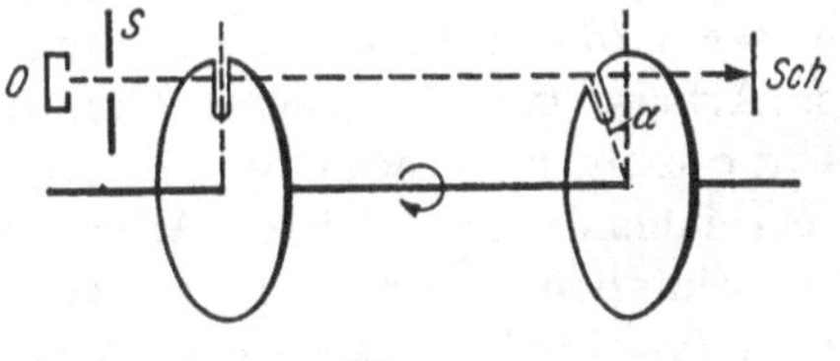

Abb. 74

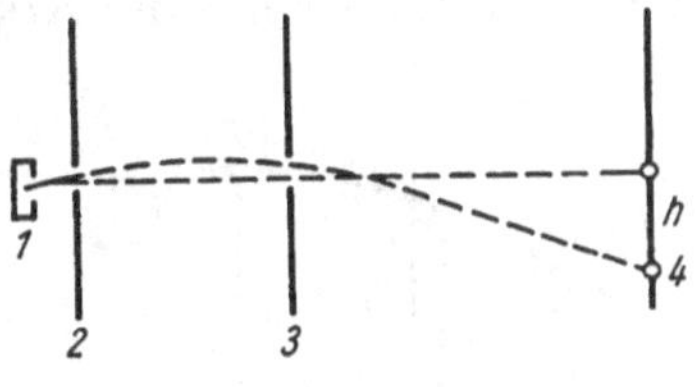

Abb. 75

Die MAXWELL-Verteilung wurde auch durch Beobachtung der Ablenkung eines Molekularstrahls im Schwerefeld experimentell bestätigt. Cäsiumatome, die durch eine Öffnung aus dem Ofen *1* heraustreten (Abb. 75), fallen in einen evakuierten Raum ein. Ein durch die Spalte *2* und *3* ausgeblendeter enger Strahl wird durch das Schwerefeld nach unten abgelenkt und von einem Detektor aufgefangen. Dieser besteht aus einem horizontal angeordneten glühenden dünnen Wolframdraht *4*, der in verschiedenen Abständen h unterhalb der Achse der Vorrichtung angebracht werden kann (die auf den Draht auftreffenden Cäsiumatome verlassen den Draht wieder als positive Ionen, die von einem negativ geladenen Plättchen gesammelt werden). Die Ablenkung h eines Atoms hängt von seiner Geschwindigkeit v ab und ist im Experiment bei einer Länge des Strahls von 2 m von der Größenordnung von 0,1 mm. Durch Messung der Strahlintensität bei verschiedenen Werten von h erhält man die Geschwindigkeitsverteilung der Atome im Strahl.

§ 56. Arbeit und Wärmemenge

Dehnt sich ein Körper aus, so verschiebt er die in seiner Umgebung vorhandenen Körper, leistet also an ihnen Arbeit.

Als Beispiel betrachten wir ein Gas, das in einem mit einem Kolben verschlossenen zylinderförmigen Gefäß eingeschlossen ist. Dehnt sich das Gas aus und verschiebt den Kolben um die Strecke $\mathrm{d}h$, so leistet es an ihm die Arbeit $\mathrm{d}A$. Diese ist gleich dem Produkt $F\,\mathrm{d}h$, wobei F die Kraft bedeutet, mit der das Gas am Kolben angreift. Nach Definition des Druckes ist $F = p\,S$, wobei p den Gasdruck und S die Kolbenfläche bedeuten. Damit ist $\mathrm{d}A = p\,S\,\mathrm{d}h$. Da das Produkt $S\,\mathrm{d}h$ gleich der Zunahme $\mathrm{d}V$ des Gasvolumens ist, folgt schließlich

$$\mathrm{d}A = p\,\mathrm{d}V\,.$$

Diese einfache und wichtige Beziehung bestimmt die bei einer unendlich kleinen Volumenänderung geleistete Arbeit. Wie wir sehen, hängt diese Arbeit nur vom Druck und von der Volumenänderung ab, jedoch nicht von der Form des betreffenden Körpers (um Mißverständnisse zu vermeiden, merken wir an, daß das für Festkörper nicht zutrifft; s. § 101).

Die Arbeit $\mathrm{d}A$ ist bei einer Expansion ($\mathrm{d}V > 0$), bei der der entsprechende Körper an seiner Umgebung Arbeit leistet, positiv. Dagegen leistet bei einer Kompression ($\mathrm{d}V < 0$) die Umgebung am Körper Arbeit; gemäß unserer Definition ist $\mathrm{d}A$ in diesem Falle negativ.

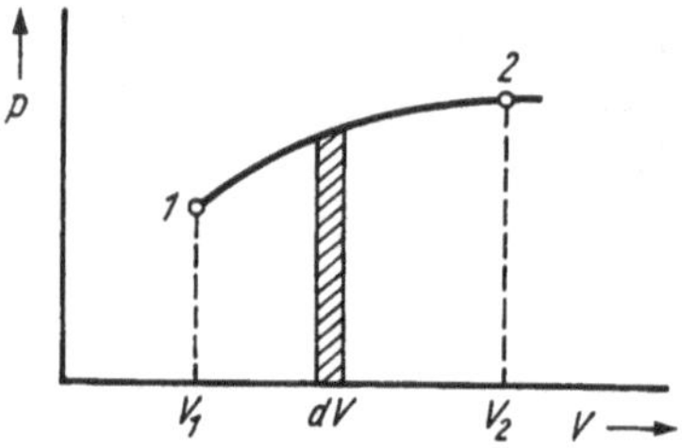

Abb. 76

Die bei einem Prozeß geleistete Arbeit kann leicht anschaulich interpretiert werden, indem man ihn im (V, p)-Koordinatensystem mit Hilfe einer Kurve darstellt. Zum Beispiel möge in Abb. 76 die vom Punkt *1* zum Punkt *2* gezogene Kurve die Änderung des Gasdrucks bei einer Expansion darstellen. Bei einer Volumenzunahme um $\mathrm{d}V$ ist die vom Gas geleistete Arbeit gleich $p\,\mathrm{d}V$, also gleich dem Flächeninhalt des schraffiert gezeichneten schmalen Rechtecks. Die bei einer Volumenzunahme von V_1 auf V_2 vom Gas geleistete Arbeit setzt sich aus den infinitesimalen Arbeiten dA zusammen und ist gleich der Fläche *12* $V_1 V_2$, die durch die Kurve, die beiden vertikalen Randlinien und die Abszissenachse begrenzt wird. Die Arbeit, die ein Körper bei einem Prozeß leistet, ist also gleich der von der zugehörigen Kurve eingeschlossenen Fläche.

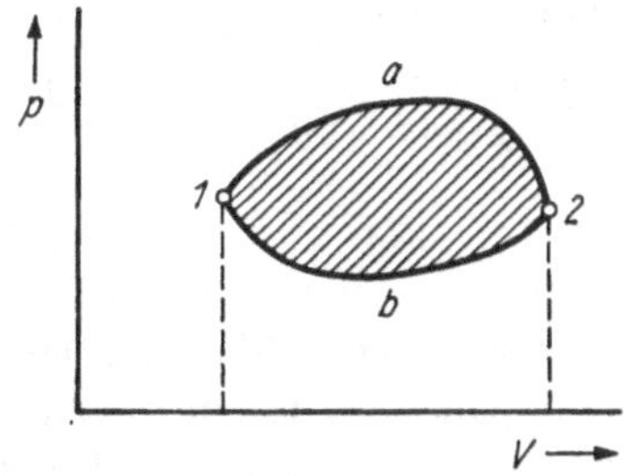

Abb. 77

Ein *Kreisprozeß* ist dadurch definiert, daß der betreffende Körper in den Anfangszustand zurückkehrt. In einem Gas möge z. B. der in Abb. 77 durch die geschlossene Kurve *1a2b1* dargestellte Prozeß ablaufen. Auf dem Abschnitt *2b1* dehnt sich das Gas aus und leistet eine Arbeit, die gleich dem Inhalt der unter der Kurve *1a2* liegenden Fläche ist. Auf dem Abschnitt *2b1* komprimiert sich das Gas, so daß die geleistete Arbeit negativ und dem Betrage nach gleich dem Inhalt der Fläche unterhalb der Kurve *2b1* ist. Daher ist die gesamte vom Gas geleistete Arbeit gleich der Differenz der beiden Flächeninhalte, also gleich dem Inhalt der in Abb. 77 schraffiert gezeichneten, innerhalb der geschlossenen Kurve liegenden Fläche.

Für Prozesse, die bei konstantem Druck vor sich gehen, ist die Arbeit A, die ein Körper bei einer Ausdehnung vom Volumen V_1 auf das Volumen V_2 leistet, durch einen besonders einfachen Ausdruck gegeben:

$$A = p\,(V_2 - V_1)\,.$$

Die Arbeit, die ein ideales Gas bei isothermer Ausdehnung leistet, ergibt sich folgendermaßen. Für 1 mol Gas ist der Druck durch die Gleichung $p = R\,T/V$ gegeben, so daß

$$\mathrm{d}A = p\,\mathrm{d}V = \frac{R\,T}{V}\,\mathrm{d}V = R\,T\,\mathrm{d}\,(\ln V)$$

ist. Da die Temperatur T konstant sein soll, folgt daraus

$$\mathrm{d}A = \mathrm{d}\,(R\,T \ln V)\,.$$

Hieraus ergibt sich, daß die geleistete Arbeit A gleich der Differenz der Größen $R\,T \ln V$ im Anfangs- und Endzustand des betrachteten Prozesses ist:

$$A = R\,T \ln \frac{V_2}{V_1}\,.$$

Ein sich ausdehnender Körper, der aus der Umgebung keine Energie aufnimmt, leistet Arbeit auf Kosten seiner inneren Energie. Diese innere Energie, die wir mit E bezeichnen wollen, setzt sich aus der Energie der thermischen Bewegung der Atome und der potentiellen Energie der Wechselwirkung zwischen den Atomen zusammen.

Im allgemeinen ist die bei einem Prozeß geleistete Arbeit nicht gleich der Änderung der inneren Energie. Ein Körper kann nämlich auch unmittelbar (ohne Leistung einer mechanischen Arbeit) aus seiner Umgebung Energie aufnehmen oder an seine Umgebung Energie abgeben. Wir bezeichnen die in dieser Form übertragene Energie als *Wärmemenge.* Sie ist positiv, wenn sie vom Körper aufgenommen, und negativ, wenn sie abgegeben wird.

Eine infinitesimale Änderung der inneren Energie setzt sich also aus zwei Anteilen zusammen. Die innere Energie wächst an, wenn der Körper eine Wärmemenge aufnimmt (diese bezeichnen wir mit $\mathrm{d}Q$), und sie nimmt ab, wenn der Körper eine Arbeit $\mathrm{d}A$ leistet. Folglich können wir schreiben

$$\mathrm{d}E = \mathrm{d}Q - p\,\mathrm{d}V\,.$$

Diese wichtige Beziehung drückt den Energieerhaltungssatz bei thermischen Prozessen aus. Man bezeichnet sie als *ersten Hauptsatz der Thermodynamik.*

Arbeit und Wärmemenge hängen nicht nur vom Anfangs- und Endzustand ab, sondern auch vom Wege, auf dem die Zustandsänderung des betreffenden Körpers vor sich geht. Es ist also in keiner Weise gerechtfertigt, von einer „im Körper enthaltenen Wärmemenge" zu sprechen und die Wärmetönung eines Prozesses als Differenz der im Anfangs- bzw. Endzustand im Körper enthaltenen Wärmemengen zu berechnen. Besonders deutlich zeigt sich die Sinnlosigkeit einer solchen Begriffsbildung im Falle eines Kreisprozesses, in dem der Körper in den Anfangszustand zurückkehrt, die insgesamt aufgenommene (oder abgegebene) Wärmemenge jedoch keineswegs gleich Null ist.

Dagegen hat die innere Energie E die Eigenschaft, eine sogenannte *Zustandsfunktion* zu sein, da ein Körper in jedem bestimmten Zustand eine bestimmte innere Energie besitzt. Aus diesem Grunde hängt die durch einen Prozeß hervorgerufene gesamte Änderung der inneren Energie eines Körpers nur vom Anfangs- und Endzustand ab und ist gleich der Differenz $E_2 - E_1$ der inneren Energien im End- bzw. Anfangszustand. Jedoch ist eine eindeutige Aufteilung dieser Energieänderung in Wärmemenge Q und Arbeit A nicht möglich. Sie hängt davon ab, auf welchem Wege der Übergang vom Anfangs- in den Endzustand erfolgt. Insbesondere bei einem Kreisprozeß ist die gesamte Änderung der inneren Energie gleich Null, während die vom Körper aufgenommene Wärmemenge Q und die von ihm geleistete Arbeit A von Null verschieden sind und durch die Gleichung $Q = A$ miteinander zusammenhängen.

Maßeinheit der Wärmemenge ist die *Kalorie* (cal). Die Definition der Kalorie als derjenigen Wärmemenge, die erforderlich ist, um die Temperatur von 1 g Wasser um 1 grd zu erhöhen, ist nicht exakt, weil die spezifische Wärme des Wassers schwach temperaturabhängig ist. Dementsprechend gibt es verschiedene Definitionen, die die Größe der Kalorie etwas unterschiedlich festlegen. Näherungsweise besteht zwischen den Einheiten Kalorie und Joule der Zusammenhang

$$1\ \mathrm{cal} = 4{,}18\ \mathrm{J}\,.$$

Wir betrachten einen Körper, dessen Temperatur bei Zuführung der Wärmemenge $\mathrm{d}Q$ um $\mathrm{d}T$ zunehmen möge. Das Verhältnis

$$C = \frac{\mathrm{d}Q}{\mathrm{d}T}$$

bezeichnet man als *Wärmekapazität.* Diese Definition ist jedoch noch unvollständig, da die für eine bestimmte Temperaturänderung erforderliche Wärmemenge von den Bedingungen abhängt, unter denen die Erwärmung vor sich geht. Dementsprechend gibt es verschiedene Definitionen der Wärmekapazität.

Die Wärmekapazität bei konstantem Volumen C_V und die Wärmekapazität bei konstantem Druck C_p, die die für eine Temperaturerhöhung eines Körpers bei konstantem Volumen bzw. konstantem Druck erforderlichen Wärmemengen angeben, kommen in der Physik am häufigsten vor.

Bei konstantem Volumen ist $\mathrm{d}V = 0$ und folglich $\mathrm{d}Q = \mathrm{d}E$. Führt man einem Körper Wärme zu, so erhöht sich in diesem Falle lediglich seine innere Energie. Daher können wir schreiben:

$$C_V = \left(\frac{\mathrm{d}E}{\mathrm{d}T}\right)_V .$$

Der Index V weist darauf hin, daß die Ableitung bei konstantem Volumen zu nehmen ist. Ein solcher Hinweis ist erforderlich, weil die innere Energie eines Körpers im allgemeinen nicht nur durch seine Temperatur, sondern auch durch andere seinen Zustand charakterisierende Größen bestimmt wird, so daß das Resultat der Differentiation davon abhängt, welche dieser Größen konstant gehalten wird.

Die Erwärmung eines Körpers bei konstantem Druck geht in der Weise vor sich, das sich seine innere Energie erhöht und außerdem von ihm Arbeit geleistet wird. Für die zugeführte infinitesimale Wärmemenge $\mathrm{d}Q$ gilt in diesem Falle wegen $p = \text{const}$:

$$\mathrm{d}Q = \mathrm{d}E + p\,\mathrm{d}V = \mathrm{d}\,(E + p\,V) .$$

Wir sehen, daß sich bei Zuführung der Wärmemenge $\mathrm{d}Q$ die Größe

$$W = E + p\,V$$

erhöht. Man bezeichnet sie als *Wärmeinhalt* oder *Enthalpie.* Sie ist ebenso wie die innere Energie eine Zustandsfunktion. Die Wärmekapazität bei konstantem Druck kann also in der Form

$$C_p = \left(\frac{\mathrm{d}W}{\mathrm{d}T}\right)_p$$

geschrieben werden.

Die Wärmekapazität C_p ist immer größer als die Wärmekapazität C_V:

$$C_p > C_V .$$

Auf den ersten Blick scheint die Begründung ausreichend zu sein, daß ein Körper, der sich infolge einer Erwärmung bei konstantem Druck ausdehnt, Arbeit leisten muß. Das ist jedoch nicht der Fall. Die Ungleichung gilt sowohl für Körper, die sich bei Erwärmung ausdehnen, als auch für diejenigen (wenigen) Körper, deren Volumen bei Erwärmung abnimmt. Sie ist eine Konsequenz eines sehr allgemeinen Prinzips, das in folgendem besteht.

Ein System, dessen Gleichgewichtszustand durch äußeren Zwang gestört wird, reagiert in der Weise, daß es dem äußeren Zwang auszuweichen sucht. Zum Beispiel werden durch die Erwärmung eines Körpers in ihm Prozesse ausgelöst, bei denen Wärme verbraucht wird, während eine Abkühlung zu Prozessen führt, die Wärme erzeugen. Dieser Satz ist das LE CHATELIER*sche Prinzip*.

Wir stellen uns vor, daß wir einem Körper, der sich mit seiner Umgebung im Gleichgewicht befindet, eine bestimmte Wärmemenge zuführen und dafür sorgen, daß sich sein Volumen dabei nicht verändert. Dann wird seine Temperatur um eine bestimmte Größe $(\Delta T)_V$ ansteigen. Infolge der Erwärmung ändert sich auch der Druck, so daß die Gleichgewichtsbedingung, nach der die Drücke im Körper und im umgebenden Medium gleich sein müssen, verletzt wird. Auf Grund des LE CHATELIERschen Prinzips muß die Wiederherstellung des Gleichgewichts, die zur Einstellung des Anfangsdrucks führen müßte, von einer gewissen Abkühlung begleitet sein. Mit anderen Worten, die Temperaturänderung $(\Delta T)_p$ bei konstantem Druck ist kleiner als die Temperaturänderung $(\Delta T)_V$ bei konstantem Volumen (sofern dem Körper in beiden Fällen dieselbe Wärmemenge zugeführt wird). Das bedeutet aber, daß für eine bestimmte vorgegebene Temperaturänderung im Falle konstanten Drucks mehr Wärme erforderlich ist als im Falle konstanten Volumens.

Im Zusammenhang mit der Frage, in welcher Richtung sich ein Parameter bei Änderung eines anderen Parameters verändert, werden wir im Folgenden nochmals auf das LE CHATELIERsche Prinzip zurückkommen.

§ 57. Wärmekapazitäten von Gasen

Da die Moleküle eines idealen Gases nicht miteinander in Wechselwirkung stehen, hängt seine innere Energie nicht vom gegenseitigen Abstand der Moleküle ab. Mit anderen Worten, die innere Energie eines idealen Gases ist eine Funktion der Temperatur, aber nicht des Volumens und des Druckes. Daraus folgt, daß auch die Wärmekapazität $C_V = \mathrm{d}E/\mathrm{d}T$ eines idealen Gases nur von der Temperatur abhängt.

Dasselbe gilt auch für die Wärmekapazität $C_p = \mathrm{d}W/\mathrm{d}T$. Bei Gasen besteht zwischen den Wärmekapazitäten C_p und C_V ein besonders einfacher Zusammenhang.

Die 1 mol Gas entsprechende Wärmekapazität heißt *Molwärme* (wir bezeichnen sie mit c). Für 1 mol Gas besteht auf Grund der Zustandsgleichung $p\,V = R\,T$ zwischen der Enthalpie W und der inneren Energie E die Beziehung

$$W = E + p\,V = E + R\,T\,.$$

Differenziert man diese Gleichung nach der Temperatur T, so ergibt sich

$$c_p = c_V + R\,,$$

d. h., die Differenz $c_p - c_V$ der Molwärmen bei konstantem Druck bzw. konstantem Volumen ist gleich der Gaskonstanten $R = 8{,}3$ J/grd mol $= 2$ cal/grd mol.

Die Berechnung der Molwärme eines einatomigen Gases (z. B. der Edelgase) ist besonders einfach. Die innere Energie ist in diesem Falle gleich der Summe aus den kinetischen Energien der Translation aller Gasteilchen. Auf Grund der Definition der Temperatur ist die mittlere kinetische Energie eines Teilchens gleich $3\,kT/2$, so daß sich für die innere Energie eines Mols

$$E = \frac{3}{2}\,L\,kT = \frac{3}{2}\,R\,T$$

ergibt. Man erhält also die Molwärmen

$$c_V = \frac{3}{2}\,R = 12{,}5\,\frac{\mathrm{J}}{\mathrm{grd\,mol}}\,, \qquad c_p = \frac{5}{2}\,R = 20{,}8\,\frac{\mathrm{J}}{\mathrm{grd\,mol}}\,.$$

Diese Größen hängen nicht von der Temperatur ab.

Im Folgenden werden wir sehen, daß das Verhältnis der Molwärmen c_p und c_V zueinander bei vielen Prozessen eine wichtige Rolle spielt. Man bezeichnet es gewöhnlich mit γ:

$$\gamma = \frac{c_p}{c_V}\,.$$

Für einatomige Gase gilt

$$\gamma = \frac{5}{3} = 1{,}67\,.$$

Die Bestimmung der Molwärmen ist für mehratomige Gase komplizierter als für einatomige. Die innere Energie eines mehratomigen Gases setzt sich aus den kinetischen Energien der Translation und Rotation der Moleküle sowie den Energien der Schwingungen der Atome innerhalb der Moleküle zusammen. Jede dieser drei Bewegungsformen gibt einen bestimmten Beitrag zur Molwärme.

In diesem Zusammenhang erinnern wir uns der im § 50 gegebenen Definition der Temperatur. Ein Molekül besitzt bezüglich seiner Translation drei Freiheitsgrade. Man kann zeigen, daß jedem von ihnen die mittlere kinetische Energie $kT/2$ entspricht. Diese Größe ergibt sich in der klassischen Mechanik für sämtliche Freiheitsgrade eines Moleküls, also auch für die der Rotation und der Schwingungen der Atome in ihm. Ferner wissen wir, daß im Falle der Schwingungen die Mittelwerte der potentiellen und der kinetischen Energie gleich sind. Nach den Gesetzen der klassischen Mechanik ist also auch die mittlere potentielle Energie für jeden Freiheitsgrad der Schwingungen der Atome im Molekül gleich $kT/2$. Daraus folgt, daß jedes Gas eine konstante, nicht von der Temperatur abhängige Molwärme besitzen müßte, die ausschließlich durch die Zahl der Freiheitsgrade eines Moleküls (und damit durch die Zahl der Atome im Molekül) bestimmt wird.

In Wirklichkeit jedoch wird die Größe der Molwärme nur bei genügend hohen Temperaturen durch die Schwingungen der Atome im Molekül beeinflußt. Das hängt damit zusammen, daß die Schwingungen nicht nur bei tiefen, sondern auch bei verhältnismäßig hohen Temperaturen den Charakter quantenmechanischer „Nullpunktsschwingungen“ haben, weil deren Energie ziemlich groß ist. Diese „Nullpunktsenergie“ hängt aber ihrem Wesen nach nicht von der Temperatur ab und hat deshalb auch keinen Einfluß auf die Molwärme. Bei zweiatomigen Gasen (Stickstoff, Sauerstoff, Wasserstoff u. a.) kommen z. B. die Schwingungen der Atome im Molekül erst bei Temperaturen der Größenordnung einiger tausend Grad Kelvin voll zur Geltung; ihr Beitrag zur Molwärme nimmt mit sinkender Temperatur schnell ab und ist bei Zimmertemperatur praktisch Null.

Die „Nullpunktsenergie“ der Rotation der Moleküle ist sehr klein. Diese Bewegung wird also bereits bei ziemlich tiefen Temperaturen durch die klassische Mechanik beschrieben, im Falle zweiatomiger Gase schon bei einigen Grad Kelvin (eine Ausnahme bildet das leichteste Gas, Wasserstoff, bei dem die entsprechende Temperatur etwa gleich 80 °K ist).

Die Molwärmen zweiatomiger Gase hängen also bei Zimmertemperatur lediglich von den Freiheitsgraden der Translation und der Rotation ab und sind tatsächlich annähernd gleich den (auf Grund der klassischen Mechanik erhaltenen) theoretischen Werten:

$$c_V = \frac{5}{2} R = 20{,}8 \, \frac{\text{J}}{\text{grd mol}}, \qquad c_p = \frac{7}{2} R = 29{,}1 \, \frac{\text{J}}{\text{grd mol}}.$$

Das Verhältnis dieser Molwärmen ist gleich $\gamma = 7/5 = 1{,}4$.

Im „Quantengebiet“ hängen die mittleren Energien der Rotation und Schwingung (und damit auch die Wärmekapazität) nicht nur von der Temperatur, sondern auch von den „individuellen“ Eigenschaften der Moleküle (Trägheitsmomente und Schwingungsfrequenzen) ab. Diese Energien können also im Unterschied zur Energie der Translation nicht als Ausgangspunkt einer direkten Temperaturdefinition benutzt werden.

Die Berechnung der Molwärmen vielatomiger Gase ist noch schwieriger. In einem vielatomigen Molekül können die Atome verschiedenartige Schwingungen mit unterschiedlichen „Nullpunktsenergien“ ausführen. Mit steigender Temperatur gehen immer mehr dieser Schwingungen in die thermische Bewegung ein, und entsprechend nimmt die Molwärme des Gases zu. Im allgemeinen tritt jedoch nicht der Fall ein, daß sämtliche Schwingungen zur thermischen Bewegung beitragen, weil die Moleküle bei hohen Temperaturen in ihre Bestandteile zerfallen können.

Wir heben nochmals hervor, daß sich alle bisherigen Überlegungen auf ideale Gase beziehen. Bei einem stark komprimierten Gas, dessen Eigenschaften sich merklich von denen eines idealen Gases unterscheiden, ändern sich auch die Molwärmen, da die Wechselwirkung der Moleküle untereinander die innere Energie verändert.

§ 58. Kondensierte Körper

Die Einfachheit der thermischen Eigenschaften idealer Gase, die die Aufstellung der universellen Gasgleichung gestattet, ist auf die geringfügige Bedeutung der Wechselwirkung zwischen den Molekülen zurückzuführen. In kondensierten Körpern dagegen spielt die Wechselwirkung zwischen den Atomen eine erstrangige Rolle. Ihre thermischen Eigenschaften sind ausgesprochen individueller Natur, und die Aufstellung einer universellen Zustandsgleichung erweist sich als unmöglich.

Im Gegensatz zu Gasen besitzen kondensierte Körper eine kleine Kompressibilität. Man definiert die *Kompressibilität* eines Stoffes gewöhnlich durch die Größe

$$\varkappa = -\frac{1}{V}\left(\frac{\mathrm{d}V}{\mathrm{d}p}\right)_T,$$

wobei die Ableitung des Volumens nach dem Druck bei konstanter Temperatur genommen wird. Sie charakterisiert also den Prozeß der isothermen Kompression. (Die Ableitung ist negativ, da das Volumen bei wachsendem Druck abnimmt, so daß die Größe $\varkappa$ positiv ist.) Die Kompressibilität hat offenbar die Dimension $[p^{-1}]$.

Als Beispiele geben wir die Kompressibilitäten einiger Flüssigkeiten (bei Zimmertemperatur und Atmosphärendruck) an:

Quecksilber	$0{,}4 \cdot 10^{-5}$ bar^{-1}
Wasser	$4{,}9 \cdot 10^{-5}$ bar^{-1}
Alkohol	$7{,}6 \cdot 10^{-5}$ bar^{-1}
Äther	$14{,}5 \cdot 10^{-5}$ bar^{-1}

Die meisten festen Körper haben eine noch kleinere Kompressibilität:

Diamant	$0{,}16 \cdot 10^{-6}$ bar^{-1}
Eisen	$0{,}61 \cdot 10^{-6}$ bar^{-1}
Kupfer	$0{,}76 \cdot 10^{-6}$ bar^{-1}
Aluminium	$1{,}4 \cdot 10^{-6}$ bar^{-1}
Glas	$2{,}7 \cdot 10^{-6}$ bar^{-1}
Cäsium	$62 \cdot 10^{-6}$ bar^{-1}

Wir vergleichen diese Werte mit der Kompressibilität von Gasen. Bei isothermer Kompression nimmt das Volumen eines idealen Gases auf Grund der Gleichung $V = RT/p$ umgekehrt proportional zum Druck ab. Setzt man diesen Ausdruck für V in die Definitionsgleichung von $\varkappa$ ein, so folgt

$$\varkappa = \frac{1}{p}.$$

Die Kompressibilität eines idealen Gases ist beim Druck von 1 bar also gleich $\varkappa = 1$ bar^{-1}.

Eine weitere Größe zur Charakterisierung der thermischen Eigenschaften kondensierter Körper ist der *thermische Ausdehnungskoeffizient*, der durch den Ausdruck

$$\alpha = \frac{1}{V}\left(\frac{\mathrm{d}V}{\mathrm{d}T}\right)_p$$

definiert ist. Dabei bedeutet der Index p, daß die Ableitung bei konstantem Druck zu nehmen ist.

Die meisten Körper dehnen sich bei Erwärmung aus (der Ausdehnungskoeffizient α ist dann positiv). Das ist verständlich, weil sich die Moleküle bei zunehmender thermischer Bewegung immer stärker gegenseitig abstoßen. Jedoch kommen auch Ausnahmen von dieser Regel vor. So nimmt das Volumen von Wasser im Temperaturintervall von 0 bis 4 °C bei Erwärmung ab. Das gilt auch für flüssiges Helium mit Temperaturen von weniger als 2,19 °K (sog. Helium II, s. § 74).

Als Beispiele geben wir die Ausdehnungskoeffizienten einiger Flüssigkeiten (bei Zimmertemperatur) an:

Quecksilber	$1{,}8 \cdot 10^{-4}$ grd^{-1}
Wasser	$2{,}1 \cdot 10^{-4}$ grd^{-1}
Alkohol	$10{,}8 \cdot 10^{-4}$ grd^{-1}
Äther	$16{,}3 \cdot 10^{-4}$ grd^{-1}

Zum Vergleich berechnen wir den Ausdehnungskoeffizienten eines idealen Gases. Setzt man $V = R\,T/p$ in die Definitionsgleichung von α ein, so folgt $\alpha = 1/T$; bei $T = 293$ °K ist $\alpha = 3{,}4 \cdot 10^{-3}$ grd^{-1}.

Die thermischen Ausdehnungskoeffizienten fester Körper sind noch kleiner:

Eisen	$3{,}5 \cdot 10^{-5}$ grd^{-1}
Kupfer	$5{,}0 \cdot 10^{-5}$ grd^{-1}
Glas	$2{,}4 \cdot 10^{-5} \ldots 3{,}0 \cdot 10^{-5}$ grd^{-1}

Besonders klein sind die Ausdehnungskoeffizienten von Invar, einer Legierung aus 64% Eisen und 36% Nickel ($\alpha = 3 \cdot 10^{-6}$ grd^{-1}), und von geschmolzenem Quarz ($\alpha = 1{,}2 \cdot 10^{-6}$ grd^{-1}). Aus diesen Materialien stellt man Teile von Geräten her, deren Abmessungen sich bei Temperaturschwankungen nicht verändern dürfen.

Im § 45 wurde darauf hingewiesen, daß die thermische Ausdehnung bei (nichtkubischen) Kristallen in verschiedenen Richtungen unterschiedlich erfolgt. Diese Unterschiede können bedeutend sein. Bei der thermischen Ausdehnung eines Zinkkristalls nehmen z. B. die linearen Abmessungen in Richtung der hexagonalen Achse um den Faktor 4,5 stärker zu als in den dazu senkrechten Richtungen.

Die Wärmekapazität kondensierter Medien wächst gewöhnlich ebenso wie auch bei Gasen mit zunehmender Temperatur an.

Die Wärmekapazität eines festen Körpers hängt mit der Energie der Atome zusammen, die kleine thermische Schwingungen um ihre Gleichgewichtslagen ausführen. Bei zunehmender Temperatur strebt die Wärmekapazität einem bestimmten Grenzwert zu, welcher der Situation entspricht, daß die Schwingungen der Atome mit Hilfe der klassischen Mechanik betrachtet werden können. Da die gesamte Bewegung der Atome in Schwingungen besteht und jedem ihrer drei Freiheitsgrade im Mittel die Energie kT entsprechen müßte (und zwar, wie im vorigen Paragraphen erklärt wurde, $kT/2$ als mittlere kinetische und $kT/2$ als mittlere potentielle Energie), sollte die gesamte mittlere Energie eines Atoms im festen Körper gleich $3\,kT$ sein.

Dieser Grenzwert wird jedoch bei keiner der komplizierten Verbindungen erreicht, da die Stoffe bereits vorher schmelzen oder zerfallen. Dagegen wird dieser Grenzwert für viele Elemente bereits bei gewöhnlichen Temperaturen angenommen, d. h., die Wärmekapazität von einem Grammatom eines festen Elements ist ungefähr gleich

$$c = 3\,R = 25\,\frac{\mathrm{J}}{\mathrm{grd\ g\text{-}Atom}} = 6\,\frac{\mathrm{cal}}{\mathrm{grd\ g\text{-}Atom}}$$

(DULONG-PETIT*sche Regel*).

Zwischen den Wärmekapazitäten eines festen Körpers bei konstantem Druck und bei konstantem Volumen haben wir absichtlich nicht unterschieden. Gewöhnlich mißt man die Wärmekapazität bei konstantem Druck. Der Unterschied zwischen c_p und c_V ist jedoch überhaupt sehr klein (z. B. ist für Eisen $\gamma = c_p/c_V = 1{,}02$). Das hängt damit zusammen, daß feste Körper einen kleinen thermischen Ausdehnungskoeffizienten haben.

Zwischen der Differenz $C_p - C_V$ der spezifischen Wärmen und dem thermischen Ausdehnungskoeffizienten α sowie der Kompressibilität $\varkappa$ existiert eine allgemeine Beziehung:

$$C_p - C_V = \frac{T\,\alpha^2}{\varrho\,\varkappa}$$

(dabei bedeuten ϱ die Dichte des Stoffes und C_p, C_V die auf 1 g bezogenen Wärmekapazitäten, die man als spezifische Wärmen bezeichnet). Wir sehen, daß die Differenz $C_p - C_V$ dem Quadrat des Ausdehnungskoeffizienten α proportional ist.

Die spezifische Wärme eines festen Körpers nimmt mit fallender Temperatur ab und strebt bei Annäherung an den absoluten Nullpunkt gegen Null. Das ist eine Konsequenz eines allgemeinen Satzes (des sog. NERNST*schen Wärmesatzes*), wonach alle einen kondensierten Körper charakterisierenden Größen bei genügend tiefen Temperaturen aufhören, temperaturabhängig zu sein.

Insbesondere sind die innere Energie sowie die Enthalpie bei Annäherung an den absoluten Nullpunkt nicht mehr temperaturabhängig, so daß die Wärmekapazitäten C_p und C_V, die sich aus diesen Größen durch Ableitung nach der Temperatur ergeben, gegen Null gehen.

Auf Grund des NERNSTschen Wärmesatzes strebt auch der thermische Ausdehnungskoeffizient für $T \to 0$ gegen Null, da in diesem Falle auch das Volumen eines Körpers die Eigenschaft, temperaturabhängig zu sein, verliert.

KAPITEL VIII

THERMISCHE PROZESSE

§ 59. Adiabatischer Prozeß

Im folgenden betrachten wir einige der einfachsten thermischen Prozesse.

Ein sehr einfacher Prozeß ist die Expansion eines Gases in einen evakuierten Raum. Im Anfangszustand möge sich das Gas in einem Teil eines Gefäßes befinden, der durch eine Wand mit zunächst geschlossenem Ventil vom anderen Teil, in dem Vakuum herrscht, getrennt ist. Öffnet man das Ventil, so strömt Gas in den evakuierten Raum über. Da bei dieser Expansion keine Arbeit geleistet wird, verändert sich die innere Energie des Gases nicht; die inneren Energien E_1 und E_2 im Anfangs- bzw. Endzustand sind einander gleich:

$$E_1 = E_2 .$$

Wie wir bereits wissen, hängt die innere Energie eines idealen Gases nur von der Temperatur ab. Da seine innere Energie bei der Expansion in einen evakuierten Raum erhalten bleibt, ändert sich demnach auch die Temperatur nicht. Bei einer Expansion in einen evakuierten Raum ändert sich dagegen die Temperatur eines Gases, das sich genügend stark von einem idealen unterscheidet.

Einen ganz anderen Charakter als die Expansion in einen evakuierten Raum besitzt der Prozeß der sogenannten *adiabatischen Expansion* eines Gases. Da die adiabatische Expansion eine wichtige Rolle spielt, wollen wir sie im einzelnen untersuchen.

Für einen adiabatischen Prozeß ist charakteristisch, daß das Gas ständig unter einem äußeren Druck steht, der gleich seiner eigenen Spannung ist. Eine andere Bedingung für einen adiabatischen Prozeß besteht darin, daß das Gas während des gesamten Prozesses von seiner Umgebung wärmeisoliert ist, also weder Wärme aufnehmen noch Wärme abgeben kann.

Man kann sich die adiabatische Expansion (oder Kompression) eines Gases, das sich in einem mit einem Kolben abgeschlossenen zylinderförmigen Gefäß befindet, leicht anschaulich vorstellen. Zieht man den Kolben genügend langsam heraus, so dehnt sich das Gas aus. Sein Druck entspricht dabei in jedem Augenblick dem gerade von ihm eingenommenen Volumen. Der Kolben muß also so langsam bewegt werden, daß sich im Gas in jedem Augenblick das der jeweiligen Kolbenposition entsprechende thermische Gleichgewicht einstellen kann. Wird er zu schnell bewegt, so vermögen die Gasteilchen ihm nicht augenblicklich zu folgen, so daß in der an den Kolben angrenzenden Schicht ein Unterdruck entsteht (entsprechend ergibt sich ein Überdruck, wenn der Kolben zu schnell in das Gefäß hineingestoßen wird); ein solcher Prozeß verläuft nicht adiabatisch.

Die Bedingung, daß der Kolben genügend langsam bewegt werden muß, kann leicht realisiert werden. Man kann sich überlegen, daß sie erst verletzt wird, wenn die Geschwindigkeit des Kolbens mit der Schallgeschwindigkeit im Gas vergleichbar ist. Bei der praktischen Realisierung der adiabatischen Expansion rückt deshalb die Bedingung der Wärmeisolation an die erste Stelle. Damit diese erfüllt ist, muß der Prozeß genügend schnell ablaufen, so daß das Gas während des Prozesses keine Wärme mit seiner Umgebung auszutauschen vermag. Die beiden betrachteten Bedingungen sind durchaus miteinander verträglich. Tatsächlich kann man die Bedingung, daß der Prozeß „genügend schnell" ablaufen muß, durch gute Wärmeisolation des Gefäßes erfüllen. Sie ist also in diesem Sinne zweitrangig und hängt nicht mit der Natur des betrachteten Prozesses zusammen. Aus diesem Grunde charakterisiert man einen adiabatischen Prozeß gewöhnlich dadurch, daß er „genügend langsam" verlaufen muß. Diese Bedingung hat grundsätzliche Bedeutung. In § 62 kommen wir nochmals auf sie zurück.

Beim adiabatischen Prozeß kann die innere Energie nicht erhalten bleiben, da das Gas bei der Expansion Arbeit leistet (entsprechend wird bei einer Kompression am Gas Arbeit geleistet). Wir erhalten eine Gleichung, mit der wir einen adiabatischen Prozeß beschreiben können, indem wir in der Beziehung

$$\mathrm{d}Q = \mathrm{d}E + p\,\mathrm{d}V$$

der Bedingung der Wärmeisolation entsprechend die Größe $\mathrm{d}Q$ gleich Null setzen. Eine infinitesimale adiabatische Zustandsänderung wird also durch die Gleichung

$$\mathrm{d}E + p\,\mathrm{d}V = 0$$

beschrieben.

Im folgenden beschreiben wir die adiabatische Expansion (bzw. Kompression) eines idealen Gases mit Hilfe dieser Gleichung. Zur Vereinfachung beziehen wir dabei alle Größen auf 1 mol.

Die innere Energie eines idealen Gases hängt nur von seiner Temperatur ab. Da die Ableitung $\mathrm{d}E/\mathrm{d}T$ gleich der Molwärme c_V ist, können wir in der Gleichung des adiabatischen Prozesses die Größe $\mathrm{d}E$ durch $c_V\,\mathrm{d}T$ ersetzen:

$$c_V\,\mathrm{d}T + p\,\mathrm{d}V = 0\,.$$

Setzen wir $p = R\,T/V$ ein und dividieren die so erhaltene Gleichung durch T, so folgt die Beziehung

$$c_V\,\frac{\mathrm{d}T}{T} + R\,\frac{\mathrm{d}V}{V} = 0\,.$$

Wir nehmen ferner an, daß die Molwärme im uns interessierenden Temperaturintervall konstant ist (wie wir schon wissen, ist diese Annahme für einatomige Gase immer und für zweiatomige Gase in einem großen Temperaturintervall richtig). Dann kann die letzte Gleichung in der Form

$$\mathrm{d}\,(c_V \ln T + R \ln V) = 0$$

geschrieben werden. Daraus folgt

$$c_V \ln T + R \ln V = \text{const}$$

und durch Potenzieren

$$T^{c_V} V^R = \text{const} .$$

Erhebt man beide Seiten dieser Gleichung in die $1/c_V$-te Potenz und berücksichtigt, daß für ideale Gase $c_p - c_V = R$ ist, so ergibt sich schließlich

$$T V^{\gamma - 1} = \text{const} ,$$

wobei $\gamma = c_p/c_V$.

Temperatur und Volumen eines idealen Gases ändern sich also bei einem adiabatischen Prozeß in der Weise, daß das Produkt $T V^{\gamma - 1}$ konstant bleibt. Da das Verhältnis $\gamma = c_p/c_V$ immer größer als 1 ist und daher $\gamma - 1 > 0$ gilt, ist die adiabatische Expansion mit einer Abkühlung und die adiabatische Kompression mit einer Erwärmung des Gases verbunden.

Kombiniert man die erhaltene Gleichung mit der Zustandsgleichung

$$p V = R T ,$$

so erhält man die Beziehung

$$T p^{-\frac{\gamma - 1}{\gamma}} = \text{const}$$

zwischen Temperatur und Druck sowie die Beziehung

$$p V^{\gamma} = \text{const}$$

zwischen Druck und Volumen beim adiabatischen Prozeß (die letzte Gleichung heißt POISSONsche *Adiabatengleichung*).

Bei isothermer Expansion nimmt der Gasdruck p umgekehrt proportional zum Volumen V ab. Bei adiabatischer Expansion dagegen sinkt der Druck umgekehrt proportional zu V^{γ}, also wegen $\gamma > 1$ stärker als bei isothermer Expansion. Stellt man diese Zustandsänderungen im V,p-Diagramm graphisch dar, so erhält man Kurven, die man als Isotherme bzw. Adiabate bezeichnet. Sie schneiden sich im Punkt V_0, p_0, der den Anfangszustand des Gases kennzeichnet. Die Adiabate fällt stärker ab als die Isotherme (s. Abb. 78).

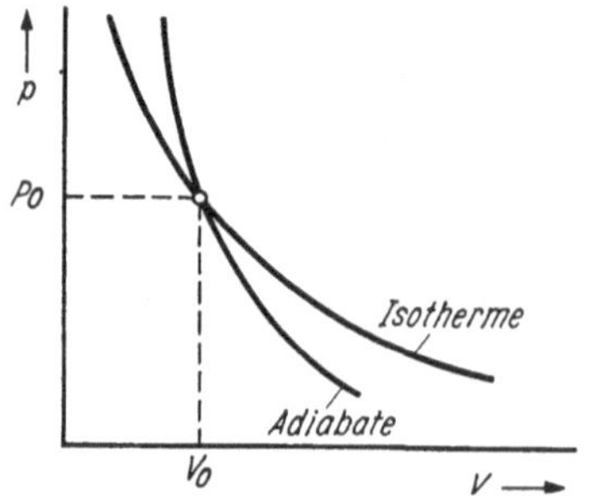

Abb. 78

Diese Eigenschaft kann man auch ausdrücken, indem man das Volumen als Funktion des Druckes darstellt (dem entspricht eine Drehung des Koordinatensystems in Abb. 78 um 90°) und die Kompressibilität

$$\varkappa = -\frac{1}{V}\frac{\mathrm{d}V}{\mathrm{d}p}$$

betrachtet (der isotherme Fall wurde im § 58 behandelt). Wie man leicht sieht, ist die adiabatische Kompressibilität eines Gases kleiner als die isotherme:

$$\varkappa_{\text{adiab}} < \varkappa_{\text{isoth}} .$$

Diese Ungleichung, die wir hier für Gase erhalten haben, gilt tatsächlich für alle Körper. Sie ergibt sich auf Grund des LE CHATELIERschen Prinzips.

Im Gegensatz dazu ist eine andere Eigenschaft eines in einem Gas ablaufenden adiabatischen Prozesses, nämlich die Erwärmung bei adiabatischer Kompression, nicht bei beliebigen Körpern vorhanden. Das geht ebenfalls aus dem LE CHATELIERschen Prinzip hervor. Komprimiert man einen Körper, ohne auf ihn Wärme zu übertragen (was seine Temperatur verändern würde), so ändert sich die Temperatur in der Weise, daß der Kompression entgegengerichtete Vorgänge ausgelöst werden. Fast alle Stoffe dehnen sich bei einer Erwärmung aus. Für diese ergibt sich also, daß ihre Temperatur bei adiabatischer Kompression zunimmt (bzw. bei adiabatischer Expansion abnimmt). Nimmt jedoch das Volumen bei einer Erwärmung ab, so entsteht bei adiabatischer Kompression eine Abkühlung.

§ 60. JOULE-THOMSON-Prozeß

Besonders interessant sind Vorgänge, bei denen ein Gas oder eine Flüssigkeit stationär und ohne Wärmeaustausch mit dem umgebenden Medium von einem Raum mit höherem Druck in einen Raum mit tieferem Druck strömt. Dabei bedeutet *Stationarität*, daß beide Drücke im Verlaufe des Übergangs konstant bleiben.

Das Gas bzw. die Flüssigkeit fließt bei einem solchen Übergang im allgemeinen mit einer von Null verschiedenen Geschwindigkeit. Diese kann man jedoch künstlich sehr klein halten, indem man die Strömung durch ein Hindernis leitet, das eine große Reibung erzeugt (die Rolle eines solchen Hindernisses kann z. B. eine poröse Wand oder eine kleine Öffnung spielen).

Unter einem JOULE-THOMSON-*Prozeß* verstehen wir den stationären Übergang eines wärmeisolierten Gases zwischen zwei Räumen, in denen verschiedene Drücke herrschen, wobei solche Bedingungen bestehen, daß das strömende Gas keine merkliche Geschwindigkeit hat.

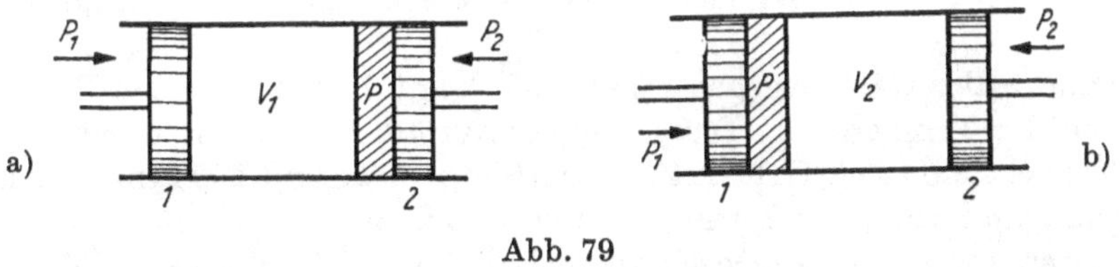

Abb. 79

Schematisch kann man sich den JOULE-THOMSON-Prozeß folgendermaßen vorstellen (s. Abb. 79). Ein Gas, das sich in einem zylinderförmigen Gefäß befindet, tritt durch die poröse Wand P hindurch, wobei die Drücke beiderseits der Wand mit Hilfe der beiden Kolben *1* und *2* auf den Werten p_1 bzw. p_2 gehalten werden.

Zunächst möge das Gas das Volumen V_1 zwischen dem Kolben *1* und der Wand P einnehmen (Abb. 79a). Wir verschieben nun den Kolben *1* so nach P hin und den Kolben *2* so von P weg, daß sich die auf die Kolbenflächen ausgeübten Drücke p_1 und p_2 nicht ändern. Das Gas strömt mit kleiner Geschwindigkeit durch die poröse Wand hindurch und befindet sich schließlich im Volumen V_2 zwischen der Wand und dem Kolben *2*, wo der Druck p_2 herrscht (Abb. 79b).

Da bei diesem Prozeß kein Wärmeaustausch mit dem umgebenden Medium stattfindet, muß die von den Kolben geleistete Arbeit gleich der Änderung der inneren Energie des Gases sein. Da die Gasdrücke beiderseits der Wand im Verlaufe des Prozesses konstant bleiben, leistet der Kolben *1* bei der Verdrängung des Gases aus dem Volumen V_1 die Arbeit $p_1 V_1$. Andererseits leistet das durch die Wand hindurchtretende Gas am Kolben *2* die Arbeit $p_2 V_2$. Insgesamt leisten also die beiden Kolben am Gas die Arbeit $p_1 V_1 - p_2 V_2$. Wie bereits gesagt wurde, muß diese Arbeit gleich dem Zuwachs der inneren Energie des Gases sein:

$$p_1 V_1 - p_2 V_2 = E_2 - E_1 .$$

Dabei bedeuten E_1 und E_2 die inneren Energien der vorgegebenen Gasmenge im Anfangs- bzw. Endzustand. Es gilt also

$$E_1 + p_1 V_1 = E_2 + p_2 V_2$$

oder

$$W_1 = W_2 ,$$

wobei

$$W = E + p V$$

die Enthalpie ist.

Beim Joule-Thomson-Prozeß bleibt also die Enthalpie des Gases konstant.

Im Falle eines idealen Gases hängen sowohl die innere Energie als auch die Enthalpie nur von der Temperatur ab. Deshalb folgt aus der Gleichheit der Enthalpien in diesem Falle die Gleichheit der Temperaturen. Beim Joule-Thomson-Prozeß mit einem idealen Gas tritt also keine Temperaturänderung auf.

Im Falle realer Gase dagegen ergibt sich beim Joule-Thomson-Prozeß eine Änderung der Temperatur. Diese Temperaturänderung kann bedeutend sein. Zum Beispiel kühlt sich Luft mit Zimmertemperatur und 200 atm Druck beim Übergang zum Druck von 1 atm um etwa 40 grd ab.

Alle Gase haben die Eigenschaft, sich beim Joule-Thomson-Versuch bei genügend hohen Temperaturen infolge der Ausdehnung zu erwärmen, dagegen kühlen sie sich im Falle genügend tiefer Temperaturen (und nicht zu großer Drücke) ab. Es gibt also eine bestimmte Temperatur (den *Inversionspunkt*), in dem die Temperaturänderung beim Joule-Thomson-Versuch das Vorzeichen wechselt. Die Lage des Inversionspunktes hängt vom Druck ab und ist für unterschiedliche Gase verschieden. Zum Beispiel kühlt sich Luft bereits bei

Zimmertemperatur ab, während Wasserstoff erst unterhalb von 200 °K und Helium erst unterhalb von 40 °K diesen Effekt zeigen.

Die Temperaturänderung beim JOULE-THOMSON-Effekt wird in der Technik bei der Verflüssigung von Gasen ausgenutzt. Zur Herabminderung der Gasgeschwindigkeit benutzt man gewöhnlich eine enge Öffnung (sog. *Drosselventil*), weshalb man diesen Vorgang auch als *Drosselung* bezeichnet.

§ 61. Stationäre Strömung

Beim JOULE-THOMSON-Verscuh strömt das Gas stationär zwischen zwei Räumen, in denen verschiedene Drücke herrschen, wobei die Gasgeschwindigkeit künstlich durch Reibung klein gehalten wird. Die bei der Untersuchung dieses Prozesses erhaltenen Resultate lassen sich jedoch leicht auf den Fall einer beliebigen Gas- oder Flüssigkeitsströmung verallgemeinern, die unter Wärmeisolation vor sich geht und eine von Null verschiedene Geschwindigkeit hat.

Der einzige Unterschied zum vorher betrachteten Fall besteht darin, daß die kinetische Energie des Gases nicht mehr als klein vernachlässigt werden darf. Die am Gas geleistete Arbeit erhöht seine Energie, die nun jedoch außer der inneren Energie auch die kinetische Energie des Gases als Ganzes umfaßt.

Mit anderen Worten, für eine stationäre Gas- oder Flüssigkeitsströmung gilt die Beziehung

$$\frac{M v^2}{2} + E + p V = \text{const}$$

oder

$$\frac{M v^2}{2} + W = \text{const} ,$$

wobei W und M Enthalpie und Masse einer bestimmten Stoffmenge und v ihre Geschwindigkeit in der Strömung bezeichnen. Diese Gleichung sagt aus, daß die Größe $M v^2/2 + W$ für die betrachtete vorgegebene Stoffmenge unabhängig davon, wo sie sich im Strömungsfeld befindet, konstant ist.

Ähnlich erhält man für den Fall, daß die potentielle Energie im Gravitationsfeld berücksichtigt wird, die Beziehung

$$\frac{M v^2}{2} + M g z + E + p V = \text{const},$$

wobei z die Höhe bedeutet, in der die Strömung betrachtet wird (dieser Fall ist nur für Flüssigkeiten von Bedeutung, während bei Gasen das Gewicht keinen merklichen Einfluß hat).

Wir setzen nun voraus, daß weder innerhalb der Strömung noch an einem äußeren Hindernis eine merkliche Reibung entsteht (diese Annahme widerspricht in gewisser Weise der Anordnung des JOULE-THOMSON-Versuchs, bei dem die Reibung eine wesentliche Bedeutung hat). Unter diesen Bedingungen besteht nicht nur die oben vorausgesetzte Wärmeisolation der gesamten Strömung von der Umgebung, sondern es ist auch jeder Teil des strömenden Stoffes von jedem anderen Teil wärmeisoliert. Das könnte bei Vorhandensein einer merklichen Reibung nicht der Fall sein, weil die dabei entstehende Wärme von der Strömung aufgenommen werden müßte. Wir können also von der Voraussetzung ausgehen, daß sich jeder Teil des strömenden Stoffes im Verlaufe des Prozesses adiabatisch ausdehnt bzw. komprimiert.

Als Beispiel betrachten wir unter den angegebenen Bedingungen die Ausströmung eines Gases aus einem Gefäß, in dem es den Druck p hat, wobei p größer als der Atmosphärendruck sei. Strömt das Gas durch eine genügend enge Öffnung aus, so kann die Geschwindigkeit des Gases im Gefäß gleich Null angenommen werden, während die Ausströmungsgeschwindigkeit v durch die Gleichung

$$W + \frac{v^2}{2} = W_0$$

bestimmt wird. (Wir haben hier die Masse M gleich 1 g gesetzt, so daß W und W_0 die auf 1 g Gas im Gefäß bzw. im ausströmenden Strahl bezogenen Enthalpien bedeuten.) Betrachtet man ein ideales Gas mit temperaturunabhängiger spezifischer Wärme, so folgt aus der Formel $C_p = \mathrm{d}W/\mathrm{d}T$, d. h. $\mathrm{d}W = C_p\,\mathrm{d}T$ (s. § 56), die Beziehung

$$W_0 - W = C_p\,(T_0 - T)\,,$$

so daß

$$v^2 = 2\,C_p\,(T_0 - T)$$

gilt. Schließlich kann die Temperatur T_0 im ausströmenden Strahl durch die Temperatur T des Gases im Gefäß ausgedrückt werden. Dazu benutzen wir die im § 59 erhaltene Gleichung für die adiabatische Expansion eines Gases, wonach das Produkt $T\,p^{-(\gamma-1)/\gamma}$ konstant ist, Es folgt

$$T_0 = T\left(\frac{p_0}{p}\right)^{\frac{\gamma-1}{\gamma}}.$$

Für die Ausströmungsgeschwindigkeit v des Gases erhält man also die Beziehung

$$v^2 = 2\,C_p\,T\left[1 - \left(\frac{p_0}{p}\right)^{\frac{\gamma-1}{\gamma}}\right].$$

Das Volumen einer Flüssigkeit verändert sich wegen der verhältnismäßig kleinen Kompressibilität bei einer Strömung nicht merklich. Man kann also annehmen, daß eine strömende Flüssigkeit inkompressibel ist und eine konstante Dichte besitzt.

Die stationäre (reibungsfreie) Strömung einer solchen Flüssigkeit wird durch eine besonders einfache Gleichung beschrieben. Die allgemeine Gleichung eines adiabatischen Prozesses

$$\mathrm{d}E + p\,\mathrm{d}V = 0$$

reduziert sich im betrachteten Fall auf $dE = 0$, da wegen der vorausgesetzten Inkompressibilität $dV = 0$ gilt. Demnach ist die Energie E konstant. Sie kann also auf der linken Seite der Gleichung

$$\frac{M v^2}{2} + E + p V + M g z = \text{const}$$

weggelassen werden. Dividiert man die so entstehende Gleichung durch M und setzt für M/V die Dichte ϱ der Flüssigkeit ein, so findet man, daß die wärmeisolierte stationäre Strömung einer inkompressiblen, sich reibungsfrei bewegenden Flüssigkeit durch die Gleichung

$$\frac{v^2}{2} + \frac{p}{\varrho} + g z = \text{const}$$

beschrieben wird. Man bezeichnet diese Beziehung als BERNOULLI*sche Gleichung*.

Als Anwendungsbeispiel dieser Gleichung betrachten wir die Strömung einer Flüssigkeit in einer Röhre mit veränderlichem Querschnitt. Zur Vereinfachung nehmen wir an, daß die Röhre horizontal angeordnet ist. Dann hat die Schwerkraft keinen Einfluß auf die Strömung, und auf Grund der BERNOULLIschen Gleichung gilt

$$\frac{v^2}{2} + \frac{p}{\varrho} = \frac{v_0^2}{2} + \frac{p_0}{\varrho},$$

wobei v_0 und v die Strömungsgeschwindigkeiten und p_0 und p die entsprechenden Drücke bei zwei beliebigen Röhrenquerschnitten bedeuten. Durch diese beiden Querschnitte, deren Flächeninhalte gleich S_0 bzw. S sein mögen, strömen in einer Sekunde Flüssigkeitsmengen mit dem Volumen $v_0 S_0$ bzw. $v S$ hindurch. Da die Flüssigkeit als inkompressibel vorausgesetzt wurde, gilt $v_0 S_0 = v S$, so daß

$$v = v_0 \frac{S_0}{S}.$$

Die Geschwindigkeit der inkompressiblen Flüssigkeit ist also der entsprechenden Querschnittsfläche umgekehrt proportional. Setzt man den für v erhaltenen Ausdruck in die BERNOULLIsche Gleichung ein, so ergibt sich die folgende Beziehung zwischen Druck und Querschnittsfläche:

$$p = p_0 + \frac{\varrho}{2}(v_0^2 - v^2) = p_0 + \frac{\varrho v_0^2}{2}\left(1 - \frac{S_0^2}{S^2}\right).$$

Wir sehen, daß der Druck bei größeren Querschnittsflächen größer ist als bei kleineren.

Im folgenden benutzen wir die BERNOULLIsche Gleichung, um die Geschwindigkeit zu berechnen, mit der eine Flüssigkeit durch eine enge Öffnung aus einem Gefäß ausströmt. Wird der Querschnitt der Öffnung als klein gegenüber dem Gefäßquerschnitt vorausgesetzt, so kann die Geschwindigkeit, mit der sich die Oberfläche der Flüssigkeit im Gefäß senkt, gleich Null angenommen werden. Berücksichtigt man ferner, daß der Druck auf die Flüssigkeit sowohl im Gefäß als auch an der Öffnung gleich dem Atmosphärendruck ist, so ergibt sich aus der BERNOULLIschen Gleichung die Beziehung

$$\frac{v^2}{2} + g\,z_1 = g\,z_2\,,$$

wobei v die Ausströmungsgeschwindigkeit und z_2 und z_1 die Höhe der Flüssigkeitsoberfläche im Gefäß bzw. die Höhe der Öffnung bezeichnen. Daraus folgt

$$v = \sqrt{2\,g\,h}\,,$$

wobei $h = z_2 - z_1$ (TORRICELLI*sches Gesetz*). Die Ausströmungsgeschwindigkeit der Flüssigkeit ist gleich der Geschwindigkeit, die sie erreicht, wenn sie um die Fallstrecke h zwischen Flüssigkeitsoberfläche und Ausströmungsöffnung frei fällt.

§ 62. Irreversibilität bei thermischen Prozessen

Jede mechanische Bewegung materieller Körper hat die bemerkenswerte Eigenschaft, reversibel zu sein. Das bedeutet, daß jede Bahnkurve vom Körper auch in der umgekehrten Richtung durchlaufen werden kann. Zum Beispiel beschreibt ein Körper, der unter einem bestimmten Winkel gegen die Horizontale abgeworfen wird, unter dem Einfluß des Schwerefeldes eine bestimmte Bahnkurve und fällt an einer bestimmten Stelle auf die Erde zurück. Wirft man ihn von dieser Stelle aus unter dem Auftreffwinkel mit der Anfangsgeschwindigkeit zurück, so durchläuft er dieselbe Bahnkurve in umgekehrter Richtung (falls die Reibung in der Luft vernachlässigbar klein ist).

Die *Reversibilität* der mechanischen Bewegung kann auch als Symmetrie gegenüber der Vertauschung von Zukunft und Vergangenheit, also als Symmetrie gegenüber der Umkehr des Vorzeichens der Zeit, aufgefaßt werden. Die Symmetrie der mechanischen Bewegung folgt unmittelbar aus den Bewegungsgleichungen. Bei einer Umkehr des Zeitvorzeichens ändert sich auch das Vorzeichen der Geschwindigkeit, jedoch nicht das der in die Bewegungsgleichung eingehenden Beschleunigung.

Bei thermischen Vorgängen herrscht eine völlig andere Situation. In der Regel ist der zu einem thermischen Prozeß umgekehrte Vorgang, bei dem dieselben Zustände in entgegengesetzter Reihenfolge durchlaufen werden, unmöglich. Mit anderen Worten, thermische Prozesse sind im allgemeinen *irreversibel.*

Werden z. B. zwei Körper unterschiedlicher Temperaturen in Berührung gebracht, so strömt vom wärmeren Körper Wärme auf den kälteren über, dagegen kann von selbst keine Wärme vom kälteren Körper auf den wärmeren übergehen.

Auch die im § 59 betrachtete Expansion eines Gases in einen evakuierten Raum ist irreversibel. Nach Öffnung des Ventils verteilt sich das Gas auf beiden Seiten der Trennwand, sammelt sich jedoch niemals von selbst, also ohne äußere Eingriffe, wieder in einer Hälfte des Gefäßes an.

Allgemein hat jedes sich selbst überlassene System von Körpern die Tendenz, in den Zustand des Wärmegleichgewichts überzugehen, in dem die Körper relativ zueinander ruhen und ihre Temperaturen und Drücke gleich sind. Ein System, das diesen Zustand erreicht hat, kann ihn niemals von selbst verlassen. Mit anderen Worten, alle thermischen Erscheinungen, die mit einer Annäherung an den Gleichgewichtszustand zusammenhängen, sind irreversibel.

So sind alle Prozesse irreversibel, die mit einer Reibung zwischen sich bewegenden Körpern verbunden sind. Die Reibung bewirkt, daß sich die Bewegung immer mehr verlangsamt, wobei kinetische Energie in Wärme übergeht. Das bedeutet jedoch, daß eine Annäherung an den Gleichgewichtszustand stattfindet, in dem keine Bewegung mehr vorhanden ist. Aus demselben Grunde ist der Joule-Thomson-Prozeß irreversibel, bei dem das Gas durch ein Hindernis mit starker Reibung hindurchströmt.

Alle in der Natur ablaufenden thermischen Prozesse sind in gewissem Grade irreversibel. In manchen Fällen ist jedoch der Grad der Irreversibilität derart unbedeutend, daß in sehr guter Näherung von Reversibilität gesprochen werden kann.

Um Reversibilität zu erreichen, muß man möglichst alle im entsprechenden System ablaufenden Prozesse ausschließen, die mit einer Annäherung an den Zustand des Wärmegleichgewichts zusammenhängen. So dürfen kein spontaner Wärmeübergang von einem wärmeren auf einen kälteren Körper sowie keine Reibung zwischen sich bewegenden Körpern im Spiel sein.

Ein Beispiel für einen hochgradig (im Idealfall vollständig) reversiblen Prozeß ist die im § 59 betrachtete adiabatische Expansion bzw. Kompression eines Gases. Ein spontan verlaufender Wärmeaustausch mit der Umgebung wird durch die Bedingung der Wärmeisolation ausgeschlossen. Ebensowenig ist auf Grund der Bedingung, daß der Kolben genügend langsam bewegt werden soll, eine irreversible Expansion des Gases in einen evakuierten Raum beteiligt. Bei zu schneller Kolbenbewegung würde dieser Prozeß auftreten. Die Bedeutung der erwähnten Bedingung besteht darin, solche Prozesse auszuschließen. Selbstverständlich ist es auch in diesem Falle praktisch nicht möglich, sämtliche irreversiblen Vorgänge (unvollständige Wärmeisolation des Gefäßes, Reibung bei der Kolbenbewegung) vollständig zu vermeiden.

Für einen reversiblen Prozeß ist der „langsame“ Ablauf allgemein charakteristisch. Das ist so zu verstehen, daß sich die an einem solchen Prozeß beteiligten Körper zu jedem Zeitpunkt im Gleichgewichtszustand befinden müssen, der den gerade herrschenden äußeren Bedingungen entspricht (z. B. muß bei einer Expansion das Gas dem Kolben folgen, also sich gleichmäßig über das gesamte Volumen verteilen können). Vollständige Reversibilität ist nur im Idealfall beliebig langsamer Prozeßführung erreichbar. Schon aus diesem Grunde kann kein realer, mit endlicher Geschwindigkeit ablaufender Prozeß vollständig reversibel sein.

Wie bereits gesagt wurde, gehen in einem im Gleichgewichtszustand befindlichen System von Körpern keinerlei Prozesse vor sich, so lange keine äußeren

Störungen vorhanden sind. Diese Feststellung muß auch unter dem folgenden Gesichtspunkt gesehen werden. Mit Hilfe von Körpern, die untereinander im Gleichgewichtszustand stehen, kann keine Arbeit geleistet werden, da Arbeit mit mechanischer Bewegung, also mit einer Überführung der Energien der Körper in kinetische Energie zusammenhängt.

Dieser außerordentlich wichtige Satz, der besagt, daß auf Kosten der Energie von Körpern, zwischen denen Wärmegleichgewicht besteht, keine Arbeit gewonnen werden kann, ist als eine Fassung des *zweiten Hauptsatzes der Thermodynamik* anzusehen. In unserer Umgebung befinden sich ständig bedeutende Vorräte thermischer Energien, wobei jedoch annähernd Wärmegleichgewicht besteht. Eine lediglich auf Kosten der Energien von Körpern, zwischen denen Wärmegleichgewicht herrscht, arbeitende Maschine wäre ein „Perpetuum mobile". Der zweite Hauptsatz sagt also aus, daß es kein sogenanntes *Perpetuum mobile zweiter Art* gibt. Dieses unterscheidet man vom sogenannten *Perpetuum mobile erster Art*, das Arbeit aus nichts, also ohne äußere Energiequelle, erzeugen würde und dessen Existenz durch den *ersten Hauptsatz der Thermodynamik* (Energieerhaltungssatz) ausgeschlossen wird.

§ 63. Carnotscher Kreisprozeß

Wie wir gesehen haben, kann Arbeit nur mit Hilfe eines Systems von Körpern, zwischen denen kein Wärmegleichgewicht besteht, geleistet werden.

Schematisch stellen wir uns ein solches System als aus zwei Körpern mit unterschiedlichen Temperaturen bestehend vor. Bringt man beide unmittelbar in Berührung, so geht zwar Wärme vom wärmeren Körper auf den kälteren über, jedoch wird dabei keine Arbeit geleistet. Der Wärmeübergang vom wärmeren zum kälteren Körper stellt einen irreversiblen Prozeß dar. In diesem Beispiel zeigt sich die allgemeine Regel, daß die Leistung einer Arbeit durch irreversible Prozesse behindert wird.

Um mit Hilfe des betrachteten Systems die größtmögliche Arbeit zu erhalten, muß ein geeigneter Prozeß möglichst reversibel geführt werden. Das bedeutet, daß möglichst alle irreversiblen Prozesse zu vermeiden sind und nur solche Vorgänge in Frage kommen, die in beiden Richtungen gleichermaßen ablaufen können.

Die beiden zum betrachteten System gehörenden Körper mögen die Temperaturen T_1 und T_2 besitzen ($T_2 > T_1$). Wir werden sie im folgenden einfach als oberes bzw. unteres Wärmebad bezeichnen. Da ein unmittelbarer Wärmeaustausch zwischen beiden Körpern für unser Vorhaben nicht in Frage kommt, müssen wir, um Arbeit zu erhalten, einen dritten Körper einschalten, den wir als Arbeitssubstanz bezeichnen wollen. Darunter können wir uns ein mit einem Kolben abgeschlossenes zylinderförmiges Gefäß vorstellen, in dem sich ein Gas befindet.

Die mit der Arbeitssubstanz vor sich gehende Zustandsänderung stellen wir im V, p-Diagramm dar (Abb. 80). Der Anfangszustand des Gases (Temperatur T_2) werde durch den Punkt A repräsentiert. Wir bringen nun die Arbeitssubstanz mit dem oberen Wärmebad (Temperatur T_2) in Berührung und dehnen das Gas aus. Dabei entnimmt es dem Wärmebad eine bestimmte Wärmemenge, und seine Temperatur bleibt während dieses Vorgangs unverändert gleich T_2 (der Wärmevorrat des Wärmebades sei so groß, daß sich seine Temperatur nicht verändert, wenn dem Gas eine bestimmte kleine Wärmemenge übertragen wird). Diese isotherme Expansion des Gases ist reversibel, da Wärmeübertragung zwischen Körpern gleicher Temperatur stattfindet. In Abb. 80 wird dieser Vorgang durch die Isotherme AB dargestellt.

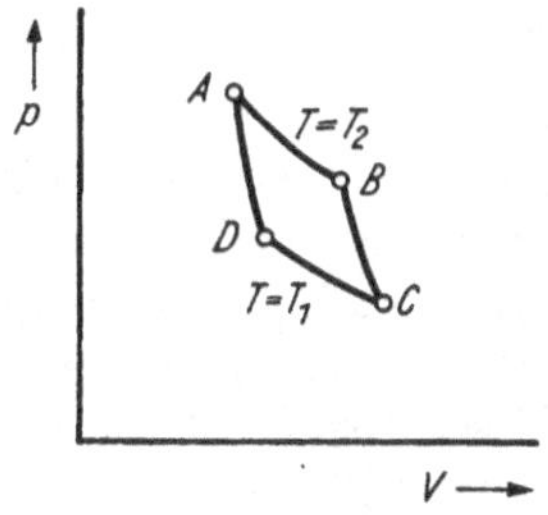

Abb. 80

Anschließend wird die Arbeitssubstanz vom oberen Wärmebad getrennt und weiter (adiabatisch) ausgedehnt. Dabei kühlt sich das Gas ab. Diese Ausdehnung wird fortgesetzt, bis im Gas dieselbe Temperatur T_1 wie im unteren Wärmebad herrscht. In Abb. 80 wird dieser Prozeß durch die Adiabate BC dargestellt. Sie fällt steiler ab als die Isotherme AB, da der Druck bei adiabatischer Expansion schneller sinkt als bei isothermer Expansion.

Im Anschluß daran wird die Arbeitssubstanz mit dem unteren Wärmebad in Berührung gebracht und isotherm (bei der Temperatur T_1) komprimiert. Dabei gibt die Arbeitssubstanz eine bestimmte Wärmemenge an das untere Wärmebad ab. Trennt man schließlich die Arbeitssubstanz vom unteren Wärmebad und komprimiert sie adiabatisch, so kann sie in ihren Anfangszustand zurückgeführt werden (dazu ist erforderlich, daß der Punkt D, also das Volumen, bis zu dem die isotherme Kompression CD geführt wird, in geeigneter Weise gewählt wird).

Die Arbeitssubstanz durchläuft also einen Kreisprozeß. Sie kehrt in ihren Anfangszustand zurück, leistet jedoch insgesamt eine bestimmte Arbeit, die gleich dem Inhalt der durch die Kurve $ABCDA$ begrenzten Fläche ist. Die Erzeugung einer von Null verschiedenen Arbeit ist darauf zurückzuführen, daß dem oberen Wärmebad mehr Wärme entnommen als dem unteren zugeführt wird. Da der betrachtete Kreisprozeß in allen seinen Teilen reversibel ist, stellt die dabei geleistete Arbeit die maximal mögliche Arbeit dar (bei einer vorgegebenen bestimmten Wärmemenge, die die Arbeitssubstanz aus dem oberen Wärmebad aufnimmt).

Der beschriebene Vorgang heißt CARNOT*scher Kreisprozeß*. Wie wir gesehen haben, besteht also im Prinzip die Möglichkeit, mit Hilfe von zwei Körpern verschiedener Temperatur unter Einschaltung eines dritten in reversibler Weise Arbeit zu leisten. Da diese die maximal mögliche ist, hängt sie nicht von den Eigenschaften der Arbeitssubstanz ab.

Man bezeichnet das Verhältnis der geleisteten Arbeit zu der dem oberen Wärmebad entnommenen Energie als *Nutzeffekt* η *einer Wärmekraftmaschine*. Wie wir gesehen haben, ist der CARNOTsche Nutzeffekt der maximal mögliche

Nutzeffekt einer Wärmekraftmaschine, die zwischen zwei Wärmebehältern vorgegebener Temperaturen arbeitet. Man kann zeigen, daß er

$$\eta_{\max} = \frac{T_2 - T_1}{T_2}$$

ist.

Der Nutzeffekt ist also selbst im Idealfall einer vollständig reversibel arbeitenden Wärmekraftmaschine kleiner als 1. Der Bruchteil T_1/T_2 der dem oberen Wärmebad entnommenen Energie wird nicht zur Leistung einer Arbeit ausgenutzt und dem unteren Wärmebad in Form von Wärme wieder zugeführt. Dieser Bruchteil ist um so kleiner, je größer (bei vorgegebenem T_1) die Temperatur T_2 ist. Die Temperatur T_1 ist gewöhnlich die Temperatur der die Maschine umgebenden Luft, die natürlich nicht herabgesetzt werden kann. Um den Bruchteil der nicht ausgenutzten Energie möglichst klein zu halten, arbeitet man in der Technik bei einer möglichst hohen Temperatur T_2.

Der Nutzeffekt η einer realen Wärmekraftmaschine ist stets kleiner als $\eta_{\max}$, da gewisse irreversible Vorgänge unvermeidlich sind. Die ,,Vollkommenheit" einer realen Wärmekraftmaschine läßt sich durch das Verhältnis $\eta/\eta_{\max}$ charakterisieren, wobei sich η und $\eta_{\max}$ auf dieselben Temperaturen des Energiereservoirs bzw. des Kühlmittels beziehen. Man kann auch sagen, daß diese Größe gleich dem Verhältnis der von einer Wärmekraftmaschine tatsächlich geleisteten Arbeit zu der bei vollständiger Reversibilität maximal erreichbaren ist.

§ 64. Natur der Irreversibilität

Alle thermischen Erscheinungen gehen letztlich auf die mechanische Bewegung der Atome und Moleküle eines Körpers zurück. Daher scheint zwischen der Irreversibilität thermischer Prozesse und der Reversibilität der mechanischen Bewegung ein Widerspruch zu bestehen, der sich jedoch bei genauerer Betrachtung auflöst.

Wir stellen uns einen Körper vor, der an einem anderen entlanggleitet. Diese Bewegung verlangsamt sich nach und nach infolge der Reibung, und das Gesamtsystem geht schließlich in den Gleichgewichtszustand über, in dem keine Bewegung mehr vorhanden ist. Dabei geht die kinetische Energie des sich bewegenden Körpers in Wärme über, also in kinetische Energie der sich chaotisch bewegenden Moleküle beider Körper. Dieser Übergang von kinetischer Energie in Wärme ist offenbar auf unzählig viele Arten realisierbar, denn für die Verteilung der kinetischen Energie des Körpers auf die riesige Menge der Moleküle sind unzählig viele Fälle möglich. Mit anderen Worten, für den Gleichgewichtszustand, in dem keine makroskopische Bewegung vorhanden ist, gibt es eine unvergleichlich größere Zahl von Realisierungsmöglichkeiten als für den Zustand, in dem ein bedeutender Teil der Energie als kinetische Energie einer geordneten Bewegung, nämlich der Bewegung des Körpers als Ganzem, fungiert.

Dem Übergang aus einem Nichtgleichgewichtszustand in einen Gleichgewichtszustand entspricht also ein Übergang aus einem Zustand mit einer kleineren Zahl von Realisierungsmöglichkeiten in einen Zustand mit einer unvergleichlich größeren Zahl von Realisierungsmöglichkeiten. Es ist klar, daß der Zustand eines Körpers (oder eines Systems von Körpern) mit der größten Zahl von Realisierungsmöglichkeiten der wahrscheinlichste Zustand ist; das ist aber gerade der Zustand des Wärmegleichgewichts. Ein sich selbst überlassenes (d. h. abgeschlossenes) System, das sich zu einem bestimmten Zeitpunkt nicht im Gleichgewichtszustand befindet, hat die Tendenz, im Laufe der Zeit mit außerordentlich großer Wahrscheinlichkeit in einen Zustand mit unvergleichlich mehr Realisierungsmöglichkeiten überzugehen; das ist aber gerade der Zustand des Wärmegleichgewichts.

Umgekehrt besteht eine außerordentlich kleine Wahrscheinlichkeit dafür, daß ein im Gleichgewichtszustand befindliches abgeschlossenes System diesen von selbst verläßt.

Aus dem Gesagten ergibt sich der *Wahrscheinlichkeitscharakter* der Irreversibilität thermischer Prozesse. Ein selbständiger Übergang eines Körpers vom Gleichgewichtszustand in einen Nichtgleichgewichtszustand ist strenggenommen nicht unmöglich, sondern nur außerordentlich unwahrscheinlicher als der Übergang von einem Nichtgleichgewichtszustand in den Gleichgewichtszustand. Letztlich hängt die Irreversibilität thermischer Prozesse damit zusammen, daß die betrachteten Körper aus einer riesigen Zahl von Teilchen (Molekülen) bestehen.

Die Betrachtung der Expansion eines Gases in einen evakuierten Raum gestattet es, eine Vorstellung über die Geringfügigkeit der Wahrscheinlichkeit dafür, daß ein Körper den Gleichgewichtszustand von selbst verläßt, zu erhalten. Das Gas befinde sich im Anfangszustand in einer Gefäßhälfte, die durch eine Wand von der anderen getrennt ist. Öffnet man ein in der Wand angebrachtes Ventil, so verteilt sich das Gas gleichmäßig auf den ganzen Raum des Gefäßes. Es wird sich jedoch nicht wieder von selbst, ohne äußeren Eingriff, in einer bestimmten Gefäßhälfte ansammeln. Jedes der sich bewegenden Gasteilchen befindet sich im Mittel gleich lange auf jeder Seite der Wand, d. h., die Wahrscheinlichkeit, es auf einer bestimmten Seite anzutreffen, ist gleich $1/2$. Beim idealen Gas bewegen sich die Molekeln unabhängig voneinander. Deshalb ist in diesem Falle die Wahrscheinlichkeit, zwei bestimmte Molekeln gleichzeitig in derselben Gefäßhälfte vorzufinden, gleich $1/2 \cdot 1/2 = 1/2^2$. Die Wahrscheinlichkeit dafür, daß sich alle N Gasteilchen in einer bestimmten Gefäßhälfte befinden, ist dann gleich 2^{-N}. Diese Wahrscheinlichkeit ist z. B. für die verhältnismäßig kleine Gasmenge von 10^{20} Molekeln verschwindend klein, und zwar $2^{-10^{20}} \approx 10^{-3 \cdot 10^{19}}$. Das betrachtete Ereignis müßte im Laufe einer Zeit, die durch die Zahl $10^{3 \cdot 10^{19}}$ charakterisiert ist, im Mittel einmal vorkommen. Dabei ist es gleichgültig, ob es sich um Sekunden oder z. B. Jahre handelt; sogar die Existenzzeit der Erde ist klein gegenüber dieser Zeit.

Wie eine entsprechende Rechnung zeigt, ist die Wahrscheinlichkeit dafür, daß die Wärmemenge 1 erg von selbst von einem Körper der Temperatur 0 °C auf einen Körper der Temperatur 1 °C übergeht, ebenfalls verschwindend klein ($10^{-3 \cdot 10^{10}}$).

Wie diese Beispiele zeigen, besteht dafür, daß sich die Richtung eines thermischen Prozesses von selbst umkehrt, nur eine abstrakte Möglichkeit. Die entsprechenden Wahrscheinlichkeiten sind derart klein, daß man sagen kann, daß die Irreversibilität den thermischen Prozessen grundsätzlich eigen ist.

Der Wahrscheinlichkeitscharakter der Irreversibilität kommt darin zum Ausdruck, daß in der Natur dennoch selbständige Abweichungen vom Gleichgewicht vorkommen, die allerdings sehr geringfügig sind und nur sehr kurzzeitig auftreten. Man bezeichnet sie als *Fluktuationen*. Zum Beispiel sind Dichte und Temperatur in kleinen Bereichen eines im Gleichgewicht befindlichen Körpers nicht exakt konstant, sondern unterliegen gewissen, allerdings äußerst geringfügigen Schwankungen. Beispielsweise schwankt die Temperatur von 1 mg Wasser, das sich bei Zimmertemperatur im Gleichgewicht befindet, um größenordnungsmäßig 10^{-8} Grad. Allerdings gibt es auch Erscheinungen, bei denen Fluktuationen eine bedeutende Rolle spielen.

§ 65. Entropie

Ein Maß für den thermischen Zustand eines Körpers, mit dem seine Tendenz, in einen anderen Zustand überzugehen, beschrieben werden kann, ist die Zahl seiner mikroskopischen Realisierungsmöglichkeiten. Man nennt diese Zahl das *statistische Gewicht* des Zustandes, das wir mit Γ bezeichnen wollen. Ein sich selbst überlassener Körper hat die Tendenz, in den Zustand mit dem größten statistischen Gewicht überzugehen.

Als geeignetes Maß für einen Zustand hat sich jedoch nicht Γ selbst, sondern der mit der Boltzmann-Konstanten k multiplizierte Logarithmus von Γ erwiesen. Die so entstehende Größe heißt *Entropie* S:

$$S = k \ln \Gamma .$$

Man erhält die Zahl Γ der Realisierungsmöglichkeiten des Zustandes eines Systems, das aus zwei Körpern mit den entsprechenden Zahlen Γ_1 und Γ_2 besteht, offenbar durch Multiplikation von Γ_1 mit Γ_2:

$$\Gamma = \Gamma_1 \Gamma_2 .$$

Daher gilt

$$S = k \ln \Gamma = k \ln \Gamma_1 + k \ln \Gamma_2 = S_1 + S_2 .$$

Wie wir sehen, ist die Entropie eines zusammengesetzten Systems gleich der Summe der Entropien seiner Teile (diese Eigenschaft ist eine Folge der Tatsache, daß die Entropie oben als Logarithmus des statistischen Gewichts definiert wurde).

Wir können nun das Gesetz über die Richtung thermischer Prozesse als *Satz über die Entropiezunahme* formulieren: Bei allen in einem abgeschlossenen System ablaufenden thermischen Prozessen nimmt die Entropie des Systems zu; sie erreicht im Zustand des Wärmegleichgewichts ihr Maximum. Dieser Satz stellt eine quantitative Fassung des *zweiten Hauptsatzes der Thermodynamik* dar, die von CLAUSIUS gefunden und von BOLTZMANN molekularkinetisch begründet wurde.

Man kann umgekehrt sagen, daß jeder Prozeß, bei dem die Entropie eines abgeschlossenen Systems von Körpern zunimmt, irreversibel ist; je stärker die Entropie zunimmt, desto höher ist der Grad der Irreversibilität. Dem Idealfall eines vollständig reversiblen Prozesses entspricht der Fall, daß die Entropie eines abgeschlossenen Systems konstant bleibt.

Der Begriff „Zahl der mikroskopisch möglichen Fälle" wird in der *statistischen Physik* genau definiert. Das ist erforderlich, um die Entropie eines Körpers in einem bestimmten Zustand berechnen zu können und ihren Zusammenhang mit anderen Größen zu erhalten.

Eine tiefere theoretische Analyse gestattet es, eine Beziehung aufzustellen, die die Grundlage der thermodynamischen Anwendungen des Entropiebegriffs bildet. Sie verbindet die Entropieänderung $\mathrm{d}S$ bei einer infinitesimal kleinen reversiblen Zustandsänderung eines Körpers mit der bei diesem Prozeß vom Körper aufgenommenen Wärmemenge $\mathrm{d}Q$ (dabei sprechen wir natürlich von einem nicht abgeschlossenen Körper, so daß die Reversibilität des betrachteten Prozesses nicht bedeutet, daß die Entropie konstant bleibt). Sie besitzt die Form

$$\mathrm{d}S = \frac{dQ}{T},$$

wobei T die Temperatur des Körpers bedeutet.

Die Tatsache, daß ein Zusammenhang zwischen $\mathrm{d}S$ und $\mathrm{d}Q$ existiert, ist ganz natürlich. Die einem Körper zugeführte Wärme führt zu einer Verstärkung der thermischen Bewegung seiner Atome, also zu einer Zunahme der Unordnung ihrer Verteilung auf die verschiedenen Zustände der mikroskopischen Bewegung und damit zur Vergrößerung des statistischen Gewichts. Es ist ferner klar, daß die Änderung des thermischen Zustandes eines Körpers infolge Wärmezufuhr durch das Verhältnis der zugeführten Wärmemenge zur gesamten inneren Energie des Körpers zu charakterisieren ist. Daher ist die Änderung um so schwächer, je höher die Temperatur des Körpers ist.

Auf Grund der Beziehung $\mathrm{d}Q = T\,\mathrm{d}S$ ergibt sich insbesondere der im § 63 angegebene Ausdruck für den Nutzeffekt des CARNOTschen Kreisprozesses. Wie wir sahen, sind daran drei Körper beteiligt, nämlich das obere Wärmebad, das untere Wärmebad (Kühlmittel) und die Arbeitssubstanz. Da die letztere in ihren Anfangszustand zurückkehrt, nimmt auch ihre Entropie wieder den Anfangswert an. Die Bedingung der Reversibilität (Konstanz der Entropie des Gesamtsystems) führt also zu der Aussage, daß die Summe der Entropien S_1 und S_2 des oberen bzw. unteren Wärmebads konstant sein muß. Wird dem

Kühlmittel die Wärmemenge ΔQ_1 zugeführt und dem oberen Wärmebad die Wärmemenge ΔQ_2 entzogen, so gilt

$$\Delta S_1 + \Delta S_2 = \frac{\Delta Q_1}{T_1} - \frac{\Delta Q_2}{T_2} = 0\,,$$

d. h.

$$\Delta Q_1 = \frac{T_1}{T_2}\,\Delta Q_2\,.$$

Da die bei einem Umlauf geleistete Arbeit gleich $A = \Delta Q_2 - \Delta Q_1$ ist, folgt für den Nutzeffekt

$$\eta = \frac{A}{\Delta Q_2} = 1 - \frac{T_1}{T_2}\,.$$

KAPITEL IX

PHASENUMWANDLUNGEN

§ 66. Phasen

Die Verdampfung einer Flüssigkeit und das Schmelzen eines festen Körpers gehören zur Kategorie der Prozesse, die man als *Phasenumwandlungen* bezeichnet. Für sie ist charakteristisch, daß sie diskontinuierlich ablaufen. Zum Beispiel ändert sich der thermische Zustand von Eis bei einer Erwärmung kontinuierlich bis zu einer Temperatur von 0 °C, bei der es sich plötzlich in Wasser verwandelt, das ganz andere Eigenschaften besitzt.

Die Zustände eines Stoffes, zwischen denen Phasenumwandlungen vor sich gehen können, bezeichnet man als seine *Phasen*. Gasförmiger, flüssiger und fester Aggregatzustand sind also verschiedene Phasen. Zum Beispiel stellen Eis, Wasser und Wasserdampf verschiedene Phasen desselben Stoffes dar. Dieser Begriff wird aber nicht nur auf die verschiedenen Aggregatzustände angewandt. Wir werden sehen, daß innerhalb desselben Aggregatzustandes verschiedene Phasen existieren können.

Hervorzuheben ist der folgende Umstand. Wird von der festen Phase eines Stoffes gesprochen (zur Unterscheidung von der flüssigen Phase), so bezieht sich das nur auf den kristallinen festen Zustand. Ein amorpher fester Körper verwandelt sich unter dem Einfluß einer Erwärmung durch allmähliches Erweichen ohne jede Diskontinuität in eine Flüssigkeit (das wurde bereits im § 52 besprochen). Deshalb ist der amorphe feste Zustand nicht als besondere Phase anzusehen. Zum Beispiel sind festes und flüssiges Glas keine unterschiedlichen Phasen.

Bei vorgegebenem Druck erfolgt eine Phasenumwandlung immer bei einer ganz bestimmten Temperatur. Zum Beispiel beginnt Eis (unter Atmosphärendruck) bei 0 °C zu schmelzen, und unter dem Einfluß einer weiteren Erwärmung ändert sich die Temperatur nicht, bis es sich restlos in Wasser verwandelt hat. Während dieses Prozesses koexistieren die Phasen Eis und Wasser und stehen miteinander in Berührung.

An diesem Beispiel erkennen wir, daß die Temperatur einer Phasenumwandlung als diejenige Temperatur anzusehen ist, bei der zwischen beiden Phasen Wärmegleichgewicht besteht. Bei dieser Temperatur existieren die beiden Phasen unbegrenzt lange, wenn keine äußeren Störungen (z. B. Zufuhr von Wärme) vorhanden sind. Bei Temperaturen oberhalb bzw. unterhalb des Umwandlungspunktes kann dagegen nur eine der Phasen existieren, z. B. die Phase Eis nur unterhalb von 0 °C und die Phase Wasser nur oberhalb von 0 °C (bei Atmosphärendruck).

Bei Veränderung des Druckes ändert sich auch die Temperatur einer Phasenumwandlung. Mit anderen Worten, die Temperatur einer Phasenumwandlung steht in einer ganz bestimmten Abhängigkeit vom zugehörigen Druck. Im sogenannten *Zustandsdiagramm* oder *Phasendiagramm*, auf dessen Koordinatenachsen die Temperatur T und der Druck p abgetragen werden, stellt diese Abhängigkeit eine Kurve dar.

Im folgenden betrachten wir als Beispiel die Phasenumwandlung zwischen Flüssigkeit und Dampf. Die Kurve der Phasenumwandlung (im vorliegenden Fall heißt sie *Verdampfungskurve*) bestimmt die Bedingungen, unter denen Flüssigkeit und Dampf im Gleichgewicht koexistieren können. Sie unterteilt die Koordinatenebene in zwei Teile, die jeweils einer Phase entsprechen (Abb. 81). Da im betrachteten Fall bei fest vorgegebenem Druck bei höheren Temperaturen Dampf und bei tieferen Temperaturen Flüssigkeit existiert, entspricht das rechts von der Kurve liegende Gebiet der gasförmigen und das links von der Kurve liegende Gebiet der flüssigen Phase. Wie bereits gesagt wurde, gehören die auf der Kurve liegenden Punkte zu Zuständen, in denen beide Phasen koexistieren.

Man kann das Zustandsdiagramm außer in der T, p-Ebene auch in der V, p- oder V, T-Ebene zeichnen, wobei V das auf eine bestimmte Stoffmenge bezogene Volumen bedeutet. Wir werden z. B. unter V das spezifische Volumen verstehen, also das Volumen von 1 g Materie (dann ist die Dichte gleich $1/V$).

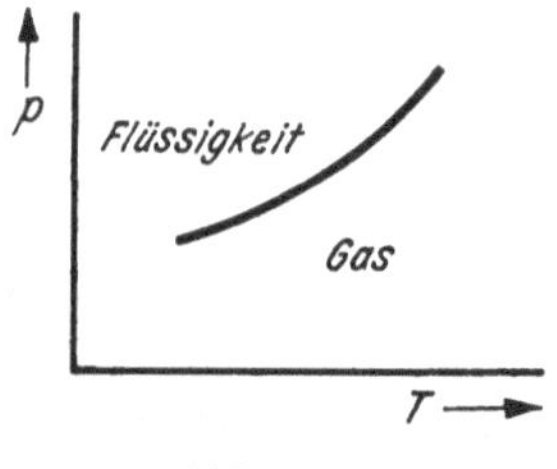

Abb. 81

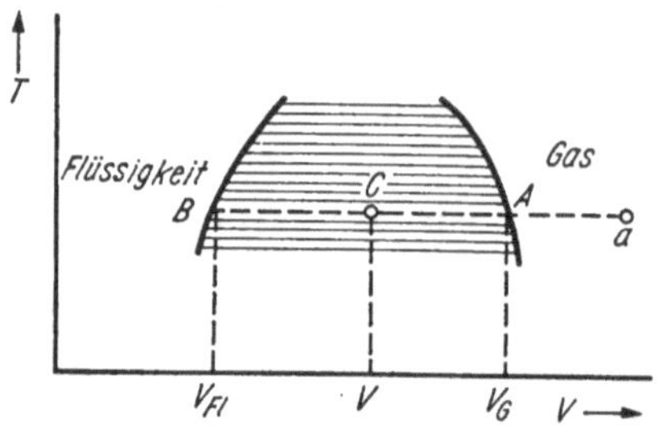

Abb. 82

Wir betrachten das V, T-Diagramm. In Abb. 82 möge der Punkt a den Zustand eines Gases mit einem bestimmten spezifischen Volumen und einer bestimmten Temperatur repräsentieren. Wird das Gas bei konstanter Temperatur komprimiert, so bewegt sich der den Zustand darstellende Punkt auf der zur V-Achse parallelen, durch den Punkt a hindurchgehenden Geraden nach links. Bei einem bestimmten Druck, dem das spezifische Volumen V_G entspricht (Punkt A), beginnt die Kondensation des Gases zur Flüssigkeit. Wird die Kompression fortgesetzt, so nimmt die Menge der Flüssigkeit zu und die des Gases ab, bis der definierte Punkt B erreicht ist, in dem sich das Gas restlos in eine Flüssigkeit mit dem spezifischen Volumen V_{Fl} verwandelt hat.

Die spezifischen Volumina V_G und V_{Fl} des Gases bzw. der Flüssigkeit sind Funktionen der Temperatur, bei der sich die Umwandlung vollzieht. Stellt man diese beiden Funktionen durch entsprechende Kurven dar, so erhält man ein Zustandsdiagramm der in Abb. 82 gezeigten Form. Das rechts bzw. links vom schraffierten Teil liegende Gebiet entspricht der gasförmigen bzw. flüssigen Phase. In dem zwischen den beiden Kurven liegenden schraffierten Gebiet findet eine Zerlegung in zwei Phasen statt. Dieser Teil des Diagramms ist absichtlich horizontal schraffiert, denn die Schnittpunkte A und B der Kurven mit einer horizontalen Geraden, die durch einen Punkt C des schraffierten Gebiets hindurchgeht, bestimmen die spezifischen Volumina der in diesem Punkt koexistierenden Phasen Flüssigkeit und Dampf.

Offenbar entsprechen den auf der Strecke AB liegenden Punkten Gleichgewichtszustände zwischen den Phasen Flüssigkeit und Dampf, deren Mengenverhältnis von Punkt zu Punkt verschieden ist. Die zum Punkt C gehörende Dampf- bzw. Flüssigkeitsmenge sei gleich x bzw. $1 - x$. Dann ist das Gesamtvolumen des Systems (bezogen auf 1 g)

$$V = x\, V_G + (1 - x)\, V_{Fl}\,,$$

woraus folgt

$$x = \frac{V - V_{Fl}}{V_G - V_{Fl}}, \qquad 1 - x = \frac{V_G - V}{V_G - V_{Fl}}\,.$$

Das Verhältnis dieser beiden Größen ergibt sich also zu

$$\frac{x}{1 - x} = \frac{V - V_{Fl}}{V_G - V} = \frac{B\,C}{A\,C}\,.$$

Wie wir sehen, ist die dem Punkt C entsprechende Dampf- bzw. Flüssigkeitsmenge umgekehrt proportional dem Abstand zwischen C und dem Punkt A bzw. B, in dem lediglich die Phase Dampf bzw. Flüssigkeit existiert.

Trägt man an Stelle der Temperatur auf der Ordinate den Druck ab, so ergibt sich ein ganz ähnliches Zustandsdiagramm. Dagegen hat ein T, p-Diagramm eine ganz andere Form. Das der Zerlegung in zwei Phasen entsprechende Gebiet stellt im T, p-Diagramm eine Linie dar, im V, T- und V, p-Diagramm jedoch einen endlichen Bereich. Dieser Unterschied besteht, weil miteinander im Gleichgewicht stehende Phasen gemäß den allgemeinen Bedingungen des Wärmegleichgewichts unbedingt dieselben Temperaturen und Drücke besitzen müssen, während ihre spezifischen Volumina unterschiedlich sein können.

Unter allen in der Natur vorkommenden Stoffen ist Helium derjenige, der sich bei der tiefsten Temperatur in eine Flüssigkeit umwandelt (auf die Erstarrung des Heliums werden wir im § 72 zurückkommen). Wolfram ist das chemische Element mit dem bei der höchsten Temperatur liegenden Schmelz- und Siedepunkt.

Die folgende Tabelle enthält die Schmelz- und Siedepunkte einiger Stoffe (bei Atmosphärendruck).

	Schmelzpunkt in °C	Siedepunkt in °C
Helium (Isotop ^3He)	—	−270,0 (3,2 °K)
Helium (Isotop ^4He)	—	−268,9 (4,2 °K)
Wasserstoff	−259,2 (14 °K)	−252,8 (20,4 °K)
Sauerstoff	−219	−183
Äthylalkohol	−117	78,5
Äthyläther	−116	34,5
Quecksilber	− 38,9	356,6
Blei	327	1750
Aluminium	660	2330
NaCl	804	1413
Silber	961	2193
Kupfer	1083	2582
Eisen	1535	2800
Quarz	1728	2230
Platin	1769	4000
Wolfram	3380	6000

§ 67. Clapeyron-Clausiussche Gleichung

Bei der Phasenumwandlung eines Stoffes wird immer eine bestimmte Wärmemenge verbraucht bzw. frei, die man als *Umwandlungswärme* bezeichnet. Man spricht im Falle der Umwandlung einer Flüssigkeit in ein Gas von der Verdampfungswärme und im Falle der Umwandlung eines Festkörpers in eine Flüssigkeit von der Schmelzwärme.

Da der Druck bei einer Phasenumwandlung konstant ist, ergibt sich die Umwandlungswärme für den Übergang aus der Phase 1 in die Phase 2 als Differenz der Enthalpien W_1 und W_2 des Stoffes in den entsprechenden Phasen (s. § 56):

$$q_{12} = W_2 - W_1 .$$

Wird bei einer bestimmten Phasenumwandlung Wärme verbraucht, so wird beim entgegengesetzten Übergang Wärme freigesetzt; es gilt also $q_{12} = -q_{21}$.

Beim Schmelzen und Verdampfen wird Wärme verbraucht. Das folgt aus einer allgemeinen Regel, wonach bei einer unter Erwärmung ablaufenden Phasenumwandlung immer Wärme verbraucht wird. Diese Regel ergibt sich ihrerseits aus dem Le Chatelierschen Prinzip, nach dem durch Erwärmung Prozesse ausgelöst werden, bei denen Wärme verbraucht wird und die damit dem äußeren Zwang auszuweichen suchen.

Auf Grund des Le Chatelierschen Prinzips findet man auch den Zusammenhang zwischen dem Verlauf der Kurve des Phasengleichgewichts in der T, p-

Ebene einerseits und der Volumenänderung bei der Phasenumwandlung andererseits.

Als Beispiel betrachten wir ein System, das aus den miteinander im Gleichgewicht stehenden Phasen Flüssigkeit und Dampf besteht, und stellen uns vor, daß es einer Kompression unterworfen wird, so daß der Druck im System zunimmt. Dadurch müssen im System Prozesse ausgelöst werden, die sein Volumen verkleinern. Da die Umwandlung von Dampf in Flüssigkeit immer mit einer Volumenabnahme verbunden ist, bedeutet das, daß der Dampf kondensiert. Das der flüssigen Phase entsprechende Gebiet muß also oberhalb der Gleichgewichtskurve liegen (Abb. 83). Andererseits existiert die flüssige Phase bei tieferen Temperaturen als die gasförmige. Daraus können wir schließen, daß die das Gleichgewicht zwischen Flüssigkeit und Gas beschreibende Kurve den in Abb. 83a dargestellten Verlauf haben muß. Dagegen kommt die in Abb. 83b gezeigte Form nicht in Frage, weil die Umwandlungstemperatur mit steigendem Druck zunehmen muß.

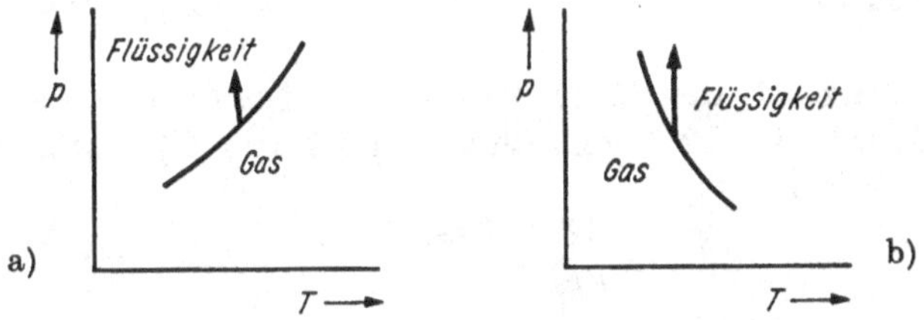

Abb. 83

Es ist klar, daß die Umwandlungstemperatur immer in dieser Weise vom Druck abhängen muß, wenn der Übergang in die bei der höheren Temperatur stabile Phase mit einer Volumenzunahme zusammenhängt. Zum Beispiel erhöht sich der Siedepunkt gewöhnlich mit steigendem Druck, da das Volumen beim Schmelzen in der Regel anwächst. Einige Stoffe (z. B. Eis, Gußeisen, Wismut) zeichnen sich jedoch dadurch aus, daß ihr Volumen beim Schmelzvorgang abnimmt. In diesen Fällen ergibt sich bei zunehmendem Druck eine Schmelzpunkterniedrigung.

Alle diese qualitativ erhaltenen Resultate lassen sich quantitativ mit Hilfe einer Formel ausdrücken, die die Steigung der Kurve des Phasengleichgewichts mit der Umwandlungswärme und der Volumenänderung der Umwandlung verbindet.

Zur Ableitung dieser Formel gehen wir davon aus, daß mit einer bestimmten Stoffmenge ein CARNOTscher Kreisprozeß geführt wird, bei dem die betrachtete Arbeitssubstanz isotherm beim Druck p aus der Phase 2 in die Phase 1 und umgekehrt isotherm beim Druck $p + \mathrm{d}p$ aus der Phase 1 in die Phase 2 verwandelt wird. Diese Umwandlungen werden im V, p-Diagramm (Abb. 84) durch die Abschnitte *ab* und *cd* repräsentiert. Die „Seitenstücke" *bc* und *da* müßten strenggenommen Adiabaten darstellen. Im vorliegenden Fall, in dem die Isothermen infinitesimal eng benachbart liegen, ist jedoch ihr genauer Verlauf ohne Bedeutung, weil er die umlaufene Fläche, d. h. die beim Kreisprozeß geleistete Arbeit, die gleiche $(V_2 - V_1)\,\mathrm{d}p$ ist, nicht beeinflußt. Andererseits muß die geleistete Arbeit gleich dem Produkt der auf der Isothermen *cd* aufgewandten Wärmemenge q_{12} mit dem Nutzeffekt des CARNOTschen Kreisprozesses sein. Während q_{12} die Wärme der Umwandlung aus der Phase 1 in die Phase 2 darstellt, ist der Nutzeffekt durch das Verhältnis $\mathrm{d}T/T$ gegeben, wobei $\mathrm{d}T$ die Differenz der Temperaturen der beiden Isothermen bedeutet. Es folgt also

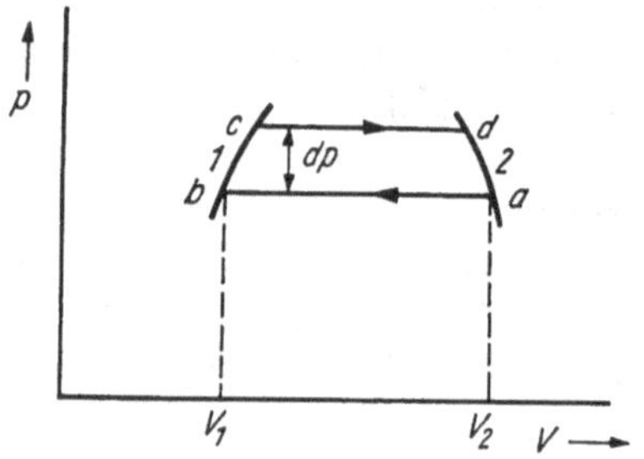

Abb. 84

$$(V_2 - V_1)\,\mathrm{d}p = q_{12}\frac{\mathrm{d}T}{T}.$$

Daraus ergibt sich

$$\frac{\mathrm{d}p}{\mathrm{d}T} = \frac{q_{12}}{T\,(V_2 - V_1)}.$$

Diese Beziehung ist die CLAPEYRON-CLAUSIUS*sche Gleichung*, welche die Steigung der Kurve des Phasengleichgewichts $p = p(T)$ bestimmt. Man kann sie auch in der Form

$$\frac{\mathrm{d}T}{\mathrm{d}p} = \frac{T\,(V_2 - V_1)}{q_{12}}$$

schreiben, wobei die Umwandlungswärme als Funktion des Druckes aufzufassen ist. In den angegebenen Formeln sind die Volumina V_1 und V_2 der beiden Phasen und die Wärmemenge q_{12} auf dieselbe Stoffmenge (z. B. auf 1 g oder 1 mol) zu beziehen.

Wir heben die Tatsache hervor, daß die Ableitung $\mathrm{d}p/\mathrm{d}T$ der Volumendifferenz $V_2 - V_1$ umgekehrt proportional ist. Schmelzkurven verlaufen bedeutend steiler als Verdampfungskurven, da die Volumenänderung bei der Verdampfung groß und beim Schmelzen klein ist. Zum Beispiel genügt bei Wasser zu einer Siedepunkterniedrigung um 1 grd eine Druckverkleinerung um 27 Torr, während eine Schmelzpunkterniedrigung um 1 grd bei Eis eine Druckerhöhung um 130 atm erforderlich macht.

§ 68. Verdampfung

Man bezeichnet Dampf, der mit der entsprechenden Flüssigkeit im Gleichgewicht steht, als *gesättigten Dampf* und seinen Druck als *Dampfspannung* oder *Sättigungsdruck*. Man kann also sagen, daß die das Gleichgewicht zwischen Flüssigkeit und Dampf beschreibende Kurve in Abb. 1 die Temperaturabhängigkeit der Dampfspannung angibt.

Mit wachsender Temperatur nimmt die Dampfspannung immer zu. Wie wir gesehen haben, hängt das damit zusammen, daß das Volumen eines Stoffes beim Verdampfen zunimmt, und zwar gewöhnlich sehr stark. So ist das Volumen von Wasserdampf bei 100 °C gleich dem 1600fachen Volumen von Wasser. Beim Sieden von flüssigem Sauerstoff (bei —183 °C) nimmt das Volumen auf etwa das 300fache zu.

Bei genügend tiefen Temperaturen wird die Dichte von gesättigtem Dampf so klein, daß er die Eigenschaften eines idealen Gases annimmt. Liegt dieser Fall vor, so läßt sich in einfacher Weise eine Formel herleiten, die die Temperaturabhängigkeit der Dampfspannung angibt.

Dazu setzen wir in der CLAPEYRON-CLAUSIUSschen Formel

$$\frac{\mathrm{d}p}{\mathrm{d}T} = \frac{q}{T\,(V_G - V_{Fl})}$$

für q die molare Verdampfungswärme und für V_G bzw. V_{Fl} das Molvolumen des Dampfes bzw. der Flüssigkeit ein. Da V_G groß gegen V_{Fl} ist, kann in dieser Formel das Volumen V_{Fl} ganz weggelassen werden. Für das Molvolumen V_G kann der Ausdruck $V_G = R\,T/p$ eingesetzt werden. Damit folgt

$$\frac{\mathrm{d}p}{\mathrm{d}T} = \frac{p\,q}{R\,T^2}$$

oder

$$\frac{1}{p}\frac{\mathrm{d}p}{\mathrm{d}T} = \frac{\mathrm{d}\,(\ln p)}{\mathrm{d}T} = \frac{q}{R\,T^2}\,.$$

Die Verdampfungswärme ist zwar temperaturabhängig, kann aber praktisch in großen Temperaturintervallen als konstant angesehen werden (z. B. nimmt die Verdampfungswärme von Wasser im Temperaturintervall von 0 bis 100 °C insgesamt nur um etwa 10% ab). Unter dieser Voraussetzung läßt sich die letzte Gleichung in der Form

$$\frac{\mathrm{d}\,(\ln p)}{\mathrm{d}T} = -\frac{\mathrm{d}}{\mathrm{d}T}\left(\frac{q}{R\,T}\right)$$

schreiben. Daraus folgt

$$\ln p = \mathrm{const} - \frac{q}{R\,T}\,.$$

Man findet schließlich

$$p = c\,\mathrm{e}^{-q/R\,T}\,,$$

wobei c eine Konstante ist. Nach dieser Formel wächst die Dampfspannung sehr stark (exponentiell) mit der Temperatur an.

Die Ursache dieser exponentiellen Abhängigkeit läßt sich folgendermaßen anschaulich verstehen. Die Moleküle einer Flüssigkeit sind durch Kohäsionskräfte aneinander gebunden. Damit diese überwunden werden und Moleküle aus der Flüssigkeit austreten können, muß eine bestimmte Arbeit aufgewandt werden. In der Flüssigkeit ist die potentielle Energie eines Moleküls um die auf ein Molekül bezogene Verdampfungswärme kleiner als im Dampf. Diese

Differenz der potentiellen Energien ist gleich q/L, wobei q die molare Verdampfungswärme und L die Loschmidtsche Zahl bedeuten.

Auf Grund der Boltzmannschen Formel (§ 54) ergibt sich aus der Zunahme der potentiellen Energie eines Moleküls um q/L, daß die Dichte des Gases um den Faktor

$$e^{-q/LkT} = e^{-q/RT}$$

kleiner als die der Flüssigkeit ist. Auch der Dampfdruck ist diesem Ausdruck proportional.

In der folgenden Tabelle geben wir die Verdampfungs- und Schmelzwärmen einiger Stoffe bei Atmosphärendruck an (in Einheiten J/mol).

	q_{Verd}	q_{Schm}
Helium	80	—
Wasser	40500	5980
Sauerstoff	6800	442
Äthylalkohol	39000	4800
Äthyläther	59000	7500
Quecksilber	28000	2350

Wir weisen darauf hin, daß die van der Waalsschen Kräfte zwischen den Molekülen auf Grund der Verdampfungswärmeabgeschätzt werden können (in genügend großer Entfernung vom kritischen Punkt, s. § 69). Wie im § 39 gezeigt wurde, sind diese Kräfte für die Kondensation verantwortlich. Dividiert man q_{Verd} durch die Loschmidtsche Zahl, bezieht man also die Verdampfungswärme auf ein Molekül, so ergibt sich eine Größe, die als Maß für die Tiefe der die van der Waalssche Wechselwirkung beschreibenden Kurve angesehen werden kann. So erhält man für Helium etwa 0,01 eV und für die anderen in der Tabelle angeführten Flüssigkeiten zwischen einem und mehreren zehn Elektronvolt.

Über einer Flüssigkeit befindet sich außer ihrem Dampf unter den üblichen Bedingungen auch Luft, also eine fremde Phase. Das Phasengleichgewicht wird dadurch nur schwach beeinflußt; die Verdampfung dauert an, bis der Dampfpartialdruck gleich der Dampfspannung ist, die der Temperatur der Flüssigkeit entspricht.

Dagegen wird der Vorgang der Verdampfung wesentlich von der Atmosphäre beeinflußt. Der Verdampfungsprozeß verläuft in Abhängigkeit davon, ob bei einer bestimmten Temperatur die Dampfspannung kleiner oder größer als der über der Flüssigkeit herrschende Gesamtdruck ist, völlig unterschiedlich.

Im ersten Falle verdampft die Flüssigkeit verhältnismäßig langsam durch ihre Oberfläche, da der Dampfpartialdruck nahezu augenblicklich die Größe der Dampfspannung erreicht. Der gesättigte Dampf dringt jedoch ziemlich langsam (durch Diffusion) in den umgebenden Raum ein, und erst dann, wenn er sich mit der Luft vermischt hat, vermögen weitere Teile der Flüssigkeit zu verdampfen. Natürlich steigt die Verdampfungsgeschwindigkeit bedeutend, wenn der Dampf von der Oberfläche weggeblasen wird.

Ganz anders verläuft die Verdampfung, wenn die Dampfspannung den Druck der umgebenden Atmosphäre erreicht oder ein wenig übersteigt. In diesem Fall kocht die Flüssigkeit, wobei sich an der Gefäßoberfläche Gasbläschen bilden, die immer größer werden, weil die Flüssigkeit in sie hinein verdampft, sich schließlich von der Gefäßwand ablösen und durch die Flüssigkeit aufsteigen. Von der freien Oberfläche der Flüssigkeit breitet sich dabei ein Strom von Dampf in die umgebende Atmosphäre aus.

Wie wir später sehen werden (s. § 99), kann die Umwandlung einer Flüssigkeit in ein Gas nicht so verstanden werden, daß innerhalb einer reinen Flüssigkeit durch „Urzeugung" Dampfbläschen entstehen. Verantwortlich für die Bildung der gasförmigen Phase sind vielmehr kleinste Bläschen fremder Gase, die an den Gefäßwänden haften oder sich an ihnen bzw. an den in der Flüssigkeit schwebenden Staubkörnchen bilden, wenn die darin gelösten Gase durch Erwärmung vertrieben werden. Der Druck der umgebenden Flüssigkeit verhindert ein Anwachsen dieser Bläschen, solange der Siedepunkt (in dem die Dampfspannung gleich dem äußeren Druck ist) nicht erreicht ist.

Durch Reinigung und Entgasung von Flüssigkeit und Gefäßwänden kann erreicht werden, daß praktisch keine Keime für die Bildung der gasförmigen Phase vorhanden sind (diese können auch durch den Siedevorgang selbst beseitigt werden). In diesem Fall kommt es zur *Überhitzung*, also zum Flüssigbleiben bei Temperaturen oberhalb des Siedepunkts. Soll eine Überhitzung vermieden werden, so bringt man künstliche Dampfbildungszentren (poröse Körper, Stückchen von Glaskapillaren u. a.) in die Flüssigkeit.

Eine überhitzte Flüssigkeit (d. h. eine bei Temperaturen existierende Flüssigkeit, bei denen unter dem entsprechenden Druck bereits die gasförmige Phase erreicht sein müßte) bildet ein Beispiel für einen sog. *metastabilen Zustand*. Man versteht darunter einen Zustand begrenzter Stabilität. Ein solcher Zustand kann zwar (unter Beachtung geeigneter Vorsichtsmaßregeln) eine Zeitlang existieren, jedoch ist sein Gleichgewicht ziemlich leicht zu stören, so daß der entsprechende Stoff in einen anderen, stabilen Zustand übergeht. Zum Beispiel beginnt eine überhitzte Flüssigkeit, in die Dampfbildungskeime gebracht werden, augenblicklich zu sieden.

Ähnliche Erscheinungen gibt es auch beim umgekehrten Prozeß, der Kondensation von Dampf. Auch diese Phasenumwandlung findet (falls der Dampf nicht mit einer Flüssigkeit in Berührung steht) nur statt, wenn der Dampf *Kondensationskeime* enthält. Gewöhnlich sind das kleinste Fremdkörper (im § 99 wird darüber ausführlicher gesprochen). In diesem Falle kommt es zur *Unterkühlung* (bzw. *Übersättigung*) des Dampfes, d. h., der Dampf existiert auch dann, wenn sein Druck die einer bestimmten Temperatur entsprechende Dampfspannung unterschreitet. Solche Zustände werden z. B. erreicht, wenn gründlich gereinigter gesättigter Dampf durch adiabatische Expansion abgekühlt wird.

§ 69. Kritischer Punkt

Mit zunehmender Temperatur steigt die Dampfspannung stark an; dabei wächst auch die Dichte des Dampfes und nähert sich der Dichte der entsprechenden Flüssigkeit. Bei einer bestimmten Temperatur stimmen die Dichten von Dampf und Flüssigkeit überein, so daß diese beiden Phasen nicht mehr unterscheidbar sind. Die Kurve des Gleichgewichts Flüssigkeit—Gas im T, p-Diagramm hört also in einem bestimmten Punkt auf (in Abb. 85 im Punkt K). Man bezeichnet ihn als *kritischen Punkt* und seine Koordinaten als *kritische Temperatur* T_{kr} bzw. *kritischen Druck* p_{kr} der entsprechenden Substanz.

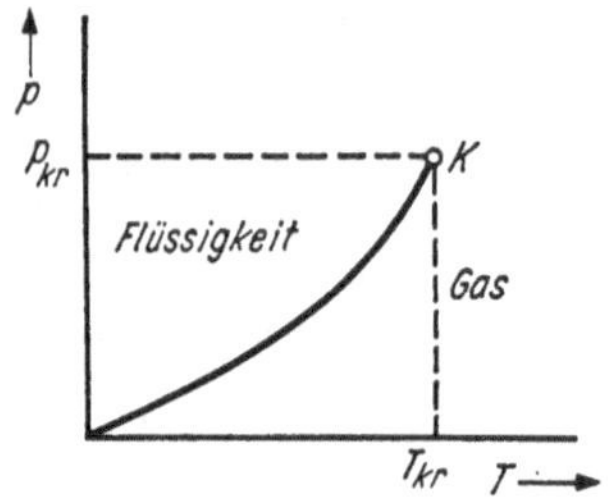

Abb. 85

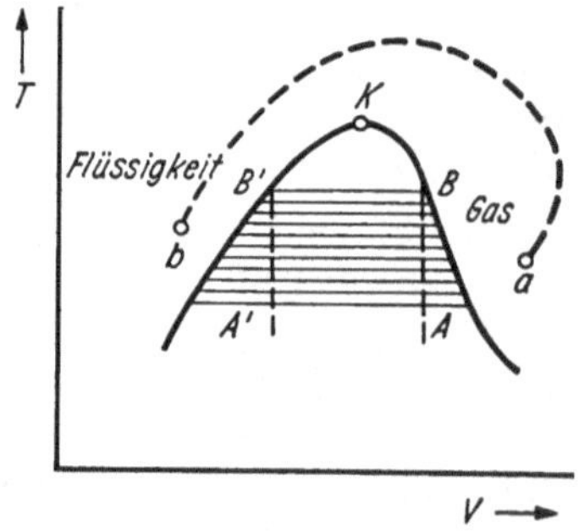

Abb. 86

Im V, T-Diagramm bedeutet eine Annäherung an den kritischen Punkt, daß die Differenz zwischen den spezifischen Volumina der Flüssigkeit und des Dampfes bei wachsender Temperatur immer kleiner wird, so daß sich die beiden Kurven, die in Abb. 82 das schraffierte Gebiet begrenzen, immer mehr annähern. Entsprechendes gilt für den Fall des V, p-Diagramms. Die beiden Kurven im V, T-Diagramm, die bei $T = T_{kr}$ zusammentreffen, bilden also eine einheitliche Kurve, die in einem bestimmten Punkt K ein Maximum besitzt (Abb. 86). Dieser Punkt ist der kritische Punkt. Seine Koordinaten sind das kritische Volumen V_{kr} und die kritische Temperatur T_{kr}.

Je weniger sich die Eigenschaften von Flüssigkeit und Gas unterscheiden, desto kleiner ist die Umwandlungswärme q. Im kritischen Punkt ist die Umwandlungswärme gleich Null.

Die Existenz eines kritischen Punkts weist deutlich darauf hin, daß zwischen dem flüssigen und dem gasförmigen Zustand einer Substanz kein prinzipieller Unterschied besteht. Wir betrachten zwei beliebige Zustände a und b (Abb. 86), deren Dichten sehr verschieden sind. Man bezeichnet den dichteren Zustand (b) als flüssigen und den weniger dichten (a) als gasförmigen Zustand. Wird das im Zustand a befindliche Gas bei konstanter Temperatur komprimiert, so verwandelt es sich in eine Flüssigkeit, wobei das Stadium der Zerlegung in zwei Phasen durchlaufen wird. Der Zustand a kann jedoch auch so in den

Zustand *b* umgewandelt werden, daß das Volumen verkleinert und gleichzeitig die Temperatur zunächst erhöht und anschließend erniedrigt wird, so daß im V, T-Diagramm der kritische Punkt oben umlaufen wird (z. B. längs der in Abb. 86 gestrichelt gezeichneten Kurve). Bei dieser Umwandlung erfolgt keine diskontinuierliche Zustandsänderung. Die Substanz bleibt immer homogen, und es ist kein Punkt angebbar, in dem die Substanz die Eigenschaften eines Gases verliert und zur Flüssigkeit wird.

Im V, T-Diagramm erkennt man leicht die Vorgänge bei der Erwärmung eines geschlossenen Gefäßes (z. B. einer zugelöteten Röhre) mit einer Flüssigkeit, über deren Oberfläche sich ihr Dampf befindet. Da das Gesamtvolumen der Substanz konstant ist, wird bei dieser Zustandsänderung in der V, T-Ebene eine vertikale Gerade von unten nach oben durchlaufen. Ist das Volumen des Gefäßes größer als das der vorgegebenen Stoffmenge entsprechende kritische Volumen, so liegt die Gerade rechts vom kritischen Punkt (Gerade AB in Abb. 86), und bei Erwärmung nimmt die Flüssigkeitsmenge ab, bis sich die gesamte Substanz in Dampf verwandelt hat (Punkt B). Die Begrenzung zwischen Flüssigkeit und Dampf (Meniskus) verschwindet dabei am unteren Ende der Röhre. Ist dagegen das Volumen der Röhre kleiner als das kritische Volumen (Punkt A'), so kondensiert sich bei Erwärmung der Dampf, bis die gesamte Substanz flüssig geworden ist (Punkt B'). Dabei verschwindet der Meniskus am oberen Ende der Röhre. Ist schließlich das Volumen der Röhre gleich dem kritischen Volumen, so verschwindet der Meniskus bei Erreichen der kritischen Temperatur T_{kr} an einer beliebigen Stelle der Röhre.

In der folgenden Tabelle geben wir die kritische absolute Temperatur T_{kr}, den kritischen Druck p_{kr} und die kritische Dichte ϱ_{kr} für eine Reihe von Substanzen an.

	T_{kr}, in °K	p_{kr}, in atm	ϱ_{kr}, in g/cm³
Wasser	647,2	218,5	0,324
Alkohol	516,6	63,1	0,28
Äther	467,0	35,5	0,26
Kohlendioxid, CO_2	304,2	73,0	0,46
Sauerstoff	154,4	49,7	0,43
Wasserstoff	33,2	12,8	0,031
Helium (Isotop ^{4}He)	5,25	2,26	0,069
Helium (Isotop ^{3}He)	3,33	1,15	0,041

Im § 52 wurde bereits darauf hingewiesen, daß sich feste Körper (Kristalle) durch ihre Anisotropie prinzipiell von Flüssigkeiten und Gasen unterscheiden. Flüssigkeit und Kristall können sich daher nicht wie Flüssigkeit und Gas kontinuierlich ineinander umwandeln. In Abhängigkeit davon, ob ein Körper die Eigenschaft der Anisotropie aufweist oder nicht, ordnet man ihn der flüssigen bzw. kristallinen Phase zu. Wir kommen zu dem Schluß, daß beim Vorgang des Schmelzens kein kritischer Punkt existieren kann.

§ 70. Van der Waalssche Gleichung

Mit zunehmender Dichte unterscheidet sich ein Gas immer mehr von einem idealen, bis es schließlich in eine Flüssigkeit kondensiert. Dafür ist die komplizierte Wechselwirkung zwischen den Molekülen verantwortlich. Bisher ist es nicht gelungen, diese Wechselwirkung quantitativ genau zu berücksichtigen und theoretisch eine exakte Zustandsgleichung zu erhalten. Man kann jedoch eine Zustandsgleichung aufstellen, die qualitativ die grundlegenden Eigenschaften der intermolekularen Wechselwirkung erfaßt.

Im § 39 wurde bereits die Wechselwirkung von Molekülen beschrieben. Da die abstoßenden Kräfte bei kleinen Abständen stark ansteigen, kann man grob aussagen, daß den Molekülen ein bestimmtes Eigenvolumen zukommt, welches bei einer Kompression des Gases nicht unterschritten werden kann. Eine weitere grundlegende Eigenschaft der Wechselwirkung ist darin zu sehen, daß bei großen Abständen Anziehung besteht. Diese ist von großer Bedeutung, da gerade sie für die Kondensation eines Gases in eine Flüssigkeit verantwortlich ist.

Zunächst berücksichtigen wir in der (auf 1 mol bezogenen) Zustandsgleichung die begrenzte Kompressibilität. Dazu ersetzen wir in der Zustandsgleichung $p = RT/V$ des idealen Gases das Volumen V durch die Differenz $V - b$, wobei b eine positive Konstante bedeutet, die die endliche Ausdehnung der Moleküle berücksichtigt. Es ergibt sich die Gleichung

$$p = \frac{RT}{V - b}.$$

Sie zeigt, daß das Volumen nicht kleiner als b gemacht werden kann, da der Druck p für $V = b$ unendlich wird.

Im folgenden berücksichtigen wir die Anziehung zwischen den Molekülen. Sie muß zu einer Druckabnahme führen, da an jedem in der Nähe der Gefäßwand befindlichen Molekül eine von allen benachbarten Molekülen verursachte Kraft angreift, die in das Gefäßinnere gerichtet ist. Sie ist in grober Näherung der Zahl der Moleküle pro Volumeneinheit, also der Gasdichte, proportional. Andererseits ist auch der Druck selbst der Zahl der Moleküle in der Volumeneinheit proportional. Daraus ergibt sich, daß die gesamte durch die gegenseitige Anziehung der Moleküle verursachte Druckabnahme dem Quadrat der Gasdichte proportional, also dem Volumenquadrat umgekehrt proportional ist. Dementsprechend subtrahieren wir vom oben angegebenen Ausdruck für den Druck den Term a/V^2, wobei a eine Konstante bedeutet, die die Anziehungskräfte zwischen den Molekülen charakterisiert. Wir erhalten damit die Gleichung

$$p = \frac{RT}{V - b} - \frac{a}{V^2},$$

die auch in der Form

$$\left(p + \frac{a}{V^2}\right)(V - b) = RT$$

geschrieben werden kann.

Diese Beziehung ist die VAN DER WAALS*sche Gleichung*. Bei großer Verdünnung (großes Volumen V) können in ihr die Konstanten a und b als klein vernachlässigt werden, so daß sich die Zustandsgleichung des idealen Gases ergibt. Wir werden später sehen, daß sie die Eigenschaften eines Gases auch im entgegengesetzten Grenzfall starker Kompression richtig beschreibt.

Wir beginnen die Untersuchung der Eigenschaften eines Gases, das durch die VAN DER WAALSsche Gleichung beschrieben wird, mit der Berechnung ihrer Isothermen, d. h. der V-Abhängigkeit von p bei fest vorgegebenen Werten von T. Dazu schreiben wir die VAN DER WAALSsche Gleichung in der Form

$$V^3 - \left(b + \frac{R\,T}{p}\right) V^2 + \frac{a}{p} V - \frac{a\,b}{p} = 0\,.$$

Das ist bei fest vorgegebenen Werten von p und T eine Gleichung dritten Grades in der Unbekannten V.

Bekanntlich besitzt eine Gleichung dritten Grades drei Wurzeln, von denen entweder alle drei oder nur eine reell sind (im letzten Fall existieren außer der reellen zwei konjugiert komplexe Wurzeln). Natürlich haben hier nur reelle (und positive) Wurzeln eine physikalische Bedeutung. Die von uns betrachtete Gleichung kann (bei positivem Druck p) überhaupt keine negativen Wurzeln haben, da alle Terme der Gleichung bei negativem V dasselbe (negative) Vorzeichen hätten und ihre Summe nicht gleich Null sein könnte. Wir sehen also, daß vorgegebenen Werten von Druck und Temperatur auf Grund der VAN DER WAALSschen Gleichung entweder drei verschiedene oder ein Wert des Volumens entsprechen.

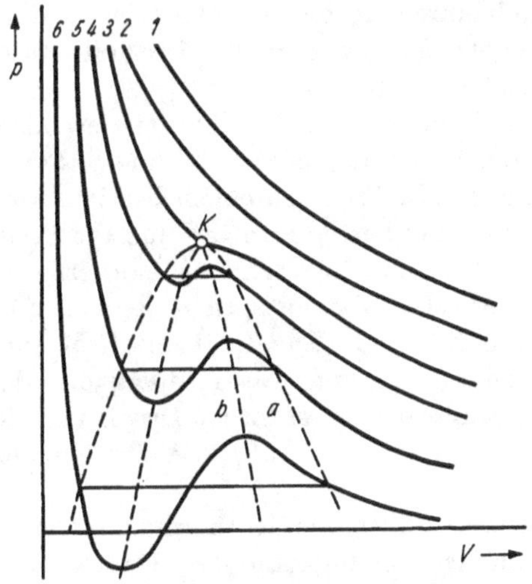

Abb. 87

Bei genügend hohen Temperaturen liegt der zweite Fall vor. Die entsprechenden Isothermen sind gegenüber denen eines idealen Gases lediglich etwas verzerrt, stellen jedoch ebenfalls monoton fallende Kurven dar (in Abb. 87

z. B. die Kurven *1* und *2*; höhere Kurvennummern entsprechen höheren Temperaturen). Bei genügend tiefen Temperaturen besitzt jede Isotherme ein Maximum und ein Minimum (Kurven *4*, *5*, *6*), so daß es für jede ein Intervall gibt, in dem zu jedem Druck drei verschiedene Werte von V (d. h. drei Schnittpunkte zwischen der Isothermen und einer horizontalen Geraden) gehören.

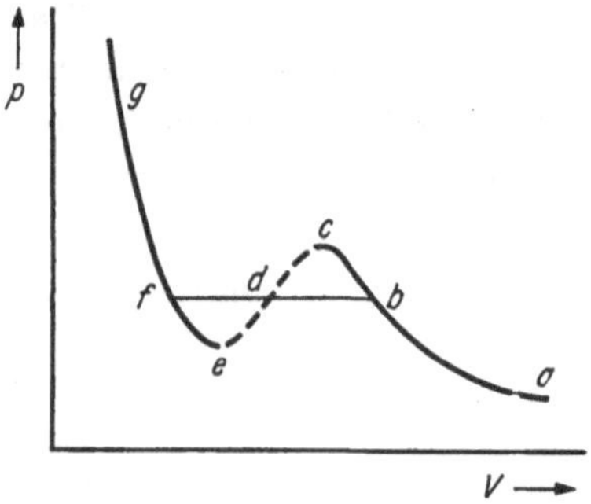

Abb. 88

In Abb. 88 ist eine solche Isotherme dargestellt. Wir wollen die Bedeutung ihrer verschiedenen Teile diskutieren. Auf den Abschnitten *ge* und *ca* hängt der Druck in der üblichen Weise vom Volumen ab, d. h., der Druck nimmt bei Abnahme des Volumens zu. Der Abschnitt *ec* würde die unnatürliche Situation beschreiben, daß sich der Druck bei Kompression verkleinert. Wie man leicht sieht, können solche Zustände in der Natur überhaupt nicht realisiert sein. Stellen wir uns nämlich eine Substanz mit solchen Eigenschaften vor und nehmen an, daß irgendein kleiner Bereich in ihr zufällig komprimiert ist, z. B. infolge der im § 64 besprochenen Fluktuationen. Dann müßte der Druck in diesem Bereich ebenfalls abnehmen, also kleiner als im umgebenden Medium werden. Das verursacht dann wiederum eine weitere Kompression usw., d. h., der betrachtete kleine Bereich müßte sich mit wachsender Geschwindigkeit immer mehr zusammenziehen. Das bedeutet aber, daß derartige Zustände einer Substanz völlig instabil wären. In Wirklichkeit können sie daher nicht existieren.

Der Abschnitt *ec* der Isotherme in Abb. 88 existiert also sicher nicht. Dementsprechend kann eine Substanz, deren Volumen nach und nach verändert wird, nicht immer homogen bleiben. In einem bestimmten Zeitpunkt muß eine diskontinuierliche Zustandsänderung erfolgen und die Substanz in zwei Phasen zerfallen. Mit anderen Worten, die wirkliche Isotherme wird durch die Linie *abfg* dargestellt. Der Abschnitt *ab* entspricht dem gasförmigen und der Abschnitt *fg* dem flüssigen Zustand. Die Horizontale *bf* entspricht einem Zweiphasenzustand, also dem Übergang Gas—Flüssigkeit, der (bei vorgegebener Temperatur) unter bestimmtem konstantem Druck vor sich geht. (Man kann zeigen, daß die Gerade *bf* so liegen muß, daß die Flächen *bcd* und *def* gleich sind.)

Was die Abschnitte *bc* und *ef* der Isothermen betrifft, so entsprechen sie metastabilen Zuständen, nämlich unterkühltem Dampf bzw. überhitzter Flüssigkeit (§ 68). Jenseits bestimmter Grenzen (Punkte *c* und *e*) können also unterkühlter Dampf bzw. überhitzte Flüssigkeit überhaupt nicht existieren.

Der geradlinige Abschnitt der Isotherme wird mit zunehmender Temperatur immer kürzer und reduziert sich bei der kritischen Temperatur auf einen Punkt (Punkt K in Abb. 87). Die durch den Punkt K verlaufende Isotherme *3* unterteilt alle Isothermen in zwei Sorten, nämlich monotone (*1*, *2*) und nichtmonotone (*4*, *5*, *6*), bei denen eine Zerlegung in zwei Phasen unvermeidlich ist.

Durch Verbindung der Anfangs- bzw. Endpunkte der geradlinigen Abschnitte aller Isothermen ergibt sich eine Kurve (in Abb. 87 die Kurve *a*), die das Phasengleichgewicht zwischen Flüssigkeit und Dampf im V, p-Diagramm beschreibt. Sie hat im kritischen Punkt K ein Maximum. Die durch Verbindung aller Maxima und Minima (wie z. B. *c* und *e* in Abb. 88) erhaltene Kurve (Kurve *b* in Abb. 87) begrenzt ein Gebiet, in dem eine nicht in Phasen zerlegte Substanz auch metastabil nicht existieren kann.

Die drei Schnittpunkte der VAN DER WAALSschen Isothermen mit dem geradlinigen Abschnitt fallen im kritischen Punkt zusammen. Deshalb ist die Tangente der Isotherme im kritischen Punkt horizontal, d. h., die bei konstanter Temperatur genommene Ableitung des Drucks nach dem Volumen ist gleich Null:

$$\left(\frac{\mathrm{d}p}{\mathrm{d}V}\right)_T = 0\,.$$

Der Kehrwert dieser Größe ist der Kompressibilität proportional. Im kritischen Punkt ist die Kompressibilität einer Substanz also unendlich groß.

Die überhitzter Flüssigkeit entsprechenden Abschnitte einer Isothermen können teilweise unterhalb der Abszissenachse liegen (wie in Abb. 87 bei der Isothermen *6*). Dieser Abschnitt entspricht den Zuständen einer „gedehnten“ Flüssigkeit, die am Schluß von § 51 besprochen wurden.

§ 71. Gesetz der korrespondierenden Zustände

Wir können die kritischen Größen von Volumen, Druck und Temperatur mit den Parametern a und b der VAN DER WAALSschen Gleichung in Zusammenhang bringen.

Wir gehen davon aus, daß für $T = T_{\mathrm{kr}}$ und $p = p_{\mathrm{kr}}$ alle drei Wurzeln der VAN DER WAALSschen Gleichung

$$V^3 - \left(b + \frac{R\,T_{\mathrm{kr}}}{p_{\mathrm{kr}}}\right) V^2 + \frac{a}{p_{\mathrm{kr}}}\,V - \frac{a\,b}{p_{\mathrm{kr}}} = 0$$

miteinander übereinstimmen und gleich dem kritischen Volumen V_{kr} sind. Daher kann diese Gleichung in der Form

$$(V - V_{\mathrm{kr}})^3 = V^3 - 3\,V_{\mathrm{kr}}\,V^2 + 3\,V_{\mathrm{kr}}^2\,V - V_{\mathrm{kr}}^3 = 0$$

geschrieben werden. Durch Vergleich der Koeffizienten bei gleichen Potenzen in V ergibt sich

$$b + \frac{R\,T_{\mathrm{kr}}}{p_{\mathrm{kr}}} = 3\,V_{\mathrm{kr}}\,, \qquad \frac{a}{p_{\mathrm{kr}}} = 3\,V_{\mathrm{kr}}^2\,, \qquad \frac{a\,b}{p_{\mathrm{kr}}} = V_{\mathrm{kr}}^3\,.$$

Auflösung dieser Gleichungen nach V_{kr}, p_{kr} und T_{kr} ergibt

$$V_{\mathrm{kr}} = 3\,b\,, \qquad p_{\mathrm{kr}} = \frac{a}{27\,b^2}\,, \qquad T_{\mathrm{kr}} = \frac{8\,a}{27\,b\,R}\,.$$

Mit Hilfe dieser Beziehungen ist die folgende interessante Umformung der van der Waalsschen Gleichung möglich. Führen wir an Stelle der Variablen p, T, V die Größen

$$p^* = \frac{p}{p_{kr}}, \qquad T^* = \frac{T}{T_{kr}}, \qquad V^* = \frac{V}{V_{kr}}$$

ein, die als *reduzierter Druck*, *reduzierte Temperatur* und *reduziertes Volumen* bezeichnet werden, so erhält man leicht die van der Waalssche Gleichung in der Form

$$\left(p^* + \frac{3}{V^{*2}}\right)(3\,V^* - 1) = 8\,T^*\,.$$

Die konkrete Form dieser Gleichung ist weniger von Interesse. Bemerkenswert ist jedoch, daß die von der Natur des Gases abhängigen Größen a und b in ihr nicht vorkommen. Mit anderen Worten, wählt man als Einheit des Volumens, des Druckes und der Temperatur die entsprechenden kritischen Größen, so erhält man eine für sämtliche Substanzen gültige Zustandsgleichung. Diesen Sachverhalt nennt man das *Gesetz der korrespondierenden Zustände.*

Wird dieses Gesetz für die Zustandsgleichung akzeptiert, so bezieht es sich auch allgemein auf alle Erscheinungen, die in irgendeiner Weise mit ihr zusammenhängen, u. a. auch auf die Phasenumwandlung Gas—Flüssigkeit. Zum Beispiel muß sich die Temperaturabhängigkeit der Dampfspannung durch eine Gleichung der Form

$$\frac{p}{p_{kr}} = f\left(\frac{T}{T_{kr}}\right),$$

die die entsprechenden reduzierten Größen miteinander verbindet, ausdrücken lassen. Diese Gleichung muß universell gelten.

Eine ähnliche Schlußfolgerung ergibt sich für die Verdampfungswärme q. Dazu muß q auf eine Größe derselben Dimension (Energie/mol) bezogen werden; wir wählen dafür $R\,T_{kr}$. Auf Grund des Gesetzes der korrespondierenden Zustände muß nun das dimensionslose Verhältnis $q/R\,T_{kr}$ eine für sämtliche Substanzen gleiche Funktion der reduzierten Temperatur sein:

$$\frac{q}{R\,T_{kr}} = F\left(\frac{T}{T_{kr}}\right).$$

Wir merken an, daß diese Funktion für Temperaturen, die klein gegen die kritische Temperatur sind, gegen einen konstanten Grenzwert strebt, der (auf Grund experimenteller Daten) etwa gleich 10 ist.

Hervorzuheben ist, daß das Gesetz der korrespondierenden Zustände nur näherungsweise gilt. Mit seiner Hilfe können jedoch Resultate erhalten werden, die für orientierende Abschätzungen völlig ausreichen.

Bei der Ableitung des Gesetzes der korrespondierenden Zustände gingen wir von der van der Waalsschen Gleichung aus. Es gilt jedoch allgemeiner, da es nicht von der konkreten Form der Zustandsgleichung abhängt, sondern auf Grund der Tatsache folgt, daß die van der Waalssche Gleichung nur zwei Parameter (a und b) enthält. Jede andere zweiparametrige Zustandsgleichung führt ebenfalls zum Gesetz der korrespondierenden Zustände.

§ 72. Tripelpunkt

Wie wir bereits wissen, ist Gleichgewicht zwischen zwei Phasen nur dann möglich, wenn zwischen Temperatur und Druck eine ganz bestimmte Beziehung besteht, die in der T, p-Ebene durch eine Kurve repräsentiert wird. Drei Phasen derselben Substanz können offenbar nicht längs der ganzen Kurve im Gleichgewicht stehen. Das ist im T, p-Diagramm nur in einem bestimmten Punkt möglich, also bei definierten Werten von Druck und Temperatur. In diesem Punkt schneiden sich die Gleichgewichtskurven von je zwei der drei Phasen. Der Punkt, in dem alle drei Phasen im Gleichgewicht stehen, heißt *Tripelpunkt*. Zum Beispiel können Eis, Wasser und Wasserdampf nur bei einem Druck von 4,62 Torr und einer Temperatur von 0,01 °C koexistieren.

Da drei Phasen nur in einem einzigen Punkt koexistieren können, ist es nicht möglich, daß zwischen vier und mehr Phasen gleichzeitig Gleichgewicht besteht.

Da Tripelpunkten ganz bestimmte Werte der Temperatur entsprechen, sind sie als Eichpunkte der Temperaturskala besonders geeignet. Ihre Reproduktion ist frei von den Schwierigkeiten, die mit der Aufrechterhaltung eines ganz bestimmten Druckes zusammenhängen und die z. B. auftreten, wenn der Schmelzpunkt des Eises bei Atmosphärendruck als Bezugspunkt gewählt wird (dasselbe gilt für jeden beliebigen Punkt einer Gleichgewichtskurve zwischen zwei Phasen). Die gegenwärtig akzeptierte exakte Bestimmung der absoluten Temperatur beruht auf dieser Methode. Man setzt die Temperatur des Tripelpunktes von Wasser genau gleich 273,16 °K. Bei der derzeitigen Genauigkeit von Druck- und Temperaturmessungen kann allerdings nicht von der entsprechenden Bestimmung mit Hilfe des Schmelzpunktes von Eis, den man gleich 273,15 °K setzt, unterschieden werden.

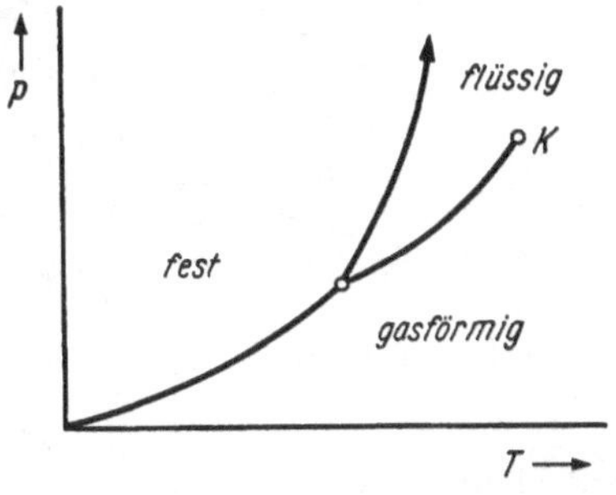

Abb. 89

Abb. 89 zeigt schematisch das Phasendiagramm einer Substanz, die insgesamt drei Phasen besitzt (fest, flüssig, gasförmig). Die zugehörigen Gebiete sind jeweils durch die Gleichgewichtskurven der entsprechenden beiden Phasen voneinander getrennt. Die Steigung der Schmelzkurve in Abb. 89 entspricht dem üblichen Fall, daß sich ein Körper beim Schmelzen ausdehnt (s. § 67). In den wenigen Fällen, in denen beim Schmelzen eine Kompression auftritt, steigt sie nach der entgegengesetzten Seite hin an.

Wie das Diagramm zeigt, kann sich eine Substanz bei Erwärmung auch in ein Gas umwandeln, ohne das Stadium des flüssigen Zustandes zu durchlaufen. Liegt der Druck unterhalb des Tripelpunktes, so verwandelt sich ein fester Körper bei Erwärmung unmittelbar in Dampf. Eine solche Phasenumwandlung wird als *Sublimation* bezeichnet. Zum Beispiel sublimiert festes Kohlendioxid bei Atmosphärendruck, da sein Tripelpunkt bei einem Druck von 5,1 atm (und der Temperatur von −56,6 °C) liegt.

Die Gleichgewichtskurve Flüssigkeit—Gas endet im kritischen Punkt (Punkt K in Abb. 89). Dagegen existiert für Umwandlungen zwischen flüssiger und fester Phase kein kritischer Punkt (s. § 69). Die Schmelzkurve verläuft also ins Unendliche.

Die Kurve des Gleichgewichts zwischen fester und gasförmiger Phase endet im Koordinatenursprung, d. h., jede Substanz befindet sich bei der absoluten Temperatur Null unter beliebigem Druck im festen Zustand. Das ist eine Konsequenz der üblichen, auf den Gesetzen der klassischen Mechanik beruhenden Vorstellung über die Temperatur, wonach die kinetische Energie der Atome im absoluten Nullpunkt gleich Null ist, so daß alle Atome ruhen. Im Gleichgewichtszustand entspricht dabei die gegenseitige Anordnung der Atome dem Minimum ihrer Wechselwirkungsenergie. In dieser Anordnung müssen die Atome also ein räumliches Gitter bilden. Das bedeutet, daß jede Substanz im absoluten Nullpunkt kristallisiert sein muß.

In der Natur gibt es jedoch eine Ausnahme von dieser Regel. Helium bleibt nach der Verflüssigung für Temperaturen bis zum absoluten Nullpunkt flüssig. Abb. 90 zeigt das Phasendiagramm von Helium (Isotop ^{4}He). (Die Bedeutung der gestrichelten Linie in Abb. 90 wird im § 74 erklärt.) Wir sehen, daß sich die Verdampfungs- und die Schmelzkurve nirgends schneiden, so daß kein Tripelpunkt existiert. Die Schmelzkurve schneidet die Ordinatenachse bei $p = 25$ atm. Soll also Helium zur Erstarrung gebracht werden, so muß nicht nur die Temperatur erniedrigt, sondern gleichzeitig auch der Druck auf nicht weniger als 25 atm erhöht werden.

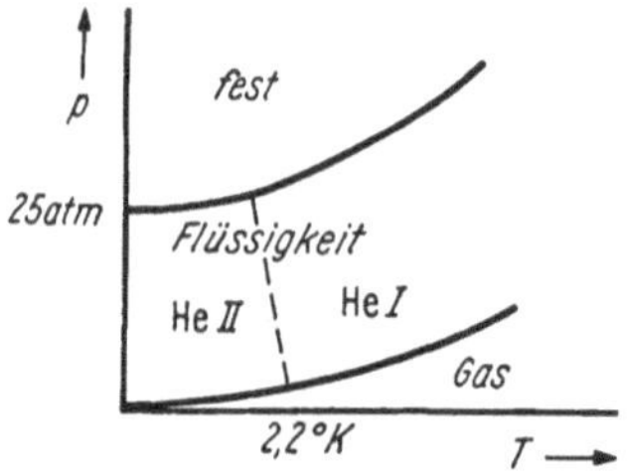

Abb. 90

Wir sehen, daß die Eigenschaften des Heliums nicht mit Hilfe klassischer Vorstellungen erklärt werden können. Es handelt sich tatsächlich um Quantenerscheinungen. Wie bereits im § 50 festgestellt wurde, hört die Bewegung der Atome auf Grund der quantenmechanischen Gesetze am absoluten Nullpunkt nicht völlig auf. Damit verliert aber auch der oben gezogene Schluß, daß alle Stoffe bei $T = 0$ erstarren, seine Berechtigung. Die Quanteneigenschaften erscheinen bei tiefen Temperaturen, bei denen sie nicht durch die thermische Bewegung der Atome verdeckt werden. Alle Substanzen mit Ausnahme des Heliums erstarren, bevor die Quanteneigenschaften genügend stark zur Geltung kommen. Lediglich Helium wird zur „Quantenflüssigkeit", die nicht unbedingt erstarrt. Im § 124 werden wir weitere erstaunliche Eigenschaften dieser Flüssigkeit behandeln.

§ 73. Kristallmodifikationen

Im Gebiet des festen Zustandes gibt es gewöhnlich nicht nur eine einzige Phase. Eine Substanz kann sich bei verschiedenen Drücken und Temperaturen in unterschiedlichen kristallinen Zuständen befinden, die sich durch ihre Strukturen voneinander unterscheiden. Diese verschiedenen Zustände stellen unterschiedliche Phasen dar. Man bezeichnet sie als *Kristallmodifikationen*. Die Eigenschaft einer Substanz, mehrere solche Modifikationen zu besitzen, heißt *Polymorphismus*.

Polymorphismus kommt sehr oft vor. Nahezu alle Substanzen, Elemente wie auch Verbindungen, besitzen mehrere Modifikationen (im Falle der Elemente bezeichnet man diese Modifikationen auch als *allotrop*). Bekannte Beispiele sind die Modifikationen von Kohlenstoff (Graphit, Diamant), Schwefel (rhombischer und monokliner), Kieselerden (verschiedene Mineralien, Quarz, Tridymit, Cristobalit) usw.

Wie alle Phasen können auch verschiedene Modifikationen nur längs bestimmter Kurven in der T, p-Ebene miteinander im Gleichgewicht stehen. Bei der Umwandlung einer Modifikation in eine andere (der sogenannten polymorphen Umwandlung) wird Wärme freigesetzt oder verbraucht. So wird bei der Umwandlung von α-Eisen (innenzentriertes kubisches Gitter) in γ-Eisen (flächenzentriertes kubisches Gitter) unter Atmosphärendruck bei 910 °C die Wärmemenge von 1600 J/mol verbraucht.

Als Beispiel ist in Abb. 91 das Phasendiagramm von Schwefel dargestellt. R und M bezeichnen die Gebiete, in denen die beiden festen Phasen, nämlich die rhombische (gewöhnlicher gelber Schwefel) und die monokline, stabil sind. Wie man sieht, gibt es drei Tripelpunkte.

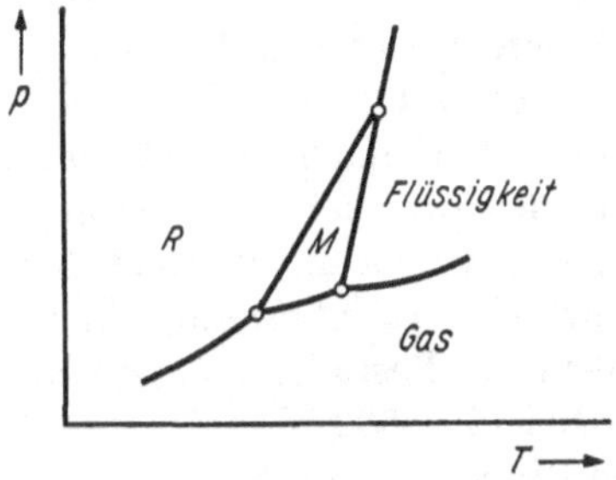

Abb. 91

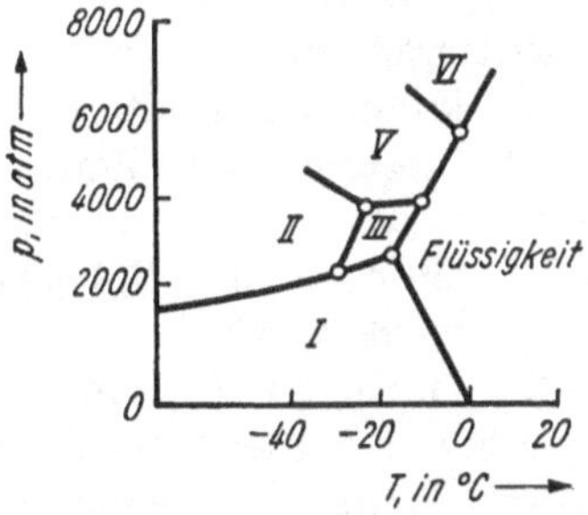

Abb. 92

Abb. 92 zeigt das Zustandsdiagramm von Wasser. Die fünf Kristallmodifikationen des Eises sind mit I, II, III, V, VI numeriert. Dem gewöhnlichen Eis entspricht der Bereich I. Die übrigen Modifikationen erhält man nur bei Drücken von Tausenden von Atmosphären. Zum Gebiet des Dampfes gehört ein so kleiner Druck, daß es sich in Abb. 92 schwer einzeichnen läßt.

Für Phasenumwandlungen zwischen verschiedenen Kristallmodifikationen ist charakteristisch, daß sich leicht metastabile Zustände bilden können. Während eine Unterkühlung von Dampf oder eine Überhitzung von Flüssigkeit nur unter Einhaltung bestimmter Vorsichtsmaßnahmen möglich sind, stellen im festen Zustand die Verzögerung von Phasenumwandlungen und die Existenz von Modifikationen unter Bedingungen, unter denen sie „verboten" sein sollten, nahezu die Regel dar. Das ist ganz verständlich, denn die Umordnung eines Gitters, also die Umwandlung verschiedener Modifikationen, wird dadurch, daß die Atome sehr eng gelagert sind und ihre thermische Bewegung sich auf kleine Schwingungen beschränkt, sehr stark behindert. Der Umordnungsprozeß wird durch Temperaturerhöhung, also Verstärkung der thermischen Bewegung, erleichtert.

In diesem Zusammenhang erinnern wir uns daran, daß überhaupt jede polykristalline Struktur eines festen Körpers (verglichen mit der monokristallinen Struktur) metastabil ist. Beim Vorgang der Erwärmung wird daher aus einem aus kleinen Kristallen bestehenden Körper oft dadurch, daß eine Reihe von Kristallen auf Kosten anderer anwächst, ein Körper, der aus größeren Kristallen zusammengesetzt ist. Diese Erscheinung bezeichnet man als *Rekristallisation*. Auch der amorphe Zustand eines Körpers kann metastabil sein. Zum Beispiel ist die Trübung von sehr altem Glas durch selbständige Kristallisation zu erklären.

Die polymorphe Umwandlung wird dadurch begünstigt, daß die alte Phase Körnchen der neuen Phase enthält. Diese fungieren als „Keime" der neuen Phase. Ein bekanntes Beispiel dafür ist die Umwandlung des gewöhnlichen weißen Zinns (tetragonale Struktur) in pulverförmiges graues (kubische Struktur). Unter Atmosphärendruck befinden sich beide Modifikationen bei der Temperatur von 18 °C im Gleichgewicht. Oberhalb von 18 °C ist das weiße, unterhalb das graue Zinn stabil. Tatsächlich jedoch kann weißes Zinn auch bei Frost existieren. Sobald es jedoch mit Körnchen der grauen Modifikation in Berührung kommt, beginnt es, in graues Pulver zu zerfallen.

Die Behinderung der Umordnung eines Gitters bei tiefen Temperaturen kann auch zur Existenz von Modifikationen führen, die unter keinerlei Bedingungen stabile Phasen darstellen. Solche Modifikationen kommen im Phasendiagramm, das die stabilen Zustände einer Substanz repräsentiert, überhaupt nicht vor. Das wird z. B. bei der Härtung von Stahl beobachtet. Feste Lösung von Kohlenstoff in γ-Eisen (sogenannter Austenit) ist nur bei 700···900 °C stabil (in Abhängigkeit vom Kohlenstoffgehalt) und müßte bei tieferen Temperaturen zerfallen. Statt dessen bilden sich jedoch bei rascher Abkühlung (Härtung) des Austenits im Metall nadelförmige Kristalle einer neuen Phase, einer festen Lösung mit tetragonalem Gitter (sogenannter Martensit), die besonders hart ist. Diese „intermediäre" Phase ist immer metastabil und zerfällt bei langsamer Erwärmung auf 250···300 °C (Anlassen des Stahls).

Abb. 93 zeigt das Phasendiagramm des Kohlenstoffs (das Gebiet des gasförmigen Zustands liegt bei kleinen Drücken, die bei den benutzten Maßstäben unbedeutend sind). Man sieht, daß bei gewöhnlichen Drücken und Temperaturen die Modifikation Graphit stabil ist. Praktisch sind indessen unter den üblichen Bedingungen sowohl Graphit als auch Diamant völlig stabil. Das hängt damit zusammen, daß die Strukturen dieser Kristalle sehr verschieden sind. Ihre Umwandlung ineinander erfordert eine bedeutende Umordnung der Strukturen. (Charakteristisch ist, daß die Dichte von Diamant gleich der 1,5fachen Graphitdichte ist.) Bei Erwärmung auf hohe Temperaturen verwandelt sich Diamant jedoch in Graphit. Bei Temperaturen von mehr als 1700 °K zerfällt Diamant schnell zu Graphitpulver (die Erwärmung muß im Vakuum erfolgen, um eine Verbrennung zu vermeiden). Dem Phasendiagramm ist zu entnehmen, daß die umgekehrte Umwandlung von Graphit in Diamant nur bei sehr hohen Drücken vor sich gehen kann. Das Gebiet, in dem Diamant stabil ist, liegt oberhalb von ungefähr 10000 atm. Gleichzeitig ist eine hohe Temperatur erforderlich, damit der Prozeß genügend schnell verläuft. Praktisch realisiert man die Umwandlung bei Drücken von 50000···100000 atm und Temperaturen von 1500···3000 °K, wobei außerdem ein metallischer Katalysator vorhanden sein muß. Die Beobachtung einer selbständigen Umwandlung von Graphit in Diamant gelang bei einem Druck von etwa 130000 atm und Temperaturen von mehr als 3300 °K. Graphit ist offenbar bei diesen Werten völlig instabil. Sie liegen nicht nur außerhalb des Gebietes der Stabilität, sondern auch außerhalb des Gebietes der Metastabilität des Graphits.

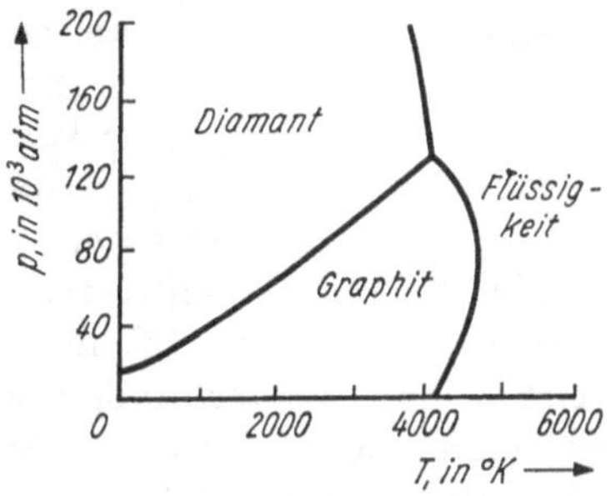

Abb. 93

§ 74. Phasenumwandlungen zweiter Art

Wir wiesen bereits darauf hin, daß sich Phasen unterschiedlicher Symmetrie nicht wie Flüssigkeit und Gas kontinuierlich ineinander umwandeln können. Jeder Zustand besitzt eine bestimmte Symmetrie, und man kann immer angeben, zu welcher Phase der Körper gehört.

Bei Phasenumwandlungen zwischen verschiedenen Kristallmodifikationen erfolgt gewöhnlich eine plötzliche Umordnung des Gitters, wobei sich der Zustand des Körpers sprunghaft verändert. Neben solchen Übergängen sind jedoch auch Umwandlungen möglich, die mit einer Änderung der Symmetrie zusammenhängen.

Die realen Beispiele für Umwandlungen dieser Art sind hinsichtlich der Einzelheiten der Kristallstruktur ziemlich kompliziert. Deshalb untersuchen wir die Natur dieser Übergange an Hand eines konstruierten Beispiels.

Dazu stellen wir uns einen Körper vor, der bei tiefen Temperaturen in ein tetragonales System kristallisiert. Die Zellen des entsprechenden Gitters sind rechtwinklige Parallelepipede mit quadratischer Grundfläche, deren Seitenlänge gleich a sein möge, und der Höhe c. Wir nehmen an, daß sich die Längen a und c wenig voneinander unterscheiden. Das bedeutet, daß das Gitter zwar tetragonal, aber einem kubischen sehr ähnlich ist. Weiter stellen wir uns vor, daß die Seitenlänge a bei einer Wärmeausdehnung stärker zunimmt als die Höhe c. Mit zunehmender Temperatur nähern sich dann die Kantenlängen des elementaren Parallelepipeds immer mehr einander an und werden bei einer bestimmten Temperatur gleich sein. Wird der Körper nun noch weiter erwärmt, so dehnen sich alle Kanten mit derselben Geschwindigkeit aus und bleiben dabei untereinander gleich. Offenbar ändert sich die Symmetrie des Gitters, sobald a gleich c wird. Es verwandelt sich aus einem tetragonalen in ein kubisches, was der Bildung einer neuen Modifikation entspricht.

Für dieses Beispiel ist charakteristisch, daß sich der Zustand des Körpers nicht sprunghaft verändert. Die Anordnung der Atome im Kristall verändert sich stetig. Jedoch genügt bereits eine beliebig kleine Verschiebung der Atome aus ihrer Gleichgewichtslage im Gitter der kubischen Modifikation (infolge Temperaturabnahme), um die Gittersymmetrie plötzlich zu ändern. Das Gitter bleibt kubisch, solange alle drei Kantenlängen untereinander gleich sind. Es wird jedoch tetragonal, sobald ein beliebig kleiner Unterschied zwischen a und c entsteht.

Man nennt einen derartigen Übergang zwischen Kristallmodifikationen eine *Phasenumwandlung zweiter Art*, während die gewöhnlichen Phasenumwandlungen als *Phasenumwandlungen erster Art* bezeichnet werden.[1])

Eine Phasenumwandlung zweiter Art ist in dem Sinne kontinuierlich, daß sich der Zustand des Körpers kontinuierlich verändert. Diskontinuierlich dagegen ändert sich seine Symmetrie, so daß der betreffende Körper immer einer bestimmten Phase zugeordnet werden kann. Während in einem Umwandlungspunkt erster Art zwischen zwei verschiedenen Zuständen Gleichgewicht besteht, stimmen in einem Umwandlungspunkt zweiter Art die Zustände beider Phasen miteinander überein.

Da eine Phasenumwandlung zweiter Art nicht mit einer diskontinuierlichen Zustandsänderung zusammenhängt, fehlt auch jede sprunghafte Änderung der den thermischen Zustand des betreffenden Körpers charakterisierenden Größen (Volumen, innere Energie, Enthalpie usw). Insbesondere wird bei einer Phasenumwandlung zweiter Art keine Wärme freigesetzt oder verbraucht.

Allerdings verändert sich die Temperaturabhängigkeit solcher Zustandsgrößen im Umwandlungspunkt diskontinuierlich. Zum Beispiel bestehen beim oben betrachteten Beispiel der Wärmeausdehnung eines Kristalls offenbar

---

[1]) Das benutzte Beispiel ist nicht völlig willkürlich. Eine ähnliche Veränderung geschieht mit dem Gitter von $BaTiO_3$. Dieses ist bei Zimmertemperatur tetragonal, wobei sich die Werte von a und c um 1% voneinander unterscheiden. Mit steigender Temperatur nimmt a zu und c ab. Bei 120 °C erfolgt der Übergang in die kubische Modifikation. Jedoch erleiden a und c im Unwandlungspunkt einen kleinen Sprung, so daß eine Phasenumwandlung erster Art vorliegt.

Unterschiede zwischen dem Fall, daß lediglich eine allgemeine Änderung des Gittervolumens erfolgt (bei kubischer Symmetrie), und dem Fall, daß sich auch die Form der Zellen verändert (bei tetragonaler Symmetrie ändern sich die Höhen der Zellen anders als die Seitenlängen ihrer Basisflächen). Es ist klar, daß in beiden Fällen für dieselbe Erwärmung unterschiedliche Wärmemengen erforderlich sind.

Das bedeutet, daß die Ableitungen der oben erwähnten Zustandsgrößen nach der Temperatur Sprünge aufweisen. Das gilt z. B. für die Ableitung $(\mathrm{d}V/\mathrm{d}T)_p$, d. h. den Wärmeausdehnungskoeffizienten, und für die Ableitung $(\mathrm{d}W/\mathrm{d}T_p)$, d. h. die Wärmekapazität C_p.

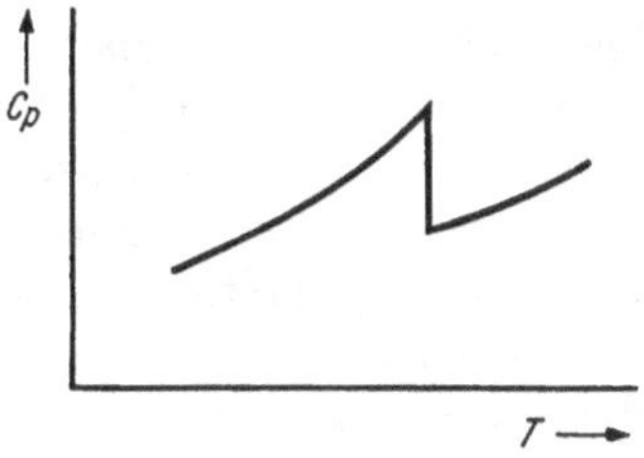

Abb. 94

Das Vorhandensein solcher Sprünge ist als die wesentlichste Eigenschaft einer Phasenumwandlung zweiter Art anzusehen. Als typisches Beispiel ist in Abb. 94 die Temperaturabhängigkeit der Wärmekapazität in der Umgebung des Umwandlungspunktes dargestellt. Die Wärmekapazität steigt zunächst stetig mit der Temperatur an, fällt bei der Umwandlungstemperatur plötzlich ab und wächst anschließend wieder stetig an.

Die Ableitungen der Zustandsgrößen nach dem Druck ändern sich bei einer Phasenumwandlung zweiter Art ebenfalls diskontinuierlich. So weist die Ableitung $(\mathrm{d}V/\mathrm{d}p)_T$, d. h. die Kompressibilität, einen Sprung auf.

Wir kommen nochmals auf das oben beschriebene konstruierte Beispiel einer Phasenumwandlung zweiter Art zurück und heben die folgende Eigenschaft der Symmetrieänderung hervor. Das Gitter der kubischen Modifikation besitzt nicht nur sämtliche Symmetrieelemente der tetragonalen Modifikation, sondern außerdem auch noch weitere. Dementsprechend kann man sagen, daß diese Umwandlung zwischen zwei Phasen vor sich geht, die sich durch den Grad der Symmetrie voneinander unterscheiden. Diese Eigenschaft bezieht sich tatsächlich nicht nur auf das betrachtete Beispiel, sondern ist allgemein bei allen Phasenumwandlungen zweiter Art vorhanden.

Dieser Sachverhalt stellt eine (allerdings nicht die einzige) Einschränkung für die Möglichkeit einer Phasenumwandlung zweiter Art dar. Zum Beispiel ist zwischen Kristallen des kubischen und des hexagonalen Systems keine Phasenumwandlung zweiter Art möglich, weil die entsprechenden Symmetrien nicht als höhere oder schwächere miteinander vergleichbar sind (so enthält das erste System vierzählige Achsen, die im zweiten nicht vorkommen, während zum zweiten sechszählige Achsen gehören, die im ersten fehlen).

Man kann auch zeigen, daß eine Phasenumwandlung zweiter Art zwischen Kristall und Flüssigkeit unmöglich ist.

Zwischen der Richtung des Sprungs der Wärmekapazität im Umwandlungspunkt zweiter Art und der Richtung der Symmetrieänderung besteht ein Zusammenhang. Bei einer Umwandlung aus einer schwächer symmetrischen in eine stärker symmetrische Phase fällt die Wärmekapazität ab. In der Regel ist die Phase mit der höheren Temperatur stärker symmetrisch, so daß die Wärmekapazität einen Sprung der in Abb. 94 gezeigten Richtung aufweist. Dieser Zusammenhang zwischen Symmetriegrad und Temperatur besteht jedoch nicht immer. So besitzt Seignettesalz $NaK(C_4H_4O_6) \cdot 4\ H_2O$ zwei Umwandlungspunkte zweiter Art (bei −18 und 23 °C). Es bildet bei Temperaturen innerhalb des Intervalls zwischen beiden Umwandlungspunkten monokline, für Temperaturen außerhalb dieses Intervalls jedoch rhombische Kristalle. Gehen wir von tieferen zu höheren Temperaturen, so nimmt dementsprechend die Symmetrie bei einer durch den oberen Punkt verlaufenden Phasenumwandlung zu, beim Durchlaufen des unteren Punktes dagegen in demselben Maße ab.

Wie bereits gesagt wurde, kommt es bei gewöhnlichen Umwandlungen oft zur Überhitzung oder Unterkühlung, wobei die entsprechende Phase noch unter Bedingungen (metastabil) existiert, bei denen bereits die andere Phase stabil ist. Das hängt damit zusammen, daß „Keime“ vorhanden sein müssen, an denen die neue Phase entsteht. Solche Erscheinungen können bei Umwandlungen zweiter Art offenbar nicht auftreten, da die eine Phase kontinuierlich augenblicklich als Ganzes in die andere Phase übergeht. Sehr deutlich erkennt man das am betrachteten Beispiel, wo die Umwandlung im wesentlichen lediglich dazu führt, daß sich die Atome bei Wärmeausdehnung in unterschiedlicher Art und Weise verschieben.

Phasenumwandlungen zweiter Art erschöpfen sich nicht in Übergängen zwischen verschiedenen Kristallmodifikationen. Sie hängen jedoch immer damit zusammen, daß bei kontinuierlicher Zustandsänderung irgendeine grundsätzlich neue Eigenschaft des betreffenden Körpers erscheint. Dabei kann es sich um irgendeine neue Symmetrieeigenschaft (die mit den magnetischen Eigenschaften des Stoffes zusammenhängt) oder um das Auftreten der sogenannten Supraleitung, das Verschwinden des elektrischen Widerstandes, handeln.

Eine ganz eigenartige Phasenumwandlung zweiter Art geht schließlich in flüssigem Helium bei einer Temperatur von etwa 2,2 °K vor sich. Bei diesem Übergang bleibt das Helium flüssig, nimmt jedoch prinzipiell neue Eigenschaften an (s. § 124). Im Zustandsdiagramm des Heliums (Abb. 90) trennt die gestrichelte Linie die Gebiete, in denen diese beiden Phasen, die die Bezeichnungen Helium I bzw. Helium II erhalten haben, existieren.

§ 75. Regularität der Kristalle

Allen im § 47 betrachteten Kristallstrukturen ist die Eigenschaft gemeinsam, daß sich die Atome jeder Sorte an vollständig bestimmten Plätzen befinden und umgekehrt in jedem Knotenpunkt ein Atom einer bestimmten Sorte gelagert sein muß. Man kann sagen, daß die Zahl der Atome jeder Sorte gleich der Zahl der Plätze ist, die ihnen im Kristallgitter zur Verfügung stehen.

Es gibt jedoch auch Strukturen, die diese Eigenschaft nicht besitzen. Ein Beispiel dafür bildet die Struktur von Natriumnitrat $NaNO_3$. Ohne ihre Einzelheiten zu betrachten, begnügen wir uns mit der Feststellung, daß die NO_3-Gruppen in diesem Kristall Schichten bilden, worin die N-Atome in den Eckpunkten gleichseitiger Dreiecke liegen, während die O-Atome in den in Abb. 95 gezeichneten Positionen *a* bzw. *b* um die N-Atome herum gelagert sind. Da für die NO_3-Gruppen zwei Orientierungen möglich sind, ist die Zahl der Plätze, die den O-Atomen zur Verfügung stehen, doppelt so groß wie die Zahl dieser Atome selbst.

Bei hinreichend tiefen Temperaturen wählen sich die Sauerstoffatome völlig definierte Plätze aus. Tatsächlich herrscht die Situation, daß in jeder Schicht alle NO_3-Gruppen mit derselben Orientierung gelagert sind, wobei Schichten mit Orientierungen des Typs *a* und solche mit Orientierungen des Typs *b* wechselweise aufeinanderfolgen. Einen solchen Kristall nennt man *vollständig regulär.*

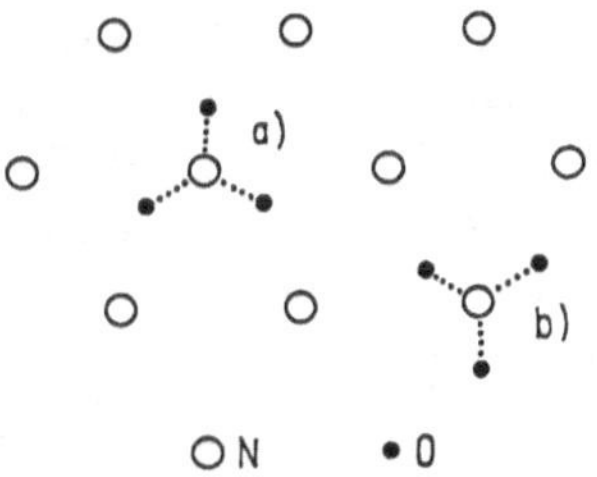

Abb. 95

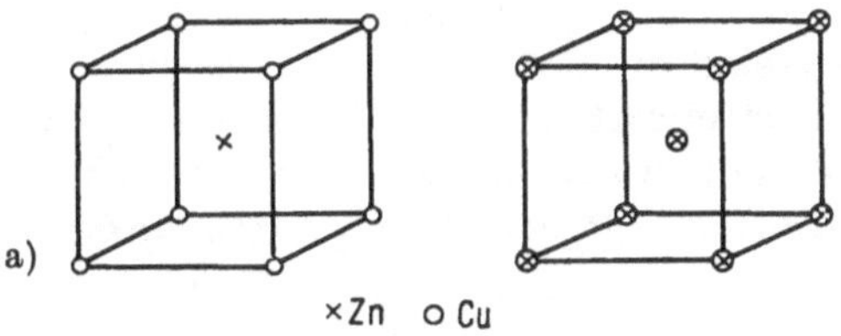

Abb. 96

Steigert man die Temperatur, so wird die reguläre Anordnung der Atome jedoch gestört. Neben NO_3-Gruppen mit der richtigen („eigenen") Lagerung erscheinen solche mit der falschen („fremden") Orientierung.

Mit steigender Temperatur nimmt der Grad der Regularität ab bzw. wächst der Anteil der „falsch" orientierten NO_3-Gruppen, bis schließlich (bei der Temperatur von 275 °C) „eigene" und „fremde" Orientierungen völlig miteinander vermischt sind, d. h. jede NO_3-Gruppe gleichwahrscheinlich die eine oder die andere Orientierung haben kann. Man bezeichnet einen Kristall in einem solchen Zustand als *nichtregulär.* Dem entspricht eine Änderung (Zunahme) der Kristallsymmetrie, da in diesem Zustand alle NO_3-Schichten kristallographisch äquivalent sind.

Die Erscheinung der Regularität von Kristallen ist bei Legierungen sehr oft anzutreffen. So besitzen die Kristalle von Messing (Kupfer–Zink-Legierung) bei tiefen Temperaturen ein kubisches Gitter, wobei die Cu-Atome in den Eckpunkten und die Zn-Atome in den Mittelpunkten der Würfelzellen liegen (s. Abb. 96a). Diese Struktur entspricht einem vollständig regulären Kristall. Jedoch können die Cu- und Zn-Atome ihre Plätze tauschen. In diesem Sinne kann man sagen, daß in diesem Kristall den Atomen jeder Sorte mehr Plätze zur Verfügung stehen, als entsprechende Atome vorhanden sind. Mit steigender Temperatur nimmt die Zahl der „falsch" gelagerten Atome zu, und bei 450 °C herrscht völlige Unordnung, d. h., in jedem Knotenpunkt kann gleichwahrscheinlich ein Cu- oder Zn-Atom vorgefunden werden, so daß alle Knotenpunkte des Gitters äquivalent sind (Abb. 96b). Bei dieser Temperatur ändert sich offenbar die Symmetrie des Kristalls. Sein BRAVAIS-Gitter wird vom einfachen kubischen zum innenzentrierten.

Bei den beiden beschriebenen Beispielen stellt der Übergang in den nichtregulären Zustand eine Phasenumwandlung zweiter Art dar. Der Grad der Regularität nimmt kontinuierlich ab. Bei einer bestimmten Temperatur verschwindet die Regularität ganz, nämlich gerade im Umwandlungspunkt.

Diese Art des Übergangs in den nichtregulären Zustand stellt jedoch keine allgemeine Regel dar. Die Verwandlung kann auch als gewöhnliche diskontinuierliche Phasenumwandlung vor sich gehen. In solchen Fällen wird die reguläre Anordnung im Kristall bei zunehmender Temperatur zunächst nur ziemlich unbedeutend gestört. Bei Erreichen einer bestimmten Temperatur jedoch geht der Kristall diskontinuierlich in den nichtregulären Zustand über, in dem die Atome völlig durcheinandergemischt sind. Eine solche Umwandlung gibt es z. B. in der Legierung Cu_3Au bei 390 °C. In der nichtregulären Phase sind die Cu- und Au-Atome unterschiedslos auf alle Knotenpunkte des flächenzentrierten kubischen Gitters verteilt. Dagegen nehmen im regulären Kristall die Au-Atome Plätze in den Eckpunkten der Würfelzellen ein, während die Cu-Atome in den Mittelpunkten ihrer Seitenflächen liegen.

§ 76. Flüssige Kristalle

Neben dem anisotropen kristallinen und dem isotropen flüssigen ist ein weiterer eigenartiger Zustand möglich, den man als den *flüssigkristallinen* bezeichnet. Die mechanischen Eigenschaften einer Substanz, die sich in einem solchen Zustand befindet, sind denen einer gewöhnlichen Flüssigkeit ähnlich. Sie sind flüssig, wobei unter den flüssigen Kristallen sowohl leicht bewegliche (kleine Zähigkeit) als auch weniger bewegliche (große Zähigkeit) vorkommen. Indessen unterscheiden sich diese Flüssigkeiten durch ihre Anisotropie von den gewöhnlichen. Das kommt bei optischen Erscheinungen am stärksten zur Geltung.

Flüssigkristalline Zustände beobachtet man bei vielen komplizierten organischen Verbindungen mit großen Molekülen, die gewöhnlich von langgestreckter Form sind. Tatsächlich kommen sie nicht sehr selten vor. Man kann grob sagen, daß jede zweihundertste komplizierte organische Verbindung flüssige Kristalle bildet.

Die physikalische Natur des flüssigkristallinen Zustandes besteht in folgendem. In gewöhnlichen Flüssigkeiten ist die Anordnung und gegenseitige Orientierung der Moleküle vollständig ungeordnet. Mit anderen Worten, die thermische Bewegung besteht in völlig chaotischen Translationen und Rotationen der Moleküle. In einem flüssigen Kristall dagegen sind die Moleküle zwar ungeordnet im Raum verteilt, haben jedoch eine geordnete gegenseitige Orientierung. Man kann also sagen, daß zwar die thermische Translationsbewegung der Moleküle chaotisch vor sich geht, ihre Rotationen dagegen nicht. Als einfaches Beispiel einer solchen Struktur kann man sich eine Flüssigkeit vorstellen, die aus stäbchenförmigen Molekülen besteht, welche zwar beliebig gegeneinander verschiebbar sind, dabei jedoch zueinander parallel bleiben. Die Möglichkeit der unbehinderten Translationsbewegung der Moleküle gibt eine Erklärung für die Eigenschaft der Fluidität, während die Ordnung ihrer gegenseitigen Orientierung die Anisotropie erklärt. Es ist z. B. einleuchtend, daß die Substanz in Richtung der stäbchenförmigen Moleküle ganz andere Eigenschaften haben muß als in anderen Richtungen.

Ein Stoff im flüssigkristallinen Zustand ist gewöhnlich kein Einkristall, sondern stellt ein „polykristallines" Aggregat dar, das aus einer großen Zahl in verschiedener Weise gegenseitig orientierter tröpfchenförmiger Flüssigkristalle besteht. Aus diesem Grunde sieht eine flüssigkristalline Substanz gewöhnlich wie eine trübe Flüssigkeit aus. Das kommt von der ungeordneten Streuung des Lichts an den Grenzen zwischen den verschiedenen Tröpfchen. Mit Hilfe eines starken elektrischen oder Magnetfeldes kann man manchmal erreichen, daß alle Tröpfchen sich einheitlich orientieren. Dadurch erhält man einen fast durchsichtigen flüssigen „Monokristall".

Bringt man einen flüssigen Kristall in eine Flüssigkeit, mit der er sich nicht vermischt, so nehmen die einzelnen flüssigkristallinen Tropfen manchmal Kugel- und manchmal ovale Form an; in manchen Fällen kann man sogar Arten von bizarren Polyedern mit stark verwischten Kanten und Winkeln beobachten.

Substanzen, die im flüssigkristallinen Zustand existieren, besitzen auch sowohl die gewöhnliche feste kristalline als auch die isotrope flüssige Phase. Diese Phasen bilden sich in der folgenden Reihenfolge: Bei genügend tiefen Temperaturen bildet die Substanz einen festen Kristall, wandelt sich mit zunehmender Temperatur in den flüssigkristallinen Zustand um und geht bei genügend hohen Temperaturen in eine gewöhnliche Flüssigkeit über. Viele Stoffe bilden sogar nicht nur eine, sondern zwei oder mehr verschiedene flüssigkristalline Modifikationen. Wie alle Phasenumwandlungen geschieht die Verwandlung flüssigkristalliner Phasen ineinander oder in andere Phasen bei ganz bestimmten Temperaturen, wobei Wärme entwickelt oder verbraucht wird.

KAPITEL X

LÖSUNGEN

§ 77. Löslichkeit

Unter *Lösungen* verstehen wir Gemische aus zwei oder mehr Substanzen, deren Moleküle vollständig durchmischt sind. Dabei sind die Mengenverhältnisse der verschiedenen Stoffe innerhalb gewisser Grenzen veränderlich. Überwiegt im Gemisch die Menge einer bestimmten Substanz, so nennt man diese das Lösungsmittel und bezeichnet die übrigen als gelöste Stoffe.

Man charakterisiert die Zusammensetzung einer Lösung durch die *Konzentration*, die das Verhältnis zwischen den Mengen der im Gemisch befindlichen Stoffe (ihrer sogenannten Komponenten) angibt. Die Konzentration kann auf verschiedene Arten definiert werden. Vom physikalischen Standpunkt ist der Begriff der molaren Konzentration, d. h. das Verhältnis zwischen den Zahlen der verschiedenen Molekülsorten (oder, was dasselbe bedeutet, zwischen ihren in Mol ausgedrückten Mengen), besonders treffend. Gebräuchlich sind auch Massenkonzentration, Volumenkonzentration (in einem bestimmten Volumen des Lösungsmittels gelöste Stoffmenge) u. a.

Beim Vorgang der Lösung wird Wärme freigesetzt oder verbraucht. Die Größe dieser Wärmemenge hängt nicht nur von der gelösten Substanzmenge, sondern auch von der Menge des Lösungsmittels ab.

Unter der *Lösungswärme* versteht man gewöhnlich diejenige Wärmemenge, die freigesetzt oder verbraucht wird bei der Lösung von 1 mol der entsprechenden Substanz in einem Lösungsmittel, dessen Menge so groß ist, daß eine anschließende Erwärmung keine von Null verschiedene Wärmetönung nach sich zieht. So ist die Lösungswärme von Schwefelsäure H_2SO_4 in Wasser gleich $+75000$ J (das Pluszeichen bedeutet, daß Wärme entwickelt wird) und von Salmiak NH_4Cl gleich -16500 J (das Minuszeichen kennzeichnet Wärmeverbrauch).

Zwei Stoffe sind gewöhnlich nur begrenzt ineinander löslich. In einem Lösungsmittel vorgegebener Menge kann sich dabei nicht mehr als eine bestimmte Menge einer anderen Substanz auflösen. Als *gesättigt* bezeichnet man eine Lösung, die die höchstmögliche Menge gelöster Substanz enthält, so daß sich weitere Mengen dieser Substanz in ihr nicht auflösen können. Demnach zeichnet sich eine gesättigte Lösung durch die Eigenschaft aus, daß sie mit der reinen löslichen Substanz im Wärmegleichgewicht steht.

Die Konzentration einer gesättigten Lösung charakterisiert das Vermögen der entsprechenden Substanz, sich im entsprechenden Lösungsmittel aufzulösen. Deshalb bezeichnet man sie oft als *Löslichkeit* der Substanz.

Im allgemeinen ist die Löslichkeit eine Funktion der Temperatur. Auf Grund des LE CHATELIERschen Prinzips ist es möglich, einen Zusammenhang zwischen der Art dieser Temperaturabhängigkeit und dem Vorzeichen der Lösungswärme zu finden.

Wir stellen uns vor, daß beim Vorgang der Lösung Wärme verbraucht werden möge, wie z. B. bei der Lösung von Salmiak in Wasser, und nehmen an, daß eine gesättigte Lösung vorliegt, die mit nichtgelöstem Salmiak im Gleichgewicht steht. Bei Erwärmung verläßt das System den Zustand des Gleichgewichts. Im System werden dadurch Prozesse ausgelöst, die der durch den äußeren Zwang (Erwärmung) hervorgerufenen Störung des Gleichgewichts entgegengerichtet sind. Das bedeutet im betrachteten Fall, daß die Löslichkeit von Salmiak in Wasser so zunimmt, daß eine weitere, von Wärmeverbrauch begleitete Lösung stattfinden muß.

Wie wir sehen, nimmt die Löslichkeit mit steigender Temperatur zu, sofern bei der Lösung Wärme verbraucht wird. Dagegen nimmt die Löslichkeit mit wachsender Temperatur ab, falls der Lösungsvorgang Wärme freisetzt.

Lösung von Gas in Flüssigkeit ist gewöhnlich mit einer starken Volumenabnahme verbunden, d. h., das Volumen der Lösung ist bedeutend kleiner als die Summe der Volumina des Lösungsmittels und der gelösten Substanz im Anfangszustand. Löst man z. B. 1 mol Stickstoff bei Zimmertemperatur und Atmosphärendruck in einer großen Menge Wasser, so erhöht sich das Volumen der Flüssigkeit um 40 cm^3, während die entsprechende Gasmenge ein Volumen von 22400 cm^3 einnimmt. Auf Grund des LE CHATELIERschen Prinzips können wir demnach schließen, daß die Löslichkeit eines Gases in Flüssigkeit mit wachsendem Druck des Gases über der Flüssigkeit zunimmt (bei vorgegebener Temperatur).

Für den Fall schwacher Lösungen sind wir in der Lage, die Abhängigkeit der Löslichkeit eines Gases von seinem Druck zu bestimmen. (Als *schwach* oder *verdünnt* bezeichnet man allgemein Lösungen, in denen die Molekülzahl der gelösten Substanz klein gegen die Molekülzahl des Lösungsmittels ist.)

Wir gehen davon aus, daß das Wärmegleichgewicht (das im betrachteten Fall zwischen Gas und gesättigter Lösung besteht) seiner molekularen Natur nach dynamisch ist. Das bedeutet, daß auch im Gleichgewichtszustand Gasmoleküle aus dem Gas in die Flüssigkeit und umgekehrt aus der Flüssigkeit in das Gas übertreten, jedoch in beiden Richtungen pro Zeiteinheit gleich viele. Die Zahl der Moleküle, die in der Zeiteinheit in die Flüssigkeit eintreten, ist der Zahl der Stöße der Gasmoleküle an der Flüssigkeitsoberfläche pro Zeiteinheit proportional. Diese Zahl ist ihrerseits (bei vorgegebener Temperatur) der Dichte und damit auch dem Druck des Gases proportional. Analog besteht Proportionalität zwischen der Zahl der Moleküle, die aus der Flüssigkeit austreten, und ihrer Konzentration. Setzt man beide Zahlen gleich, so ergibt sich, daß die Konzentration der gesättigten Lösung, d. h. die Löslichkeit des Gases, dem Druck des Gases über der Lösung proportional ist (HENRY*sches Gesetz*).

Dieses Gesetz gilt allerdings nur für schwache Lösungen. (Unsere Überlegungen sind nicht allgemein zutreffend, denn wenn die Gasmoleküle in der Lösung miteinander in Wechselwirkung stehen, kann die Zahl der Gasmoleküle, die aus der Flüssigkeit austreten, nicht einfach in Proportionalität zur Konzentration gesetzt werden.) Deshalb gilt das HENRYsche Gesetz z. B. für wäßrige Lösungen von Sauerstoff und Stickstoff, die in Wasser schwer löslich sind. Es ist dagegen nicht auf wäßrige Lösungen von Kohlendioxid oder Ammoniak anwendbar, da sich diese Gase leicht in Wasser lösen.

Bei der Lösung von Gas in Flüssigkeit wird meistens Wärme frei. Das ist verständlich, denn die Moleküle gehen aus einem Medium (Gas), in dem sie schwach miteinander wechselwirken, in ein anderes Medium (Lösung) über, in welchem sie von den Molekülen des Lösungsmittels stark angezogen werden. Daher nimmt die Löslichkeit von Gas in der Flüssigkeit mit wachsender Temperatur ab (bei vorgegebenem Druck).

§ 78. Gemische von Flüssigkeiten

Substanzen, die so stark verdünnt sind, daß die Wechselwirkung ihrer Moleküle geringfügig klein ist, lassen sich ohne weiteres miteinander vermischen. In diesem Sinne kann man sagen, daß alle Gase in beliebigen Mengenverhältnissen zueinander mischbar sind.

Dagegen können bei der Mischung verschiedener Flüssigkeiten mehrere Fälle auftreten. Es gibt Flüssigkeiten (z. B. Alkohol und Wasser), die sich in beliebigen Mengenverhältnissen mischen lassen. Andere Flüssigkeiten haben die Eigenschaft, daß sie nur begrenzt ineinander löslich sind, und zwar in ganz unterschiedlichem Maße. So lösen sich Wasser und Kerosin praktisch überhaupt nicht ineinander. Bei Zimmertemperatur können z. B. höchstens 8 Masse-% Äther in Wasser gelöst werden.

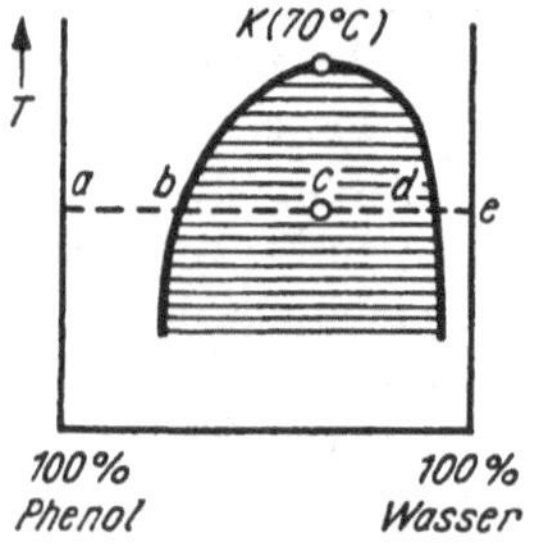

Abb. 97

Die gegenseitige Löslichkeit von Flüssigkeiten kann mit Hilfe eines Diagramms anschaulich gemacht werden. Dazu tragen wir auf der Abszissenachse die Konzentration c des Gemisches (z. B. in Masse-%) und auf der Ordinatenachse die Temperatur ab (bzw. den Druck, falls die Druckabhängigkeit der Löslichkeit bei vorgegebener Temperatur interessiert).

Abb. 97 zeigt ein solches Diagramm für ein Gemisch aus Wasser und Phenol C_6H_5OH. Einer vertikalen Achse entspricht reines Phenol, der anderen reines Wasser.

Alle Punkte des nichtschraffierten Gebiets entsprechen homogenen Mischungen beider Komponenten. Die Kurve, die das schraffierte Gebiet begrenzt, bestimmt die Grenzen ihrer gegenseitigen Löslichkeit. Bei der Temperatur, die der horizontalen Geraden ae entspricht, gibt z. B. der Punkt b die Grenze der Löslichkeit von Wasser in Phenol und der Punkt *d* die Grenze der Löslichkeit von Phenol in Wasser an. Bringt man jedoch Phenol und Wasser in einem Mengenverhältnis zusammen, das einem beliebigen Punkt *c* des schraffierten Gebiets entspricht, so zerlegt sich die Flüssigkeit in zwei übereinanderliegende Schichten, wobei sich die dichtere unten und die weniger dichte oben befinden. Diese beiden flüssigen Schichten, die im Gleichgewicht koexistieren, stellen zwei verschiedene Phasen dar. Eine von ihnen ist eine gesättigte Lösung von Wasser in Phenol (repräsentiert durch den Punkt *b*) und die andere eine gesättigte Lösung von Phenol in Wasser (Punkt *d*). Man kann leicht zeigen (ebenso wie im § 66 für das Flüssigkeits–Gas-Diagramm), daß die Mengen beider Phasen den Abschnitten *cb* und *cd* umgekehrt proportional sind.

Zwei Flüssigkeiten, deren gegenseitige Löslichkeit mit steigender Temperatur zunimmt, können von einer bestimmten Temperatur an unbegrenzt mischbar sein. Das ist z. B. beim Phenol–Wasser-Gemisch der Fall. Beide Flüssigkeien mischen sich oberhalb der Temperatur von 70 °C in beliebigen Mengenverhältnissen. Wir bezeichnen diese Temperatur als *kritische Temperatur der Mischung* und den entsprechenden Punkt *K* im Phasendiagramm (Abb. 97) als *kritischen Punkt der Mischung*. In diesem Punkt liegen in vieler Hinsicht ähnliche Eigenschaften vor wie im kritischen Punkt des Gleichgewichts Flüssigkeit–Gas.

Es gibt auch Fälle, in denen der kritische Punkt keine obere, sondern die untere Grenze des Gebietes der begrenzten Mischbarkeit darstellt. Das wird z. B. bei Wasser und Triäthylamin $N(C_2H_5)_3$ beobachtet, die sich bei Temperaturen unterhalb einer bestimmten kritischen Temperatur in beliebigen Mengenverhältnissen mischen lassen (Abb. 98). Schließlich sind gelegentlich zwei kritischen Temperaturen (eine obere und eine untere) vorhanden, zwischen denen ein Gebiet begrenzter gegenseitiger Löslichkeit zweier Flüssigkeiten liegt. Das trifft z. B. für das Wasser–Nikotin-Gemisch zu (Abb. 99).

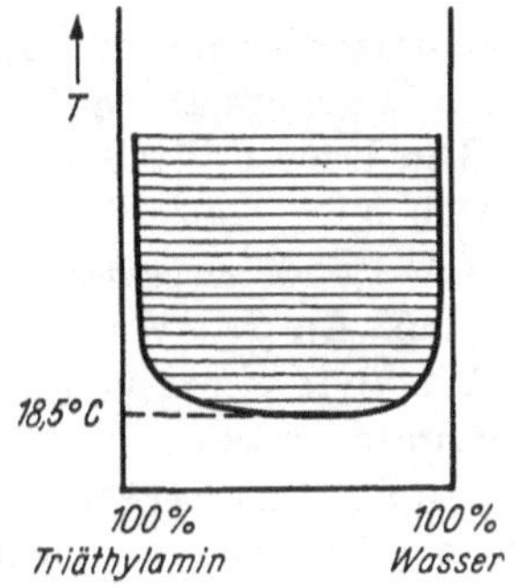

Abb. 98

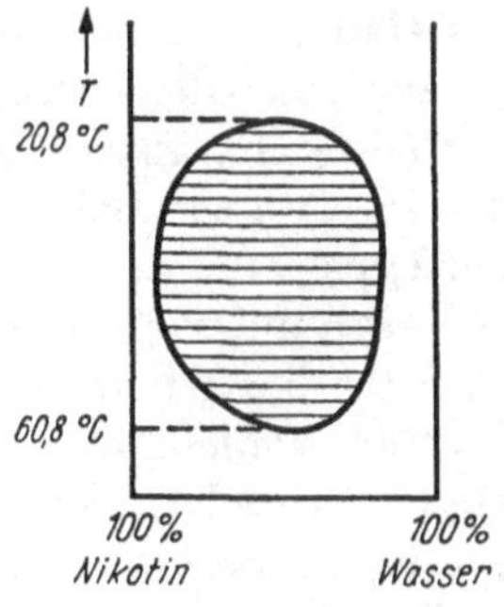

Abb. 99

§ 79. Feste Lösungen

Einige Substanzen haben die Fähigkeit, miteinander Mischkristalle zu bilden, in denen Atome verschiedener Sorten enthalten sind. Solche Mischkristalle nennt man *feste Lösungen*. Besonders unter den Metallen kommt die Bildung fester Lösungen sehr oft vor (Legierungen).

Sprechen wir von Mischkristallen als von festen Lösungen, so muß sich ihre Zusammensetzung innerhalb gewisser Grenzen verändern können. Diese Eigenschaft unterscheidet sie von solchen Kristallen, die chemische Verbindungen darstellen und eine völlig definierte Zusammensetzung aufweisen. Während die Kristallstruktur einer festen Lösung unmittelbar mit dem Aufbau ihrer Komponenten in Zusammenhang steht, werden chemische Verbindungen durch bestimmte spezifische Strukturen charakterisiert.

Die meisten festen Lösungen gehören zum *Substitutionstyp*. Eine solche Lösung entsteht, indem ein Teil der Atome im Kristallgitter einer Komponente durch Atome der anderen Komponente ersetzt wird. Diese Substitution ist natürlich nur möglich, wenn eindringende Atome ungefähr dieselben Abmessungen haben wie die Atome des Lösungsmittels. Lösungen vom Substitutionstyp sind insbesondere die meisten metallischen Legierungen. Es gibt sogar solche Fälle, daß die beiden Komponenten einer Legierung unbegrenzt ineinander löslich sind (z. B. Kupfer–Gold-Legierung). Voraussetzung dafür ist offenbar, daß die Kristallgitter beider Komponenten von demselben Typ sind.

Nicht nur Elemente, sondern auch chemische Verbindungen können feste Lösungen vom Substitutionstyp bilden. Im letzten Fall bezeichnet man diese Erscheinung als *Isomorphie*. In den entsprechenden Mischkristallen sind Atome einer Komponente durch Atome der anderen chemischen Verbindung ersetzt.

Die Bildung einer solchen festen Lösung setzt keineswegs voraus, daß zwischen beiden Verbindungen chemische Affinität besteht. Dagegen muß ihre molekulare Struktur vom gleichen Typ sein. Isomorphie existiert also sowohl zwischen chemisch affinen Stoffen (z. B. $ZnSO_4$ und $MgSO_4$) als auch zwischen Phasen von Substanzen, die keineswegs chemisch affin sind ($BaSO_4$ und $KMnO_4$, PbS und NaBr u. a.).

Voraussetzung für Isomorphie sind außer der Gleichartigkeit der molekularen Struktur auch die Gleichartigkeit der Kristallgitter und die annähernde Gleichheit der für sie charakteristischen Abmessungen. Die Rolle der Abmessungen erkennt man etwa am Beispiel der Verbindungen KCl, KBr, KJ, die alle Gitter desselben Typs (wie NaCl) besitzen, wobei jedoch die Abstände zwischen benachbarten Atomen unterschiedlich sind (3,14, 3,29 bzw. 3,52 Å). Die Verbindungen KCl und KBr, bei denen sich die entsprechenden Abstände kaum voneinander unterscheiden, können feste Lösungen beliebiger Zusammensetzung bilden. Dagegen sind KCl und KJ nur begrenzt ineinander löslich. Das ist auf den verhältnismäßig starken Unterschied der zugehörigen Abmessungen zurückzuführen. Sind diese Abmessungen noch mehr voneinander verschieden, so kann die Isomorphie gänzlich unmöglich werden.

Außerdem gibt es feste Lösungen vom *Zwischengitterplatztyp*. Sie entstehen, indem Atome der zu lösenden Substanz in das Lösungsmittel einwandern und dessen Atome ein wenig verschieben. Sie nehmen also Plätze ein, die im reinen Lösungsmittel nicht besetzt sind. Es ist klar, daß solche festen Lösungen nur entstehen können, wenn die Atome der zu lösenden Substanz bedeutend kleiner als die des Lösungsmittels sind.

Wasserstoff, Stickstoff und Kohlenstoff bilden z. B. mit einigen Metallen feste Lösungen vom Zwischengitterplatztyp. Zum Beispiel ist Kohlenstoff (bei hohen Temperaturen) im sogenannten γ-Eisen, einer Eisenmodifikation mit der Struktur vom Typ der kubisch dichten Packung, löslich. In der entstehenden Lösung, dem sogenannten Austenit, sitzen die Kohlenstoffatome in Mittelpunkten der Würfelzellenkanten zwischen den Eisenatomen, die ihrerseits in den Eckpunkten und Seitenflächenmittelpunkten gelagert sind. Bis zu 10% dieser Zwischengitterplätze können besetzt sein.

§ 80. Osmotischer Druck

Durch eine poröse Wand, die zwei Lösungen unterschiedlicher Konzentration voneinander trennt, gehen sowohl Lösungsmittel als auch gelöste Substanz hindurch, bis beide Lösungen völlig durchmischt sind. Es gibt aber auch Wände mit selektiver Durchlässigkeit, die nur eine dieser Substanzen durchlassen. Man bezeichnet sie als *semipermeable Wände*. Beispiele dafür sind manche im Tier- und Pflanzenreich vorkommende Häutchen, kolloide Filme, poröser Ton oder poröses Porzellan, deren Poren mit Kupferferrocyanid $Cu_2Fe(CH)_6$ bedeckt sind, usw. Sie sind für Wasser durchlässig, für viele in Wasser lösliche Stoffe jedoch nicht. Der Durchgang des Lösungsmittels durch eine solche Wand wird als *Osmose* bezeichnet.

Zwei Gefäße seien durch eine semipermeable Wand (W in Abb. 100) voneinander getrennt. In dem einen Gefäß befinde sich eine beliebige Lösung (z. B. eine Wasser–Zucker-Lösung) und im anderen reines Wasser. Es zeigt sich, daß das Wasser in das Gefäß mit der Lösung überzugehen beginnt. Die Lösung verhält sich so, als würde sie das Lösungsmittel anziehen. Dieser Vorgang dauert an, bis sich eine bestimmte Niveaudifferenz zwischen Wasser und Lösung eingestellt hat.

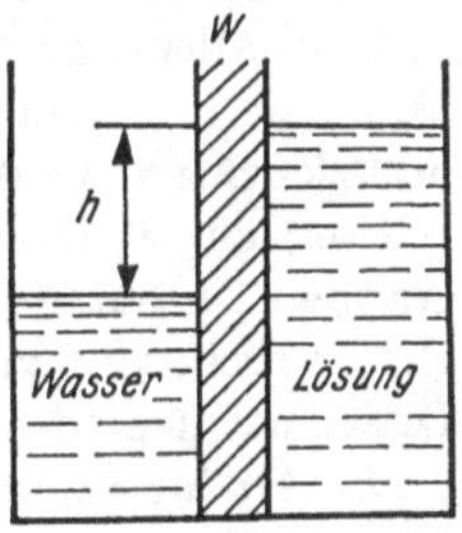

Abb. 100

In beiden Gefäßen herrschen nun unterschiedliche Drücke. Im Gefäß mit der Lösung besteht ein Drucküberschuß, der gleich dem in diesem Gefäß in Höhe des Niveaus des Lösungsmittels vorhandenen hydrostatischen Druck ist. Man bezeichnet ihn als *osmotischen Druck*.

Die Ursache dieser Erscheinung kann leicht erklärt werden. Da die semipermeable Wand lediglich Wasser durchläßt, ist für das Gleichgewicht der Flüssigkeit in beiden Gefäßen nicht erforderlich, daß auf beiden Seiten der Wand derselbe Gesamtdruck besteht. Gleichgewicht stellt sich ein, wenn der Druck im Gefäß mit dem reinen Wasser gleich dem von den Wassermolekülen erzeugten Partialdruck der Lösung ist. Der Gesamtdruck in der Lösung übersteigt dabei den Druck im anderen Gefäß um den Partialdruck, den die Zuckermoleküle erzeugen. Das ist aber gerade der osmotische Druck der Lösung.

Im Falle einer schwachen Lösung sind die Moleküle der gelösten Substanz im allgemeinen verhältnismäßig weit voneinander entfernt und stehen deshalb nur in einer sehr geringen Wechselwirkung miteinander (jedoch ist die Wechselwirkung mit den Molekülen des Lösungsmittels nicht klein). Man kann also sagen, daß sich die Moleküle der gelösten Substanz in einer schwachen Lösung ähnlich wie die Moleküle eines idealen Gases verhalten. Das führt zu einer Reihe von Analogien zwischen den Eigenschaften schwacher Lösungen und idealer Gase.

Wie wir wissen, wird der Druck eines idealen Gases durch die Formel $p = N\,k\,T/V$ bestimmt. Es zeigt sich, daß der osmotische Druck p_{osm} einer schwachen Lösung analog durch die Formel

$$p_{\mathrm{osm}} = \frac{n\,kT}{V}$$

gegeben ist, wobei V das Volumen der Lösung und n die Zahl der Moleküle der gelösten Substanz bedeuten (van't Hoff*sches Gesetz*). Bemerkenswert ist, daß der osmotische Druck einer schwachen Lösung (bei vorgegebenen Werten von Volumen und Temperatur) lediglich durch die Zahl der gelösten Teilchen bestimmt wird und von ihrer Natur (sowie von den Eigenschaften des Lösungsmittels) überhaupt nicht abhängt. Zum Beispiel ist der osmotische Druck einer Lösung mit der Konzentration von 0,1 mol/l gleich 2,4 atm. Der osmotische Druck von Meerwasser beträgt 2,7 atm.

Für den Fall einer schwachen Lösung, die durch Auflösung verschiedener Substanzen in demselben Lösungsmittel entsteht, ist der osmotische Druck durch die Gesamtzahl aller gelösten Teilchen bestimmt. Er ist gleich der Summe aller „partiellen" osmotischen Drücke der einzelnen gelösten Stoffe (Analogie zum Daltonschen Gesetz für Gase). Diese Tatsache muß auch dann berücksichtigt werden, wenn der Vorgang der Lösung mit einem Zerfall (Dissoziation) der Moleküle zusammenhängt. (Diese Erscheinung wird in den Paragraphen 89 und 90 behandelt.) Bei einer solchen Lösung hängt der osmotische Druck nicht nur von der Gesamtmenge gelöster Substanz, sondern auch vom Dissoziationsgrad ab.

Die Analogie zwischen schwacher Lösung und idealem Gas geht noch weiter. So wird die vertikale Verteilung der Moleküle einer gelösten Substanz im Gravitationsfeld durch eine Formel bestimmt, die der barometrischen Höhenformel ähnlich ist (§ 54). Diese Erscheinung läßt sich besonders gut beobachten, wenn man an Stelle einer gewöhnlichen Lösung eine Emulsion betrachtet, d. h. eine Flüssigkeit, in der kleine Teilchen einer anderen Substanz schweben. Da diese Teilchen eine um ein vielfaches größere Masse haben als Moleküle, ist die vertikale Konzentrationsänderung, wie aus der Barometerformel hervorgeht, verhältnismäßig stark. Sie kann unmittelbar beobachtet werden. (Auf Grund des Archimedischen Prinzips muß dabei in die barometrische Höhenformel für die Masse $m - m_0$ eingesetzt werden, wobei m die Masse der in der Emulsion schwebenden Teilchen und m_0 die Masse der von ihnen verdrängten Flüssigkeit bedeuten.)

§ 81. RAOULTsches Gesetz

Wir wissen, daß bei vorgegebenem Druck eine bestimmte Temperatur existiert, bei der sich eine Flüssigkeit in Dampf verwandelt (Siedepunkt). Ist in einer Flüssigkeit eine nichtflüchtige Substanz gelöst, die sich bei der Verdampfung nicht in Dampf verwandelt (wie z. B. bei einer Lösung von Zucker in Wasser), so zeigt sich, daß sich der Siedepunkt der Lösung von dem des reinen Lösungsmittels unterscheidet (bei gleichem Druck).

Aus dem LE CHATELIERschen Prinzip ergibt sich leicht, daß die Lösung einen höheren Siedepunkt hat als das Lösungsmittel. Wir betrachten eine Lösung von Zucker in Wasser, die mit ihrem Dampf im Gleichgewicht steht. Setzen wir dieser Lösung zusätzlich Zucker zu, so erhöht sich die Konzentration, und das Gleichgewicht des Systems wird gestört. Daher müssen Prozesse ausgelöst werden, die den äußeren Zwang abzuschwächen suchen, also mit einer Herabsetzung der Konzentration verbunden sind. Der Siedepunkt muß sich so erhöhen, daß ein Teil des Dampfes in Wasser kondensiert.

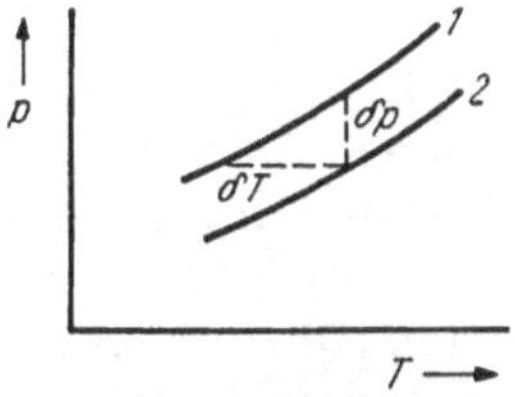

Abb. 101

Im T, p-Diagramm zeigt sich die Siedepunktserhöhung in der Weise, daß die Verdampfungskurve der Lösung (in Abb. 101 die Kurve *2*) etwas rechts von der Verdampfungskurve des reinen Lösungsmittels (Kurve *1*) liegt. Gleichzeitig ist die Kurve *2* gegenüber der Kurve *1* nach unten verschoben, so daß die Dampfspannung des Lösungsmittels über der Lösung kleiner als die des reinen Lösungsmittels ist (bei derselben Temperatur). Dampfdruckabnahme δp und Siedepunktserhöhung δT der Lösung werden im Diagramm durch den vertikalen bzw. horizontalen Abstand zwischen beiden Kurven bestimmt.

Im folgenden berechnen wir diese Änderungen unter der Voraussetzung, daß der Fall einer schwachen Lösung vorliegt.

Wir betrachten das in Abb. 100 dargestellte Beispiel des Gleichgewichts zwischen reinem Wasser und einer Lösung, die durch eine semipermeable Wand voneinander getrennt sind, und denken uns die gesamte Vorrichtung in einem Raum eingeschlossen, in dem sich gesättigter Wasserdampf befindet. Da der Gasdruck unter dem Einfluß des Schwerefeldes mit der Höhe abnimmt, muß nach dem oben Gesagten die Dampfspannung über der Lösung kleiner als über der Oberfläche des reinen Wassers im anderen Gefäß sein. Die Druckdifferenz δp ist offenbar gleich dem Gewicht der Dampfsäule mit der Höhe h:

$$\delta p = \varrho_D \, g \, h \,,$$

wobei ϱ_D die Dampfdichte bezeichnet. Andererseits ist die Höhe h durch den osmotischen Druck p_{osm} der Lösung bestimmt. Das Gewicht der Flüssigkeitssäule im Rohr sorgt für die Einstellung des Gleichgewichtsdrucks p_{osm}. Mit Hilfe der Formel für den osmotischen Druck erhalten wir die Beziehung

$$\varrho_{Fl}\, g\, h = p_{osm} = \frac{n\, kT}{V_{Fl}},$$

wobei wir unter n die Zahl der Moleküle der gelösten Substanz in 1 g Flüssigkeit verstehen wollen. Dann ist V_{Fl} das spezifische Volumen der Flüssigkeit, d. h. $V_{Fl} = 1/\varrho_{Fl}$. Man erhält $g\, h = n\, kT$, und für δp ergibt sich

$$\delta p = \varrho_D\, n\, kT = \frac{n\, kT}{V_D}.$$

Betrachtet man den Dampf als ideales Gas, so gilt für sein spezifisches Volumen $V_D = N\, kT/p$, wobei N die Zahl der Moleküle in 1 g Dampf oder, was dasselbe bedeutet, in 1 g Wasser ist. Wir erhalten

$$\frac{\delta p}{p} = \frac{n}{N}.$$

Das ist die gesuchte Formel. Die Dampfspannungserniedrigung ist gleich der molaren Konzentration der Lösung, d. h. gleich dem Verhältnis der Zahl der Moleküle der gelösten Substanz zur Zahl der Moleküle des Lösungsmittels (oder, was dasselbe bedeutet, gleich dem Verhältnis der Zahlen der entsprechenden Mole). Dieses Ergebnis bezeichnet man als RAOULT*sches Gesetz.* Wir sehen, daß die Änderung der Dampfspannung über der Lösung nicht von der Natur des Lösungsmittels und der gelösten Substanz abhängt. Lediglich die Zahlen ihrer Moleküle sind von Bedeutung.

Diese Eigenschaft bezieht sich nicht auf eine andere interessierende Größe, die Siedepunktserhöhung δT. Man erhält sie leicht, indem man davon ausgeht, daß die kleinen Größen δp und δT durch die Beziehung

$$\delta p = \frac{\mathrm{d}p}{\mathrm{d}T}\, \delta T$$

miteinander zusammenhängen. Mit Hilfe der CLAPEYRON-CLAUSIUSschen Gleichung

$$\frac{\mathrm{d}p}{\mathrm{d}T} = \frac{q\, p}{R\, T^2}$$

(q ist die molare Verdampfungswärme, s. § 68) ergibt sich

$$\delta T = \frac{R\, T^2}{q\, p}\, \delta p.$$

Setzt man hier die Beziehung $\delta p/p = n/N$ ein, so folgt schließlich

$$\delta T = \frac{R\, T^2}{q\, N}.$$

Auch der Gefrierpunkt einer Flüssigkeit ändert sich, wenn in ihr eine Substanz gelöst wird. Da der gelöste Stoff meistens nicht in die feste Phase übergeht, wird aus der Lösung das reine Lösungsmittel ausgefroren. Ähnlich wie im Falle der Verdampfung überzeugt man sich leicht mit Hilfe des Le Chatelierschen Prinzips davon, daß der Gefrierpunkt einer Lösung unterhalb von dem des reinen Lösungsmittels liegt. Für die Gefrierpunktserniedrigung ergibt sich dieselbe Formel wie für die Siedepunktserhöhung, wobei jedoch für q die molare Schmelzwärme des Lösungsmittels einzusetzen ist.

Man benutzt die Gefrierpunktserniedrigung häufig zur Molekulargewichtsbestimmung (*Kryoskopie*). Man löst eine bestimmte Menge der zu untersuchenden Substanz, bestimmt die Gefrierpunktserniedrigung δT und berechnet mit Hilfe der angegebenen Formel die Zahl der gelösten Moleküle. Daraus läßt sich das Molekulargewicht bestimmen. Ähnlich erhält man das Molekulargewicht auf Grund der Siedepunktserhöhung.

§ 82. Sieden eines Gemisches von Flüssigkeiten

Siedet ein Gemisch zweier Flüssigkeiten, so verdampfen im allgemeinen beide Komponenten, so daß flüssige und gasförmige Phase, zwischen denen Gleichgewicht besteht, ihrerseits Gemische bilden. Die mit diesem Vorgang zusammenhängenden Erscheinungen lassen sich mit Hilfe eines Zustandsdiagramms anschaulich darstellen.

Dazu tragen wir auf der Abszisse die Konzentration c des Gemisches und auf der Ordinate die Temperatur T oder den Druck p ab. Wir betrachten im folgenden c, T-Diagramme bei definiertem Druck.

Für das Sieden eines Gemisches von Flüssigkeiten gibt es verschiedene Typen von Zustandsdiagrammen. Wir untersuchen hier Diagramme von Substanzen, die im flüssigen Zustand in beliebigen Mengenverhältnissen mischbar sind.

Als Beispiel für den ersten Typ betrachten wir ein Gemisch aus flüssigem Sauerstoff und flüssigem Stickstoff. In Abb. 102 entspricht eine der vertikalen Geraden reinem Sauerstoff und die andere reinem Stickstoff. Zwischen ihnen liegt ein Gebiet beliebiger Konzentrationen.

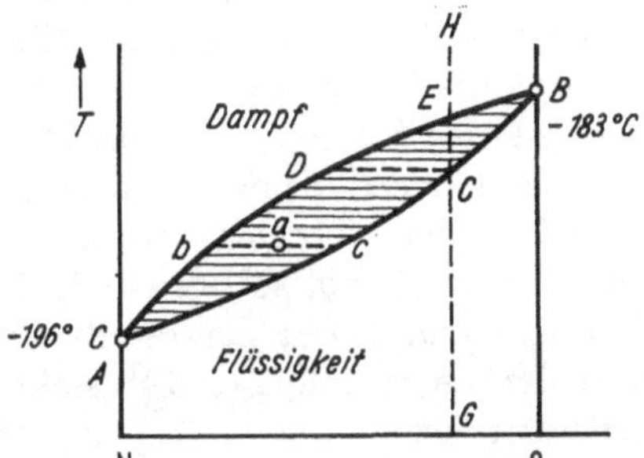

Abb. 102

Im Gebiet über der oberen Kurve liegen Zustände der höheren Temperatur, also der Gasmischung, und unterhalb der unteren Kurve Zustände des flüssigen Gemisches. Das zwischen beiden Kurven liegende schraffierte Gebiet entspricht dem Gleichgewicht Flüssigkeit–Dampf, wobei der Zustand der Flüssigkeit bzw. des Dampfes durch den Schnittpunkt einer durch einen vorgegebenen Punkt gezogenen horizontalen Geraden mit der entsprechenden Kurve des Diagramms bestimmt ist. Im Punkt a besteht z. B. Gleichgewicht zwischen dem Gas, dessen Zusammensetzung durch den Abszissenwert des Punktes b gegeben ist, und der Flüssigkeit, deren Zusammensetzung durch den Abszissenwert des Punktes c dargestellt wird, wobei die relativen Mengenanteile von Gas und Flüssigkeit den Längen ab und ac umgekehrt proportional sind. Die obere Kurve des Diagramms (ADB) nennen wir *Dampfkurve* und die untere (ACB) *Flüssigkeitskurve*. Beim Zustandsdiagramm des betrachteten Typs ergibt sich ein zigarrenförmiges Gebilde.

Die Punkte A und B repräsentieren die Siedepunkte von reinem Stickstoff bzw. reinem Sauerstoff. Wir betrachten ein flüssiges Gemisch mit der in Abb. 102 durch die Vertikale GH bestimmten Zusammensetzung. Sein Zustand wandert unter dem Einfluß einer Erwärmung längs der Geraden GC. Wird dabei die dem Punkt C entsprechende Temperatur erreicht, so beginnt die Flüssigkeit zu sieden. Jedoch hat der entstehende Dampf eine andere Zusammensetzung als die Flüssigkeit. Es bildet sich Dampf, der bei dieser Temperatur mit der Flüssigkeit im Gleichgewicht steht, also eine durch den Punkt D bestimmte Konzentration besitzt. Der entstehende Dampf hat demnach einen größeren Stickstoffgehalt als die Flüssigkeit. Entsprechend ändert sich die Zusammensetzung der Flüssigkeit in der Weise, daß der Sauerstoffgehalt zunimmt. Bei einer über den Punkt C hinausgehenden Erwärmung bewegt sich also der den Zustand der Flüssigkeit repräsentierende Punkt längs der Kurve CB nach oben, während der aus der Flüssigkeit austretende Dampf durch einen Punkt dargestellt wird, der sich längs der Kurve DB nach oben bewegt.

Anders als im Falle reiner Flüssigkeit ist also die Temperatur beim Sieden eines Gemisches nicht konstant. Die Lage des Punktes, in dem der Siedevorgang gerade beendet ist, hängt von den Bedingungen ab, unter denen das Gemisch siedet. Besteht ständig Kontakt zwischen dem abdampfenden Dampf und der Flüssigkeit, so bleibt die Zusammensetzung von Flüssigkeit und Dampf zusammengenommen immer gleich. Mit anderen Worten, der Zustand des Systems Flüssigkeit–Dampf wird immer durch Punkte auf der Geraden GH dargestellt. Beginnt der Siedevorgang im Punkt C, so endet er also im Schnittpunkt E der Vertikalen GH mit der oberen Randkurve der Zigarre.

Siedet jedoch das Gemisch in einem offenen Topf und strömt der sich bildende Dampf ständig ab, so besteht in jedem Zeitpunkt Gleichgewicht zwischen der Flüssigkeit und dem gerade abdampfenden Dampf. Dann muß der allerletzte Rest der verdampfenden Flüssigkeit dieselbe Zusammensetzung haben wie der dabei entstehende Dampf. Das bedeutet, daß der Siedevorgang in dem Punkte endet, wo Flüssigkeit und Dampf dieselbe Zusammensetzung haben, d. h. im Punkt B, der den Siedepunkt des reinen Sauerstoffs repräsentiert.

Ganz ähnliche Erscheinungen zeigen sich bei der Kondensation von Dampf in Flüssigkeit.

Ein Zustandsdiagramm anderen Typs haben wir z. B. beim Chloroform-Aceton-Gemisch (Abb. 103). Es unterscheidet sich vom oben betrachteten dadurch, daß beide Kurven im Punkt A ein Maximum besitzen, in dem sie einander berühren. Das schraffierte Gebiet entspricht dem Gleichgewicht Flüssigkeit–Dampf, während darüber bzw. darunter die gasförmige bzw. die flüssige Phase liegen.

Sieden und Kondensation gehen ähnlich wie im vorigen Fall vor sich. Siedet die Flüssigkeit im offenen Gefäß, so bewegen sich die Punkte, die die Flüssigkeit und den Dampf repräsentieren, längs der beiden Kurven nach oben. Der Prozeß endet jedoch nicht im Siedepunkt einer der reinen Komponenten, sondern im Punkt A, in dem sich beide Kurven berühren. In diesem Punkt haben Flüssigkeit und Dampf dieselbe Zusammensetzung. Ein Gemisch mit einer dem Punkt A entsprechenden Zusammensetzung (sogenanntes *azeotropes Gemisch*) siedet deshalb ebenso wie eine reine Flüssigkeit bei konstanter Temperatur.

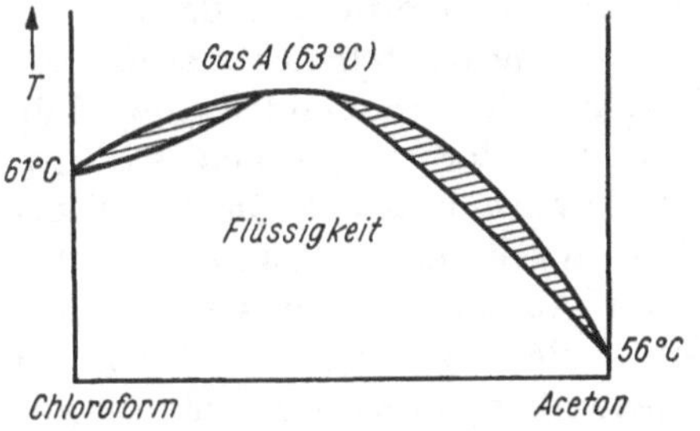

Abb. 103

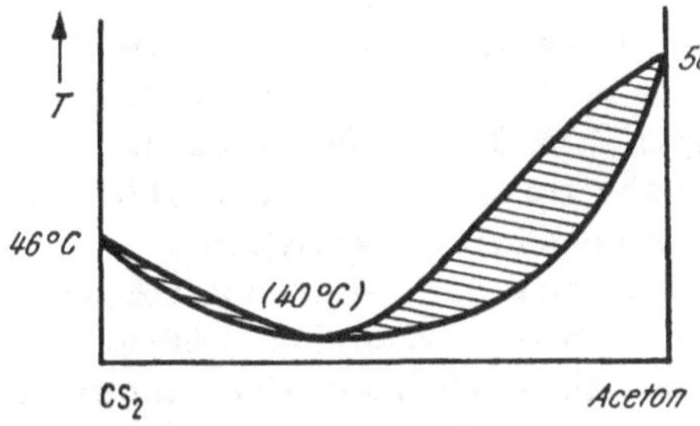

Abb. 104

Schließlich gibt es Gemische (z. B. Aceton und Schwefelkohlenstoff), deren Zustandsdiagramme von denen des eben betrachteten Typs dadurch verschieden sind, daß die Kurven Minima an Stelle von Maxima aufweisen (Abb. 104).

Die beschriebenen Erscheinungen benutzt man in der Praxis, um die Komponenten eines Gemisches voneinander zu trennen. Die Methode der *fraktivnierten Destillation* besteht in ihrer einfachsten Form darin, die ersten Teile (Fraktionen) des aus einem flüssigen Gemisch austretenden Dampfes zu sammeln und zu kondensieren und die so erhaltene Substanz nochmals zu destillieren. Zum Beispiel entsteht beim Sieden eines Alkohol–Wasser-Gemisches Dampf, dessen Gehalt am leichter siedenden Alkohol größer ist als in der Flüssigkeit. Werden die ersten Fraktionen dieses Dampfes kondensiert und die so erhaltene Flüssigkeit erneut zum Sieden gebracht, so ist es möglich, immer reineren Alkohol zu erhalten. Im Falle von Zustandsdiagrammen des in Abb. 102 gezeigten Typs ist es im Prinzip möglich, die Komponenten des Gemisches vollständig zu trennen, indem man diesen Prozeß genügend oft wiederholt. Liegen dagegen Diagramme des in Abb. 103 bzw. Abb. 104 dargestellten Typs vor, so ist eine vollständige Trennung der Komponenten grundsätzlich unmöglich. In Abhängigkeit von der Zusammensetzung des im Anfangszustand vorhandenen Gemisches kann man nur ein azeotropes Gemisch oder den einen oder anderen der reinen Stoffe abtrennen. Zum letzten Fall gehört auch das bereits erwähnte Wasser–Alkohol-Gemisch, das bei einem Alkoholgehalt von 95,6 Masse-% ein Minimum der Siedetemperatur hat. Eine weitere Reinigung von Alkohol durch fraktionierte Destillation ist unmöglich.

§ 83. Retrograde Kondensation

Da beim Übergang Flüssigkeit–Gas im Falle reiner Stoffe kritische Punkte vorhanden sind, existieren auch für Gemische kritische Erscheinungen. Wir können sie hier nicht in ihren zahlreichen Varianten betrachten und beschränken uns auf einige charakteristische Vorgänge.

Das in Abb. 102 dargestellte Zustandsdiagramm des Sauerstoff–Stickstoff-Gemisches bezieht sich auf den Druck von 1 atm. Steigert man den Druck, so ergibt sich bei Erreichen des kritischen Drucks einer der reinen Komponenten ein Zustandsdiagramm von ganz anderem Charakter (im vorliegenden Fall bei Erreichen des kritischen Drucks von 33,5 atm des reinen Stickstoffs; der kritische Druck des Sauerstoffs ist gleich 49,7 atm). Da der reine Stickstoff oberhalb dieses Drucks nicht in verschiedene Phasen zerlegt werden kann, wird die „Zigarre" im Phasendiagramm des Gemisches von der entsprechenden Vertikalen abgetrennt, so daß die in Abb. 105 gezeigte Form entsteht. Im Diagramm gibt es nun einen Punkt (K), in dem die beiden koexistierenden Phasen ununterscheidbar sind. Diesen Punkt bezeichnet man ebenfalls als kritischen Punkt. Auch im betrachteten Fall besteht auf Grund der Existenz eines kritischen Punktes die Möglichkeit, einen kontinuierlichen Übergang zwischen Flüssigkeit und Gas zu realisieren, so daß die beiden Phasen nur bedingt als verschieden anzusehen sind.

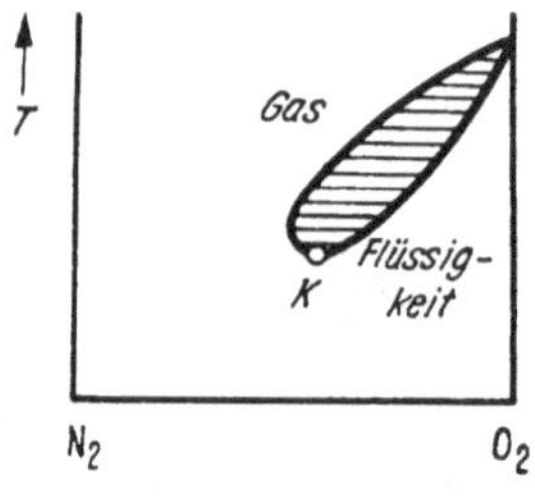

Abb. 105

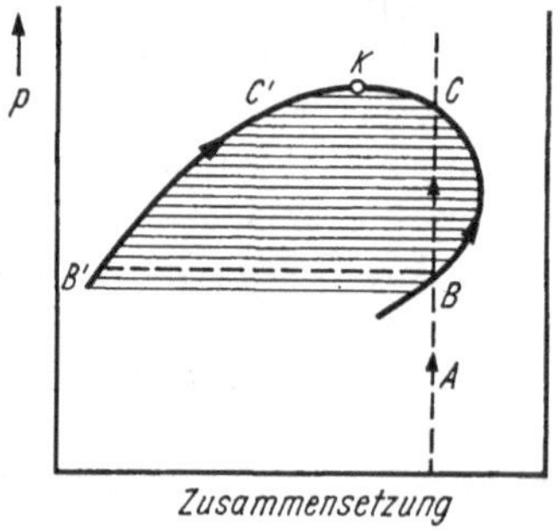

Abb. 106

Bei Vorhandensein eines kritischen Punktes hängt die Kondensation einer Gasmischung mit eigenartigen Erscheinungen zusammen. Wir erklären sie mit Hilfe eines c, p-Diagramms (bezogen auf eine fest vorgegebene Temperatur), das den üblichen realen Bedingungen, unter denen man sie beobachtet, am besten entspricht.

Abb. 106 zeigt ein solches Diagramm im Bereich des kritischen Punktes K (im Unterschied zum oben betrachteten c, T-Diagramm liegt dabei die Gasphase unter dem schraffierten Gebiet, d. h. bei den kleineren Drücken).

Wir betrachten ein Gemisch, dessen Zusammensetzung der Geraden AC entspricht. Wird im Verlaufe einer isothermen Kompression des Gemisches der

Punkt *B* erreicht, so beginnt die Kondensation unter Bildung der flüssigen Phase *B'*. Bei weiterer Erhöhung des Drucks nimmt die Flüssigkeitsmenge zunächst zu, dann aber wieder ab. Die Flüssigkeit (in diesem Augenblick durch den Punkt *C'* dargestellt) verschwindet völlig, sobald der Punkt *C* erreicht ist. Diese Erscheinung bezeichnet man als retrograde Kondensation.

§ 84. Erstarrung eines Gemisches von Flüssigkeiten

Bei Gemischen lassen sich ebenso wie für Umwandlungen zwischen flüssiger und gasförmiger Phase Zustandsdiagramme für Übergänge zwischen flüssiger und fester Phase angeben. Wie bisher tragen wir auf der Abszissenachse die Konzentration (atomare Zusammensetzung in Prozent) und auf der Ordinatenachse die Temperatur ab, wobei der Druck fest vorgegeben wird.

Sind beide Stoffe sowohl im flüssigen als auch im festen Zustand in beliebigen Mengenverhältnissen mischbar, so ergeben sich Diagramme, die den im § 82 betrachteten Flüssigkeit–Gas-Diagrammen ähnlich sind. Zum Beispiel besitzt eine Silber–Gold-Legierung das in Abb. 107 dargestellte Phasendiagramm, wobei die dem flüssigen Gemisch beider Metalle entsprechenden Zustände oberhalb und die festen Legierungen entsprechenden Zustände unterhalb des schraffierten Gebiets liegen. Es besteht Ähnlichkeit zwischen dem Schmelzprozeß bei einer Legierung und dem Sieden eines Gemisches von Flüssigkeiten, das im Zusammenhang mit dem in Abb. 102, S. 197, dargestellten Diagramm behandelt wurde.

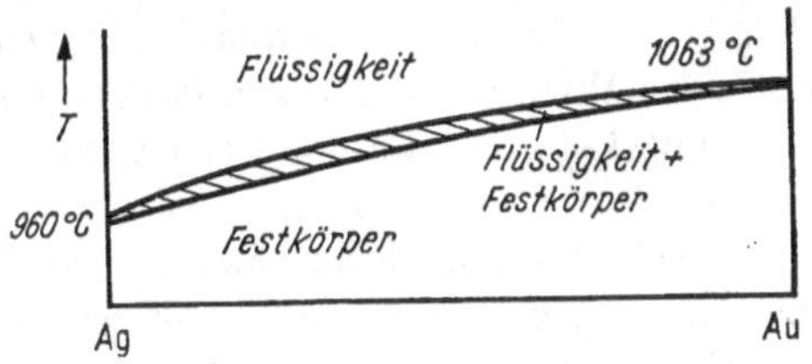

Abb. 107

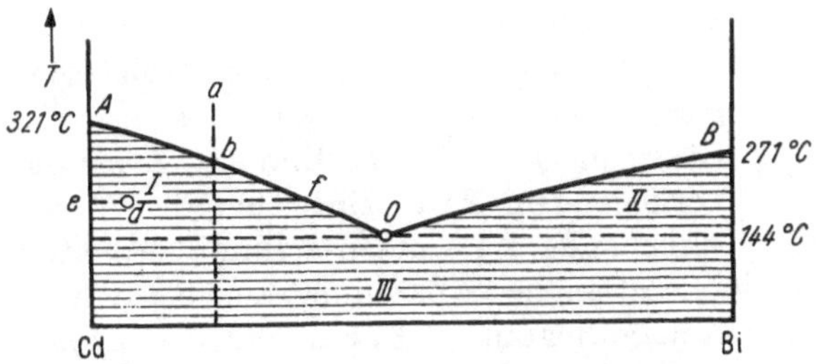

Abb. 108

Zu einem ganz anderen Typ gehört das in Abb. 108 gezeigte Phasendiagramm für ein Wismut–Cadmium-System, das sich dadurch auszeichnet, daß die beiden Komponenten keine Mischkristalle bilden können.

Das nichtschraffierte Gebiet entspricht dem flüssigen Gemisch. In allen übrigen Gebieten findet eine Zerlegung in verschiedene Phasen statt. Das sind im Gebiet I feste Kristalle aus reinem Cadmium (dargestellt durch die linke Vertikale) und flüssige Schmelze (dargestellt durch den Kurvenzug AO). In jedem Punkt d dieses Gebietes besteht Gleichgewicht zwischen den Phasen, die durch die Schnittpunkte der Horizontalen ef mit der Ordinate (reines Cadmium) bzw. der Kurve AO (flüssiges Gemisch) repräsentiert werden. Ihre Mengen sind den Abschnitten de und df umgekehrt proportional. Im Gebiet II bildet Wismut die feste Phase; es besteht Gleichgewicht mit der flüssigen Schmelze, deren Zusammensetzung durch die Kurve OB bestimmt ist. Schließlich haben wir im Gebiet III eine Mischung aus festen Cadmium- und Wismutkristallen.

Die Punkte A und B entsprechen den Siedepunkten des reinen Cadmiums bzw. Wismuts. Die Kurve AOB bestimmt die Temperatur, bei der das entsprechende Gemisch beider Komponenten zu erstarren beginnt.

Als Beispiel betrachten wir die Erstarrung eines flüssigen Gemisches, dessen Zusammensetzung durch die Vertikale ab bestimmt wird. Die Erstarrung beginnt bei der Temperatur, die dem Schnittpunkt b der Vertikalen mit der Kurve AO entspricht, wobei aus der Flüssigkeit Cadmiumkristalle ausgeschieden werden. Bei weiterer Abkühlung reichert sich das flüssige Gemisch mit Wismut an. Dabei wandert der seinen Zustand repräsentierende Punkt längs der Kurve AO nach unten, bis der Punkt O erreicht ist. Von diesem Punkt ab bleibt die Temperatur konstant, bis die gesamte Flüssigkeit erstarrt ist. Bei diesem Vorgang kristallisiert sich das noch verbliebene Cadmium sowie das gesamte Wismut.

Der Punkt O heißt *eutektischer Punkt*. In ihm befinden sich drei Phasen, und zwar festes Cadmium, festes Wismut und das flüssige Gemisch, untereinander im Gleichgewicht. Im eutektischen Punkt werden sehr kleine Kristalle der beiden Komponenten ausgefroren (man spricht von einem Eutektikum). Das Eutektikum enthält rechts vom Punkt O im Gebiet III die bereits vorher ausgefrorenen größeren Wismutkristalle und links von O entsprechend Cadmiumkristalle.

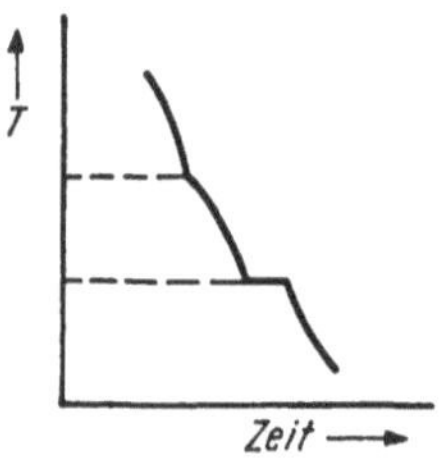

Abb. 109

Abb. 109 zeigt die charakteristische „Abkühlungskurve“. Sie beschreibt die Zeitabhängigkeit der Temperatur eines Systems bei langsamer Erkaltung einer flüssigen Schmelze bestimmter Zusammensetzung (im vorliegenden Fall wird eine der Vertikalen ab entsprechende Zusammensetzung betrachtet). Wird der Punkt b erreicht, so erscheint in der Abkühlungskurve ein Knick; die Erkaltung verzögert sich etwas beim Beginn der Erstarrung, die mit einer Freisetzung von Wärme zusammenhängt. Bei der Temperatur des eutektischen Punktes ist ein horizontales Kurvenstück vorhanden. Es entspricht dem letzten Teil des Erstarrungsvorgangs bei konstanter Temperatur. Die Aufnahme solcher Abkühlungskurven bildet die Grundlage für die Bestimmung von Phasendiagrammen mit Hilfe der sogenannten *thermischen Analyse*.

Das in Abb. 110 dargestellte Phasendiagramm eines Silber–Kupfer-Systems unterscheidet sich vom vorigen dadurch, daß in jeder seiner festen Komponenten eine gewisse Menge der anderen Komponente löslich ist. Daher enthält das Diagramm drei Einphasenbereiche. Außer dem Gebiet I des flüssigen Gemisches haben wir das Gebiet II fester Lösung von Cu in Ag und das Gebiet III fester Lösung von Ag in Cu.

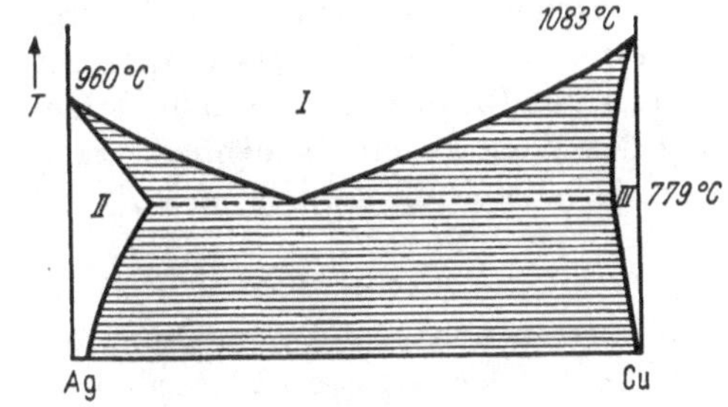

Abb. 110

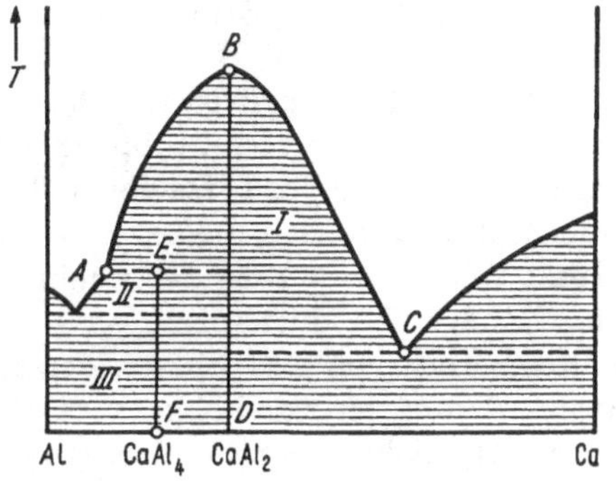

Abb. 111

Zum Abschluß betrachten wir das Phasendiagramm eines Aluminium-Calcium-Systems (Abb. 111). Die beiden Komponenten bilden keine festen Lösungen, jedoch existieren in diesem Fall bestimmte chemische Verbindungen. Es gibt also Mischkristalle, aber lediglich in bestimmten Zusammensetzungen. Die Vertikale *BD* entspricht der Verbindung $CaAl_2$. Der Punkt *B* entspricht dem Schmelzpunkt dieser Verbindung. In ihm besitzt die Kurve *ABC* ein Maximum. Eine andere Verbindung, $CaAl_4$, zerfällt, bevor der Schmelzprozeß einsetzen kann. Die dieser Verbindung entsprechende Vertikale *EF* reicht deshalb nicht bis zur Randkurve *AB* des flüssigen Zustandes. In allen schraffierten Gebieten findet eine Zerlegung in zwei Phasen statt. Dabei werden die beiden im Gleichgewicht stehenden Phasen immer durch die Schnittpunkte der entsprechenden horizontalen Geraden mit den beiden nächstliegenden Diagrammlinien bestimmt. Gleichgewicht besteht z. B. im Gebiet I zwischen der Flüssigkeit und den $CaAl_2$-Kristallen, im Gebiet II zwischen der Flüssigkeit und den $CaAl_4$-Kristallen und im Gebiet III zwischen den Al- und den $CaAl_4$-Kristallen.

Wir weisen noch darauf hin, daß die Untersuchung von Phasendiagrammen mit der Methode der thermischen Analyse benutzt werden kann, um Angaben über die Existenz fester chemischer Verbindungen zwischen bestimmten Stoffen zu erhalten. Das Vorhandensein einer Verbindung kommt dadurch zum Ausdruck, daß die Schmelzkurve ein Maximum (wie Punkt *B* in Abb. 111) oder einen Knick (wie im Punkt *A*) aufweist.

Phasendiagramme von Gemischen treten in vielen Varianten auf. Die hier behandelten gehören zu den einfachsten. Die betrachteten Beispiele zeigen jedoch bereits die charakteristischen Eigenschaften, die man auch bei komplizierteren Diagrammen vorfinden kann.

§ 85. Phasenregel

Zunächst wiederholen wir einige der in den beiden letzten Kapiteln behandelten Eigenschaften des Phasengleichgewichts, um sie im folgenden zu verallgemeinern.

Der thermische Zustand eines homogenen Körpers, der aus einer einzigen Substanz besteht, wird durch zwei unabhängige Variable (Temperatur T und Druck p) bestimmt. Bringt man ihn mit einer weiteren Phase derselben Substanz in Berührung (z. B. Eis mit Wasser), so ist Koexistenz nicht für beliebige p und T möglich, sondern nur dann, wenn zwischen diesen Variablen eine bestimmte Beziehung besteht (die im p,T-Diagramm durch eine Kurve dargestellt wird). Auf Grund der Tatsache, daß das Wasser mit Eis im Gleichgewicht stehen soll, muß zusätzlich zur Zustandsgleichung des Wassers eine Nebenbedingung erfüllt sein, die die Zahl der unabhängigen Variablen von zwei (p und T) auf eine (p oder T) reduziert.

Koexistenz von drei Phasen derselben Substanz, z. B. von Wasser, Eis und Wasserdampf, ist nur bei ganz bestimmten Werten von p und T möglich, die durch die Schnittpunkte der Wasser–Eis- sowie der Wasser–Wasserdampf-Gleichgewichtskurven bestimmt sind. Man kann sagen, daß bei Kontakt zweier Phasen mit einer dritten zwei Nebenbedingungen erfüllt sein müssen, wodurch die Zahl der unabhängigen Variablen auf Null reduziert wird.

Daher ist klar, daß zwischen vier Phasen derselben Substanz (z. B. Wasser, Wasserdampf und zwei Eismodifikationen) überhaupt kein Gleichgewicht bestehen kann. Dazu müßten drei Nebenbedingungen erfüllt sein, was nicht möglich ist, da nur die beiden unabhängigen Variablen p und T zur Verfügung stehen.

Wir betrachten nun einen aus zwei Stoffen bestehenden Körper, z. B. eine flüssige Lösung. Ihr Zustand wird durch drei unabhängige Variable bestimmt, und zwar durch die Temperatur T, den Druck p und die Konzentration c. Diese Lösung möge sich mit ihrem (ebenfalls aus den beiden Stoffen zusammengesetzten) Dampf im Gleichgewicht befinden. Das bedeutet, daß eine Nebenbedingung erfüllt sein muß, so daß von den drei Größen, die den Zustand der Lösung beschreiben, nur zwei beliebig wählbar sind. Gleichgewicht zwischen flüssiger Lösung und Dampf ist daher z. B. bei beliebiger Wahl von Druck und Temperatur möglich, jedoch nur bei einer bestimmten Konzentration der Lösung (und damit des Dampfes). Das geht aus der in diesem Kapitel durchgeführten Untersuchung von Phasendiagrammen hervor.

Setzt man eine aus denselben beiden Stoffen bestehende weitere Phase zu, so muß im Gleichgewicht noch eine Nebenbedingung erfüllt sein, so daß nur noch eine Variable frei wählbar bleibt. Bei fest vorgegebenem Druck können z. B. drei Phasen nur in einem Punkt koexistieren, nämlich bei bestimmten Werten der Temperatur und der Konzentration. Von dieser Art ist auch der eutektische Punkt (s. § 84).

Schließlich können vier aus zwei Komponenten zusammengesetzte Phasen nur bei bestimmten Werten aller Variablen (Druck, Temperatur, Konzentration) untereinander im Gleichgewicht stehen, während die Koexistenz von fünf oder mehr Phasen unmöglich ist.

Man kann dieses Ergebnis leicht auf das Gleichgewicht von Phasen mit einer beliebigen Zahl von Komponenten verallgemeinern.

Die Zahl der Komponenten sei gleich n und die Zahl der koexistierenden Phasen gleich r. Wir betrachten eine dieser Phasen. Ihre Zusammensetzung ist durch die Werte von $n - 1$ Konzentrationen gegeben, z. B. durch die Mengenverhältnisse jeder der $n - 1$ Komponenten zur n-ten Komponente. Daher wird der Zustand einer Phase durch insgesamt $n + 1$ Größen bestimmt, und zwar durch p, T und $n - 1$ Konzentrationen. Andererseits besteht Gleichgewicht zwischen dieser herausgegriffenen Phase und den $r - 1$ übrigen Phasen. Das bedeutet, daß außer ihrer Zustandsgleichung $r - 1$ Nebenbedingungen gelten müssen. Nun darf die Zahl der Nebenbedingungen nicht größer als die Zahl der Variablen sein, d. h. $n + 1$ muß größer oder gleich $r - 1$ sein. Daraus folgt

$$r \leqq n + 2 \,.$$

Demnach können nicht mehr als $n + 2$ Phasen, die aus n Komponenten bestehen, gleichzeitig miteinander im Gleichgewicht sein. Diese Beziehung bezeichnet man als *Phasenregel.*

Bei Koexistenz der größtmöglichen Zahl $(n + 2)$ von Phasen müssen alle ihren Zustand charakterisierenden Variablen (p, T und die Konzentrationen aller Phasen) völlig bestimmte Werte haben. Stehen r Phasen untereinander im Gleichgewicht, so können $(n + 1) - (r - 1) = n + 2 - r$ Variable beliebig vorgegeben werden.

KAPITEL XI

CHEMISCHE REAKTIONEN

§ 86. Wärmetönung

In diesem Kapitel untersuchen wir chemische Reaktionen unter physikalischen Gesichtspunkten. Wir haben solche Eigenschaften vor Augen, die allen Reaktionen gemeinsam sind und nicht von den chemischen Eigenarten der reagierenden Stoffe abhängen.

Bei jeder chemischen Reaktion wird Wärme verbraucht oder freigesetzt. Im ersten Fall spricht man von einer *endothermen* und im zweiten von einer *exothermen* Reaktion. Die zu einer exothermen Reaktion entgegengesetzte ist natürlich endotherm und umgekehrt.

Die Wärmetönung einer Reaktion hängt im allgemeinen von den Bedingungen ab, unter denen sie abläuft. Strenggenommen müßte man also zwischen Wärmetönungen bei konstantem Druck und solchen bei konstantem Volumen unterscheiden. Ihre Differenz ist indessen gewöhnlich praktisch ganz unbedeutend.

Man schreibt die Wärmetönung in der entsprechenden Reaktionsgleichung mit positivem Vorzeichen auf der Seite, auf der sie freigesetzt wird, und mit negativem Vorzeichen auf der Seite, auf der sie verbraucht wird. Zum Beispiel besagt die Gleichung

$$C + O_2 = CO_2 + 400\ \text{kJ}\,,$$

daß bei der Verbrennung von 1 g-Atom Kohlenstoff (Graphit) die Wärmemenge von 400 kJ frei wird. Zwei weitere Beispiele sind

$$\frac{1}{2} H_2 + \frac{1}{2} Cl_2 = HCl + 92\,,$$

$$\frac{1}{2} N_2 + \frac{3}{2} H_2 = NH_3 + 46$$

(die Wärmemenge wird hier wie auch in allen folgenden Beispielen in kJ/mol der an der Reaktion beteiligten Stoffe angegeben).

Bei den angegebenen Beispielen wurden alle Stoffe außer Graphit als im gasförmigen Zustand befindlich angenommen (bei Zimmertemperatur und Atmosphärendruck). Man muß die Aggregatzustände der reagierenden Stoffe angeben, da die Wärmetönung wesentlich davon abhängig sein kann. Als Beispiel bestimmen wir die Differenz zwischen den Wärmen, die bei der Bildung von flüssigem Wasser bzw. Wasserdampf aus Sauerstoff und Wasserstoff im gasförmigen Zustand entwickelt werden. Die Verdampfungswärme von 1 mol Wasser (bei 20 °C) beträgt 44 kJ, d. h.

$$H_2O^{(D)} = H_2O^{(Fl)} + 44\,.$$

Addiert man diese Beziehung mit der Gleichung für die Bildung von Wasserdampf

$$H_2 + \frac{1}{2} O_2 = H_2O^{(D)} + 240 ,$$

so entsteht die folgende Gleichung für die Bildung von flüssigem Wasser:

$$H_2 + \frac{1}{2} O_2 = H_2O^{(Fl)} + 284 .$$

Die Wärmetönung hängt natürlich auch von der Temperatur ab, bei der die Reaktion vor sich geht. Die Änderung der Wärmetönung von einer Temperatur zur anderen läßt sich leicht berechnen, wenn die Wärmekapazitäten aller reagierenden Stoffe bekannt sind. Das geschieht ähnlich wie bei der Betrachtung des Übergangs aus einem Aggregatzustand in einen anderen. Zu berechnen ist die Wärmemenge, die erforderlich ist, um alle an der Reaktion beteiligten Stoffe von einer Temperatur zur anderen zu erwärmen.

Folgen mehrere Reaktionen aufeinander, so kann die gesamte Wärmetönung aller Reaktionen auf Grund des Energieerhaltungssatzes als Summe der Wärmetönungen jeder der nacheinander ablaufenden Reaktionen berechnet werden. Stellen wir uns ferner vor, daß wir, von bestimmten Stoffen ausgehend, über eine Reihe von Zwischenreaktionen andere bestimmte Stoffe erhalten, so hängt die gesamte Wärmetönung nicht von der Art der Zwischenreaktionen ab.

Mit Hilfe dieser Regel läßt sich insbesondere die Wärmetönung solcher Reaktionen berechnen, die praktisch nicht ablaufen können. Als Beispiel bestimmen wir die Wärmetönung für die unmittelbare Bildung von Acetylengas aus den Elementen Kohlenstoff (Graphit) und Wasserstoff, d. h. für $2\,C + H_2 = C_2H_2$. Diese Reaktion kann nicht unmittelbar ablaufen und realisiert sich tatsächlich in anderer Weise, so daß ihre Wärmetönung nicht direkt meßbar ist. Die Wärmetönung läßt sich jedoch bestimmen, indem man von den bekannten (direkt meßbaren) Verbrennungswärmen von Kohlenstoff, Wasserstoff und Acetylen ausgeht:

$$2\,C + 2\,O_2 = 2\,CO_2 + 800 ,$$

$$H_2 + \frac{1}{2} O_2 = H_2O + 240 ,$$

$$C_2H_2 + \frac{5}{2} O_2 = 2\,CO_2 + H_2O + 1300 .$$

Addiert man die ersten beiden Gleichungen und subtrahiert davon die dritte, so ergibt sich

$$2\,C + H_2 = C_2H_2 - 260 .$$

Die Wärmetönung für die Entstehung von Verbindungen aus Elementen hängt von den Zuständen ab, in denen sie sich befinden. Physikalisch interessiert weniger der Fall, daß die Elemente in ihrer natürlichen Form vorliegen, sondern vielmehr die Bildung einer Verbindung unmittelbar aus den Atomen.

Sie bestimmt die innere Energie der Verbindung als solcher und hängt nicht vom Zustand der Ausgangsstoffe ab. Einige Beispiele sind die Relationen

$$2\,H = H_2 + 435\,,$$

$$2\,O = O_2 + 500\,,$$

$$C_{at} = C_{Graphit} + 720\,,$$

$$2\,C_{at} + 2\,H = C_2H_2 + 1600\,.$$

Die Wärmetönung für die Entstehung einer Verbindung aus den Elementen kann positiv oder negativ sein. Dagegen muß die Wärmetönung für die Bildung einer Verbindung aus den Atomen immer positiv sein, weil die Verbindung andernfalls instabil wäre und nicht existieren könnte.

§ 87. Chemisches Gleichgewicht

Beim Ablauf einer chemischen Reaktion nimmt die Menge der Ausgangsstoffe ab und die der Reaktionsprodukte zu, bis der Zustand erreicht wird, in dem sie sich nicht mehr weiter verändern. Dieser Zustand, den man als *chemisches Gleichgewicht* bezeichnet, stellt einen Fall des Wärmegleichgewichts dar.

Im Zustand des chemischen Gleichgewichts sind im allgemeinen außer den entstandenen Reaktionsprodukten auch gewisse Mengen der Ausgangsstoffe vorhanden. Die Tatsache, daß diese oft äußerst geringfügig sind, ist natürlich nicht von grundsätzlicher Bedeutung.

Das chemische Gleichgewicht, in dem sowohl Ausgangsstoffe als auch Reaktionsprodukte vorhanden sind, stellt sich aus folgendem Grunde ein, den wir mit Hilfe des Beispiels der Reaktion

$$H_2 + J_2 = 2\,HJ$$

zwischen gasförmigem Wasserstoff und gasförmigem Jod unter Bildung von Jodwasserstoff erklären. Im Gemisch der drei beteiligten Stoffe gibt es neben dem Prozeß der Bildung von HJ aus H_2 und J_2 unbedingt auch die umgekehrte Reaktion der Zerlegung von HJ in Wasserstoff und Jod. Außer der direkten Reaktion ist immer auch die umgekehrte möglich. Mit zunehmender Menge HJ und abnehmender Menge von H_2 und J_2 verlangsamt sich offenbar die direkte Reaktion, während die umgekehrte Reaktion immer schneller abläuft. Schließlich wird der Zustand erreicht, in dem beide Reaktionsgeschwindigkeiten gleich sind, d. h. in der Zeiteinheit ebenso viele HJ-Moleküle neu gebildet werden wie zerfallen, so daß sich die entsprechenden Stoffmengen nicht mehr weiter verändern.

Seiner molekularen Natur nach erweist sich also das chemische Gleichgewicht (wie auch andere Formen des Wärmegleichgewichts) als dynamisch. Die Reaktionen hören nicht auf, sondern direkte und umgekehrte Reaktion verlaufen mit einander kompensierenden Geschwindigkeiten.

Ist beim betrachteten Beispiel im Anfangszustand ein Gemisch aus Wasserstoff und Jod vorhanden, so sind die relativen Mengen aller drei Stoffe im Gleichgewichtszustand offenbar ebenso groß wie in dem Falle, daß im Anfangszustand reines HJ vorhanden ist. Der Zustand des chemischen Gleichgewichts hängt nicht davon ab, von welcher Seite er erreicht wird.

Das chemische Gleichgewicht ist ferner unabhängig von den Bedingungen, unter denen die Reaktion abläuft, sowie von den durchlaufenen Zwischenreaktionen. Es hängt nur vom Zustand der beteiligten Stoffe im Gleichgewicht ab, d. h. von der Temperatur und vom Druck des im Gleichgewicht vorhandenen Gemisches.

Bei einer Temperaturänderung wird der Zustand des chemischen Gleichgewichts gestört. Mit Hilfe des Le Chatelierschen Prinzips überzeugt man sich leicht davon, daß zwischen der Richtung einer solchen Störung und der Wärmetönung der Reaktion ein enger Zusammenhang besteht. Dazu betrachten wir eine beliebige exotherme Reaktion, z. B. die Bildung von Ammoniak aus Stickstoff und Wasserstoff ($N_2 + 3\,H_2 = 2\,NH_3$). Wir nehmen an, daß die Reaktion bereits zum Zustand des chemischen Gleichgewichts geführt hat, und erwärmen das entsprechende Gemisch. Dabei müssen in ihm Prozesse beginnen, die zu seiner Abkühlung führen, d. h., eine gewisse Ammoniakmenge muß zerfallen, wobei Wärme verbraucht wird. Das chemische Gleichgewicht wird also in der Richtung gestört, daß die Ammoniakmenge abnimmt.

Die „Ausbeute“ exothermer Reaktionen nimmt demnach mit steigender Temperatur ab, während sie bei endothermen Reaktionen mit steigender Temperatur anwächst.

Ähnlich ist die Druckabhängigkeit der Gleichgewichtslage mit der bei der entsprechenden (unter konstantem Druck verlaufenden) Reaktion auftretenden Volumenänderung verknüpft. Mit steigendem Druck sinkt die Ausbeute der Reaktionen, bei denen das Volumen des reagierenden Gemisches zunimmt, während die Ausbeute von Reaktionen, die mit einer Volumenabnahme zusammenhängen, größer wird. Zum letzten Fall gehört z. B. die Reaktion der Bildung von gasförmigem Ammoniak, denn da die Zahl der entstehenden NH_3-Moleküle kleiner als die Zahl der im Anfangszustand vorhandenen N_2- und H_2-Moleküle ist, wird das Volumen des Gasgemisches infolge der Reaktion kleiner.

§ 88. Massenwirkungsgesetz

Wir wollen nun den Begriff des chemischen Gleichgewichts quantitativ fassen. Zunächst betrachten wir chemische Reaktionen in Gasgemischen, so daß sich alle an einer Reaktion beteiligten Stoffe im gasförmigen Zustand befinden.

Als Beispiel benutzen wir wieder die Reaktion der Bildung von HJ. Eine Reaktion zwischen Wasserstoff und Jod kann bei Zusammenstößen der H_2- und J_2-Moleküle vor sich gehen. Die Reaktionsgeschwindigkeit für die Bildung von HJ (d. h. die Menge der in der Zeiteinheit entstehenden HJ-Moleküle) ist der Zahl solcher Stöße proportional. Diese ist ihrerseits den Dichten des Wasserstoffs und Jods im Gemisch, also den entsprechenden Molekülzahlen pro Kubikzentimeter, proportional. Weiter besteht Proportionalität zwischen der Dichte und dem Druck eines Gases. Daher ist die Reaktionsgeschwindigkeit der Bildung von HJ den Partialdrücken der Ausgangsgase im Gemisch proportional, also gleich

$$k_1 \, p_{\mathrm{H}_2} \, p_{\mathrm{J}_2} \, ,$$

wobei der Koeffizient k_1 lediglich von der Temperatur abhängt. Analog ist die Reaktionsgeschwindigkeit für den Zerfall von HJ der Zahl der Stöße zwischen den HJ-Molekülen und folglich dem Quadrat des Partialdrucks von HJ im Gemisch proportional, d. h. gleich

$$k_2 \, p_{\mathrm{HJ}}^2 \, .$$

Im Gleichgewicht sind die Geschwindigkeiten der direkten und der umgekehrten Reaktion gleich:

$$k_1 \, p_{\mathrm{H}_2} \, p_{\mathrm{J}_2} = k_2 \, p_{\mathrm{HJ}}^2 \, .$$

Mit der Bezeichnung $k_2/k_1 = K(T)$ folgt

$$\frac{p_{\mathrm{H}_2} \, p_{\mathrm{J}_2}}{p_{\mathrm{HJ}}^2} = K(T) \, .$$

Diese Gleichung verbindet die Partialdrücke aller drei Gase im Gleichgewichtszustand miteinander. Man nennt $K(T)$ die *Gleichgewichtskonstante* der entsprechenden Reaktionen. Sie hängt nicht von den Mengen der reagierenden Stoffe ab. Der durch diese Formel ausgedrückte Zusammenhang wird als *Massenwirkungsgesetz* bezeichnet.

Ganz analog kann man das Massenwirkungsgesetz für jede beliebige zwischen Gasen ablaufende Reaktion aufschreiben. In allgemeiner Form kann es folgendermaßen angegeben werden.

Die Gleichung einer chemischen Reaktion läßt sich so schreiben, daß alle Terme auf einer Seite stehen, z. B.

$$\mathrm{H}_2 + \mathrm{J}_2 - 2\,\mathrm{HJ} = 0 \, .$$

Allgemein hat jede Reaktionsgleichung die Form

$$\nu_1 A_1 + \nu_2 A_2 + \cdots = 0 \, ,$$

wobei $A_1, A_2, \ldots$ die chemischen Symbole der reagierenden Stoffe bedeuten, während $\nu_1, \nu_2, \ldots$ positive oder negative ganze Zahlen sind (beim betrachteten Beispiel ist $\nu_{\mathrm{H}_2} = \nu_{\mathrm{J}_2} = 1$ und $\nu_{\mathrm{HJ}} = -2$). Dann hat das Massenwirkungsgesetz die Form

$$p_1^{\nu_1} \, p_2^{\nu_2} \ldots = K(T) \, ,$$

wobei $p_1, p_2, \ldots$ die Partialdrücke der verschiedenen Gase bezeichnen.

Oft ist es günstig, an Stelle der Partialdrücke die Konzentrationen der Stoffe im Gemisch zu verwenden. Wir definieren die Konzentration des i-ten Stoffes durch das Verhältnis $c_i = N_i/N$ der Zahl N_i seiner Moleküle zur Gesamtzahl N aller Moleküle im Gemisch (oder, was dasselbe bedeutet, durch das Verhältnis der entsprechenden Molzahlen). Da der Gesamtdruck der Gasmischung durch $p = Nk\,T/V$ und die Partialdrücke durch $p_i = N_i\,kT/V$ gegeben sind (V ist das Volumen des Gemisches), gilt

$$p_i = c_i\,p\,.$$

Setzt man diese Ausdrücke in die oben erhaltene Gleichung ein, so ergibt sich das Massenwirkungsgesetz in der Form

$$c_1^{\nu_1}\,c_2^{\nu_2}\ldots = K(T)\,p^{-(\nu_1+\nu_2+\cdots)}\,,$$

in der es die Gleichgewichtskonzentrationen aller Stoffe miteinander verbindet. Die auf der rechten Seite dieser Beziehung stehende Größe wird ebenfalls als Gleichgewichtskonstante bezeichnet. Sie hängt jedoch nicht nur von der Temperatur ab, sondern kann auch eine Funktion des Druckes sein. Die Druckabhängigkeit verschwindet nur dann, wenn die Summe $\nu_1 + \nu_2 + \cdots$ gleich Null ist, d. h., falls sich die Gesamtzahl der Moleküle bei der Reaktion nicht verändert (wie z. B. bei der Reaktion $H_2 + J_2 = 2\,HJ$).

Dagegen ergibt sich z. B. für die Reaktion der Bildung von Ammoniak

$$N_2 + 3\,H_2 = 2\,NH_3$$

die Gleichung

$$\frac{c_{N_2}\,c_{H_2}^3}{c_{NH_3}^2} = \frac{K(T)}{p^2}\,.$$

Bei zunehmendem Druck wird die rechte, also auch die linke Seite dieser Gleichung kleiner. Mit anderen Worten, die Gleichgewichtskonzentrationen der Ausgangsstoffe nehmen ab, während die Gleichgewichtskonzentration des Ammoniaks zunimmt. Das entspricht der Schlußfolgerung, zu der wir oben mit Hilfe des Le Chatelierschen Prinzips gekommen sind. Wir haben außerdem gesehen, daß die Ausbeute der betrachteten Reaktion mit steigender Temperatur abnehmen muß. Nun können wir sagen, daß in diesem Falle die Gleichgewichtskonstante $K(T)$ mit steigender Temperatur anwachsen muß.

Hinsichtlich der gegebenen Ableitung des Massenwirkungsgesetzes ist die folgende Bemerkung erforderlich. Wir nahmen bei unseren Überlegungen an, daß die Reaktionen den zugehörigen chemischen Gleichungen entsprechend ablaufen. Das ist im Falle der Bildung von HJ tatsächlich der Fall. Die meisten Reaktionen verlaufen jedoch keineswegs so, wie auf Grund der entsprechenden chemischen Gleichung zu erwarten wäre (ein Ammoniakmolekül entsteht z. B. nicht durch Stoß zwischen einem N_2-Molekül und drei H_2-Molekülen). Stellt man eine Reaktion durch eine Gleichung dar, so hat man gewöhnlich lediglich eine summarische Zusammenfassung einer Reihe von Zwischenetappen vor Augen, die nur die Ausgangsstoffe und die Endprodukte berücksichtigt (die Einzelheiten werden im nächsten Paragraphen erläutert). Die Eigenschaften des chemischen Gleichgewichts und das diese beschreibende Massenwirkungsgesetz hängen jedoch nicht vom Reaktionsmechanismus ab.

Als Anwendung des Massenwirkungsgesetzes betrachten wir das einfache Beispiel der Dissoziation von Wasserstoff, d. h. die Reaktion

$$H_2 = 2\,H\,,$$

und bestimmen den im Gleichgewichtszustand erreichbaren Dissoziationsgrad. A sei die Gesamtzahl der Wasserstoffatome (sowohl in Form von H als auch in Form von H_2). Den Dissoziationsgrad x definieren wir als Verhältnis der Teilchenzahl N_H des atomaren Wasserstoffs zur Gesamtzahl A aller Wasserstoffatome. Dann ist

$$N_H = A\,x\,, \qquad N_{H_2} = \frac{A\,(1-x)}{2}\,, \qquad N = N_H + N_{H_2} = \frac{A\,(1+x)}{2}\,.$$

Drückt man die Konzentrationen c_H und c_{H_2} durch diese Größen aus, so folgt mit Hilfe des Massenwirkungsgesetzes

$$\frac{c_{H_2}}{c_H^2} = \frac{1-x^2}{4\,x^2} = p\,K\,.$$

Daraus ergibt sich

$$x = \frac{1}{\sqrt{1+4\,p\,K}}\,,$$

wodurch insbesondere die Druckabhängigkeit des Dissoziationsgrades bestimmt wird.

Wenn in einem Gasgemisch mehrere verschiedene Reaktionen ablaufen können, so muß das Massenwirkungsgesetz auf jede einzelne Reaktion angewandt werden. Zum Beispiel können im Gemisch der Gase H_2, O_2, CO, CO_2, H_2O die Reaktionen

$$2\,H_2O = 2\,H_2 + O_2\,, \qquad 2\,CO + O_2 = 2\,CO_2$$

vor sich gehen. Für diese folgt

$$\frac{p_{H_2O}^2}{p_{H_2}^2\,p_{O_2}} = K_1\,, \qquad \frac{p_{CO}^2\,p_{O_2}}{p_{CO_2}^2} = K_2\,.$$

Die simultane Lösung dieser beiden Gleichungen bestimmt den Zustand des chemischen Gleichgewichts. Übrigens können im betrachteten Gemisch auch andere Reaktionen ablaufen, z. B.

$$H_2O + CO = CO_2 + H_2\,.$$

Da jedoch diese Reaktion die Summe der beiden oben angegebenen Reaktionen darstellt, führt das entsprechende Massenwirkungsgesetz zu einer Gleichung, die durch Multiplikation der beiden oben angegebenen Gleichungen entsteht.

Wir betrachten nun eine Reaktion, an der außer Gasen auch ein fester Körper beteiligt ist. Eine solche Reaktion kann beim Stoß von Gasmolekülen auf die Oberfläche des festen Körpers vor sich gehen. Wir betrachten diese Reaktion, bezogen auf 1 cm² Oberfläche. Die Zahl der auf sie auftreffenden Gasmoleküle hängt offenbar von der Gasdichte, jedoch nicht von der Menge des festen Körpers ab. Unter dieser Bedingung ist auch die Reaktionsgeschwindigkeit den Partialdrücken der Gase proportional und von der Menge des festen Körpers unabhängig. Das Massenwirkungsgesetz gilt also auch für Reaktionen mit Beteiligung fester Körper, wobei jedoch lediglich die Gaskonzentrationen eingehen, während die Mengen der festen Stoffe unberücksichtigt bleiben. Die Eigenschaften der festen Körper beeinflussen nur die Temperaturabhängigkeit der Gleichgewichtskonstanten.

Zum Beispiel ist bei der Zersetzung von Kalkstein gemäß der Reaktion

$$CaCO_3 = CaO + CO_2$$

nur das Kohlendioxid gasförmig (Calciumoxid CaO ist fest). Daher folgt das Massenwirkungsgesetz in der einfachen Form

$$p_{CO_2} = K(T)\,.$$

Das bedeutet, daß sich (bei vorgegebener Temperatur) über dem Kalkstein im Gleichgewichtszustand Kohlensäuregas mit definiertem Partialdruck befinden muß. Diese Erscheinung hat auffällige Ähnlichkeit mit der Verdampfung. Auch in diesem Fall befindet sich über der Oberfläche eines Körpers ein Gas, dessen Druck lediglich durch die Temperatur bestimmt wird, jedoch u. a. nicht von den Mengen der beteiligten Substanzen abhängt.

Das Massenwirkungsgesetz gilt auch für Reaktionen zwischen Stoffen, die sich in schwachen Lösungen befinden. Hier zeigt sich wieder die Analogie zwischen den Eigenschaften von Gasen und schwachen Lösungen, auf die wir bereits im § 80 hinwiesen. Ausgangspunkt der Ableitung des Massenwirkungsgesetzes für Reaktionen zwischen Gasen war die Abzählung der Zahl der Stöße zwischen den Molekülen. Eine solche Abzählung ist auch für den Fall von Reaktionen in einer Lösung möglich. Die Tatsache, daß sich die reagierenden Moleküle nicht im leeren Raum, sondern in einem Medium (Lösungsmittel) befinden, beeinflußt lediglich die Temperatur- und Druckabhängigkeit der Gleichgewichtskonstanten. Im Massenwirkungsgesetz

$$c_1^{\nu_1} c_2^{\nu_2} \ldots = K(p, T)$$

bleibt die Abhängigkeit der Größe K von Druck und Temperatur unbekannt. Dabei sind die Konzentrationen $c_1, c_2, \ldots$ als die Mengen der entsprechenden gelösten Stoffe, bezogen auf eine bestimmte Menge des Lösungsmittels (oder die Volumeneinheit), definiert.

Eine ähnliche Formel gilt für Reaktionen, an denen nicht nur die gelösten Stoffe, sondern auch das Lösungsmittel selbst beteiligt sind. Dieser Art ist z. B. die Hydrolyse von Rohrzucker:

$$\text{Rohrzucker} + H_2O = \text{Traubenzucker} + \text{Fruchtzucker}\,,$$

die in einer wäßrigen Zuckerlösung vor sich geht. Da die Menge der Wassermoleküle bedeutend größer als die der Zuckermoleküle ist (die Lösung wird als schwach vorausgesetzt), ändert sich die Konzentration des Wassers bei der Reaktion praktisch nicht. Deshalb kommen im Massenwirkungsgesetz nur die Konzentrationen der gelösten Stoffe vor:

$$\frac{[\text{Rohrzucker}]}{[\text{Traubenzucker}]\,[\text{Fruchtzucker}]} = K(T, p)$$

(die eckigen Klammern bezeichnen die molaren Konzentrationen, also jeweils die Zahl der Mole des entsprechenden Stoffes in 1 l Wasser).

§ 89. Starke Elektrolyte

Eine ganze Reihe von Substanzen hat die Eigenschaft, sich in Lösungen nicht in Form von Molekülen, sondern von geladenen Molekülteilen, den Ionen, zu verteilen (man nennt positiv geladene Ionen *Kationen* und negativ geladene *Anionen*). Solche Substanzen bezeichnet man als *starke Elektrolyte*. Man sagt, daß ein Stoff, der sich in Form von Ionen löst, die Eigenschaft besitzt, in Lösung zu *dissoziieren*. Die genannte Erscheinung selbst heißt *elektrolytische Dissoziation*.

Nahezu alle Salze, einige Säuren (z. B. HCl, HBr, HJ, HNO_3) sowie einige Basen (NaOH, KOH) bilden bei der Lösung in Wasser starke Elektrolyte. Bei Salzen ist das Metall ein Kation und der Säurerest ein Anion (z. B. $NaCl \rightarrow Na^+ + Cl^-$). Bei der Dissoziation von Säuren entsteht das Kation H^+, während der Säurerest ein Anion darstellt (z. B. $HNO_3 \rightarrow H^+ + NO_3^-$). Schließlich dissoziieren Laugen in ein metallisches Kation und das sogenannte Hydroxyl-Ion OH^- (z. B. $NaOH \rightarrow Na^+ + OH^-$).

Die elektrolytische Dissoziation wird auch bei einigen anderen Lösungen beobachtet. Am stärksten tritt sie jedoch im Falle wäßriger Lösungen in Erscheinung.

Hat man gleichzeitig zwei starke Elektrolyte, z. B. NaCl und KBr, in Wasser aufgelöst, so ist es sinnlos zu sagen, daß eine wäßrige Lösung dieser beiden Substanzen entstanden ist. Tatsächlich sind in ihr die Ionen K^+, Na^+, Cl^- und Br^- voneinander getrennt. Deshalb könnte man ebensogut auch von einer wäßrigen Lösung von NaBr und KCl sprechen. Beide Aussagen sind natürlich inhaltslos.

An Reaktionen, die in einer Lösung zwischen starken Elektrolyten ablaufen, sind nur die einzelnen Ionen beteiligt, da die Lösung keine ganzen Moleküle enthält. Deshalb hängt die Wärmetönung von Reaktionen zwischen starken Elektrolyten nur von den unmittelbar beteiligten Ionen ab, während die Art der sonst noch in der Lösung vorhandenen Ionen ohne Einfluß ist (sofern es sich um eine schwache Lösung handelt). Als Beispiel betrachten wir die Neutralisation einer starken Säure durch eine starke Lauge. Strenggenommen ist es nicht richtig, die der Neutralisation von NaOH mit HCl entsprechende Reaktionsgleichung in der Form $NaOH + HCl = NaCl + H_2O$ aufzuschreiben, denn tatsächlich reagieren nur die Ionen H^+ und OH^-, die sich zu Wasser verbinden: $H^+ + OH^- = H_2O$. Offenbar verläuft die betrachtete Reaktion für alle starken Säuren und Laugen in gleicher Weise und hängt nicht von der Natur des Metalls und des Säurerestes ab. Deshalb ergibt sich auch für die Neutralisation einer beliebigen starken Säure mit einer beliebigen starken Lauge dieselbe Wärmetönung. Bezogen auf je 1 mol Säure bzw. Lauge, ist sie gleich 57 kJ:

$$H^+ + OH^- = H_2O + 57\ \text{kJ}\ .$$

Betrachten wir eine gesättigte Lösung eines beliebigen schwach löslichen starken Elektrolyten, z. B. eine gesättigte wäßrige Lösung von AgCl. Nach Definition des Begriffs der Sättigung steht sie mit festem AgCl im Gleichgewicht. Dieses kann als chemisches Gleichgewicht der Reaktion

$$Ag^+ + Cl^- = AgCl$$

aufgefaßt werden, wobei sich in der Lösung Ag^+ und Cl^- befinden, während AgCl in festem Zustand vorliegt; in der Zeiteinheit gehen ebenso viele AgCl-Moleküle in Lösung über wie in der Zeiteinheit durch Verbindung der Ionen aus ihr ausfallen. Da andererseits die Lösung schwach ist (AgCl hat eine kleine Löslichkeit), kann das Massenwirkungsgesetz angewandt werden. Mit Rücksicht auf die Tatsache, daß nur die Konzentrationen der gelösten Stoffe von Bedeutung sind, ergibt sich

$$[Ag^+]\,[Cl^-] = K\ ,$$

wobei die eckigen Klammern die entsprechenden molaren Konzentrationen angeben (Zahl der Mole pro Liter Wasser). Man nennt die (natürlich temperaturabhängige) Konstante K das *Löslichkeitsprodukt* des entsprechenden Elektrolyten. So ist bei Zimmertemperatur für AgCl $K = 10^{-10}\,(\text{mol/l})^2$ und für $CaCO_3$ $K = 10^{-8}\,(\text{mol/l})^2$.

Demnach ist das Produkt der Anionen- mit der Kationenkonzentration in der gesättigten Lösung eines schwach löslichen starken Elektrolyten konstant. Sind im Wasser keine weiteren, Ag- und Cl-Ionen enthaltende Salze gelöst, so stimmen die Konzentrationen $[Ag^+]$ und $[Cl^-]$ mit der Löslichkeit c_0 von Silberchlorid überein. Daher gilt

$$K = c_0^2\ .$$

Einer gesättigten AgCl-Lösung werde nun ein beliebiges anderes (gut lösliches) Salz der Salzsäure, z. B. NaCl, zugesetzt. Dann fällt ein Teil des AgCl in Form eines festen Niederschlags aus der Lösung aus. Durch den Zusatz von NaCl nimmt nämlich die Konzentration der Cl^--Ionen zu, während sich die der Ag^+-Ionen nicht verändert, so daß ein Teil des AgCl ausgeschieden werden muß, damit das Produkt $[Ag^+]\,[Cl^-]$ konstant bleibt.

§ 90. Schwache Elektrolyte

Neben starken Elektrolyten gibt es auch Substanzen mit der Eigenschaft, bei der Auflösung lediglich teilweise zu dissoziieren. Solche Lösungen enthalten außer Ionen auch neutrale Moleküle. Man bezeichnet derartige Stoffe als *schwache Elektrolyte*.

Die Mehrzahl der Säuren und Laugen sowie einige Salze (z. B. $HgCl_2$) bilden in Wasser schwache Elektrolyte.

Auf schwache Lösungen schwacher Elektrolyte ist das Massenwirkungsgesetz anwendbar. Als Beispiel betrachten wir eine Lösung der Essigsäure CH_3COOH, die in Wasser gemäß der Gleichung

$$\mathrm{HAc} = \mathrm{H}^+ + \mathrm{Ac}^-$$

dissoziiert (das Symbol Ac steht für den Säurerest CH_3COO). Die Dissoziation dauert an, bis sich der Zustand des Gleichgewichts eingestellt hat, in dem die Ionenkonzentrationen durch die Gleichung

$$\frac{[\mathrm{Ac}^-][\mathrm{H}^+]}{[\mathrm{HAc}]} = K$$

bestimmt sind. Man bezeichnet K als *Dissoziationskonstante*. Zum Beispiel ist für Essigsäure bei Zimmertemperatur $K = 2 \cdot 10^{-5}$ mol/l.

Die Dissoziation ist eine endotherme Reaktion, also mit einem Wärmeverbrauch verbunden. Wie bei allen endothermen Reaktionen wächst ihre ,,Ausbeute" mit steigender Temperatur, d. h., die Dissoziationskonstante nimmt zu.

Die Dissoziationskonstante ist von der Menge des gelösten Elektrolyts unabhängig (vorausgesetzt, daß die Lösung schwach bleibt). Sie kann als grundlegendes Bestimmungsstück eines Elektrolyts angesehen werden. Dagegen hängt der *Dissoziationsgrad* (Verhältnis der Anzahl der aufgespaltenen Moleküle zur Gesamtzahl der Moleküle des entsprechenden Elektrolyts) von der Konzentration der Lösung ab.

In 1 l Wasser mögen c Mole Elektrolyt gelöst sein. Den Dissoziationsgrad bezeichnen wir mit α. Dann ist die Zahl der dissoziierten Mole gleich $c\alpha$. Bilden sich bei der Aufspaltung eines Elektrolytmoleküls ein Anion und ein Kation (wie beim betrachteten Beispiel der Essigsäure), so haben beide Ionensorten die Konzentrationen $c\alpha$. Die Konzentration der nichtdissoziierten Moleküle ist dann gleich $c(1-\alpha)$. Daher ergibt das Massenwirkungsgesetz

$$\frac{\alpha^2}{1-\alpha}\, c = K\,.$$

Daraus erhält man den Dissoziationsgrad als Funktion der Konzentration der Lösung:

$$\alpha = \frac{-K + \sqrt{K^2 + 4Kc}}{2c} = \frac{2K}{K + \sqrt{K^2 + 4Kc}}\,.$$

Wie diese Formel zeigt, wächst der Dissoziationsgrad mit abnehmender Konzentration c an und strebt für den Fall unendlicher Verdünnung (d. h. für $c \to 0$) gegen 1. Je schwächer die Lösung ist, desto stärker dissoziiert sie. Das ist eine natürliche Folge der Tatsache, daß die Dissoziation der Moleküle unter dem Einfluß der überall vorhandenen Wassermoleküle vor sich geht, während umgekehrt die Rekombination nur möglich ist, wenn sich zwei verschiedene Ionen genügend dicht aneinander annähern, was um so seltener geschieht, je schwächer die Lösung ist.

Wasser selbst ist ein sehr schwacher Elektrolyt. Ein bestimmter (ganz unbedeutender) Teil seiner Moleküle dissoziiert gemäß der Gleichung

$$H_2O = H^+ + OH^- .$$

Da H_2O gleichzeitig Lösungsmittel für die Ionen H^+ und OH^- ist, kommen im Massenwirkungsgesetz nur die Konzentrationen der Ionen vor:

$$[H^+]\,[OH^-] = K .$$

Für reines Wasser ist bei 25 °C

$$K = 10^{-14}\,(\text{mol/l})^2 .$$

Die Konzentrationen der H^+- und OH^--Ionen in reinem Wasser sind offenbar untereinander gleich, so daß sich für jede der Wert von 10^{-7} ergibt. In 1 l Wasser sind also nur 10^{-7} mol H^+-Ionen (und ebenso viele OH^--Ionen) enthalten. 1 mol Wasser (18 g) dissoziiert in 10 Millionen Litern Wasser.

Der negative dekadische Logarithmus der H^+-Ionenkonzentration wird mit pH bezeichnet und heißt *Wasserstoffionenexponent*:

$$pH = -\lg\,[H^+] .$$

Für reines Wasser ist $pH = 7{,}0$ bei 25 °C, $pH = 7{,}5$ bei 0 °C und $pH = 6{,}5$ bei 60 °C.

Löst man Säuren auf, so trennen sich von ihnen H^+-Ionen ab. Das Produkt der Konzentrationen $[H^+]$ und $[OH^-]$ muß jedoch unverändert gleich 10^{-14} bleiben. Deshalb muß sich ein Teil der OH^--Ionen mit den H^+-Ionen zu neutralen Wassermolekülen verbinden. Das hat zur Folge, daß die Konzentration $[H^+]$ größer als bei reinem Wasser (10^{-7}) ist. Mit anderen Worten, der Wasserstoffionenexponent pH einer sauren Lösung ist kleiner als 7. Ähnlich ergibt sich, daß der pH-Wert in basischen Lösungen (in denen OH^--Ionen abgetrennt werden) größer als 7 ist. Der Wasserstoffionenexponent stellt also ein Maß für die Stärke einer Säure oder Lauge dar.

Interessant sind die Eigenschaften von Lösungen, in denen eine beliebige schwache Säure (z. B. Essigsäure HAc) sowie ein Salz dieser Säure, das einen starken Elektrolyten darstellt (z. B. NaAc), enthalten sind. Da das Salz vollständig dissoziiert, entsteht in der Lösung eine bedeutende Menge Ac^--Ionen. Auf Grund der Gleichung

$$\frac{[H^+]\,[Ac^-]}{[HAc]} = K$$

für die Dissoziation der Säure ist das Vorhandensein überzähliger Ac^--Ionen in der Lösung mit einer Abnahme der Zahl der H^+-Ionen verbunden, was bedeutet, daß die Dissoziation der Säure unterdrückt wird. Deshalb ist die Konzentration [HAc] der undissoziierten Säuremoleküle praktisch gleich der gesamten Konzentration der Säure (die wir mit $c_{\text{Säure}}$ bezeichnen). Die Konzentration der Ac^--Ionen, die nahezu alle aus dem Salz entstanden sind, ist praktisch gleich der Konzentration des Salzes (wir bezeichnen sie mit c_{Salz}). Daher ist $[H^+] = c_{\text{Säure}}/c_{\text{Salz}}$, und der Wasserstoffionenexponent der Lösung ist

$$pH = -\lg [H^+] = -\lg K + \lg \frac{c_{\text{Salz}}}{c_{\text{Säure}}} .$$

Der pH-Wert hängt nur vom Verhältnis der Konzentrationen des Salzes und der Säure ab. Daher ändert sich der pH-Wert der Lösung praktisch nicht, wenn sie verdünnt wird oder ihr kleine Mengen anderer Säuren oder Laugen zugesetzt werden. Man bezeichnet diese Eigenschaft einer Lösung, den Wasserstoffionenexponenten beizubehalten, als *Pufferwirkung*.

§ 91. Aktivierungsenergie

Bisher haben wir nur den Zustand des chemischen Gleichgewichts behandelt und die Frage nach dem Mechanismus und der Geschwindigkeit einer Reaktion nicht betrachtet. Die im § 88 durchgeführte Berechnung der Zahl der Stöße zwischen den Molekülen hatte lediglich das Ziel, die Gleichgewichtsbedingungen zu erhalten. Wie bereits bemerkt wurde, entspricht sie nicht unbedingt dem wirklichen Mechanismus einer Reaktion.

Im folgenden beschäftigen wir uns mit der Frage, mit welcher Geschwindigkeit eine Reaktion abläuft. Einzelne Moleküle, die aufeinanderstoßen, können miteinander reagieren. Indessen führen bei weitem nicht alle Stöße zu Reaktionen. Im Gegenteil, gewöhnlich hat nur ein unbedeutender Teil aller Stöße zwischen Molekülen Reaktionen zur Folge.

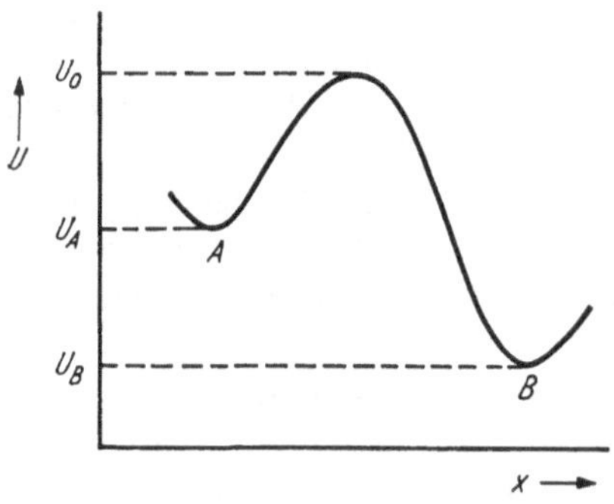

Abb. 112

Das hat den folgenden Grund.

Eine Reaktion ist mit einer bestimmten Umgruppierung der Atome der stoßenden Moleküle verbunden. Zur Veranschaulichung wollen wir annehmen, daß bei der Reaktion ein Atom von einem Molekül A in ein anderes Molekül B überwechselt. Die potentielle Energie des Atoms hängt von seiner Anordnung relativ zu den beiden Molekülen ab. Sie hat als Funktion der x-Koordinate, die die Position des Atoms auf seinem „Übergangsweg" angibt, die in Abb. 112

gezeigte Form. Natürlich ist diese Kurve nur unter Vorbehalt als zutreffend anzusehen, da die potentielle Energie in Wirklichkeit nicht nur von einem Parameter (x-Koordinate), sondern von vielen Parametern abhängt. Für uns ist jedoch nicht die exakte Kurve der potentiellen Energie von Bedeutung, sondern die Tatsache, daß sie zwei Minima besitzt, die jeweils der Position des Atoms innerhalb eines Moleküls entsprechen. Zwischen diesen beiden Punkten befindet sich eine Potentialschwelle.

Eine chemische Reaktion ist nur dann möglich, wenn das Atom, das von einem Molekül zum anderen überwechseln muß, im entsprechenden Molekül eine Energie besitzt, die zur Überwindung der Potentialschwelle ausreicht. Das fragliche Atom hat aber bei den meisten Molekülen eine Energie, die gleich oder nahezu gleich dem entsprechenden Minimum ist. Das Molekül kann nur dann an einer Reaktion teilnehmen (Übergang A → B des Atoms), wenn es den Energieüberschuß $U_0 - U_A$ besitzt (Abb. 112). Bei einem Gas ist das Verhältnis der Zahl solcher Moleküle zur Zahl der Moleküle, die diese Energie nicht besitzen, gleich dem Verhältnis der BOLTZMANN-Faktoren:

$$e^{-U_0/kT} : e^{-U_A/kT} = e^{(U_0 - U_A)/kT}.$$

Man bezeichnet die Energie $U_0 - U_A$ als *Aktivierungsenergie* der entsprechenden Reaktion. Gewöhnlich wird sie für 1 mol, also mit der LOSCHMIDTschen Zahl multipliziert, angegeben: $E = L(U_0 - U_A)$.

Dementsprechend ist die Zahl der Moleküle, die an einer Reaktion teilzunehmen vermögen, und damit auch die Reaktionsgeschwindigkeit dem *Aktivierungsfaktor*

$$e^{-E/RT}$$

proportional. Er bestimmt die Temperaturabhängigkeit der Reaktionsgeschwindigkeit. Wie wir sehen, nimmt die Reaktionsgeschwindigkeit mit steigender Temperatur sehr stark zu.

Bezeichnet man die Reaktionsgeschwindigkeit mit v, so ergibt sich

$$\ln v = \text{const} - \frac{E}{RT}.$$

Der Logarithmus der Reaktionsgeschwindigkeit ist also eine lineare Funktion von $1/T$. Aus der Steigung der Geraden ergibt sich die Aktivierungsenergie E.

Die Aktivierungsenergien verschiedener molekularer Prozesse können ganz unterschiedlich sein. Sie liegen für die meisten beobachteten Reaktionen zwischen 10 und 150 kJ.

Bei einer Änderung der Temperatur von T auf $T + \Delta T$ ändert sich die Reaktionsgeschwindigkeit gemäß der Beziehung

$$\ln v_2 - \ln v_1 = \ln \frac{v_2}{v_1} = -\frac{E}{R(T + \Delta T)} + \frac{E}{RT} \approx \frac{E}{RT^2} \Delta T.$$

Zum Beispiel ergibt sich $v_2/v_1 \approx 3$ für $E = 80$ kJ, $T = 300$ °K und $\Delta T = 10$ grd. Eine Zunahme der Reaktionsgeschwindigkeit um diese Größe ist charakteristisch. Es zeigt sich, daß eine Temperaturerhöhung um 10 grd (für Temperaturen, bei denen die Reaktionen mit merklicher Geschwindigkeit ablaufen) für die unterschiedlichsten Reaktionen in Gasen und Lösungen zu einem Anwachsen der Reaktionsgeschwindigkeit auf das Zwei- bis Vierfache führt.

Am Beispiel der Reaktion 2 HJ → $H_2 + J_2$ sieht man, wie stark die Reaktionsgeschwindigkeit von der Temperatur abhängt (die Aktivierungsenergie dieser Reaktion ist gleich 185 kJ). Bei 200 °C geht die Reaktion praktisch überhaupt nicht vor sich. Eine merkliche Menge HJ spaltet sich erst nach einigen hundert Jahren auf. Dagegen verläuft die Reaktion bei 500 °C innerhalb einiger Sekunden. Jedoch findet selbst bei dieser hohen Temperatur nur bei einem von etwa 10^{12} Zusammenstößen zwischen HJ-Molekülen eine Aufspaltung statt.

Der Hauptgrund dafür, daß die Moleküle bei Zusammenstößen nur sehr selten miteinander reagieren, besteht darin, daß die Moleküle eine ausreichend große Energie haben müssen. Der erforderliche Energieüberschuß muß sich dabei auf bestimmte Atome oder Atomgruppen konzentrieren. Das spielt bei der Einstellung der Reaktionsgeschwindigkeit eine bestimmte Rolle. Bei Reaktionen, an denen komplizierte Moleküle beteiligt sind, ist außerdem die geometrische Struktur von Bedeutung, da nur dann eine Reaktion stattfinden kann, wenn gerade die einer Reaktion fähigen Teile der Moleküle zusammenstoßen.

Wir betrachten nochmals das in Abb. 112 dargestellte Schema. Die Differenz $U_A - U_B$ entspricht dem Unterschied zwischen den inneren Energien der Moleküle A und B, d. h. der Wärme, die bei der exothermen Reaktion A → B freigesetzt oder bei der umgekehrten endothermen Reaktion B → A verbraucht wird. Da diese Differenz nicht in direktem Zusammenhang mit der Höhe der Potentialschwelle steht, besteht kein unmittelbarer Zusammenhang zwischen Wärmetönung und Aktivierungsenergie. Jedoch hängen die Differenz zwischen den Aktivierungsenergien der direkten und der umgekehrten Reaktion einerseits und die Wärmetönung andererseits unmittelbar miteinander zusammen. Wie Abb. 112 zeigt, sind die Aktivierungsenergien der Reaktionen A → B und B → A durch die Größen $U_0 - U_A$ und $U_0 - U_B$ gegeben. Ihre Differenz ist gleich der Wärmetönung:

$$(U_0 - U_B) - (U_0 - U_A) = U_A - U_B \,.$$

Wie bereits im § 88 bemerkt wurde, entspricht der Ablauf einer Reaktion gewöhnlich keineswegs der zugehörigen summarischen chemischen Gleichung. Die Mehrzahl der chemischen Reaktionen besitzt einen mehr oder minder komplizierten, aus einfachen Elementarprozessen zusammengesetzten Mechanismus, dessen Zwischenetappen oft schwer feststellbar sind. Jede Reaktion wählt gewissermaßen denjenigen Weg aus, auf dem sie am schnellsten vor sich gehen kann. Die Aktivierungsenergien der Zwischenreaktionen müssen natürlich möglichst klein sein. Das ist das physikalische Prinzip, nach dem die Auswahl des Reaktionsweges erfolgt. Die Geschwindigkeiten der Zwischenreaktionen können ganz unterschiedlich sein. Die Geschwindigkeit des Gesamtprozesses wird offenbar im wesentlichen durch die der langsamsten Zwischenreaktion bestimmt. Ganz ähnlich wird die Geschwindigkeit eines Fließbandes durch den langsamsten Arbeitsvorgang begrenzt.

Die Tatsache, daß die Aktivierungsenergien der Zwischenreaktionen kleiner als die der Gesamtreaktion sind, bildet die Grundlage der meisten Prozesse der *Katalyse*. Darunter versteht man die Erscheinung, daß eine Reaktion beschleunigt ablaufen kann, wenn dem reagierenden Gemisch ein geeigneter fremder Stoff (*Katalysator*) zugesetzt wird. Die Beschleunigung kann ganz erheblich sein. Oft kommt es vor, daß Reaktionen, die praktisch selbständig nicht vor sich gehen, bei Anwesenheit von Katalysatoren schnell abzulaufen beginnen. Die Rolle eines Katalysators besteht darin, daß er in irgendeiner Form an den Zwischenreaktionen beteiligt ist, nach Abschluß der Gesamtreaktion jedoch wieder in der ursprünglichen Form vorliegt.

Das chemische Gleichgewicht kann natürlich nicht durch katalytische Wirkungen verschoben werden, da es nicht vom Reaktionsweg abhängig ist. Durch Katalysatoren wird lediglich die Geschwindigkeit, mit der sich das chemische Gleichgewicht einstellt, beeinflußt.

§ 92. Molekulare Deutung der Reaktionen

Alle chemischen Reaktionen in Gasen oder schwachen Lösungen können in Abhängigkeit von der Zahl der Moleküle, deren Zusammenstoß zum Eintritt einer Reaktion erforderlich ist, in verschiedene Typen eingeteilt werden. Es ist hervorzuheben, daß wir dabei tatsächlich ablaufende molekulare Prozesse vor Augen haben. Bei allen unten angegebenen Beispielen verlaufen die Reaktionen jeweils der angegebenen chemischen Gleichung entsprechend. Meistens bezieht sich diese Einteilung allerdings auf die einzelnen Elemente eines komplizierten Reaktionsmechanismus.

Als *monomolekular* bezeichnet man Reaktionen, bei denen die Moleküle des Ausgangsstoffes in zwei oder mehr Teile zerfallen. Ein Beispiel bildet der Zerfall von Äthylbromid:

$$C_2H_5Br \rightarrow C_2H_4 + HBr\,.$$

Für den Eintritt solcher Reaktionen sind keine Zusammenstöße zwischen Molekülen erforderlich. Daher wird die Reaktionsgeschwindigkeit mit abnehmender Menge des zerfallenden Stoffes kleiner, und zwar proportional zur ersten Potenz seiner Konzentration.

In diesem Sinne besitzen auch solche Reaktionen in schwachen Lösungen, bei denen außer einem Molekül des gelösten Stoffes auch Moleküle des Lösungsmittels beteiligt sind, ähnliche Eigenschaften. Das trifft z. B. auf die bereits erwähnte Hydrolyse von Rohrzucker zu:

$$\text{Rohrzucker} + H_2O \rightarrow \text{Traubenzucker} + \text{Fruchtzucker}\,.$$

An dieser Reaktion sind tatsächlich zwei Moleküle beteiligt. Da jedoch jedes Zuckermolekül im Verlaufe der gesamten Reaktion von sehr vielen Wassermolekülen umgeben ist, führt lediglich eine Änderung der Konzentration des gelösten Zuckers zu einer Änderung der Reaktionsgeschwindigkeit.

Bimolekular heißen Reaktionen, bei denen durch Zusammenstoß von zwei Molekülen zwei oder mehr andere Moleküle entstehen. Zum Beispiel sind die Reaktionen

$$H_2 + J_2 \rightleftharpoons 2\,HJ\,,$$

$$NO_2 + CO \rightleftharpoons NO + CO_2$$

in beiden Richtungen bimolekular. Da ihr Eintritt den Zusammenstoß zweier Moleküle erfordert, ist ihre Geschwindigkeit dem Produkt der Konzentrationen der reagierenden Stoffe (oder, falls die miteinander reagierenden Moleküle von derselben Sorte sind, dem Quadrat der Konzentration) proportional. Von dieser Art sind die allermeisten Elementarprozesse, aus denen sich komplizierte Reaktionsmechanismen zusammensetzen.

Als *trimolekular* bezeichnet man schließlich Reaktionen, falls drei Moleküle gleichzeitig miteinander zusammenstoßen und zwei oder mehr andere Moleküle entstehen. Diese Reaktionen kommen verhältnismäßig selten vor, da sie nur eintreten können, wenn drei Moleküle gleichzeitig zusammentreffen. Solche Stöße sind natürlich weitaus seltener als Stöße zwischen zwei Molekülen.

Das Verhältnis zwischen den Zahlen der Dreier- und Zweierstöße von Gasmolekülen läßt sich leicht bestimmen. Von einem bestimmten Molekül können wir sagen, daß es einen Dreierstoß erleidet, wenn es sich beim Zusammenstoß mit einem zweiten Molekül in unmittelbarer Nachbarschaft eines dritten befindet. Wir bezeichnen das vom Gas eingenommene Volumen mit V und das Gesamtvolumen aller Gasmoleküle mit b. Offenbar hat auch das Volumen, in dem sich ein Molekül befinden muß, damit es als in unmittelbarer Nachbarschaft eines beliebigen anderen Moleküls befindlich angesehen werden kann, die Größenordnung von b. Folglich ist die Wahrscheinlichkeit für ein Molekül, in unmittelbarer Nachbarschaft irgendeines anderen Moleküls zu liegen, gleich b/V. Deshalb ist das Verhältnis zwischen den Zahlen der Dreier- und Zweierstöße ebenfalls von der Größenordnung von b/V. Diese Größe ist gewöhnlich klein. Für Luft ist sie unter den normalen Bedingungen etwa gleich 10^{-3}.

Dieselbe Größenordnung ergibt sich für das Verhältnis zwischen den Zahlen der Vierer- und Dreierstöße. Die Wahrscheinlichkeit von Viererstößen ist außerordentlich klein. Chemische Reaktionen von höherer als dritter Ordnung kommen in der Natur nicht vor.

Es gibt trimolekulare Reaktionen, die scheinbar bimolekular sind. Das betrifft solche Reaktionen, bei denen sich zwei Teilchen zu einem vereinigen, z. B.

$$H + H = H_2\,.$$

Nehmen wir an, daß sich das H_2-Molekül durch Stoß zweier H-Atome bildet, so ergibt sich, daß es sofort wieder zerfallen müßte, d. h., die beim Stoß zusammentreffenden H-Atome fliegen nach dem Stoß wieder auseinander, denn ein stabiles H_2-Molekül muß eine negative innere Energie besitzen. Beim Zusammenstoß von zwei H-Atomen entsteht nur dann ein stabiles H_2-Molekül, wenn ein weiteres Teilchen beteiligt ist, dem die überschüssige, bei der Molekülbildung frei werdende Energie übertragen werden kann. Die betrachtete Reaktion kann also nur stattfinden, wenn drei Teilchen zusammenstoßen.

Es ist interessant, daß sich explizit monomolekulare Reaktionen unter bestimmten Bedingungen wie bimolekulare verhalten können. Um zerfallen zu können, benötigt ein Molekül eine Energie, die zur Überwindung der Potentialschwelle seiner auseinanderfliegenden Bestandteile ausreicht. Ein solches „aktiviertes" Molekül besitzt noch eine gewisse „Lebensdauer" (z. B. muß sich im Falle eines komplizierten Moleküls die überschüssige Energie an den für den Eintritt des Zerfalls nötigen Stellen konzentrieren). Aktivierte Moleküle können entstehen, wenn Moleküle infolge ihrer Wärmebewegung zusammenstoßen. In einem genügend verdünnten Gas, in dem Zusammenstöße verhältnismäßig selten vorkommen, zerfallen aktivierte Moleküle, bevor sie zur Entstehung weiterer aktivierter Moleküle beitragen können. Unter solchen Bedingungen ist die Reaktionsgeschwindigkeit im wesentlichen durch die Geschwindigkeit des Aktivierungsvorgangs bestimmt, der Zweierstöße zwischen Molekülen voraussetzt, also „bimolekular" ist.

§ 93. Kettenreaktionen

Für die meisten Reaktionsmechanismen ist charakteristisch, daß im Zwischenstadium Bruchstücke von Molekülen (einzelne Atome oder Atomgruppen, die sogenannten *Radikale*) auftreten, die im stabilen Zustand nicht existenzfähig sind.

Bei der Aufspaltung von Lachgas durch Erhitzen (formale Gleichung: $2\,N_2O = 2\,N_2 + O_2$) zerfallen z. B. die N_2O-Moleküle gemäß $N_2O \rightarrow N_2 + O$ unter Bildung freier Sauerstoffatome, die anschließend mit weiteren N_2O-Molekülen reagieren: $O + N_2O \rightarrow N_2 + O_2$.

Die Zwischenteilchen (O-Atome) sind bei diesem Beispiel nach Abschluß der beiden Elementarprozesse nicht mehr vorhanden. Es gibt aber eine große Zahl von Reaktionen, bei denen sich die Zwischenprodukte ständig regenerieren und auf diese Weise als Katalysatoren wirken.

Als Beispiel für einen derartigen Reaktionsmechanismus betrachten wir die Bildung von HBr bei der Belichtung eines Gemisches von Wasserstoff- und Bromdämpfen. Diese Reaktion verläuft keineswegs gemäß der chemischen Gleichung $H_2 + Br_2 = 2\,HBr$ durch Stöße zwischen H_2- und Br_2-Molekülen. Der tatsächliche Reaktionsmechanismus besteht in folgendem.

Unter dem Einfluß des Lichtes zerfallen einige Br_2-Moleküle in Atome:

$$Br_2 \rightarrow Br + Br\,.$$

Das ist die Erzeugung der Kette. Die entstandenen Bromatome wirken als *aktive Zentren.* Sie stoßen mit H_2-Molekülen zusammen und reagieren mit ihnen:

$$Br + H_2 \rightarrow HBr + H .$$

Die entstandenen H-Atome reagieren ihrerseits mit Br_2-Molekülen:

$$H + Br_2 \rightarrow HBr + Br .$$

Dabei erscheinen wiederum Br-Atome, die erneut mit H_2-Molekülen reagieren usw. Es entsteht eine ununterbrochene Kette aufeinanderfolgender Reaktionen, bei denen die Br-Atome als Katalysatoren wirksam sind (nach Bildung von zwei HBr-Molekülen sind sie wieder unverändert vorhanden). Reaktionen dieser Art bezeichnet man als *Kettenreaktionen.* Die Grundlagen ihrer Theorie wurden von N. N. SEMENOW und K. HINSHELWOOD geschaffen.

Wir sehen, daß eine Kettenreaktion selbständig abläuft, sofern in irgendeiner Weise aktive Zentren entstanden sind, und bei Fehlen äußerer Eingriffe bis zum Ende ablaufen müßte. Tatsächlich aber muß auch mit einem Abbrechen der Kette gerechnet werden. Ein aktives Zentrum, beim angegebenen Beispiel das Br-Atom, kann die Reaktion von Hunderttausenden H_2- und Br_2-Molekülen hervorrufen, wird jedoch letzten Endes „umkommen" und damit den weiteren Reaktionsablauf unterbrechen.

Das kann z. B. durch Rekombination zweier Br-Atome zu einem Br_2-Molekül geschehen. Im vorigen Paragraphen wurde darauf hingewiesen, daß eine solche Verbindung zweier Atome zu einem stabilen Molekül allerdings nur möglich ist, wenn ein Dreierstoß stattfindet. Dementsprechend spielt dieser Mechanismus des Abbrechens der Kette nur bei hohen Drücken, bei denen innerhalb des vom Gas eingenommenen Volumens genügend häufig Dreierstöße stattfinden, eine entscheidende Rolle.

Ein anderer Mechanismus für das Abbrechen einer Kette besteht darin, daß die aktiven Zentren beim Auftreffen auf die Wand des Gefäßes, in dem die Reaktion stattfindet, absterben können. Entscheidend ist dieser Mechanismus bei kleinen Gasdrücken, bei denen die aktiven Zentren sich verhältnismäßig ungehindert durch das Gas bewegen können.

Andererseits gibt es Reaktionen, bei denen eine *Verzweigung der Kette* erfolgt. So verläuft die Reaktion der Verbrennung von Wasserstoff im Wasserstoff-Sauerstoff-Gemisch (Knallgas) bei hohen Temperaturen in allgemeinen Zügen in der folgenden Weise. Unter dem Einfluß einer äußeren Einwirkung (z. B. beim Hindurchschicken eines elektrischen Funkens) entsteht die Kette nach dem Schema

$$H_2 + O_2 \rightarrow 2\,OH .$$

Die entstandenen aktiven Zentren, die Radikale OH, reagieren mit den H_2-Molekülen unter Bildung von Wasser:

$$OH + H_2 \rightarrow H_2O + H .$$

Die dabei erscheinenden H-Atome reagieren weiter gemäß

$$H + O_2 \rightarrow OH + O\,,$$

$$O + H_2 \rightarrow OH + H\,.$$

Diese Reaktionen führen zu dem Ergebnis, daß gleichzeitig mit der Bildung von Wasser die Zahl der aktiven Zentren H, O, OH zunimmt (im Gegensatz zur Reaktion der Bildung von HBr, wo die Zahl der freien H- und Br-Atome nicht zunimmt).

Falls die Zunahme der Zahl der aktiven Zentren als Ergebnis der Kettenverzweigung gegenüber dem Mechanismus des Abbrechens der Kette überwiegt, so vermehrt sich die Zahl der aktiven Zentren sehr stark (in geometrischer Progression), was eine starke Selbstbeschleunigung der Reaktion, eine *Explosion*, zur Folge hat.

Dieser *Kettenmechanismus* der Explosion ist dadurch charakterisiert, daß er sich im Prinzip auch bei konstanter Temperatur entwickeln kann. Es gibt auch einen anderen, den *thermischen Mechanismus* der Explosion, der damit zusammenhängt, daß die Reaktionsgeschwindigkeit stark temperaturabhängig ist. Bei großer Geschwindigkeit der Freisetzung von Wärme bei einer exothermen Reaktion kann es vorkommen, daß die entstandene Wärme nicht schnell genug abgeleitet werden kann, wodurch sich das reagierende Gemisch erhitzt, so daß die Selbstbeschleunigung der Reaktion weiter progressiv zunimmt.

KAPITEL XII

OBERFLÄCHENERSCHEINUNGEN

§ 94. Oberflächenspannung

Bisher haben wir thermische Eigenschaften und Erscheinungen mit Volumencharakter betrachtet, an denen die gesamte Masse des betreffenden Körpers beteiligt ist. Das Vorhandensein freier Oberflächen von Körpern führt zur Existenz einer besonderen Kategorie von Erscheinungen, die man als *Oberflächen-* oder *kapillare Erscheinungen* bezeichnet.

Strenggenommen kann man nicht sagen, daß sich ein Körper im Vakuum befindet. Jeder Körper befindet sich in irgendeinem anderen Medium, z. B. in der Atmosphäre. Dementsprechend darf man nicht einfach von der Oberfläche eines Körpers schlechthin sprechen, sondern nur von einer Grenzfläche zwischen zwei Medien.

An den Oberflächenerscheinungen sind lediglich die unmittelbar an der Körperoberfläche befindlichen Moleküle beteiligt. Ihre Anzahl ist klein gegenüber der Gesamtzahl aller Moleküle des Körpers, wenn seine Abmessungen nicht zu klein sind. Daher spielen die Oberflächenerscheinungen gewöhnlich keine große Rolle. Von wesentlicher Bedeutung sind sie jedoch bei Körpern kleiner Abmessungen.

Die in einer dünnen Oberflächenschicht angeordneten Moleküle stehen unter anderen Bedingungen als die im Innern des Körpers befindlichen. Während die letzteren auf allen Seiten von gleichen Molekülen umgeben sind, haben die Moleküle der Oberflächenschicht nur auf einer Seite gleiche Nachbarn. Daher haben die Moleküle der Oberflächenschicht eine andere Energie als die Moleküle im Innern des Körpers. Man bezeichnet die Differenz zwischen der Energie aller Moleküle der entsprechenden beiden Medien in der Nähe der Trennungsfläche und der Energie, die sie im Körperinneren besitzen würden, als *Oberflächenenergie.*

Die Oberflächenenergie ist offenbar dem Inhalt S der Trennungsfläche proportional:

$$U_{\text{Ob}} = \alpha S .$$

Der Koeffizient α hängt von der Natur der sich berührenden Medien sowie von deren Zustand ab. Man bezeichnet ihn als *Koeffizienten der Oberflächenspannung.*

Wie wir aus der Mechanik wissen, wirken die Kräfte immer in der Weise, daß der betreffende Körper in den Zustand mit der kleinsten Energie übergeht. Insbesondere hat auch die Oberflächenenergie die Tendenz, den kleinsten möglichen Wert anzunehmen. Daraus ergibt sich, daß der Koeffizient α immer positiv ist. Wäre das nicht der Fall, so könnten einander berührende Medien nicht voneinander getrennt existieren, denn die Trennungsfläche hätte die Tendenz, unbegrenzt zuzunehmen, d. h., es würde zu einer gegenseitigen Durchmischung beider Medien kommen.

Da der Koeffizient der Oberflächenspannung positiv ist, hat die Trennungsfläche zweier Medien immer die Tendenz, kleiner zu werden. Das erklärt die Tatsache, daß Flüssigkeitströpfchen (oder Gasbläschen) das Bestreben zeigen, Kugelform anzunehmen, denn unter allen Körpern mit gleichem Volumen hat die Kugel die kleinste Oberfläche.
Dieser Tendenz ist der Einfluß der Schwerkraft entgegengerichtet, der jedoch im Falle kleiner Tröpfchen so klein ist, daß diese nahezu kugelförmig sind. Auch jede beliebige freie Flüssigkeitsmasse besitzt, falls sie unwägbar ist, die Form einer Kugel.

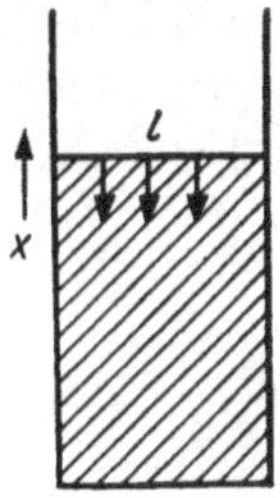

Abb. 113

Solche Bedingungen werden bei einem bekannten Experiment nachgeahmt, bei dem ein kugelförmiger Tropfen Pflanzenöl in einem Alkohol–Wasser-Gemisch mit demselben spezifischen Gewicht schwimmt.

Die Oberflächenspannung äußert sich beim folgenden einfachen Beispiel als Kraft. Ein flüssiger Film befinde sich in einem Drahträhmchen, das eine bewegliche Seite der Länge l besitzt (Abb. 113). Da die Oberfläche die Tendenz hat, kleiner zu werden, greift am Draht eine Kraft an, die unmittelbar am beweglichen Teil des Rähmchens meßbar ist. Nach den allgemeinen Regeln der Mechanik ist diese Kraft F als Ableitung der Energie (im vorliegenden Fall der Oberflächenenergie) nach der x-Koordinate längs der Angriffsrichtung der Kraft definiert:

$$F = -\frac{\mathrm{d}U_{\mathrm{Ob}}}{\mathrm{d}x} = -\alpha\,\frac{\mathrm{d}S}{\mathrm{d}x}.$$

Da die Oberfläche des Films $S = l\,x$ ist, folgt

$$F = -\alpha\,l.$$

Das ist die Kraft, die am Abschnitt l des Rähmchens angreift und durch die Oberflächenspannung auf einer der beiden Seiten des Films hervorgerufen wird (da der Film zwei Seiten hat, ist die insgesamt am Abschnitt l angreifende Kraft doppelt so groß). Das Minuszeichen weist darauf hin, daß die Kraft in das Innere der Filmoberfläche gerichtet ist.

An jeder Linie, die die Oberfläche (oder einen beliebigen Teil der Oberfläche) eines Körpers begrenzt, greifen also Kräfte an, die längs der Tangente an die Oberfläche senkrecht zur Linie in das Innere der von ihr begrenzten Fläche gerichtet sind. Die auf die Längeneinheit bezogene Kraft ist gleich dem Koeffizienten der Oberflächenspannung α.

Die Dimension von α ergibt sich auf Grund seiner Definition. Sie kann in verschiedenen Formen angegeben werden, etwa Energie pro Flächeneinheit oder Kraft pro Längeneinheit:

$$[\alpha] = \frac{\text{erg}}{\text{cm}^2} = \frac{\text{dyn}}{\text{cm}} .$$

Wie oben bereits bemerkt wurde, muß bei der Angabe eines Wertes der Oberflächenspannung immer gesagt werden, welche beiden Medien miteinander in Berührung stehen. Als Oberflächenspannung einer Flüssigkeit (ohne Angabe des zweiten Mediums) bezeichnet man oft den Wert, der einem Kontakt zwischen ihr und ihrem Dampf entspricht. Diese Größe wird mit zunehmender Temperatur kleiner und ist im kritischen Punkt, in dem der Unterschied zwischen Flüssigkeit und Dampf verschwindet, gleich Null.

Im folgenden geben wir die Koeffizienten der Oberflächenspannung (in erg/cm²) für einige Flüssigkeiten an der Grenze mit Luft an:

Wasser (20 °C)	73
Äthyläther (20 °C)	17
Benzol (20 °C)	29
Quecksilber (20 °C)	480
Gold (1130 °C)	1100

Sehr klein ist die Oberflächenspannung von flüssigem Helium an der Grenze mit seinem Dampf. Sie erreicht (in der Nähe des absoluten Nullpunkts) 0,35 erg/cm².

Natürlich ist auch an der Begrenzung fester Körper eine Oberflächenspannung vorhanden, die jedoch unter gewöhnlichen Bedingungen ganz unbedeutend ist; die verhältnismäßig schwachen Oberflächenkräfte führen nicht zu einer Formänderung. Dementsprechend ist die direkte Messung des Koeffizienten der Oberflächenspannung bei festen Körpern außerordentlich schwierig. Zuverlässige Meßwerte existieren nicht.

Ein anisotroper Körper (Kristall) muß für verschiedene Grenzflächen wegen der unterschiedlichen Anordnung der Atome verschiedene Oberflächenspannungen haben. Nehmen wir an, daß sich die Form eines Kristalls unter dem Einfluß von Oberflächenkräften verändern kann, so ergibt sich keineswegs eine Kugel wie bei einem isotropen Körper (Flüssigkeit), auf dessen Oberfläche überall dieselbe Oberflächenspannung herrscht. Man kann zeigen, daß Kristalle unter solchen Bedingungen eine eigenartige Gleichgewichtsform aufweisen. Die Grenzfläche setzt sich aus einer relativ kleinen Zahl von Randebenen zusammen, die sich nicht unter bestimmten Winkeln schneiden, sondern durch gekrümmte Bereiche miteinander verbunden sind.

Man kann diese Erscheinung z. B. beobachten, wenn man aus Steinsalz-Einkristallen gedrehte Kugeln längere Zeit erhitzt (bei etwa 750 °C). Durch die hohe Temperatur wird das „Hinüberkriechen" der Atome zwischen verschiedenen Plätzen an der Oberfläche erleichtert, so daß sich die Kugeln in Figuren der oben beschriebenen Form verwandeln.

§ 95. Adsorption

Die *Adsorption*, die in einer Ansammlung fremder Stoffe auf der Oberfläche flüssiger oder fester Körper (dem sogenannten *Adsorbenten*) besteht, gehört zu den häufigen Oberflächenerscheinungen. Gase, Flüssigkeiten oder der gelöste Stoff einer Lösung können adsorbiert werden. Zum Beispiel werden viele Gase an der Oberfläche von Kohle, Silikagel und der meisten Metalle adsorbiert. Kohle adsorbiert aus Lösung verschiedene organische Verbindungen. Man charakterisiert den Adsorptionsgrad durch die *Oberflächenkonzentration*, d. h. die Menge fremder Substanz, die sich auf 1 cm^2 Oberfläche des Adsorbenten ansammelt.

Die Erscheinung der Adsorption ist in der Natur weit verbreitet und spielt bei technischen Anwendungen eine große Rolle. Um zu erreichen, daß die adsorbierte Stoffmenge möglichst groß ist, müssen die adsorbierenden Körper bei fest vorgegebener Masse eine möglichst große Oberfläche besitzen, was z. B. bei porösen oder feinkörnigen Substanzen der Fall ist. Diese Eigenschaft der Adsorbenzien charakterisiert man mit Hilfe des Begriffs der *spezifischen Oberfläche*, d. h. der Oberfläche von 1 g der betreffenden Substanz. Bei guten Adsorbenzien (z. B. bestimmten porösen Kohlen) erreicht sie Hunderte von Quadratmetern. Diese großen Werte der spezifischen Oberfläche sind nicht erstaunlich, wenn man bedenkt, daß die Oberfläche eines Körpers, der porös gemacht oder zerkleinert wird, sehr stark zunimmt. So ist die Gesamtoberfläche von 1 cm^3 Substanz, die in kleine Kugeln mit dem Radius r zerlegt wird, gleich 3 cm^3/r, was bei $r \approx 10^{-6}$ cm Hunderte von Quadratmetern ausmacht.

Die Konzentration eines adsorbierten Gases hängt bei vorgegebener Temperatur vom Druck des Gases über der Oberfläche des Adsorbenten ab. Diese Abhängigkeit wird durch eine Kurve der in Abb. 114 dargestellten Form repräsentiert, die wir als *Isotherme der Adsorption* bezeichnen. Zunächst nimmt die Oberflächenkonzentration mit wachsendem Druck stark zu. Bei weiter zunehmendem Druck nimmt der Anstieg der Oberflächenkonzentration ab, und bei genügend hohem Druck stellt sich ein Grenzwert ein, die Sättigung. Wie Experimente zeigen, entspricht die Sättigung einer mehr oder weniger dichten Belegung der Adsorbensoberfläche mit einer einfachen (sog. monomolekularen) Schicht adsorbierter Moleküle.

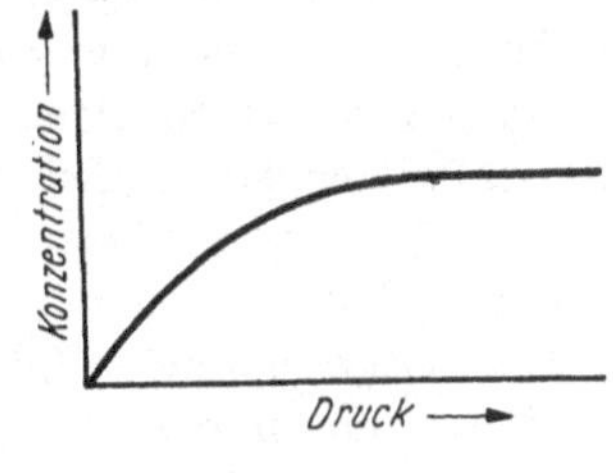

Abb. 114

Eine sehr wichtige Eigenschaft der Adsorption besteht darin, daß sie eine Veränderung der Oberflächenspannung an der Begrenzung einander berührender Medien hervorruft; gewöhnlich ist dabei von der Oberfläche einer Flüssigkeit die Rede. Infolge der Adsorption wird der Koeffizient der Oberflächenspannung stets kleiner; anderenfalls könnte überhaupt keine Adsorption stattfinden. Hier zeigt sich erneut die Tendenz zur Verminderung der Oberflächenenergie, die außer durch Verkleinerung der Oberfläche also auch durch Veränderung der physikalischen Eigenschaften der Oberfläche erreichbar ist. Wegen ihres Einflusses auf die Oberflächenspannung bezeichnet man Substanzen, die (auf der Oberfläche der betreffenden Flüssigkeit) adsorbiert werden können, als *oberflächenaktiv*. Im Falle von Wasser haben z. B. verschiedene Seifen diese Eigenschaft.

Die Substanzmenge, die insgesamt an der Oberfläche einer Flüssigkeit adsorbiert werden kann, ist sehr klein. Geringfügige Beimischungen oberflächenaktiver Stoffe, die sich an der Oberfläche einer Flüssigkeit ansammeln, können die Oberflächenspannung wesentlich ändern. Die Oberflächenspannung einer Flüssigkeit hängt sehr stark vom Reinheitsgrad ab. So kann die Oberflächenspannung von Wasser schon durch einen geringfügigen Seifenzusatz auf weniger als ein Drittel verkleinert werden.

Die auf Flüssigkeitsoberflächen adsorbierten monomolekularen Filme sind eigenartige physikalische Objekte. Sie stellen gewissermaßen zweidimensionale Zustände der Materie dar. Die Moleküle sind nicht im dreidimensionalen Volumen, sondern auf einer zweidimensionalen Fläche verteilt. In diesem Zustand können verschiedene Phasen („gasförmig", „flüssig", „fest") existieren, die den gewöhnlichen Phasen ganz analog sind.

Es kommt verhältnismäßig selten vor, daß die adsorbierten Moleküle in einem „gasförmigen" Film angeordnet und frei verschiebbar sind. In „kondensierten" Filmen liegen die Moleküle dicht beieinander. Sie können in gewissem Maße gegenseitig verschiebbar (so daß der flüssige Film „fließt") oder so stark aneinander gebunden sein, daß der Film sich wie ein fester verhält. Kondensierte Filme können die Eigenschaft der Anisotropie aufweisen, was eine zweidimensionale Analogie flüssiger bzw. fester Kristalle darstellt. Während im ersten Fall eine reguläre Orientierung der auf der Oberfläche des Adsorbenten befindlichen Moleküle vorliegt, besteht im zweiten Fall zwischen der regulären gegenseitigen Anordnung der Moleküle und einem zweidimensionalen Kristallgitter eine gewisse Ähnlichkeit. Es ist interessant, daß sich an der Grenzfläche zweier isotroper Medien (Flüssigkeit und Gas) solche anisotropen Filme bilden können.

Ein ausgezeichnetes Objekt für die Untersuchung derartiger Erscheinungen sind die monomolekularen Filme, die auf der Oberfläche von Wasser durch darin gelöste verschiedene komplizierte organische Säuren, Alkohole usw. gebildet werden. Die Moleküle dieser Stoffe bilden lange Kohlenwasserstoffketten, die an einer Seite durch die Gruppen $-COOH$, $-OH$ usw. begrenzt werden. Diese Gruppen werden stark von den Wassermolekülen angezogen; sie sind gewissermaßen in der Oberflächenschicht des Wassers gelöst. Die Moleküle werden jedoch nicht ganz in das Wasser hineingezogen, sondern ragen über der Oberfläche hervor. Der kondensierte Film gleicht einem Staketenzaun aus nahe beieinanderliegenden Molekülen, die mit einer Seite in das Wasser eintauchen.

Der Koeffizient der Oberflächenspannung α einer mit einem Film bedeckten Wasseroberfläche ist kleiner als die entsprechende Größe α_0 einer reinen Wasseroberfläche. Man kann die Differenz $\alpha - \alpha_0$ unmittelbar bestimmen, indem man die Kraft mißt, die an einer auf der Oberfläche schwimmenden Barriere zwischen Film und reiner Wasseroberfläche angreift. Der Film zieht sie mit der Kraft pro Längeneinheit α und die reine Oberfläche mit der Kraft pro Längeneinheit α_0 an. Wegen $\alpha_0 > \alpha$ ergibt sich, daß der Film die Barriere mit der Kraft pro Längeneinheit

$$\Delta\alpha = \alpha_0 - \alpha$$

abstößt. Diese Kraft kann als Druck des Films aufgefaßt werden. Bei vorgegebener Temperatur ist dieser eine definierte Funktion der Fläche S des (von der gegebenen adsorbierten Substanzmenge) gebildeten Films. Analog dazu ist der Druck eines gewöhnlichen Körpers eine Funktion seines Volumens.

Für den Fall eines gasförmigen verdünnten Films, dessen Fläche S insgesamt n Moleküle enthält, wird die Abhängigkeit durch die Formel

$$\Delta\alpha = \frac{n\,k\,T}{S}$$

beschrieben, die der Zustandsgleichung

$$p = \frac{N\,k\,T}{V}$$

des idealen Gases analog ist. Bei Kompression des Films, d. h. bei Verkleinerung seiner Fläche S, erfolgt bei einem definierten Wert $\Delta\alpha$ ein Phasenübergang in einen dichten, kondensierten Film. In der Kurve, die die S-Abhängigkeit von $\Delta\alpha$ beschreibt, entspricht diesem Übergang ein horizontaler Bereich. Ähnlich ergibt sich auch im gewöhnlichen dreidimensionalen Fall auf der Isothermen, die die Volumenabhängigkeit des Druckes beschreibt, für den Übergang zwischen Dampf und Flüssigkeit ein solcher Bereich (§ 70).

§ 96. Randwinkel

Am Rande der Oberfläche einer in einem Gefäß befindlichen Flüssigkeit berühren sich drei Medien, und zwar die feste Wand (Medium 1 in Abb. 115), Flüssigkeit (Medium 2) und Gas (Medium 3). Wir betrachten die kapillaren Erscheinungen an dieser Grenze.

An der Berührungslinie aller drei Medien (ihr Schnittpunkt mit der Zeichenebene ist in Abb. 115 mit 0 bezeichnet) greifen drei Oberflächenkräfte an, die jeweils tangential in das Innere der Grenzfläche zwischen den beiden entsprechenden Medien zeigen (in Abb. 113 sind sie durch Vektoren dargestellt). Dem Betrage nach sind diese Kräfte (bezogen auf die Längeneinheit der Berührungslinie) gleich den entsprechenden Koeffizienten der Oberflächenspan-

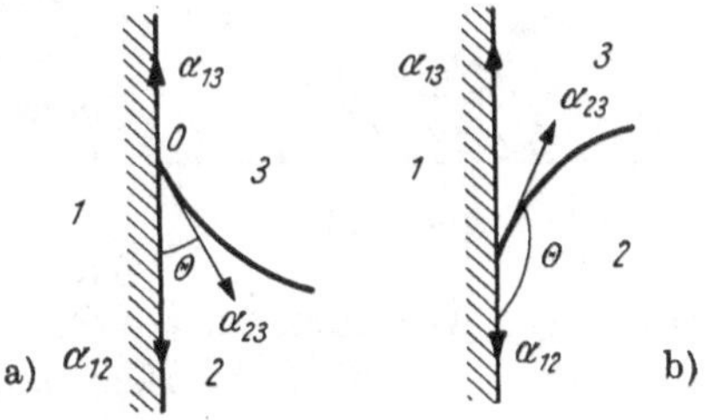

Abb. 115

nung α_{12}, α_{13} bzw. α_{23}. Der Winkel Θ zwischen der Flüssigkeitsoberfläche und der festen Wand heißt *Randwinkel*.

Die Flüssigkeitsoberfläche stellt sich so ein, daß die Resultierende der drei Kräfte pro Längeneinheit α_{12}, α_{13} und α_{23} keine Komponente längs der Gefäßwand besitzt (die dazu senkrechte Komponente wird durch den Widerstand der Wand aufgehoben). Daher lautet die Bedingung für das Gleichgewicht zwischen Flüssigkeit und Wand:

$$\alpha_{13} = \alpha_{12} + \alpha_{23} \cos \Theta .$$

Daraus folgt

$$\cos \Theta = \frac{\alpha_{13} - \alpha_{12}}{\alpha_{23}} .$$

Wie wir sehen, hängt der Randwinkel nur von der Natur der drei einander berührenden Medien ab (nämlich von den Oberflächenspannungen an ihren Grenzen). Er ist unabhängig von der Gefäßform oder von der am Körper angreifenden Schwerkraft. Man muß jedoch berücksichtigen, daß die Oberflächenspannung und damit auch der Randwinkel sehr empfindlich vom Reinheitsgrad der Trennungsfläche abhängen.

Besteht an der Grenze zwischen fester Wand und Gas eine größere Oberflächenspannung als zwischen fester Wand und Flüssigkeit ($\alpha_{13} > \alpha_{12}$), so gilt $\cos \Theta > 0$, und Θ ist ein spitzer Winkel. Der Flüssigkeitsrand erfährt eine Hebung, die Oberfläche (*Meniskus*) ist konkav (Abb. 115a). In diesem Fall sagt man, daß die Flüssigkeit die feste Wand *benetzt*. Ein Tropfen einer solchen Flüssigkeit wird auf einer entsprechenden festen Fläche ein wenig auseinanderfließen (Abb. 116a).

Für $\alpha_{13} < \alpha_{12}$ ist dagegen $\cos \Theta < 0$ und Θ ein stumpfer Winkel. Der Flüssigkeitsrand erfährt eine Depression, und der Meniskus ist konvex (Abb. 115b). In diesem Falle sagt man, daß die Flüssigkeit den festen Körper *nicht benetzt*. Zum Beispiel ist der Randwinkel zwischen Quecksilber und Glas ungefähr gleich 150° und zwischen Wasser und Paraffin etwa gleich 105°. Auf der entsprechenden festen Fläche wird sich ein Tropfen einer solchen Flüssigkeit gewissermaßen einrollen und die Tendenz zeigen, seine Berührungsfläche mit der Unterlage möglichst klein zu halten (Abb. 116b).

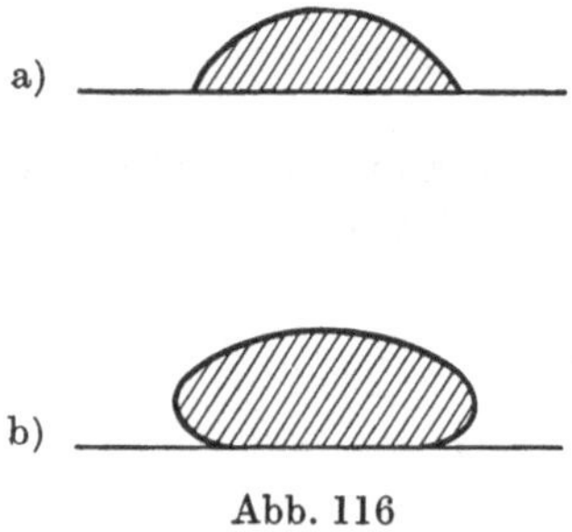

Abb. 116

Da der Kosinus eines Winkels dem Betrage nach nicht größer als 1 sein kann, folgt aus dem erhaltenen Ausdruck für $\cos \Theta$, daß in jedem realen Fall eines stabilen Gleichgewichts zwischen Flüssigkeit und Wand die Bedingung

$$|\alpha_{13} - \alpha_{12}| \leqq \alpha_{23}$$

erfüllt sein muß. Andererseits kann es vorkommen, daß die Koeffizienten der Oberflächenspannung α_{12}, α_{13} und α_{23} jeweils eines Paares von Medien dieser

Ungleichung nicht genügen. Man muß aber berücksichtigen, daß eine dritte Substanz an der Grenze der beiden anderen adsorbiert werden kann, so daß die Oberflächenspannung sinkt und sich solche Werte der Koeffizienten α ergeben, daß die angegebene Bedingung befriedigt wird.

Zwichen den oben erklärten Begriffen der Benetzung und Nichtbenetzung und dem der *vollständigen Benetzung* besteht ein Unterschied, der mit der Erscheinung der Kondensation von Dampf an der Oberfläche eines festen Körpers zusammenhängt. Wie wir wissen, sind die zwischen den Molekülen bestehenden van der Waalsschen Anziehungskräfte für die Kondensation von Dampf zu Flüssigkeit verantwortlich. Diese können jedoch außer zwischen den Molekülen des Dampfes auch zwischen ihnen und den Molekülen eines festen Körpers bestehen. Wir nehmen nun an, daß die Moleküle der Wand eine stärkere Anziehung ausüben als die der Flüssigkeit selbst. Dann führt offenbar das Vorhandensein einer festen Oberfläche dazu, daß der Dampf bereits unter Bedingungen, unter denen er eigentlich noch stabil ist (ungesättigter Dampf), teilweise kondensiert. Dabei bildet sich an der Oberfläche des festen Körpers ein dünner flüssiger Film. Seine Dicke ist durch die Größenordnung der Reichweite der van der Waalsschen Kräfte bestimmt und kann zwischen 10^{-7} und 10^{-5} cm liegen. Nähert sich der Dampf dem Zustand der Sättigung, so wird der Film dicker. Man bezeichnet diese Erscheinung auch als vollständige Benetzung der entsprechenden festen Oberfläche durch die Flüssigkeit. Zum Beispiel werden viele Oberflächen, darunter Glas, durch Tetrachlorkohlenstoff vollständig benetzt.

(Hervorzuheben ist, daß sich diese Erscheinung von der Adsorption unterscheidet. Wir sprechen hier von einer zwar dünnen, aber immer noch „makroskopischen" flüssigen Schicht, während ein adsorbierter Film aus einzelnen auf der Oberfläche verteilten Molekülen besteht.)

Der Rand einer die Gefäßwand vollständig benetzenden Flüssigkeit geht stetig in den an der Wand entstehenden Film über. In diesem Fall ist also kein endlicher Randwinkel vorhanden. Man kann sagen, daß der Randwinkel bei vollständiger Benetzung gleich Null ist. Ein Tropfen einer solchen Flüssigkeit, der auf eine entsprechende feste Unterlage gebracht wird, zerfließt vollständig.

In Abhängigkeit vom Charakter der von den Molekülen eines festen Körpers herrührenden van der Waalsschen Anziehungskräfte sind im Prinzip auch kompliziertere Fälle der Benetzung möglich. Zum Beispiel kann es vorkommen, daß auf einer festen Oberfläche Dampf zur Flüssigkeit kondensiert und die Dicke des entstehenden Films einen bestimmten Grenzwert nicht überschreiten kann. Ein auf eine bereits mit einem solchen Film bedeckte Oberfläche zusätzlich aufgebrachter Tropfen zerfließt nicht vollständig, sondern bleibt isoliert, wobei allerdings eine starke Abflachung erfolgt und ein sehr kleiner (jedoch endlicher) Randwinkel entsteht. Ein solcher Fall ist mit Wasser auf reinem Glas realisierbar; die maximale Schichtdicke beträgt etwa 10^{-6} cm, während der Randwinkel wahrscheinlich kleiner als $1°$ ist.

§ 97. Kapillarkräfte

Mehrfach haben wir hervorgehoben, daß die Drücke zweier in Berührung stehender Körper im Gleichgewichtszustand gleich sein müssen. Tatsächlich ist diese Aussage jedoch nur zutreffend, wenn der Einfluß kapillarer Erscheinungen vernachlässigt wird. Bei Berücksichtigung der Oberflächenspannung sind die Drücke in den in Kontakt stehenden Medien im allgemeinen verschieden.

Als Beispiel betrachten wir einen Flüssigkeitstropfen in Luft. Seine Tendenz, eine möglichst kleine Oberfläche einzunehmen, führt zur Kompression und damit zur Vergrößerung seines inneren Drucks. Der Druck ist also im Tropfen größer als in der umgebenden Luft. Wir bezeichnen die Differenz zwischen beiden Drücken als *Oberflächendruck* p_{Ob}.

Zur Berechnung dieser Größe bemerken wir, daß die Arbeit, die die Oberflächenkräfte bei einer Verkleinerung der Oberfläche um $\mathrm{d}S$ leisten, durch die entsprechende Abnahme $\alpha\,\mathrm{d}S$ der Oberflächenenergie gegeben ist. Andererseits ist diese Arbeit in der Form $p_{\mathrm{Ob}}\,\mathrm{d}V$ darstellbar, wobei $\mathrm{d}V$ die Änderung des Tropfenvolumens bedeutet. Daher gilt

$$\alpha\,\mathrm{d}S = p_{\mathrm{Ob}}\,\mathrm{d}V\,.$$

Für einen kugelförmigen Tropfen mit dem Radius r ist $S = 4\,\pi\,r^2$ und $V = \frac{4}{3}\,\pi\,r^3$, so daß sich der folgende Ausdruck für den Oberflächendruck ergibt:

$$p_{\mathrm{Ob}} = \frac{2\,\alpha}{r}\,.$$

Diese Formel gilt natürlich auch für ein Gasbläschen innerhalb einer Flüssigkeit. Der überschüssige Druck herrscht immer in demjenigen von zwei sich berührenden Medien, von dem aus die Trennungsfläche konkav ist. Für $r \to \infty$ geht der Oberflächendruck gegen Null. Dem entspricht die Tatsache, daß die Drücke in zwei sich berührenden Medien bei ebener Trennungsfläche gleich sein müssen. Es ist klar, daß die Tendenz der Oberfläche, sich zusammenzuziehen, in diesem Falle nicht zur Entstehung von Kräften, die in das Innere eines Mediums gerichtet sind, führen kann.

Im folgenden leiten wir die entsprechende Formel für eine in einem zylinderförmigen Gefäß enthaltene Flüssigkeit ab. In diesem Fall ist $S = 2\,\pi\,r\,h$ und $V = \pi\,r^2\,h$ (r bedeutet den Radius und h die Höhe des Zylinders). Setzt man diese Größen in die Gleichung $p_{\mathrm{Ob}}\,\mathrm{d}V = \alpha\,\mathrm{d}S$ sein, so folgt

$$p_{\mathrm{Ob}} = \frac{\alpha}{r}\,.$$

Die erhaltenen einfachen Formeln gestatten es, eine Reihe von Problemen, die mit Erscheinungen der Kapillarität zusammenhängen, zu lösen.

Wir betrachten zwei ebene, zueinander parallele Platten (in Abb. 117 im Schnitt dargestellt), zwischen denen sich eine dünne flüssige Schicht befindet. Die Seitenflächen der Flüssigkeit stehen mit Luft in Berührung. Ist der Randwinkel spitz, so ist der Meniskus konkav und der Druck in der Flüssigkeit kleiner als der Luftdruck. Daher haben die Platten unter der Wirkung des auf sie ausgeübten Atmosphärendrucks die Tendenz, sich gegenseitig anzuziehen. (Bei stumpfem Randwinkel, also konvexem Meniskus, hat die flüssige Schicht dagegen die Wirkung, daß die Platten sich voneinander abstoßen.) Ist der Zwischenraum zwischen den Platten genügend eng, so kann jeder kleine Teil des Meniskus als Teil der Oberfläche eines Zylinders mit dem Radius r aufgefaßt werden. Einer einfachen Betrachtung ist zu entnehmen, daß der Radius r durch die Gleichung $x = 2\,r \cos \Theta$ mit dem Abstand x zwischen den Platten zusammenhängt (Abb. 117). Daher ist das „Druckdefizit" in der Flüssigkeit gleich $p_{\text{Ob}} = \alpha/r = 2\alpha \cos\Theta/x$ (α bezeichnet die Oberflächenspannung an der Grenze zwischen Flüssigkeit und Luft). Die Kraft F, mit der sich die beiden Platten gegenseitig anziehen, ergibt sich durch Multiplikation dieser Größe mit der Berührungsfläche S zwischen Flüssigkeit und jeder Platte:

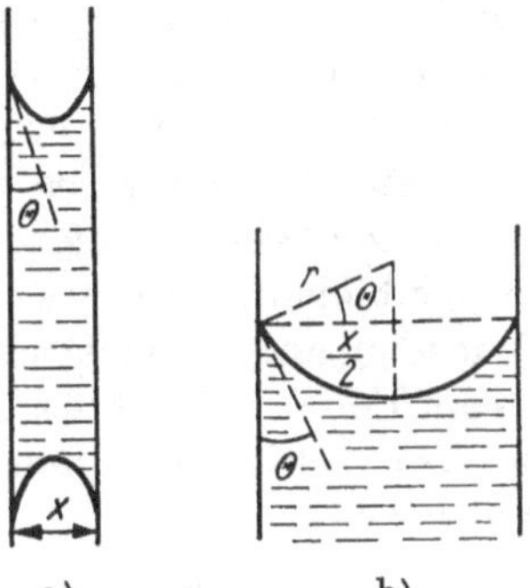

a) b)

Abb. 117

$$F = \frac{2\,\alpha\,S \cos \Theta}{x}.$$

Wie wir sehen, ist diese Kraft dem Abstand zwischen beiden Platten umgekehrt proportional. Bei kleinen Abständen kann sie sehr groß sein (z. B. üben Platten, die durch eine Wasserschicht der Dicke 1 μm voneinander getrennt sind, einen Druck von etwa 1,5 atm aufeinander aus).

Im folgenden betrachten wir die bekannte Erscheinung der kapillaren Hebung und der kapillaren Depression einer Flüssigkeit in einem engen, in eine Flüssigkeit getauchten Rohr. Bei konkavem Meniskus (spitzer Randwinkel) liegt der Druck der Flüssigkeit im Rohr um die Größe p_{Ob} unter dem Druck der mit ihr in Berührung stehenden Luft. Unter dem Einfluß des auf die Oberfläche der im Gefäß enthaltenen Flüssigkeit ausgeübten Atmosphärendrucks steigt der Flüssigkeitspegel im Rohr, bis das Gewicht der Flüssigkeitssäule gleich dem Druckdefizit ist: $p_{\text{Ob}} = \varrho\, g\, h$ (ϱ bezeichnet die Dichte der Flüssigkeit). Im Falle eines engen Rohrs kann der Meniskus als Teil der Oberfläche einer Kugel aufgefaßt werden, deren Radius r durch die Beziehung $a = r \cos \Theta$ mit dem Rohrradius a zusammenhängt. Dann ergibt sich $p_{\text{Ob}} = 2\,\alpha/r = (2\,\alpha \cos \Theta)/a$, und für die Steighöhe folgt

$$h = \frac{2\,\alpha}{g\,\varrho\,r} = \frac{2\,\alpha \cos \Theta}{g\,\varrho\,a}.$$

(Bei konvexem Meniskus gibt diese Formel die Höhe an, um die sich der Flüssigkeitspegel im Rohr senkt.)

In der erhaltenen Formel kommen der Koeffizient der Oberflächenspannung α und die Dichte ϱ der Flüssigkeit in der Kombination $\alpha/\varrho\, g$ vor. Die Größe

$$\sqrt{\frac{2\,\alpha}{\varrho\, g}}$$

besitzt die Dimension einer Länge und heißt *Kapillarkonstante*. Sie spielt bei allen Erscheinungen, die durch die gemeinsame Wirkung von Oberflächenspannung und Schwerkraft entstehen, eine bedeutende Rolle. Für Wasser ist die Kapillarkonstante bei 20 °C gleich 0,39 cm.

Verschiedene Methoden zur Messung der Oberflächenspannung beruhen auf Erscheinungen, die mit der Kapillarität zusammenhängen. Zum Beispiel wird die Größe eines langsam aus einem engen Rohr fließenden Tropfens durch die Bilanz zwischen seinem Gewicht und den Oberflächenkräften in der Nähe seines „Halses" bestimmt. Man kann die Oberflächenspannung α erhalten, indem man das Gewicht eines einzelnen Tropfens bestimmt (durch Abzählung der Gesamtzahl aller Tropfen, die sich beim Ausfließen einer bekannten Flüssigkeitsmenge bilden). Eine andere Methode beruht auf der Messung des Oberflächendrucks in einem Gasbläschen mit bekanntem Radius. Man taucht ein Rohr mit einem Ende in eine Flüssigkeit und mißt den Druck, der zusätzlich in das Rohr gegeben werden muß, um ein Luftbläschen aus dem unteren Rohrende hinauszudrücken.

§ 98. Dampfspannung über einer gekrümmten Oberfläche

Die Eigenschaften des Gleichgewichts zwischen einer Flüssigkeit und ihrem gesättigten Dampf werden ebenfalls durch Erscheinungen der Kapillarität beeinflußt. Bisher haben wir die Spannung von gesättigtem Dampf als definierte Funktion der Temperatur angesehen. Tatsächlich jedoch hängt sie auch von der Form der Oberfläche ab, über der sich der Dampf befindet. Allerdings ist diese Abhängigkeit im allgemeinen ganz unbedeutend. Sie kann nur bei kleinen Abmessungen des betreffenden Körpers, z. B. für kleine Flüssigkeitstropfen, eine wesentliche Rolle spielen.

Wir können Art und Stärke dieser Abhängigkeit leicht bestimmen, indem wir nochmals die kapillare Hebung bzw. Depression einer Flüssigkeit betrachten und uns vorstellen, daß sich über der Flüssigkeit im Gefäß sowie im engen Rohr gesättigter Dampf befindet. Da der Gasdruck mit der Höhe abnimmt, muß er über der angehobenen Flüssigkeit kleiner und über der gesenkten Flüssigkeit größer als über der ebenen Oberfläche im Gefäß sein. Denken wir daran, welche Form der Meniskus in diesen Fällen besitzt, so können wir schließen, daß die Spannung von gesättigtem Dampf über einer konkaven Oberfläche kleiner und über einer konvexen Oberfläche größer als über einer ebenen Flüssigkeitsoberfläche ist (wir weisen darauf hin, daß bei der Ableitung des RAOULTschen Gesetzes im § 81 ähnliche Überlegungen angestellt wurden).

Bei einer kapillaren Hebung um die Höhe h nimmt der Druck von gesättigtem Dampf um $\Delta p = \varrho_D\, g\, h$ ab. Andererseits erhielten wir im vorigen Paragraphen für h den Ausdruck $2\,\alpha/\varrho_{Fl}\, r\, g$, wobei ϱ_{Fl} die Dichte der Flüssigkeit ist und r den Radius der Kugel bezeichnet, deren Oberfläche den Meniskus enthält. Wir finden also

$$\Delta p = \frac{2\,\alpha}{r}\,\frac{\varrho_{\text{Dampf}}}{\varrho_{\text{Fl}}}\,.$$

Die Erniedrigung der Spannung gesättigten Dampfes über einer konkaven Oberfläche führt zur sogenannten *Kapillarkondensation.* Sie besteht darin, daß Dampf, der unter gewöhnlichen Bedingungen noch nicht gesättigt ist, in porösen Körpern flüssigen Niederschlag bilden kann. Handelt es sich um eine den Körper benetzende Flüssigkeit, so bilden sich in den Poren, die als engste Kapillare aufgefaßt werden können, konkave Flüssigkeitsmenisken, für die sich der Dampf bereits bei verhältnismäßig kleinem Druck als gesättigt erweisen kann.

Die für Δp erhaltene Formel bestimmt bei konvexer Flüssigkeitsoberfläche die Erhöhung der Dampfspannung gegenüber dem entsprechenden Wert über einer ebenen Oberfläche. Wir sehen, daß die Spannung von gesättigtem Dampf über einem Flüssigkeitstropfen mit abnehmendem Radius anwächst.

Wir stellen uns Dampf vor, in dem eine große Zahl von Flüssigkeitstropfen unterschiedlicher Größe enthalten ist. Dann ist der Fall möglich, daß der Dampf hinsichtlich der größeren Tropfen bereits gesättigt ist, in bezug auf die kleineren jedoch noch nicht, so daß sich die aus den kleineren Tropfen verdampfende Flüssigkeit an den größeren kondensiert. Die kleineren Tropfen werden in diesem Falle gewissermaßen von den größeren aufgesogen.

§ 99. Natur der Überhitzung und Unterkühlung

Unsere Kenntnisse über die Abhängigkeit der Dampfspannung von der Tropfengröße gestatten es, die Übersättigung von Dampf zu erklären. Diese besteht darin, daß der gasförmige Zustand unter Bedingungen, bei denen bereits die Umwandlung der Substanz in den flüssigen Zustand eingesetzt haben sollte, erhalten bleibt.

Übersättigter Dampf, der sich über einer Flüssigkeit befindet, kondensiert natürlich sofort. Besteht jedoch zwischen Dampf und Flüssigkeit kein Kontakt, so wird die Kondensation verzögert. Sie beginnt dann damit, daß sich im Dampf kleine Tropfen bilden. In bezug auf solche Tropfen kann sich Dampf, der bezüglich einer ebenen Flüssigkeitsoberfläche übersättigt ist, als ungesättigt erweisen. Die Tropfen sind dann instabil und verdampfen nach ihrer Bildung erneut. Nur zufällig entstandene Tropfen von solcher Größe, daß der Dampf auch in bezug auf diese übersättigt ist, werden nicht verschwinden. An ihnen erfolgt die weitere Kondensation des Dampfes. Sie wirken als *Kondensationskeime* der neuen Phase. In völlig reinem Dampf können sie nur infolge zufälliger thermischer Fluktuationen entstehen. Diese Erscheinung ist im allgemeinen sehr unwahrscheinlich. Sie ist um so weniger wahrscheinlich, je größer der „kritische" Radius der Tropfen ist, bei dem die Stabilität erreicht wird. Mit zunehmendem Übersättigungsgrad nimmt die Größe des „kritischen" Radius ab, so daß die Keimbildung wahrscheinlicher wird. Werden Werte der Größenordnung molekularer Abmessungen erreicht, so ist die Bildung besonderer Kondensationskeime im wesentlichen überflüssig. Eine weitere Übersättigung des Dampfes ist überhaupt nicht möglich.

Begünstigt wird die Kondensation von übersättigtem Dampf, wenn er mit einer festen Oberfläche, die durch die entsprechende Flüssigkeit benetzt werden kann, in Berührung steht. Die auf einer solchen Oberfläche entstehenden kleinen Tropfen zerfließen ein wenig, so daß ihre Oberflächenkrümmung kleiner wird. Dadurch werden sie zu Kondensationskeimen. Besonders stark wird die Kondensation auf einer Oberfläche begünstigt, die von der entsprechenden Flüssigkeit vollständig benetzt wird. Die Tropfen, die sich auf einer solchen Oberfläche bilden, zerfließen völlig.

Dampf ist gewöhnlich nicht vollständig rein. Die in ihm enthaltenen verschiedenen Staubteilchen wirken als Kondensationskeime. Sie spielen die Rolle benetzbarer fester Oberflächen. Eine bedeutende Übersättigung kann nur erreicht werden, wenn der Dampf sorgfältig gereinigt ist.

Besonders stark wird die Kondensation von Dampf durch geladene Teilchen gefördert. In der Umgebung von Ionen, die die Dampfmoleküle stark anziehen, bilden sich sofort kleinste Tröpfchen, die zu Zentren der weiteren Kondensation werden. Auf dieser Erscheinung beruht die Konstruktion der *Nebelkammer*, die zur Beobachtung des Weges schneller Atom- und Kernteilchen dient.

Wir haben die Gründe für die Entstehung des metastabilen Zustandes des übersättigten bzw. unterkühlten Dampfes im einzelnen besprochen. Entsprechende Überlegungen sind jedoch auch allgemein auf die ,,Verzögerung" anderer Phasenumwandlungen anwendbar. Innerhalb der alten Phase beginnt die Bildung der neuen Phase mit der Entstehung kleinster Keime. Zum Beispiel beginnt die Verdampfung einer Flüssigkeit mit dem Auftreten kleinster Dampfbläschen, die Erstarrung einer Flüssigkeit mit der Bildung kristalliner Keime usw.

Da an der Grenze eines solchen Keims eine zusätzliche Oberflächenenergie vorhanden ist, wird seine Bildung jedoch energetisch ungünstig, sofern seine Abmessungen nicht genügend groß sind. Wir haben es hier mit der Konkurrenz von zwei entgegengesetzt wirkenden Faktoren zu tun. Während die Bildung einer neuen Grenze zwischen zwei Phasen zu einem Verlust an Oberflächenenergie führt, ist die Umwandlung der Substanz in eine neue Phase mit einem Gewinn an Volumenenergie verbunden. Die zweite Tendenz wird bei zunehmender Keimgröße immer stärker und überwiegt letzten Endes. Man kann sagen, daß die Bildung eines Keims einer neuen Phase einen Übergang durch eine mit der Oberflächenenergie zusammenhängende ,,Potentialbarriere" erfordert, was nur für einen genügend großen Keim möglich ist.

Das Schmelzen von Kristallen ist eine Phasenumwandlung, die in dieser Hinsicht eine Ausnahme von der allgemeinen Regel zu bilden scheint. Erwärmt man Kristalle in der üblichen Weise, so beobachtet man niemals eine Überhitzung. Das hängt jedoch damit zusammen, daß die Oberflächen aller Kristalle vollständig durch die beim Schmelzen entstehenden Flüssigkeiten benetzt werden. Die auf der Kristalloberfläche entstehenden Flüssigkeitstropfen zerfließen völlig, so daß der Schmelzvorgang nicht durch Oberflächenerscheinungen behindert wird.

Man erhält überhitzte Kristalle, indem man nicht von außen, sondern im Innern erwärmt. Schickt man z. B. einen Strom durch einen monoklinen Zinnstab, der von außen intensiv angeblasen wird, so wird die Temperatur im Inneren höher als auf seiner Oberfläche. Auf diese Weise kann das Kristallinnere um 1…2 grd überhitzt werden, bevor das gewöhnliche Schmelzen von seiner Oberfläche einsetzt.

§ 100. Kolloidale Lösungen

Es kann vorkommen, daß eine Substanz in einer Flüssigkeit, in der sie nicht löslich ist, in Form kleinster, jedoch aus vielen Molekülen bestehender Teilchen verteilt ist. Man bezeichnet dann die Flüssigkeit als *Dispersionsmittel*, und die in ihr enthaltenen Teilchen bilden die *disperse Phase*. Sind die Abmessungen der Teilchen von der Größenordnung von $10^{-4} \ldots 10^{-2}$ cm, so bezeichnet man ein solches Gemisch als *Suspension* oder *Emulsion* in Abhängigkeit davon, ob die Teilchen der dispersen Phase fest oder flüssig sind (z. B. ist Milch eine Emulsion von Öl in Wasser).

Bei noch kleineren Teilchenabmessungen von $10^{-7} \ldots 10^{-5}$ cm ($10 \ldots 10^3$ Å) bezeichnet man das Gemisch als *kolloidale Lösung* oder *Sol*. Charakteristisch für diese Lösungen ist weniger die Zahl der Moleküle, die in einem Teilchen der dispersen Phase enthalten sind, als vielmehr die Größe dieser Teilchen. Bei einer kolloidalen Lösung von Gold in Wasser sind z. B. in jedem der Teilchen, die Abmessungen von 100…500 Å besitzen, Millionen von Goldatomen enthalten. Bei komplizierteren Substanzen wie Eiweißen können die Teilchen der dispersen Phase aus jeweils einem Molekül bestehen.

Das Dispersionsmittel kann sowohl flüssig als auch gasförmig sein. Kolloidale Lösungen in Luft (*Aerosole*) sind z. B. Rauch und Nebel. Von größter Bedeutung sind kolloidale Lösungen in Flüssigkeiten, besonders die in Wasser (*Hydrosole*). So ist der größte Teil der Stoffe, die am Aufbau der pflanzlichen und tierischen Organismen beteiligt sind, in Form von flüssigen kolloidalen Lösungen in ihnen enthalten.

Die verschiedenartigsten Stoffe können Sole bilden, z. B. viele hochmolekulare organische Verbindungen (Eiweiße, Stärke, Gelatine u. a.), Kieselsäure, Aluminiumhydroxid usw. Auch einige Metalle können Sole bilden (z. B. Gold in Wasser).

Da die Teilchen der dispersen Phase sehr klein sind, ist ihre Gesamtoberfläche außerordentlich groß. Deshalb werden die Eigenschaften kolloidaler Lösungen in erster Linie durch Oberflächenerscheinungen bestimmt.

Da die Oberflächenspannung die Wirkung hat, die Trennungsfläche zu verkleinern, besitzen die Teilchen der dispersen Phase die Tendenz, sich miteinander zu vereinigen und als dichte Masse aus der Flüssigkeit auszufallen. Dieser Tendenz wirkt die elektrische Abstoßung entgegen. Die Teilchen der dispersen Phase sind immer elektrisch geladen und tragen alle Ladungen desselben Vorzeichens (positiv oder negativ). Nur dadurch wird verhindert, daß die Teilchen sich vereinigen und ausfallen.

Die Aufladung der Teilchen der dispersen Phase ist entweder auf die elektrolytische Dissoziation ihrer Moleküle oder die Adsorption von Ionen aus der umgebenden Flüssigkeit zurückzuführen. Wird einer kolloidalen Lösung ein Elektrolyt zugesetzt, so können die Ladungen der Teilchen der dispersen Phase durch die Ionen des Elektrolyten kompensiert und dadurch elektrisch neutral werden. Das führt zur Ausfällung, der sogenannten *Koagulation* der kolloidalen Lösung. Auch aus anderen Gründen, z. B. infolge von Erwärmung, kann es zur Koagulation kolloidaler Lösungen kommen.

Kolloidale Lösungen werden nach ihren Stabilitätseigenschaften in zwei Gruppen eingeteilt. Kolloidale Lösungen der ersten Gruppe sind stabil, und die Ausfällung gelingt nur unter Schwierigkeiten. Man nennt sie lyophile kolloidale Lösungen. Dazu gehören Hydrosole von Eiweißen, Gelatine, Kieselsäure usw. Solche Lösungen gehen durch Koagulation häufig in eine gallertartige Masse über, die man als *Gel* bezeichnet. Darin ist außer der Substanz der dispersen Phase auch eine bedeutende Menge des Dispersionsmittels (Wasser) enthalten. Die Teilchen der gelösten Substanz bilden ein unregelmäßiges Netz, in dem sich Moleküle des Lösungsmittels befinden. Für den Übergang zwischen lyophilem Sol und Gel ist charakteristisch, daß er umkehrbar ist. Unter entsprechenden Bedingungen kann Gel eine genügend große Menge des Lösungsmittels aufnehmen und sich in Sol zurückverwandeln.

Demgegenüber sind die sogenannten *lyophoben* kolloidalen Lösungen, die die zweite Gruppe bilden, metastabil. Bei diesen ist die Ausfällung sehr leicht erreichbar. Dazu gehören z. B. kolloidale Lösungen von Metallen in Wasser. Bei der Koagulation lyophober kolloidaler Lösungen fällt ein dichter Niederschlag aus. Dieser Vorgang ist nicht umkehrbar. Der ausgefallene Niederschlag läßt sich nicht in einfacher Weise in den gelösten Zustand zurückverwandeln.

KAPITEL XIII

FESTE KÖRPER

§ 101. Einfache Dehnung

Die an einer Flüssigkeit (bzw. einem Gas) geleistete Arbeit ist von der Volumenänderung abhängig, jedoch nicht von der Änderung der Form des Gefäßes, in dem sie enthalten ist. Diese Eigenschaft steht in engem Zusammenhang mit dem bekannten PASCAL*schen Gesetz*, wonach die Druckübertragung durch eine Flüssigkeit allseitig gleich ist. Zum Beispiel überträgt eine in einem Gefäß befindliche Flüssigkeit, die mit Hilfe eines Kolbens komprimiert wird, auf sämtliche Wände denselben Druck. Dabei stehen die Kräfte, die dem auf die Flüssigkeit ausgeübten und durch sie übertragenen Druck entsprechen, immer senkrecht auf den Gefäßwänden. Im Gleichgewichtszustand können keine tangential zu den Gefäßwänden gerichteten Kräfte existieren, da in Flüssigkeiten bei Formänderungen kein Widerstand entsteht.

Feste Körper dagegen setzen nicht nur den Volumen-, sondern auch den Formänderungen, d. h. allen *Deformationen*, Widerstand entgegen. Arbeit muß auch dann geleistet werden, wenn die Form bei konstantem Volumen verändert wird. Man kann sagen, daß die innere Energie eines festen Körpers nicht nur von seinem Volumen, sondern auch von seiner Form abhängt. Das PASCALsche Gesetz gilt also nicht für feste Körper. Die Druckübertragung in festen Körpern ist in verschiedenen Richtungen unterschiedlich. Die bei Deformationen in festen Körpern entstehenden Drücke nennt man *elastische Spannungen*. Diese können anders als in Flüssigkeiten gegenüber den Flächen, an denen sie angreifen, beliebig gerichtet sein.

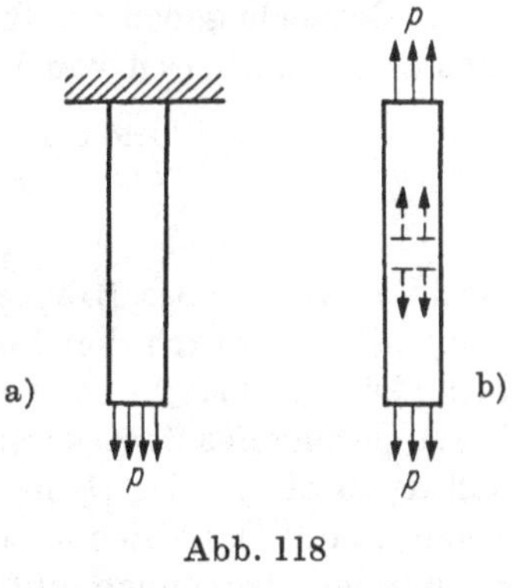

Abb. 118

Die einfachste Deformation eines festen Körpers bezeichnen wir als *einfache Dehnung*. Sie entsteht in einem an einem Ende befestigten dünnen Stab, der durch eine an seinem anderen Ende angreifende Kraft gedehnt wird (Abb. 118a). (Hat die Kraft F die entgegengesetzte Richtung, so wollen wir von einer *einfachen Kompression* sprechen.) Auf Grund des Prinzips von der Gleichheit von Wirkung und Gegenwirkung kann man sich die Befestigung durch eine Kraft ersetzt denken, die dem Betrage nach gleich der am freien Stabende angreifenden Kraft ist, jedoch die entgegengesetzte Richtung hat (Abb. 118b).

Die elastischen Spannungen im Stab sind durch das Verhältnis F/S der Dehnungskraft F zum Stabquerschnitt S definiert. Wir bezeichnen sie mit p. Sie sind offenbar längs des ganzen Stabes gleich. Jedes Längenelement des Stabes befindet sich unter dem Einfluß der von den benachbarten Stabteilen ausgeübten Zugspannung p (Abb. 118b). Der Stab erfährt also auf seiner ganzen Länge pro Längeneinheit dieselbe Verlängerung, so daß die Gesamtverlängerung δl des Stabes seiner Länge proportional ist. Mit anderen Worten, die relative Verlängerung

$$\lambda = \frac{\delta l}{l}$$

hängt nicht von der Stablänge ab (l_0 bedeutet die Stablänge vor der Deformation). Diese Größe stellt offenbar ein Maß für den Deformationsgrad jedes Stabteils dar.

Unter dem Einfluß äußerer Kräfte erleiden feste Körper gewöhnlich nur geringe Deformationen. Die relative Änderung ihrer Abmessungen, im Falle der einfachen Dehnung die relative Verlängerung, ist klein. Für solche Deformationen ist die Annahme gerechtfertigt, daß sie den Spannungen, durch die sie hervorgerufen werden, und damit auch den am Körper angreifenden äußeren Kräften proportional sind. Diese Aussage bildet den Inhalt des *Hookeschen Gesetzes.*

Im Falle der einfachen Dehnung besteht auf Grund des Hookeschen Gesetzes Proportionalität zwischen der relativen Verlängerung λ und der Zugspannung p. Es ist üblich, diese Beziehung in der Form

$$\lambda = \frac{p}{E}$$

zu schreiben. Der Koeffizient E ist eine Materialkonstante und heißt *Youngscher Modul.* Die relative Verlängerung ist eine dimensionslose Größe. Daher hat E dieselbe Dimension wie p, also die Dimension eines Druckes.

Als Beispiele geben wir für einige Substanzen die Werte des Youngschen Moduls an (in Einheiten von 10^6 bar):

Iridium	5,2	Quarz	0,73
Stahl	2,0···2,1	Blei	0,16
Kupfer	1,3	Eis (−2 °C)	0,03

Das Verhalten eines Körpers bei Deformationen (d. h. seine *elastischen Eigenschaften*) wird durch den Youngschen Modul jedoch nicht vollständig beschrieben. Das ist bereits im Falle der einfachen Dehnung sichtbar, denn bei der Verlängerung des Stabes tritt auch eine Querkontraktion auf, die darin besteht, daß der Stab bei der Dehnung gleichzeitig dünner wird. Mit Hilfe des Youngschen Moduls läßt sich zwar die relative Verlängerung aus den vorgegebenen Spannungen berechnen, zur Bestimmung der Querkontraktion ist seine Kenntnis jedoch nicht ausreichend.

Die relative Verkürzung der Querabmessungen des Stabes ist ebenfalls der Zugspannung und damit der relativen Verlängerung λ proportional. Das Verhältnis der relativen Verkürzung der Querabmessungen zur relativen Verlängerung des Stabes ist eine für das jeweilige Material charakteristische Größe, die als POISSONsche *Zahl* σ bezeichnet wird. Daher ist die relative Verkleinerung der Querabmessungen (z. B. des Durchmessers eines gedehnten Drahtes) gleich

$$\sigma\lambda = \frac{\sigma p}{E}.$$

Unten werden wir sehen, daß die POISSONsche Zahl nicht größer als $^1/_2$ sein kann. Für die meisten Materialien liegen ihre Werte zwischen 0,25 und 0,5. Die Größe $\sigma = 0$ wird für poröse Körper erreicht, bei denen eine Verlängerung nicht mit einer Querkontraktion verbunden ist.

Die elastischen Eigenschaften eines festen Körpers werden also durch die beiden Größen E und σ charakterisiert. Allerdings haben wir bei unseren bisherigen Überlegungen stillschweigend vorausgesetzt, daß die betrachtete feste Substanz die Eigenschaft der Isotropie aufweist (gewöhnlich handelt es sich um polykristalline Materialien). Dagegen hängt die Deformation bei anisotropem Material (Einkristall) nicht nur von der Orientierung der äußeren Kräfte in bezug auf den entsprechenden Körper, sondern auch von der Orientierung der kristallographischen Achsen in ihm ab. Selbstverständlich werden zur Charakterisierung der elastischen Eigenschaften von Kristallen mehr Größen benötigt als bei isotropen Substanzen. Die Zahl solcher Größen wächst mit sinkender Kristallsymmetrie. Sie liegt zwischen 3 für kubische Kristalle und 21 für Kristalle des triklinen Systems.

Die bei der Deformation eines Körpers geleistete Arbeit ist in Form *elastischer Energie* in ihm gespeichert. Wir wollen sie für den Fall eines gedehnten Stabes berechnen. Die Arbeit, die von der Zugkraft F bei einer Verlängerung des Stabes um die infinitesimale Größe $\mathrm{d}(l_0\lambda) = l_0\,\mathrm{d}\lambda$ geleistet wird, ist gleich dem Zuwachs der elastischen Energie:

$$\mathrm{d}U = F\,l_0\,\mathrm{d}\lambda\,.$$

Aus dieser Gleichung und den Beziehungen $F = S\,p$ und $p = E\,\lambda$ ergibt sich unter Berücksichtigung der Tatsache, daß die Größe $S\,l_0$ gleich dem Stabvolumen V ist, die Relation

$$S\,E\,\lambda\cdot l_0\,\mathrm{d}\lambda = V\,E\,\lambda\,\mathrm{d}\lambda = V\,E\,\mathrm{d}\frac{\lambda^2}{2}\,.$$

Bei einer Zunahme der relativen Verlängerung des Stabes von 0 auf λ ist also die Arbeit $V\,E\,\lambda^2/2$ zu leisten. Jede Volumeneinheit des deformierten Stabes enthält demnach die dem Quadrat der Deformationsgröße proportionale elastische Energie

$$U = E\,\frac{\lambda^2}{2}\,,$$

die auch in der Form

$$U = \frac{1}{2}\lambda\,p = \frac{p^2}{2\,E}$$

geschrieben werden kann.

Die einfache Dehnung gehört zu den *homogenen* Deformationen. Sie ist dadurch charakterisiert, daß jedes Volumenelement des entsprechenden Körpers dieselbe Dehnung erfährt. Eine mit der einfachen Dehnung bzw. Kontraktion eng zusammenhängende, aber inhomogene Deformation ist die *Biegung* eines dünnen Stabes. Der Charakter dieser Deformation ist am Beispiel einer Stange, die zu einem Kreis gebogen wird, leicht zu erkennen. Vor der Biegung ist die Stange gerade, und alle ihre „Fasern", die zwischen ihren beiden Enden verlaufen, sind gleich lang. Nach der Biegung ist das nicht mehr der Fall. Jede Faser hat dann die Länge $2\pi r$, wobei r den Radius des von ihr beschriebenen Kreises bedeutet. Die von den inneren Fasern gebildeten Kreise besitzen kleinere Radien als die von den äußeren Fasern gebildeten. Während die inneren Fasern eine Kontraktion erfahren, werden die äußeren Fasern gedehnt. Da an der Stangenoberfläche keine Seitenkräfte angreifen, wirken die Spannungen nur in Längsrichtung der Stange. Das bedeutet, daß bei der Biegung in jedem Volumenelement eine einfache Dehnung bzw. Kontraktion erfolgt, die aber in verschiedenen Volumenelementen unterschiedlich sein kann. Während die auf der konvexen Seite der gebogenen Stange liegenden Teile gedehnt wurden, haben die auf der konkaven Seite liegenden Teile eine Kontraktion erfahren.

§ 102. Allseitige Kompression

Die für die einfache Dehnung erhaltenen Formeln lassen sich leicht auf beliebige homogene Deformationen verallgemeinern.

Wir stellen uns einen festen Block von der Form eines rechtwinkligen Parallelepipeds vor, der unter dem Einfluß allseitig angreifender Kräfte, die auf jeder Randebene gleichmäßig verteilt sind, gedehnt oder komprimiert wird (Abb. 119).

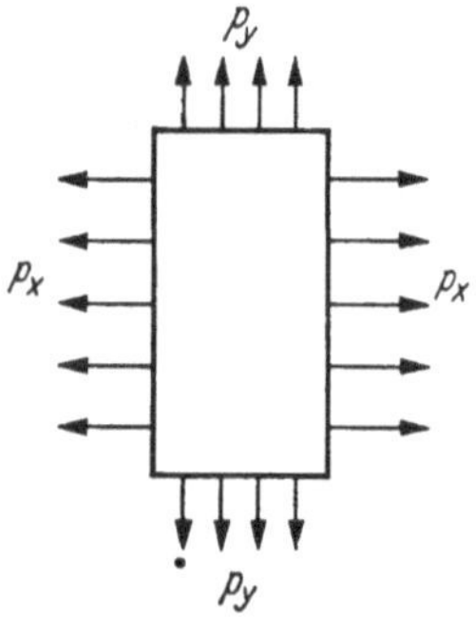

Abb. 119

Die angreifenden Kräfte erzeugen im Körper Spannungen, die im allgemeinen in drei zueinander senkrechten Richtungen (den drei Kantenrichtungen des Parallelepipeds) verschieden sind. Wir bezeichnen sie mit p_x, p_y, p_z, wobei positive Werte Dehnungen und negative Werte Kontraktionen entsprechen. Die relativen Längenänderungen in diesen Richtungen bezeichnen wir mit λ_x, λ_y, λ_y. Sie sind bei Dehnungen positiv und bei Kontraktionen negativ.

Wir denken uns diese Deformation dadurch entstanden, daß nacheinander längs der drei Achsen einfache Dehnungen ausgeführt werden. Zum Beispiel verlängert sich der Körper unter der Wirkung der Spannung p_x in x-Richtung, während in y- und z-Richtung Querkontraktionen vor sich gehen. Dabei gilt

$$\lambda_x = \frac{p_x}{E}, \qquad \lambda_y = \lambda_z = -\sigma \lambda_x = -\frac{\sigma p_x}{E}.$$

Addiert man die Resultate aller drei Deformationen, so ergeben sich die Formeln

$$\lambda_x = \frac{p_x - \sigma(p_y + p_z)}{E}, \qquad \lambda_y = \frac{p_y - \sigma(p_x + p_z)}{E}, \qquad \lambda_z = \frac{p_z - \sigma(p_x + p_y)}{E}.$$

Wir bestimmen nun die bei der Deformation entstehende Volumenänderung. Das Volumen eines rechtwinkligen Parallelepipeds mit den Kantenlängen l_x, l_y, l_z ist $V = l_x l_y l_z$. Logarithmieren dieser Beziehung ergibt

$$\ln V = \ln l_x + \ln l_y + \ln l_z .$$

Für das Differential folgt

$$\frac{\delta V}{V} = \frac{\delta l_x}{l_x} + \frac{\delta l_y}{l_y} + \frac{\delta l_z}{l_z} .$$

Die drei Terme dieser Summe sind die relativen Verlängerungen längs der drei entsprechenden Achsen. Es gilt also

$$\frac{\delta V}{V} = \lambda_x + \lambda_y + \lambda_z .$$

d. h., die relative Volumenänderung ist gleich der Summe der relativen Verlängerungen in drei zueinander senkrechten Richtungen.

Setzt man in die letzte Gleichung die oben erhaltenen Ausdrücke für λ_x, λ_y, λ_z ein, so folgt

$$\frac{\delta V}{V} = \frac{1 - 2\sigma}{E}(p_x + p_y + p_z) .$$

Im folgenden betrachten wir einige interessante Spezialfälle homogener Deformationen. Wird ein Körper unter dem Einfluß überall gleicher Zug- oder Druckkräfte gedehnt oder komprimiert, so sind in ihm die elastischen Spannungen in allen Richtungen gleich ($p_x = p_y = p_z = p$), und alle seine Abmessungen erfahren dieselbe relative Änderung ($\lambda_x = \lambda_y = \lambda_z \equiv \lambda$). Eine Deformation mit dieser Eigenschaft heißt *allseitige Dehnung* bzw. *allseitige Kompression.* Dabei gilt

$$\lambda = \frac{1 - 2\sigma}{E} p ,$$

während für die relative Volumenänderung

$$\frac{\delta V}{V} = 3\lambda = \frac{p}{K}$$

folgt. Der Koeffizient

$$K = \frac{E}{3(1 - 2\sigma)}$$

wird als *Kompressionsmodul* bezeichnet. Die Größe $1/K$ ist offenbar gleich der Kompressibilität

$$\varkappa = \frac{1}{V}\left|\frac{\mathrm{d}V}{\mathrm{d}p}\right| ,$$

die im § 58 betrachtet wurde. Die erhaltene Formel stellt also einen Zusammenhang zwischen Kompressibilität, YOUNGschem Modul und POISSONscher Zahl eines festen Körpers dar.

Die elastische Energie, die bei allseitiger Kompression pro Volumeneinheit im Körper gespeichert wird, ist

$$U = \frac{1}{2}(\lambda_x p_x + \lambda_y p_y + \lambda_z p_z) = \frac{3}{2}\lambda p = \frac{K\lambda^2}{2} = \frac{p^2}{2K}.$$

Da sich das Volumen eines Körpers bei Ausdehnung vergrößert und bei Kompression verkleinert, muß die Größe U immer positiv sein. Im § 70 wurde darauf hingewiesen, daß ein Körper mit der umgekehrten Druckabhängigkeit des Volumens absolut instabil wäre und deshalb in der Natur nicht existieren kann. (Das geht auch aus der für die elastische Energie angegebenen Formel hervor. Die elastische Energie eines Körpers mit $K < 0$ wäre negativ. Da jedes mechanische System die Tendenz hat, in den Zustand mit der kleinsten potentiellen Energie überzugehen, müßte ein Körper mit $K < 0$ sich spontan unbegrenzt deformieren.)

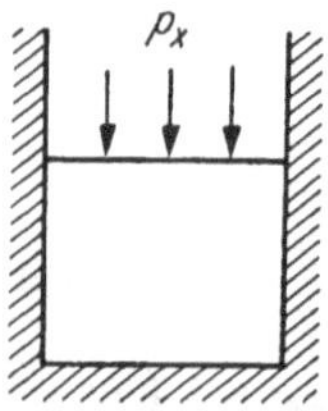

Abb. 120

Da die Größe K positiv ist, muß die Ungleichung $1 - 2\sigma > 0$ d. h.

$$\sigma < \frac{1}{2}$$

erfüllt sein. Die POISSONsche Zahl kann also nicht größer als 1/2 sein.

Im folgenden betrachten wir die Kompression eines Blockes, dessen Seitenflächen eingespannt sind, so daß seine Querabmessungen als unveränderlich angesehen werden können (Abb. 120). Man spricht in diesem Falle von einer *homogenen Kompression.*

Die Kompression möge in Richtung der x-Achse vor sich gehen. Im Block entstehen wegen der Reaktion der Seitenwände, die seine seitliche Ausdehnung verhindern, transversale Spannungen p_y und p_z. Ihre Größe ergibt sich aus der Bedingung, daß sich die Abmessungen des Blocks in y- und z-Richtung nicht verändern ($\lambda_y = \lambda_z = 0$), wobei aus Symmetriegründen $p_y = p_z$ gelten muß. Mit Hilfe der Bedingung

$$\lambda_y = \frac{p_y - \sigma(p_x + p_z)}{E} = \frac{p_y(1-\sigma) - \sigma p_x}{E} = 0$$

folgt, daß die transversalen Spannungen durch die Beziehung

$$p_y = p_z = \frac{\sigma}{1-\sigma} p_x$$

mit dem die Kompression hervorrufenden Druck p_x zusammenhängen. Die longitudinale Kompression des Blockes wird durch die Formel

$$\lambda_x = \frac{p_x - \sigma(p_y + p_z)}{E} = \frac{1 - \sigma - 2\sigma^2}{E(1-\sigma)} p_x$$

bestimmt.

§ 103. Scherung

Bei allseitiger Kompression eines Körpers wird nur sein Volumen verändert. Zwischen seinen Formen vor und nach der Kompression besteht Ähnlichkeit. Von Interesse sind aber auch solche Deformationen, die nur zu einer Formänderung führen, während das Volumen konstant bleibt. Eine Deformation dieser Art heißt *Scherung*.

Die Konstanz des Volumens bedeutet, daß die Bedingung

$$\frac{\delta V}{V} = \lambda_x + \lambda_y + \lambda_z = 0$$

gelten muß. Daraus folgt, daß auch die Beziehung

$$p_x + p_y + p_z = 0$$

erfüllt sein muß. Setzt man in die Formel

$$\lambda_x = \frac{p_x - \sigma(p_y + p_z)}{E}$$

den Ausdruck $p_y + p_z = -p_x$ ein, so findet man, daß die relative Verlängerung bzw. Verkürzung in einer Kantenrichtung eines Parallelepipeds und die in dieser Richtung herrschende Spannung durch die Formel

$$\lambda_x = \frac{1+\sigma}{E} p_x$$

miteinander zusammenhängen. In dieser Beziehung kommt die Größe $E/(1+\sigma)$ vor. Die Hälfte dieser Größe bezeichnet man als *Scherungsmodul G*:

$$G = \frac{E}{2(1+\sigma)}.$$

Der einfachste Fall der Scherung ist realisiert, wenn die an einem Parallelepiped angreifenden Kräfte nicht senkrecht, sondern tangential zur Ebene, an der sie wirken, gerichtet sind. Wir betrachten ein rechtwinkliges Parallelepiped, dessen untere Randebene befestigt ist, während an der oberen Randebene in ihr liegende Kräfte angreifen. Die entsprechenden Spannungen heißen *Schubspannungen*. Unter dem Einfluß solcher Kräfte wird das Parallelepiped abgeschrägt (Abb. 121). Bei kleinen Deformationen, auf deren Betrachtung wir uns beschränken, ist der Scherungswinkel β klein. In erster Näherung können wir annehmen, daß die Höhe und damit das Volumen des Parallelepipeds sich nicht ändern, so daß wir es tatsächlich mit der Deformation der Scherung zu tun haben. Man kann zeigen, daß zwischen dem Scherungswinkel β und der Größe der Scherungskraft (pro Flächeneinheit) p die Beziehung

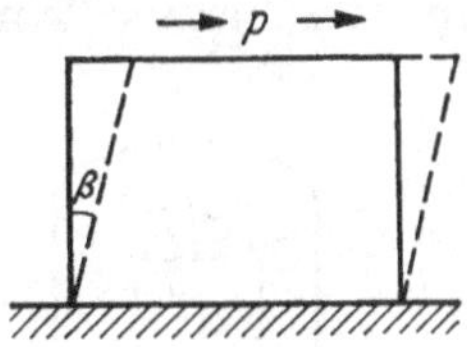

Abb. 121

$$\beta = \frac{p}{G}$$

besteht.

Der Scherungsmodul muß ebenso wie der Kompressionsmodul positiv sein, da die elastische Energie, die in einem der Scherung unterworfenen Körper gespeichert ist, nur in diesem Falle positiv ist. Daraus ergibt sich, daß die Ungleichung $1 + \sigma > 0$, d. h.

$$\sigma > -1 \,,$$

erfüllt sein muß.

Im vorigen Paragraphen wurde bereits die Ungleichung $\sigma < 1/2$ erhalten. Wir können also feststellen, daß die Werte der POISSONschen Zahl für alle Körper innerhalb der Grenzen

$$-1 < \sigma < \frac{1}{2}$$

liegen müssen. Das ist die einzige Bedingung, die sich aus der allgemeinen Forderung nach mechanischer Stabilität des festen Körpers ergibt. Es könnten also im Prinzip auch Substanzen mit negativen Werten von σ existieren. Ein Stab aus solchem Material müßte die Eigenschaft haben, daß seine Querabmessungen bei einfacher Dehnung größer und nicht, wie im § 101 angenommen wurde, kleiner werden. In der Natur sind jedoch Substanzen mit solchen Eigenschaften nicht bekannt. In Wirklichkeit liegen die POISSONschen Zahlen also zwischen 0 und 1/2. Substanzen wie Gummi, bei denen eine Formänderung leichter zu erreichen ist als eine Volumenänderung, haben POISSONsche Zahlen von nahezu 1/2. Der Kompressionsmodul ist bei diesen Materialien groß gegen den Scherungsmodul.

Die betrachtete Scherung eines rechtwinkligen Parallelepipeds ist eine homogene Deformation. Die *Torsion* eines Stabes, die eine reine Scherung darstellt, ist dagegen eine inhomogene Deformation. Sie entsteht, wenn ein fest eingespannter Stab an seinem freien Ende um seine Achse gedreht wird. Dabei drehen sich die verschiedenen Stabquerschnitte gegenüber der befestigten Basisfläche um verschiedene Winkel. Da die Höhe und die Inhalte der Querschnittsflächen unverändert bleiben, ändert sich bei der Torsion auch das Volumen nicht.

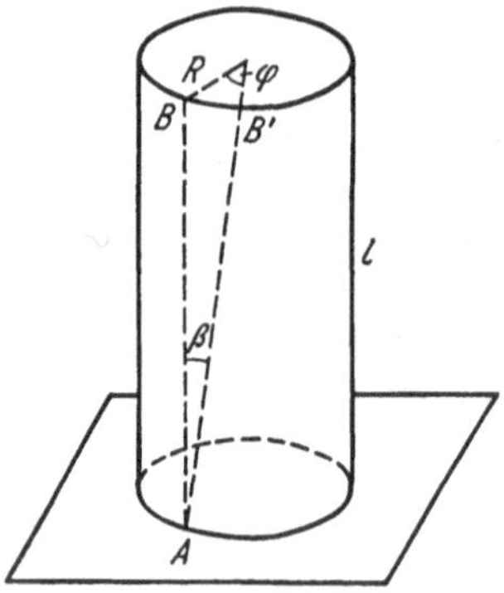

Abb. 122

Es ist leicht zu sehen, in welcher Weise bei der Torsion die Scherungen innerhalb des Stabes verteilt sind. Wir betrachten einen Stab von kreisförmigem Querschnitt (Radius R) und nehmen an, daß seine obere Randebene gegenüber der unteren um den Winkel φ gedreht ist (Abb. 122). Bei der Drehung geht jede Erzeugende AB des Zylindermantels in eine schräge Gerade AB' über. Da der Abstand BB' gleich $R\,\varphi$ ist, gilt bei kleinem Scherungswinkel β auf dem Mantel:

$$\beta \approx \tan\varphi = \frac{R\,\varphi}{l} \,.$$

Dabei bezeichnet l die Stablänge. Analog sieht man, daß für die Zylindermäntel mit $r < R$ Scherungen um die Winkel

$$\beta_r = \frac{r\,\varphi}{l}$$

erfolgen. Die Winkel β_r sind kleiner als der Winkel β auf der Staboberfläche. Verschiedene Elemente des Stabes erfahren bei der Torsion also unterschiedliche Scherungen. Diese sind um so kleiner, je näher das Element an der Stabachse liegt.

Durch die Deformationen im gedrillten Stab entstehen elastische Kräfte, die mit den angreifenden äußeren Kräften im Gleichgewicht stehen. Da die Elemente des Stabes um seine Achse gedreht werden, reduziert sich die Gleichgewichtsbedingung, wie aus der Mechanik bekannt ist, auf die Gleichheit der Momente der elastischen und der angreifenden Kräfte. Die Stärke der Torsion bestimmt sich also durch das Moment der angreifenden Kräfte in bezug auf die Stabachse (man bezeichnet es als *Torsionsmoment*). Bei kleinen Deformationen (kleinem Scherungswinkel β) gilt das HOOKEsche Gesetz, und der Torsionswinkel ist dem Torsionsmoment proportional.

Das Verhältnis von Torsionswinkel zu Torsionsmoment kann benutzt werden, um das Torsionsmoment zu messen. Dieses Verfahren zur Messung von Drehmomenten findet in Form der *Torsionswaage* in der Physik breite Anwendung. Als ,,Stäbe" dienen dabei gewöhnlich dünne Quarzdrähte (von der Dicke 1 bis 100 μm), die sich durch große Empfindlichkeit und große Haltbarkeit auszeichnen. Der Torsionswinkel des Drahtes wird mit Hilfe eines ,,Lichtzeigers", der durch einen am Draht befestigten Spiegel reflektiert wird, gemessen. Mit Hilfe von Torsionswaagen gelingt die Messung außerordentlich kleiner Drehmomente. Eine natürliche Grenze ihrer Empfindlichkeit bilden lediglich die spontanen chaotischen Schwingungen, die infolge der unvermeidlichen thermischen Fluktuationen (analog der BROWNschen Bewegung) auftreten. So beträgt die Amplitude der Fluktuationen einer Torsionswaage mit einem Quarzdraht von 10 cm Länge und 1 μm Dicke bei Zimmertemperatur Bruchteile einer Winkelminute.

§ 104. Plastizität

Zwischen den Deformationen der Kompression bzw. Dehnung und der Scherung besteht ein grundsätzlicher Unterschied, den wir mit Hilfe der folgenden Überlegungen klären wollen.

Wir betrachten einen Körper, der einer Scherung unterworfen wird. Ein aus irgendeinem Material bestehender Würfel möge z. B. in ein Gefäß gebracht werden, das dasselbe Volumen wie der Würfel hat, jedoch von der Form eines abgeschrägten Parallelepipeds ist. Infolge der Scherung wird der Körper dann einen gewissen Vorrat an elastischer Energie besitzen.

Man sieht leicht, daß die Anordnung der Atome im deformierten Würfel energetisch ungünstig ist. Mit anderen Worten, bei vorgegebener Körperform entspricht diese Anordnung nicht dem stabilen Gleichgewicht. Im Gefäß möge sich die Substanz, aus der der Würfel besteht, in geschmolzener Form befinden. Lassen wir sie erstarren, so erhalten wir einen Körper, für den die Form des Gefäßes die natürliche, die des Würfels dagegen nicht die natürliche Form ist. Dieser neuen Anordnung der Atome entspricht offenbar eine kleinere Energie, da die Energie der Scherung fehlt.

Wir sehen, daß wir die Scherung als instabile Deformation anzusehen haben, da die Atome bei gleichbleibender Körperform so angeordnet werden können, daß die Energie des Körpers kleiner wird.

Es ist klar, daß sich diese Überlegung nur auf die Scherung und nicht auf die allseitige Kompression bezieht. Die elastische Energie entsteht bei der Kompression infolge der Volumenänderung des Körpers. Sie kann deshalb nicht dadurch beseitigt werden, daß man die Atome bei gleichbleibender Körperform umordnet.

Reagiert ein Körper auf eine Deformation (Scherung) mit einer Umordnung seiner Atome, die die elastische Energie beseitigt, so behält er nach Aufhebung der äußeren Belastung seine geänderte Form bei und kehrt nicht in seine Ausgangsform zurück. Deformationen dieser Art, die nach Aufhebung der Einwirkung äußerer Kräfte zurückbleiben, heißen *plastische Deformationen.*

Es zeigt sich, daß bei nicht zu hohen Spannungen keine plastischen Deformationen entstehen. In diesem Falle verschwindet die Deformation, sobald die Einwirkung äußerer Kräfte verschwindet. Solche Deformationen bezeichnet man als *elastisch.* Alle bisher in diesem Kapitel betrachteten Deformationen sind von dieser Art.

Für jede Substanz gibt es einen bestimmten Schwellenwert der Spannung, bei dessen Überschreitung eine plastische Deformation einsetzt. Man bezeichnet ihn als *Elastizitätsgrenze.* Liegen die Spannungen unterhalb der Elastizitätsgrenze, so kehrt der Körper nach Wegnahme der äußeren Belastung in den Anfangszustand zurück. Für Spannungen oberhalb der Elastizitätsgrenze dagegen bleiben im Körper nach Wegnahme der äußeren Belastung plastische Deformationen zurück.

Die Lage der Elastizitätsgrenze hängt nicht nur von der Substanz ab. Sie ändert sich stark in Abhängigkeit von der Art und Weise der Herstellung der Probe, ihrer Vorbehandlung, dem Vorhandensein von Verunreinigungen usw. Zum Beispiel liegt die Elastizitätsgrenze von Aluminiumeinkristallen bei etwa 4 kp/cm^2, während die von technischem Aluminium 1000 kp/cm^2 beträgt. Die Elastizitätsgrenze von wärmebehandeltem Stahl erreicht 6500 kp/cm^2.

Die Elastizitätsgrenze ist sehr klein gegen den Scherungsmodul. Daher ist der Grenzwert der Deformation, nach dessen Überschreitung Plastizität einsetzt, im allgemeinen sehr klein. So ist der Scherungsmodul von Aluminium gleich $2{,}5 \cdot 10^5$ kp/cm^2. Das bedeutet z. B., daß Aluminiumeinkristalle lediglich bis zu relativen Deformationen von $\lambda = 4/(2{,}5 \cdot 10^5) \approx 10^{-5}$ elastisch sind. Stahl ist bis $\lambda \approx 10^{-2}$ elastisch.

Die Elastizitätsgrenze eines Materials wird durch die plastische Deformation selbst beeinflußt. Wird ein Körper einer plastischen Deformation unterworfen, so erhöht sich seine Elastizitätsgrenze. Diese Eigenschaft heißt *Verfestigung.* Zum Beispiel liegt die Elastizitätsgrenze von Zinkeinkristallen derart tief, daß sie leicht mit der Hand zu biegen sind. Infolge dieser Biegung erhöht sich die Elastizitätsgrenze, und es ist schwierig, die Kristalle zurückzubiegen. Verfestigungserscheinungen bilden insbesondere die Grundlage für die Änderung der Eigenschaften durch Kaltbearbeitung, die in irgendwelcher Form plastische Deformationen enthält.

Auf Grund der Verfestigung wird ein Körper, in dem die Elastizitätsgrenze übersteigende Spannungen wirken, nicht zerreißen, sondern eine plastische Deformation erfahren. Diese nimmt zu, bis die durch sie hervorgerufenen Änderungen dazu führen, daß die Elastizitätsgrenze gleich den von den äußeren Kräften hervorgerufenen Spannungen ist. Man kann sagen, daß die Elastizitätsgrenze gleich derjenigen Spannung ist, die die letzte plastische Deformation des Körpers hervorruft.

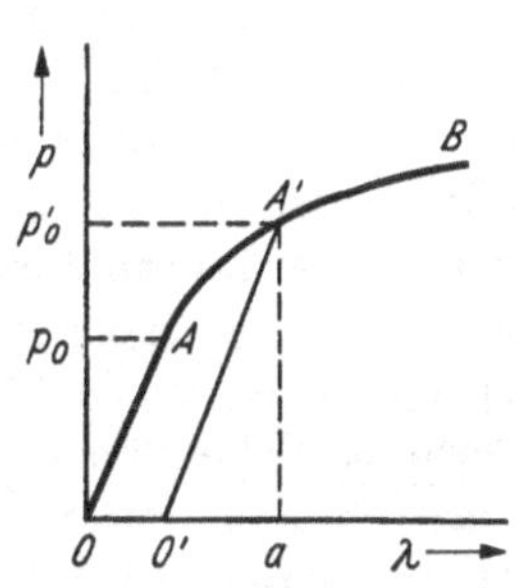

Abb. 123

In Abb. 123 ist der Zusammenhang zwischen den im Körper wirkenden Spannungen p und der Deformationsgröße λ schematisch dargestellt. Liegt die Spannung unterhalb der Elastizitätsgrenze p_0, so ist die Deformation elastisch und gehorcht (mit einem gewissen Genauigkeitsgrad) dem HOOKEschen Gesetz, wonach zwischen p und λ Proportionalität besteht. Dieser Bereich wird in Abb. 123 durch die Gerade OA dargestellt.

Werden die Spannungen größer als p_0, so entstehen im Körper plastische Deformationen, und mit zunehmender Spannung p durchläuft λ den Bereich AB. Nachdem der Punkt A' erreicht ist, möge die Spannung p wieder verkleinert werden. Die dem Punkt A' entsprechende Spannung $p = p_0'$ repräsentiert die Elastizitätsgrenze des Körpers, die er infolge der bei zunehmender Belastung einsetzenden Verfestigung erreicht. Dementsprechend erfolgt bei Verkleinerung von p keine neue plastische Deformation, und es wird die Gerade $A'O'$ durchlaufen, die dem elastischen Bereich AO der Linie OB parallel ist. Ist die Spannung Null erreicht, so bleibt eine gewisse Deformation λ_{pl} zurück, die gerade die plastische Deformation darstellt. Die Gesamtdeformation im Punkt A' läßt sich als Summe eines plastischen Anteils ($\lambda_{pl} = OO'$) und eines elastischen Anteils ($\lambda_{el} = O'a$) schreiben.

Bei erneuter Erhöhung der Spannung wird vor Erreichen des Wertes p_0' wiederum die Gerade $O'A'$ durchlaufen. Geht man über die Schwelle p_0' hinaus, so erfolgt der Übergang von der Geraden $O'A'$ auf die Kurve $A'B$ und damit eine Zunahme der plastischen Deformation. Dabei erhöht sich die Elastizitätsgrenze erneut.

Mit zunehmender plastischer Deformation wächst die Elastizitätsgrenze jedoch nicht unbegrenzt an. Es existiert ein maximaler Wert der Elastizitätsgrenze, der nicht überschritten werden kann. Man bezeichnet ihn als *Fließgrenze.* Unter dem Einfluß einer der Fließgrenze entsprechenden Spannung nimmt die

Deformation kontinuierlich zu, d. h., der betreffende Körper fließt wie eine Flüssigkeit. Unter Anwendung großer Drücke kann man z. B. erreichen, daß ein Metall durch eine Öffnung aus dem Zylinder einer hydraulischen Presse als Strang ausfließt.

Außer der allseitigen Kompression gibt es keine Deformationen, bei denen im entsprechenden Körper über die Fließgrenze hinausgehende Spannungen entstehen.

Die Fließgrenze wird natürlich nicht immer erreicht, da das Material bereits vorher zerreißen kann. Um das Fließen zu beobachten, ist es günstig, solche Deformationen wie die allseitige Kompression oder die Torsion anzuwenden. Die einfache Dehnung dagegen führt leicht zum Zerreißen des Materials.

Im Körper vorhandene kleinste Risse, oft von mikroskopischen Abmessungen, spielen beim Vorgang des Zerreißens eine wesentliche Rolle. Sie können sowohl auf der Oberfläche als auch im Innern des Körpers liegen (z. B. als kleinste Spalte zwischen den Körnern eines polykristallinen Materials). Solche Risse wirken gewissermaßen als Hebel, welche zu einer starken Konzentration der von außen am Körper angreifenden Kräfte führen. Die elastischen Spannungen an den Rißenden können ziemlich leicht Werte erreichen, die für das weitere Auseinanderreißen der atomaren Bindungen und die Verlängerung der Risse ausreichen und damit zum völligen Zerreißen des Körpers führen. Der Zusammenhang zwischen dem Oberflächenzustand und dem Zerreißen läßt sich experimentell klar mit Hilfe eines Steinsalzkristalls demonstrieren. Taucht man den Kristall in Wasser, so löst sich von seiner Oberfläche Salz ab. Dabei werden die auf der Oberfläche vorhandenen Risse überschwemmt. Dementsprechend lassen sich Steinsalzkristalle an der Luft erheblich leichter zerreißen als unter Wasser.

Durch plastische Deformation in der Umgebung der Rißenden können diese ausgeglättet werden. Dadurch kann die Konzentration der elastischen Spannungen in diesen Gebieten in gewissem Grade aufgehoben werden. In diesem Sinne trägt die Plastizität dazu bei, die Zerreißfestigkeit eines Körpers zu erhöhen. Diese Tatsache kommt bei der Temperaturabhängigkeit der Zerreißfestigkeit von Metallen zur Erscheinung. Zum Beispiel wird Stahl, der bei gewöhnlichen Temperaturen schwer zerreißbar ist, bei tiefen Temperaturen brüchig. Diese Erscheinung steht mit der im § 106 zu besprechenden Abnahme der Plastizität bei sinkender Temperatur in engem Zusammenhang.

§ 105. Defekte in Kristallen

Allein die starke Abhängigkeit der plastischen Eigenschaften eines Materials von seiner Vorbehandlung, dem Vorhandensein von Verunreinigungen u. ä. weist darauf hin, daß sie mit den Eigenarten der Kristallstruktur der realen Substanzen, die sie von idealen Kristallen unterscheiden, in engem Zusammenhang stehen.

Störungen der idealen Kristallstruktur nennt man *Defekte*. Solche vom einfachsten Typ (Punktdefekte) liegen vor, wenn ein Gitterpunkt nicht besetzt ist (*Vakanz*), ein „reguläres“ Atom durch ein Fremdatom (ein Atom der Verunreinigung) ersetzt ist, auf einem Zwischengitterplatz ein zusätzliches Atom angeordnet ist usw. Die Störung der regelmäßigen Gitterstruktur erstreckt sich auf kleine Entfernungen von solchen Punkten (von der Größenordnung einiger Perioden).

Weitaus wichtiger für die mechanischen Eigenschaften fester Körper sind jedoch Defekte anderer Art, die man als lineare Defekte bezeichnen kann, da sich die Störung der regulären Gitterstruktur auf die Umgebung bestimmter Linien konzentriert. Man bezeichnet sie als *Versetzungen*. Eine Versetzung, wie sie in Abb. 124 dargestellt ist, kann man sich dadurch entstanden denken, daß zwischen zwei „reguläre“ Kristallebenen (Atomschichten) zusätzlich eine Halbebene eingeschoben wird. Die in Abb. 124 mit dem Symbol $\perp$ gekennzeichnete, senkrecht auf der Zeichenebene stehende Gerade stellt die entsprechende Versetzungslinie dar (man spricht in diesem Falle von einer *Stufenversetzung*). Die „zusätzliche“ Atomschicht liegt oberhalb dieses Symbols. Man kann sich eine Stufenversetzung auch dadurch entstanden denken, daß der obere Teil des Kristalls (Abb. 125a) um eine Periode zusammengedrückt wird (Abb. 125b).

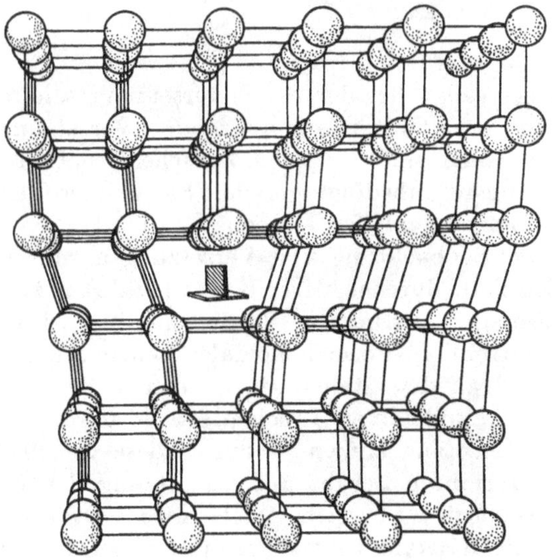

Abb. 124

Ein weiterer Typ von Versetzungen ergibt sich, indem man das Gitter längs einer Halbebene „aufschneidet“ und die beiden Teile des Gitters, die auf den beiden Seiten der Halbebene liegen, um eine Periode parallel zum Schnittrand gegeneinander verschiebt. In Abb. 126 wird die entsprechende Versetzungslinie durch die gestrichelt gezeichnete Gerade dargestellt. Man spricht in diesem Falle von einer *Schraubenversetzung*. Ebenen im Kristallgitter werden durch solche Versetzungen in Schraubenflächen (Wendeltreppen ohne Stufen) verwandelt.

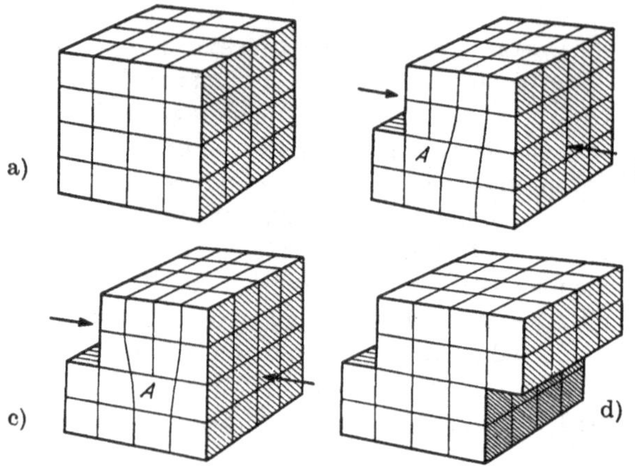

Abb. 125

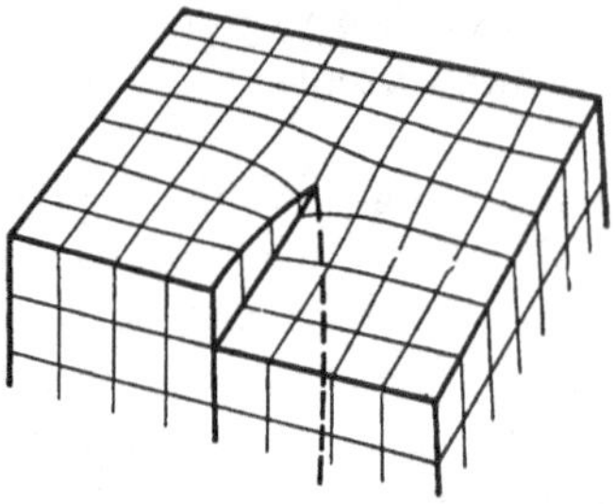

Abb. 126

Die Verschiebung erfolgt bei der Stufenversetzung senkrecht und bei der Schraubenversetzung parallel zur entsprechenden Versetzungslinie. Zwischen diesen beiden Grenzfällen sind beliebige Zwischensituationen möglich. Versetzungslinien sind nicht unbedingt gerade. Sie können gekrümmt sein und insbesondere geschlossene Schleifen bilden.

Zur unmittelbaren Beobachtung von Versetzungen sind verschiedene Verfahren bekannt. Im Falle durchsichtiger Kristalle führt z. B. die Bildung übersättigter fester Lösungen bestimmter Stoffe zum Ziel. Die Atome der Verunreinigung sind bestrebt, in Form kolloidaler Teilchen auszufallen. Sie sammeln sich vorwiegend an den Stellen an, an denen die Struktur des Grundgitters gestört ist. Die kolloidalen Teilchen der Verunreinigung konzentrieren sich also längs der Versetzungslinien, wodurch diese visuell beobachtbar werden. Ein anderes Verfahren beruht auf der Ätzung der Kristalloberflächen mit bestimmten Reagenzien. Die Oberfläche wird vorwiegend an den Stellen zerstört, an denen die Kristallstruktur gestört ist. In den Punkten, in denen die Versetzungslinien aus der Kristalloberfläche austreten, bilden sich sichtbare Vertiefungen.

Schraubenversetzungen spielen oft beim Wachsen eines Kristalls in Flüssigkeit oder übersättigtem Dampf eine bestimmende Rolle.

Im § 99 haben wir gesehen, daß die Bildung der neuen Phase innerhalb der alten mit der Entstehung von Keimen beginnen muß. Beim Kristallwachstum muß eine ähnliche Situation vorliegen. Auf einer ideal regelmäßigen Kristalloberfläche kann nicht dadurch eine neue Atomschicht entstehen, daß sich einzelne Atome absetzen. Da solche Atome nur auf einer Seite entsprechende Nachbarn hätten, würden sie sich energetisch unter sehr ungünstigen Bedingungen befinden und sich nicht auf der Oberfläche halten können. Damit der „Keim" einer neuen Atomschicht auf der Kristalloberfläche stabil ist, muß er sofort aus hinreichend vielen Atomen bestehen. Die zufällige Entstehung eines solchen Keims ist ganz unwahrscheinlich. Wenn jedoch auf der Kristalloberfläche das Ende einer Schraubenversetzung herausragt, so besteht auf ihr bereits eine Stufe (von der Höhe einer Atomschicht), an die sich leicht neue Atome anlagern können, so daß keine Keimbildung erforderlich ist. Die Anlagerungsgeschwindigkeit ist längs der ganzen Stufe ungefähr gleich. Das hat ein spiralenförmiges Kristallwachstum zur Folge, wie es schematisch in den Abbildungen 127a—d dargestellt ist. Bei diesem Vorgang ist auf der Oberfläche immer eine freie Stufe vorhanden, so daß der Kristall unbegrenzt wachsen kann. Die entsprechende Wachstumsgeschwindigkeit ist weitaus größer als die Geschwindigkeit des Prozesses, der Keimbildung voraussetzt.

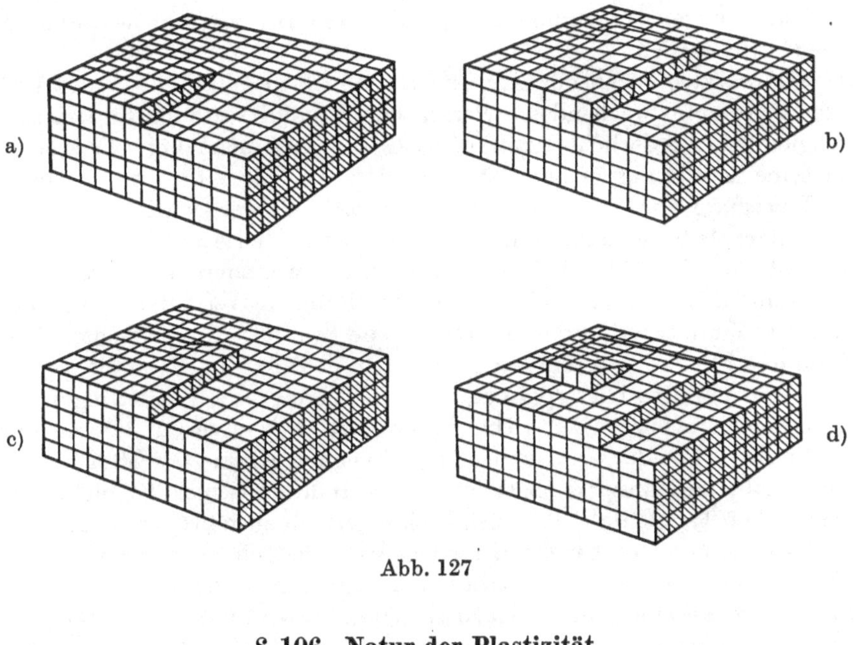

Abb. 127

§ 106. Natur der Plastizität

Auf der Oberfläche einer Einkristallprobe, die einer plastischen Scherung unterworfen wurde, können oft Systeme paralleler Linien beobachtet werden. Sie sind Schnittlinien der Oberfläche mit den *Gleitebenen*, in denen ganze Kristallbereiche aufeinander abgleiten. Die plastische Deformation ist also inhomogen, denn in verhältnismäßig weit voneinander entfernten Ebenen erfolgen große Verschiebungen, während die dazwischen liegenden Bereiche nahezu nicht deformiert werden. Die Deformation eines Körpers infolge solcher Abgleitungen ist in Abb. 128 schematisch dargestellt.

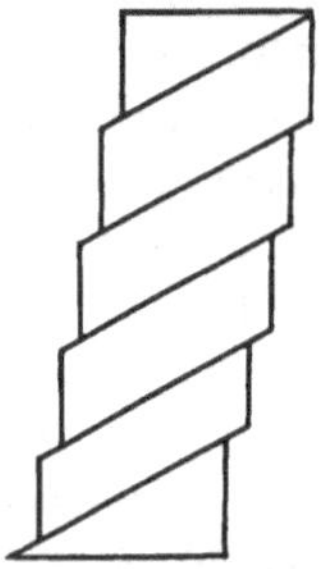

Abb. 128

Die Anordnung der Gleitebenen hängt eng mit der Struktur des Kristallgitters zusammen. In jedem Kristall erfolgt die Abgleitung im wesentlichen nur in bestimmten Kristallebenen, z. B. beim NaCl-Kristall in den Ebenen (110) und bei Metallen mit kubisch flächenzentriertem Gitter in den Ebenen (111).

Wir fragen nun nach dem Mechanismus des Abgleitens der verschiedenen Kristallbereiche aneinander. Würden die Kristallbereiche mit einem Male in der ganzen Gleitebene aneinander abgleiten, so wären für die Realisierung der Abgleitung sehr große Spannungen erforderlich. Der Übergang von einer Gleichgewichtslage der Atome zur anderen (z. B. zwischen den in Abb. 125a und d dargestellten Anordnungen) müßte über eine starke elastische Deformation erfolgen, bei der die relativen Verschiebungen (in der Nähe der Gleitebene) von der Ordnung $\lambda \approx 1$ sind. Dazu wären Spannungen von der Größenordnung des Scherungsmoduls G erforderlich.

Die Elastizitätsgrenzen der Körper sind jedoch in Wirklichkeit der 10^{-2} bis 10^{-4}-te Teil des entsprechenden Scherungsmoduls, d. h., der für die Realisierung des Abgleitens erforderliche Kraftaufwand ist verhältnismäßig sehr klein. Das findet seine Erklärung in der Tatsache, daß die Abgleitung in Wirklichkeit durch Bewegung von Versetzungen im Kristall realisiert wird.

Das einfachste Schema dieses Mechanismus ist in den Abbildungen 125a bis d dargestellt. Ist im Kristall eine Versetzung vorhanden (senkrecht zur vorderen Grenzfläche des Kristalls durch den Punkt A verlaufend), so entsteht als Resultat ihrer Bewegung in der Gleitebene vom linken zum rechten Körperrand insgesamt eine Verschiebung des oberen Teils des Kristalls gegenüber dem unteren um eine Gitterperiode. Die Bewegung von Versetzungen ist mit einer verhältnismäßig geringen Umordnung des Gitters verbunden, da nur die jeweils in der Nähe der Versetzungslinie liegenden Atome betroffen sind. Anschaulich läßt sich dieser Prozeß mit der Wanderung einer Teppichfalte vergleichen. Eine Teppichfalte läßt sich leichter verschieben als der ganze Teppich. Eine Verschiebung des ganzen Teppichs kann jedoch auch erreicht werden, indem man die Falte von einem Ende zum anderen bewegt.

Die Plastizität eines festen Körpers hängt also damit zusammen, daß er Versetzungen enthält und diese frei beweglich sind. Die Bewegung der Versetzungen kann jedoch z. B. durch im Gitter gelöste Fremdatome oder im Körper enthaltene kleinste feste Einschlüsse behindert werden. Abgebremst werden Versetzungen auch, wenn sie einander schneiden, sowie in polykristallinem Material an den Korngrenzen. Gleichzeitig führt die Wechselwirkung von Versetzungen untereinander sowie mit anderen Defekten zur Entstehung neuer Versetzungen. Diese Vorgänge sind sehr wichtig, da sie für die Entwicklung einer plastischen Deformation verantwortlich sind. Wären sie nicht vorhanden, so müßte die plastische Deformation abbrechen, wenn alle im Körper enthaltenen Versetzungen „verbraucht" sind.

Man charakterisiert die Zahl der in einem Körper enthaltenen Versetzungen durch ihre Dichte, d. h. die Zahl der Versetzungslinien, die eine im Körper liegende Fläche mit dem Inhalt 1 schneiden. Diese Zahl kann ganz unterschiedlich sein. Sie liegt zwischen 10^2 und 10^3 cm^{-2} in reinsten Einkristallen und bei $10^{11} \cdots 10^{12}$ cm^{-2} in stark deformierten (kaltbearbeiteten) Metallen.

Aus dem oben Gesagten folgt, daß reine Einkristalle am wenigsten haltbar sind (d. h. die kleinsten Elastizitätsgrenzen aufweisen). In ihnen ist die Versetzungsdichte verhältnismäßig klein, so daß sich die Versetzungen in ihrer Bewegung praktisch nicht gegenseitig behindern. Man erreicht die Verfestigung eines Materials durch Lösung von Beimischungen in ihm oder durch Fällung mikroskopischer fester Einschlüsse und durch Verkleinerung der Kornabmessungen. Zum Beispiel erhöht man die Festigkeit von Eisen (in den verschiedenen Stahlsorten) durch in ihm gelöste Kohlenstoffatome oder durch Zusatz mikroskopischer Eisenkarbideinschlüsse während der Erstarrung.

Die plastische Deformation ihrerseits stört das Kristallgitter, indem sie die Zahl der Defekte erhöht und damit die weitere Bewegung der Versetzungen behindert. Dadurch erklärt sich die Verfestigung infolge Deformation, insbesondere die Verfestigung von Metallen infolge Kaltbearbeitung (*Nieten* von Metallen).

Die durch plastische Deformation erreichte Verfestigung bleibt jedoch nicht unbegrenzt lange erhalten. Nicht der gestörte, sondern der ideale Kristall ist der stabile Gleichgewichtszustand eines festen Körpers. In gestörten Kristallen kommt es daher zu Erscheinungen, die wir als *Rekristallisation* bezeichnen. Die Strukturdefekte werden „stillgelegt", die Körner eines polykristallinen Körpers wachsen, und zwar die größeren auf Kosten der kleineren, und es entsteht ein reguläres und dementsprechend weniger festes Aggregat. Je höher die Temperatur ist, desto schneller setzt die Rekristallisation ein. Am intensivsten ist sie bei verhältnismäßig hohen Temperaturen, die nicht weit vom Schmelzpunkt entfernt sind (Ausglühen von Metallen). Bei tiefen Temperaturen ist praktisch keine Rekristallisation vorhanden. Infolge der Rekristallisation verschwindet nach und nach die Verfestigung, und wenn sich der Körper unter dem Einfluß einer konstanten Belastung befindet, so beginnt er langsam zu fließen.

Die Bewegung der Versetzungen ist also stark temperaturabhängig. Da die Atome bei dieser Bewegung Potentialschwellen überwinden müssen (und zwar bei ihrer Umordnung in der Nähe der sich bewegenden Versetzungslinie), stellt sie einen Prozeß vom Aktivierungstyp dar (s. § 91). Dementsprechend kann er durch Erniedrigung der Temperatur schnell zum Stehen gebracht werden, so daß die Plastizität des Körpers abnimmt.

Die oben beschriebenen Verfahren zur Erhöhung der Materialfestigkeit beruhen darauf, daß Hindernisse für die Bewegung der Versetzungen geschaffen werden. Verfestigung wird auch erreicht, indem man Einkristalle herstellt, die überhaupt keine Versetzungen enthalten. Solche Kristalle müßten im Prinzip die höchstmögliche Elastizitätsgrenze besitzen. Ihre plastische Verformung kann nur dadurch erreicht werden, daß die Ebenen als Ganzes aneinander abgleiten. Wie bereits erwähnt wurde, sind dazu jedoch außerordentlich große Spannungen erforderlich.

Diesem Idealfall nähern sich die sogenannten *Whiskers*. Das sind sehr dünne haarförmige Kristalle, deren Dicken in Mikrometer gemessen werden. Whiskers werden sowohl von Metallen als auch von Nichtmetallen gebildet und können mit Hilfe verschiedener Verfahren hergestellt werden, z. B. durch Niederschlag schwach übersättigter Dämpfe reiner Metalle bei entsprechenden Temperaturen im Edelgasmedium, durch langsame Fällung von Salzen aus Lösungen usw. Solche Kristalle wachsen häufig offenbar nach dem im § 105 beschriebenen Mechanismus um einzelne Schraubenversetzungen herum. Da die längs der Fadenachse angeordnete Versetzungslinie bei einer Dehnung keinen Einfluß auf die mechanischen Eigenschaften ausübt, verhalten sich solche Kristalle praktisch wie ideale.

Alle beschriebenen Eigenschaften der Plastizität beziehen sich auf Kristalle. Amorphe Körper (z. B. Glas) besitzen die Fähigkeit zur plastischen Deformation nicht (man bezeichnet sie als *spröde*). Bei ihnen bestehen die Abweichungen vom elastischen Verhalten darin, daß es zum Bruch (Zerreißen) kommt oder entsprechend der Tatsache, daß amorphe Körper Flüssigkeiten mit sehr großer Zähigkeit darstellen, unter dem Einfluß lange wirkender Kräfte ein langsames Fließen entsteht.

§ 107. Reibung fester Körper

Beim Abgleiten eines festen Körpers auf der Oberfläche eines anderen findet immer eine Umwandlung von kinetischer Energie in Wärme statt, so daß sich die Bewegung nach und nach verlangsamt. Vom Standpunkt der Mechanik bedeutet diese Erscheinung die Entstehung einer neuen Kraft, die die Bewegung behindert. Sie heißt *Reibungskraft*. Die Reibung ist vom physikalischen Standpunkt als Resultat komplizierter Prozesse anzusehen, die auf den sich reibenden Oberflächen vor sich gehen.

Wie die Erfahrung zeigt, genügt die Reibung zwischen festen Körpern gewöhnlich einfachen Gesetzen. Es zeigt sich, daß die Reibungskraft zwischen sich bewegenden Körpern der Kraft N, mit der sie zusammengedrückt werden, proportional ist und nicht von der Berührungsfläche zwischen ihnen sowie von ihrer Geschwindigkeit abhängt:

$$F_{\mathrm{R}} = \mu N .$$

Der Proportionalitätsfaktor μ heißt *Reibungskoeffizient*. Er hängt nur von den Eigenschaften der sich reibenden Körper ab. Diese Beziehung ist gewöhnlich unter weitgehenden experimentellen Bedingungen (Stärke der Belastung, Gleitgeschwindigkeit) erfüllt, jedoch werden auch Abweichungen von ihr beobachtet.

Die Reibung ist wesentlich von der Art der Bearbeitung der Oberflächen sowie von ihrem Zustand (Vorhandensein und Charakter von Verunreinigungen) abhängig. So liegen die Reibungskoeffizienten zwischen Metalloberflächen gewöhnlich zwischen 0,5 und 1,5. Diese Werte beziehen sich jedoch auf Metallflächen, die unter dem Einfluß von Luft stehen. Sie sind immer mit Oxiden, adsorbierten Gasen usw. verunreinigt, wodurch die Bedingungen für die Herstellung des Kontaktes verschlechtert werden. Die Erfahrung zeigt, daß völlig reine, unter Vakuum erwärmte Metallflächen eine sehr starke Gleitreibung aufweisen und sich oft vollständig „verhaken".

Ein universeller Mechanismus der Reibung dürfte kaum existieren. Die Ursachen der Reibung sind für Oberflächen verschiedener Natur und Bearbeitung verschieden. Als Beispiele beschreiben wir den Reibungsmechanismus für einige Metalle.

Experimente zeigen, daß Metallflächen immer Unebenheiten aufweisen, deren Abmessungen groß gegen die zwischenmolekularen Abstände sind. Selbst unter günstigsten Bedingungen hergestellte und geschliffene Oberflächen haben Unebenheiten mit Tiefen von 100 · · · 1000 Å. In der technischen Praxis hergestellte Metalloberflächen haben weit stärkere Unebenheiten. Berühren sich solche Körper, so entsteht nur zwischen den „Ecken" dieser Unebenheiten tatsächlich ein Kontakt. Die tatsächliche Berührungsfläche S_0 kann also sehr klein gegenüber der scheinbaren Berührungsfläche S sein (S_0 kann gleich dem $10^{-4} \cdots 10^{-5}$-ten Teil von S sein). Bei plastischen Metallen können sich die „Peaks" der Unebenheiten bereits unter kleinen Belastungen deformieren und so weit abgeplattet werden, daß der auf sie ausgeübte wirkliche Druck auf einen bestimmten Grenzwert p_G sinkt, bei dessen Unterschreitung keine Deformation erfolgt. Die Kontaktfläche ergibt sich aus der Bedingung $p_G S_0 = N$, ist also der Belastung N proportional. In den Bereichen, in denen tatsächlich Kontakt besteht, führen die Kräfte der molekularen Kohäsion zu einem starken „Zusammenkleben" der Körper. Die Gleitung erfolgt unter ständigem Abbrechen und ständiger Neubildung von Kontakten. Die für das Abbrechen der Kontakte erforderliche Kraft ist proportional zur Kontaktfläche S_0 und damit zur Belastung N.

Von der bei der Bewegung entstehenden Reibungskraft ist die Kraft zu unterscheiden, die zu Beginn der Bewegung aufzuwenden ist, um den Körper in Bewegung zu setzen. Diese sogenannte *Reibung der Ruhe* ist ebenfalls der Größe der Belastung proportional, jedoch ist die Proportionalitätskonstante etwas größer als im Falle der Bewegung; der Unterschied beträgt 10 bis 20%.

Es ist hervorzuheben, daß die bisherigen Überlegungen für die Reibung zwischen *trockenen* Oberflächen fester Körper gelten. Sie hat einen ganz anderen Charakter als die Reibung zwischen geschmierten Oberflächen, die durch eine Flüssigkeitsschicht voneinander getrennt sind. Im letzten Fall entsteht die Reibungskraft auf Grund der Zähigkeit der Flüssigkeit (im § 119 wird ein einfaches Beispiel einer solchen Reibung betrachtet).

Neben der Gleitreibung gibt es auch eine Reibung, die entsteht, wenn ein Körper auf einem anderen rollt.

Wir betrachten einen Zylinder mit dem Radius r, der auf einer Ebene rollt. Um die Reibungskraft zu überwinden und das gleichmäßige Rollen aufrechtzuerhalten, muß eine bestimmte Kraft F aufgewendet werden. Sie ist durch ihr Moment K in bezug auf die momentane Berührungslinie zwischen Zylinder und Ebene charakterisiert (greift die Kraft an der Zylinderachse an, so ist $K = F\,r$). Das Moment bildet gerade ein Maß für die rollende Reibung. Diese genügt einer Gesetzmäßigkeit, wonach das Moment K der Kraft N, die den rollenden Körper auf die Unterlage drückt, proportional ist:

$$K = \gamma\,N\,.$$

Der Koeffizient γ charakterisiert die sich reibenden Körper. Er besitzt offenbar die Dimension einer Länge.

KAPITEL XIV

DIFFUSION UND WÄRMELEITUNG

§ 108. Diffusionskoeffizient

Bisher betrachteten wir hauptsächlich die Eigenschaften von Körpern, die sich im Zustand des Wärmegleichgewichts befinden. In diesem und dem nächsten Kapitel werden Prozesse untersucht, die bei der Einstellung des Wärmegleichgewichts vor sich gehen. Man nennt sie *kinetische Prozesse*. Sie sind als Prozesse, die mit der Annäherung an den Gleichgewichtszustand zusammenhängen, ihrem Wesen nach irreversibel.

Eine Lösung, deren Konzentration sich von Ort zu Ort ändert, durchmischt sich im Laufe der Zeit infolge der Wärmebewegung. Die gelöste Substanz bewegt sich von den Orten höherer Konzentration nach den Orten niedrigerer Konzentration, bis die Lösung überall dieselbe Zusammensetzung aufweist. Dieser Vorgang heißt *Diffusion*.

Zur Vereinfachung nehmen wir an, daß sich die Konzentration der Lösung (wir bezeichnen sie mit c) nur in einer Richtung ändert, in die wir die x-Achse legen.

Als *Diffusionsstromdichte* bezeichnen wir die gelöste Stoffmenge, die in der Zeiteinheit durch eine zur x-Achse senkrechte Fläche mit dem Inhalt 1 hindurchtritt. Wir vereinbaren, daß die Diffusionsstromdichte positiv ist, wenn sie die Richtung der x-Achse hat, und negativ, wenn sie dazu entgegengesetzt gerichtet ist. Da die Substanz andererseits von Orten höherer zu Orten niedrigerer Konzentrationen übergeht, ist das Vorzeichen der Diffusionsstromdichte dem der Ableitung $\mathrm{d}c/\mathrm{d}x$, die man als *Gradienten der Konzentration* bezeichnet, entgegengesetzt. Steigt die Konzentration von links nach rechts hin an, so ist der Diffusionsstrom nach links gerichtet, und umgekehrt. Ist jedoch $\mathrm{d}c/\mathrm{d}x = 0$, d. h. die Konzentration der Lösung konstant, so existiert kein Diffusionsstrom.

Alle diese Eigenschaften werden durch die folgende Beziehung erfaßt, die die Diffusionsstromdichte mit dem Gradienten der Konzentration verbindet:

$$j = -D\frac{\mathrm{d}c}{\mathrm{d}x}.$$

Die Konstante D heißt *Diffusionskoeffizient*. Diese Formel beschreibt die Eigenschaften der Diffusion phänomenologisch, d. h. auf Grund ihrer äußeren Erscheinungen. Weiter unten werden wir auf Grund der Betrachtung des molekularen Mechanismus der Diffusion denselben Ausdruck für die Diffusionsstromdichte erhalten (§ **113**).

Bei der Definition der Stromdichte j besteht eine gewisse Willkür. Sie läßt sich als Masse der durch die Flächeneinheit hindurchtretenden gelösten Substanz, als Zahl der durch die Flächeneinheit hindurchgehenden gelösten Moleküle od. ä. definieren. Dabei ist allerdings eine entsprechende Definition der Konzentration c erforderlich, d. h. als Masse der in der Volumeneinheit gelösten Substanz, als Zahl der in der Volumeneinheit gelösten Moleküle usw. Geht man in dieser Weise vor, so ist der Diffusionskoeffizient von der Art der Definition von Stromdichte und Konzentration unabhängig.

Wir fragen nun nach der Dimension des Diffusionskoeffizienten. Es sei j gleich der Zahl der gelösten Moleküle, die in 1 s durch die Fläche von 1 cm^2 hindurchtreten. Dann ist $[j] = 1/\text{s cm}^2$. Die Konzentration ist dabei gleich der Zahl der im Volumen von 1 cm^3 gelösten Moleküle und besitzt die Dimension $[c] = 1/\text{cm}^3$. Vergleicht man die Dimensionen auf beiden Seiten der Gleichung $j = - D\, \mathrm{d}c/\mathrm{d}x$, so folgt

$$[D] = \frac{\text{cm}^2}{\text{s}}\,.$$

Unter der Diffusion verstehen wir einen Vorgang im ruhenden Medium, so daß der Konzentrationsausgleich ausschließlich der chaotischen Wärmebewegung der einzelnen Moleküle zuzuschreiben ist. Es wird angenommen, daß die Durchmischung der Flüssigkeit bzw. des Gases nicht durch äußere Eingriffe geschieht, die die Substanz in Bewegung setzen würden.

In einer Flüssigkeit ist jedoch auch eine Durchmischung auf Grund der Wirkung des Schwerefeldes möglich. Schichtet man auf Wasser vorsichtig eine leichtere Flüssigkeit, z. B. Alkohol, so findet infolge der Diffusion eine Durchmischung statt. Schichtet man jedoch Wasser auf Alkohol, so sinkt Wasser als schwerere Flüssigkeit zu Boden, während Alkohol aufsteigt.

Die Wirkung des Schwerefeldes kann also ebenfalls zum Konzentrationsausgleich führen. Das ist jedoch mit einer Bewegung des entsprechenden Mediums verbunden. Man bezeichnet diese Erscheinung als *Konvektion*. Sie führt zu einem bedeutend schnelleren Konzentrationsausgleich als die Diffusion.

§ 109. Wärmeleitfähigkeit

Mit der Diffusion verwandt ist der Prozeß der *Wärmeleitung*. In einem Körper, in dem Temperaturunterschiede bestehen, beginnt Wärme von den stärker erwärmten Stellen zu den schwächer erwärmten Stellen zu fließen. Dieser Vorgang dauert an, bis die Temperatur im ganzen Körper gleich ist. Der Mechanismus dieses Prozesses hängt ebenfalls mit der chaotischen Wärmebewegung der Moleküle zusammen. Die Moleküle der stärker erwärmten Bereiche des Körpers stoßen mit den Molekülen der benachbarten schwächer erwärmten zusammen und übertragen ihnen einen Teil ihrer Energie.

Ebenso wie bei der Betrachtung der Diffusion nehmen wir an, daß die Wärmeleitung im ruhenden Medium vor sich geht. Insbesondere sollen im

Medium keine Druckunterschiede bestehen, die eine Bewegung der Substanz hervorrufen würden.

Die Temperatur T des betrachteten Mediums möge sich nur in einer Richtung ändern, in die wir die x-Achse legen. Als Wärmestromdichte definieren wir diejenige Wärmemenge, die in der Zeiteinheit durch eine zur x-Achse senkrechte Fläche mit dem Inhalt 1 hindurchgeht. Ganz ähnlich wie im Falle der Diffusion besteht zwischen der Wärmestromdichte q und dem Temperaturgradienten $\mathrm{d}T/\mathrm{d}x$ der Zusammenhang

$$q = -\varkappa \frac{\mathrm{d}T}{\mathrm{d}x}.$$

Auch in dieser Formel ist das Minuszeichen vorhanden, weil die Wärmestromdichte der zunehmender Temperatur entsprechenden Richtung entgegengerichtet ist. Die Wärme fließt in die Richtung abnehmender Temperatur. Der Koeffizient $\varkappa$ heißt *Wärmeleitfähigkeit.*

Mißt man die Wärmemenge in erg, so ist die Einheit der Wärmestromdichte erg/cm² s. Daraus ergibt sich die Dimension der Wärmeleitfähigkeit zu

$$[\varkappa] = \frac{\mathrm{erg}}{\mathrm{cm\ s\ grd}} = \frac{\mathrm{g\ cm}}{\mathrm{s^3\ grd}}.$$

Die Wärmeleitfähigkeit bestimmt die Geschwindigkeit der Wärmeübertragung von den stärker zu den schwächer erwärmten Bereichen des entsprechenden Körpers. Die Temperaturänderung eines Körpers ist aber gleich der von ihm aufgenommenen Wärmemenge, dividiert durch seine Wärmekapazität. Daher wird die Geschwindigkeit des Temperaturausgleichs in den verschiedenen Bereichen eines Körpers durch das Verhältnis der Wärmeleitfähigkeit zur Wärmekapazität pro Volumeneinheit, d. h. durch die Größe

$$\chi = \frac{\varkappa}{\varrho\, C_p}$$

bestimmt. Dabei bedeuten ϱ die Dichte und C_p die Wärmekapazität pro Masseneinheit (diese wird bei konstantem Druck genommen, was den Bedingungen, unter denen die Wärmeleitung betrachtet wird, entspricht). Man bezeichnet die Größe χ als *Temperaturleitfähigkeit.* Wie man leicht sieht, besitzt sie die Dimension

$$[\chi] = \frac{\mathrm{cm^2}}{\mathrm{s}},$$

die mit derjenigen des Diffusionskoeffizienten übereinstimmt. Dividiert man nämlich beide Seiten der Gleichung $q = -\varkappa\, \mathrm{d}T/\mathrm{d}x$ durch $\varrho\, C_p$, so kann in der entstehenden Beziehung das Verhältnis $q/\varrho\, C_p$ auf der linken Seite als „Temperaturstromdichte" aufgefaßt werden, deren Gradient auf der rechten Seite steht. Die Größe χ besitzt also gewissermaßen die Bedeutung eines Temperatur-Diffusionskoeffizienten.

Ähnlich wie im Falle der Diffusion ist es möglich, daß sich eine ungleichmäßig erwärmte Flüssigkeit unter dem Einfluß des Schwerefeldes infolge Konvektion durchmischt (dasselbe gilt für ein Gas). Das geschieht z. B., wenn eine Flüssigkeit unten erwärmt (bzw. oben abgekühlt) wird, so daß stärker erwärmte und deshalb weniger dichte untere Schichten aufsteigen, während die schwächer erwärmte Flüssigkeit zu Boden sinkt. Der Temperaturausgleich bei Konvektion geht natürlich bedeutend schneller als im Falle der Wärmeleitung vor sich.

Im folgenden führen wir die Werte der Wärmeleitfähigkeit für einige Flüssigkeiten und Gase an (bei Zimmertemperatur). Sie sind in Einheiten J/cm s grd angegeben (entsprechend ist die Wärmestromdichte also als die in Joule gemessene Energie definiert, die in 1 s durch 1 cm² hindurchgeht):

Wasser	$6{,}0 \cdot 10^{-3}$	Blei	0,35
Benzol	$1{,}5 \cdot 10^{-3}$	Eisen	0,75
Glas	$(4 \cdots 8) \cdot 10^{-3}$	Kupfer	3,8
Ebonit	$1{,}7 \cdot 10^{-3}$	Silber	4,2

Bemerkenswert ist die große Wärmeleitfähigkeit der Metalle. Das findet seine Erklärung darin, daß die Wärme in Metallen nicht wie in anderen Substanzen durch Atome, sondern durch die freien Elektronen transportiert wird. Die große Effektivität der Wärmeleitung durch Elektronen hängt damit zusammen, daß diese Geschwindigkeiten von der Größenordnung 10^8 cm/s besitzen, die die thermischen Geschwindigkeiten von Atomen und Molekülen, die zwischen 10^4 und 10^5 cm/s liegen, bedeutend übertreffen.

§ 110. Wärmewiderstand

Die oben angegebene einfache Beziehung zwischen Wärmestromdichte und Temperaturgradient gestattet es, verschiedene Probleme der Wärmeleitung zu lösen.

Wir betrachten eine Substanzschicht der Dicke d, die zwischen zwei parallelen Ebenen eingeschlossen ist. Diese mögen jeweils den Flächeninhalt S besitzen. Wir nehmen an, daß auf den Randschichten die Temperaturen T_1 bzw. T_2 aufrechterhalten werden, wobei T_1 größer als T_2 sei. Die Wärmeleitfähigkeit ist im allgemeinen temperaturabhängig. Wir können sie jedoch als konstant ansehen, wenn wir die Differenz zwischen den Temperaturen T_1 und T_2 so klein wählen, daß es sich innerhalb der Schicht nur vernachlässigbar wenig ändert.

Die x-Achse wählen wir so, daß sie auf beiden Randebenen senkrecht steht und ihren Ursprung in der Ebene mit der Temperatur T_1 hat. Die sich in der Schicht einstellende Temperaturverteilung hängt dann offenbar nur von x ab. Dabei breitet sich von der Ebene mit der Temperatur T_1 zur Ebene mit der Temperatur T_2 ein Wärmestrom aus. Wir fragen nach dem Zusammenhang zwischen diesem Wärmestrom und dem ihn hervorrufenden Temperaturabfall $T_1 - T_2$.

Der Wärmestrom Q, der in 1 s durch eine parallel zu den Randebenen angeordnete Ebene hindurchgeht, ist gleich dem Produkt $q\,S$ der Wärmestromdichte mit der Querschnittsfläche S. Mit Hilfe des Zusammenhangs zwischen q und dem Temperaturgradienten folgt

$$Q = -\varkappa S \frac{\mathrm{d}T}{\mathrm{d}x}.$$

Q hängt offenbar nicht von x ab. Tatsächlich kann innerhalb der Schicht weder Wärme verlorengehen noch Wärme erzeugt werden, so daß durch jede beliebige, die ganze Schicht schneidende Fläche in der Zeiteinheit dieselbe Wärmemenge hindurchfließt. Daher folgt aus der angegebenen Gleichung

$$T = -\frac{Q}{\varkappa S} x + \text{const},$$

d. h., die Temperatur ändert sich linear mit der Tiefe innerhalb der Schicht. Für $x = 0$, d. h. auf einer der Randebenen, muß $T = T_1$ sein. Daraus folgt const $= T_1$, so daß sich

$$T = T_1 - x \frac{Q}{\varkappa S}$$

ergibt. Da auf der anderen Randebene ($x = d$) $T = T_2$ gelten muß, folgt

$$T_2 = T_1 - \frac{Q}{\varkappa S} d.$$

Daher gilt

$$Q = \frac{\varkappa S}{d}(T_1 - T_2).$$

Das ist der gesuchte Zusammenhang zwischen dem Wärmestrom Q und der Differenz der Temperaturen auf den Schichträndern.

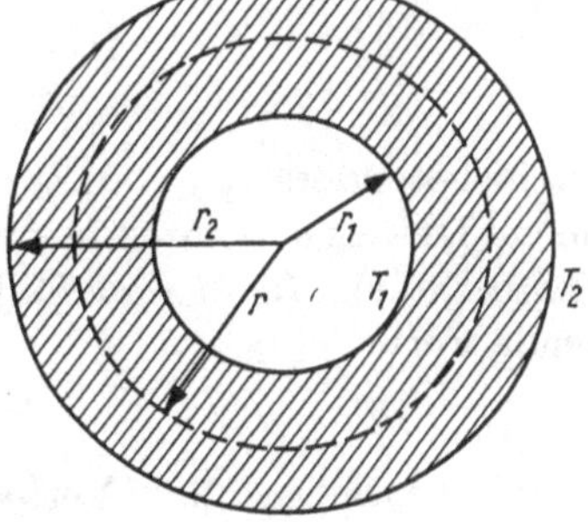

Abb. 129

Wir betrachten nun eine Substanzschicht, die durch die Oberflächen zweier konzentrischer Kugeln mit den Radien r_1 und r_2 begrenzt wird. Auf diesen mögen ständig die Temperaturen T_1 und T_2 herrschen. Abb. 129 zeigt einen äquatorialen Schnitt dieser Schicht. Innerhalb der Schicht ist die Temperatur offenbar nur vom Abstand r vom Kugelmittelpunkt abhängig.

Da die Temperatur im betrachteten Fall allein von der Koordinate r abhängt, besitzt die Wärmestromdichte q überall die radiale Richtung und ist dem Betrage nach

$$q = -\varkappa \frac{\mathrm{d}T}{\mathrm{d}r}.$$

Der Wärmestrom durch die Oberfläche einer Kugel mit dem Radius r, die konzentrisch zwischen den beiden Randflächen liegt, ist

$$Q = 4\pi r^2 q = -4\pi \varkappa r^2 \frac{dT}{dr}.$$

Daraus folgt

$$\frac{dT}{dr} = -\frac{Q}{4\pi\varkappa r^2}.$$

Ebenso wie im vorher betrachteten Fall muß durch jede beliebige geschlossene Fläche, die die kleinere Kugel umschließt und innerhalb der größeren liegt, derselbe Wärmestrom fließen. Aus diesem Grunde ist Q nicht von r abhängig. Aus der angegebenen Gleichung folgt

$$T = \frac{Q}{4\pi\varkappa r} + \text{const}.$$

Die Größe des konstanten Terms ergibt sich aus der Bedingung, daß $T = T_1$ für $r = r_1$ gelten muß. Damit folgt

$$T = T_1 + \frac{Q}{4\pi\varkappa}\left(\frac{1}{r} - \frac{1}{r_1}\right).$$

Schließlich ergibt sich aus der Bedingung, daß $T = T_2$ für $r = r_2$ gelten muß, die folgende Beziehung zwischen dem Wärmestrom und der Differenz zwischen den Temperaturen der Grenzflächen:

$$Q = \frac{(T_1 - T_2)\, 4\pi\varkappa}{\frac{1}{r_1} - \frac{1}{r_2}}.$$

Ist insbesondere $r_2 = \infty$, so liegt außerhalb der Kugel mit dem Radius r_1 ein unendlich ausgedehntes Medium (T_2 ist dabei die im Unendlichen herrschende Temperatur). In diesem Fall besitzt der Ausdruck für den Wärmestrom folgende Form:

$$Q = 4\pi\varkappa r_1 (T_1 - T_2).$$

Man bezeichnet das Verhältnis der Differenz zwischen den Temperaturen an den Grenzen eines Körpers zum Wärmestrom als *Wärmewiderstand*. Wie aus den erhaltenen Formeln hervorgeht, ist der Wärmewiderstand für eine ebene Schicht gleich

$$\frac{d}{\varkappa S}$$

und für eine Kugelschicht gleich

$$\frac{1}{4\pi\varkappa}\left(\frac{1}{r_1} - \frac{1}{r_2}\right).$$

Ganz ähnliche Resultate gelten offenbar auch für die Diffusion in einer Lösung, die durch zwei Ebenen bzw. durch zwei Kugeloberflächen, auf denen bestimmte Konzentrationen aufrechterhalten werden, begrenzt ist. Man erhält sie, indem man in den bisher angegebenen Formeln die Temperatur durch die Konzentration, den Wärmestrom durch den Diffusionsstrom und die Wärmeleitfähigkeit $\varkappa$ durch den Diffusionskoeffizienten D ersetzt.

Wir wenden die erhaltenen Formeln an, um die Schmelzgeschwindigkeit zu bestimmen. Dazu betrachten wir ein Stück Eis, das sich in Wasser mit einer Temperatur oberhalb von 0 °C befindet. Da zwischen Eis und Wasser nur bei der völlig definierten Temperatur von 0 °C Gleichgewicht besteht (bei Atmosphärendruck), besitzt die unmittelbar an das Eis angrenzende Wasserschicht diese Temperatur. Mit wachsendem Abstand vom Eis strebt die Wassertemperatur jedoch gegen den vorgegebenen Wert T_1. Vom Wasser zum Eis hin bildet sich ein Wärmestrom aus. Das Eis absorbiert die Schmelzwärme, die für die Umwandlung in Wasser erforderlich ist. Besitzt das Eisstück z. B. die Form einer Kugel mit dem Radius r_0, so nimmt es aus dem in seiner Umgebung befindlichen Wasser (dieses fassen wir als unbegrenztes Medium auf) die Wärmemenge

$$Q = 4\pi\varkappa r_0 (T_1 - T_0)$$

auf. Dividiert man diese Größe durch die spezifische Schmelzwärme, so ergibt sich die in der Zeiteinheit schmelzende Eismenge. Die Schmelzgeschwindigkeit wird also durch den Prozeß der Wärmeleitung in dem das Eis umgebenden Wasser bestimmt.

In Analogie dazu wird auch die Geschwindigkeit der Auflösung eines festen Körpers in einer Flüssigkeit durch die Diffusionsgeschwindigkeit des sich auflösenden Stoffes in der Flüssigkeit bestimmt. In der Nähe der Körperoberfläche entsteht sofort eine dünne Schicht gesättigter Lösung. Die weitere Auflösung erfolgt in dem Maße, in dem die aufgelöste Substanz aus dieser Grenzschicht in die umgebende Flüssigkeit diffundiert. Besitzt der aufzulösende Körper die Form einer Kugel mit dem Radius r_0, so ist der Diffusionsstrom J von der Kugel in das Lösungsmittel, d. h. die in der Zeiteinheit aufgelöste Substanzmenge,

$$J = 4\pi D r_0 c_0 .$$

Dabei bedeutet c_0 die Konzentration der gesättigten Lösung. Die Konzentration in großer Entfernung von der Kugel wurde gleich Null angenommen.

Diffusion und Wärmeleitung bestimmen auch die Verdampfungsgeschwindigkeit eines Flüssigkeitstropfens, der sich in einem fremden Gas, z. B. Luft, befindet. Der Tropfen ist von einer Schicht aus gesättigtem Dampf umgeben, aus der die Substanz langsam in die umgebende Luft diffundiert. Daneben ist auch der Prozeß der Wärmeleitung aus der Luft in den Tropfen vorhanden.

Für die betrachteten Beispiele ist charakteristisch, daß die Geschwindigkeiten der unter stationären Bedingungen ablaufenden Phasenumwandlungen durch Diffusion und Wärmeleitung bestimmt werden.

§ 111. Ausgleichszeit

In einer Flüssigkeit, deren Konzentration von Ort zu Ort verschieden ist, findet bekanntlich auf Grund der Diffusion ein Konzentrationsaustausch statt. Wir fragen nun nach der Größenordnung der Zeit t, die für diesen Ausgleich erforderlich ist. Sie läßt sich auf Grund von Dimensionsbetrachtungen ermitteln.

Zunächst stellen wir fest, daß die Zeit t nicht von der Konzentration der Lösung abhängen kann. Wird nämlich die Konzentration geändert, so ändert sich der Diffusionsstrom, der den Konzentrationsausgleich hervorruft, in demselben Maße. Das bedeutet, daß sich die für den Ausgleich charakteristische Zeit t dabei nicht verändert.

Die einzigen physikalischen Größen, von denen die Ausgleichszeit abhängen kann, sind der Diffusionskoeffizient im betrachteten Medium und die Abmessungen des Gebietes, in dem starke Konzentrationsunterschiede herrschen. Die lineare Abmessung dieses Gebietes sei von der Größenordnung L.

Die Dimensionen der Größen D und L sind $[D] = \text{cm}^2/\text{s}$ und $[L] = \text{cm}$. Aus ihnen läßt sich nur eine Kombination bilden, die die Dimension der Zeit besitzt, und zwar L^2/D. Für die Größenordnung der Ausgleichszeit muß also gelten

$$t \sim \frac{L^2}{D}.$$

Die Zeit, in der sich die in einem Gebiet der Abmessung L bestehenden Konzentrationsunterschiede ausgleichen, ist also dem Quadrat der Abmessung L proportional und dem Diffusionskoeffizienten D umgekehrt proportional.

Die betrachtete Fragestellung läßt sich in der folgenden Weise umkehren. Wir nehmen an, daß im Anfangszeitpunkt eine gewisse Menge gelöster Substanz in einem kleinen Bereich des Lösungsmittels konzentriert ist. Diese Anhäufung des gelösten Stoffes „zerfließt" im Laufe der Zeit infolge der Diffusion und verteilt sich schließlich auf das gesamte große Volumen des Lösungsmittels. Wir fragen nach der mittleren Entfernung L, die die diffundierende Substanz innerhalb der Zeit t erreicht. Mit anderen Worten, wir bestimmen den Abstand aus der Zeit und nicht wie oben die Zeit aus dem Abstand. Natürlich ergibt sich in beiden Fällen dieselbe Formel. Wir stellen sie nun in der Form

$$L \sim \sqrt{D t}$$

dar. Innerhalb der Zeit t erreicht also der diffundierende Stoff die Entfernung L, die proportional zu $\sqrt{t}$ ist.

Diese Beziehung gestattet auch eine andere Interpretation. Wir betrachten ein Molekül der gelösten Substanz innerhalb der Lösung. Es unterliegt ebenso wie jedes andere Molekül der chaotischen Wärmebewegung. Wir können nun danach fragen, welche Größenordnung der Abstand besitzt, bis zu dem sich das Molekül in der Zeit t von seinem Anfangspunkt entfernt hat. Wir suchen also den mittleren Abstand zwischen Anfangs- und Endlage des Moleküls, gemessen auf einer Geraden. Statt ein Molekül zu betrachten, stellen wir uns vor, daß eine sehr große Zahl von Molekülen vorhanden ist, die nahe beieinander liegen. Wie wir gesehen haben, erreichen diese in der Zeit t im Mittel die Entfernung $L \sim \sqrt{D\,t}$. Es ist klar, daß L gleichzeitig als der mittlere Abstand anzusehen ist, um den sich jedes der Moleküle in der Zeit t von seiner Anfangslage entfernt.

Dieses Resultat bezieht sich nicht nur auf die Moleküle der gelösten Substanz, sondern auch auf beliebige in einer Flüssigkeit suspendierte Teilchen, die der thermischen Bewegung unterliegen.

Unsere bisherigen Überlegungen bezogen sich auf die Diffusion. Ähnliche Betrachtungen können jedoch auch für die Wärmeleitung angestellt werden. Wir sahen im § 109, daß der Diffusionskoeffizient im Falle der Wärmeleitung durch die Temperaturleitfähigkeit χ zu ersetzen ist. Daher gilt für die Zeit t des Temperaturausgleichs in einem Körper mit den linearen Abmessungen L:

$$t \sim \frac{L^2}{\chi} \sim \frac{L^2\,\varrho\, C_p}{\varkappa}\,.$$

Ebenso wie im Falle der Diffusion ist auch diese Beziehung in umgekehrter Weise interpretierbar. Dazu gehen wir von der folgenden Fragestellung aus. Wir nehmen an, daß auf der Oberfläche eines Körpers künstlich Temperaturschwankungen der Frequenz ω erzeugt werden. Diese dringen in das Innere des Körpers ein und rufen eine sogenannte *Temperaturwelle* hervor. Ihre Amplitude wird beim Eindringen in den Körper gedämpft, und es entsteht die Frage, wie groß die Eindringtiefe L ist. Als charakteristische Zeit ist bei dieser Erscheinung die Schwingungsdauer anzusehen, die der Frequenz ω umgekehrt proportional ist. Wird in die Beziehung zwischen dem Abstand der Wärmeausbreitung und der entsprechenden Zeit an Stelle von t die Größe $1/\omega$ eingesetzt, so ergibt sich

$$L \sim \sqrt{\frac{\chi}{\omega}}\,.$$

Damit ist die gestellte Frage beantwortet.

§ 112. Mittlere freie Weglänge

Wir betrachten nun Wärmeleitung und Diffusion in Gasen. Dazu müssen wir den Charakter der Wechselwirkung zwischen den Gasmolekülen genauer als bisher untersuchen.

Wir sprechen von einer Wechselwirkung zwischen den Gasmolekülen, wenn sie miteinander zusammenstoßen. Die Moleküle sind meist ziemlich weit voneinander entfernt und bewegen sich als freie, praktisch nicht miteinander in Wechselwirkung stehende Teilchen. Wechselwirkung besteht nur während der kurzen Zeiten, in denen sie untereinander zusammenstoßen. Diese Eigenschaft unterscheidet Gas und Flüssigkeit, deren Moleküle dauernd miteinander wechselwirken, so daß nicht von einzelnen „Zusammenstößen" gesprochen werden kann.

Zwischen den Molekülen sind ganz verschiedenartige Zusammenstöße möglich. Moleküle, die in nicht zu großem Abstand aneinander vorbeifliegen, ändern ihre Geschwindigkeit. Dem Begriff des „Zusammenstoßes“ kommt deshalb keine exakte Bedeutung zu. Um ihn enger zu fassen, wollen wir im folgenden nur dann von einem Zusammenstoß sprechen, wenn die Moleküle einander so nahe kommen, daß ihre Wechselwirkung zu einer wesentlichen Veränderung ihrer Bewegung führt, d. h., wenn ihre Geschwindigkeiten sich sowohl dem Betrage nach als auch in ihrer Richtung wesentlich ändern.

Die Zusammenstöße zwischen den Molekülen erfolgen natürlich in völlig ungeordneter Weise. Deshalb kann auch der Weg, den das Molekül zwischen zwei aufeinanderfolgenden Zusammenstößen zurücklegt, ganz unterschiedlich sein. Es besteht jedoch die Möglichkeit, den Begriff des mittleren Weges, den ein Gasmolekül zwischen zwei Zusammenstößen zurücklegt, einzuführen. Diese Größe nennt man *mittlere freie Weglänge.* Sie ist ein wichtiges molekularkinetisches Merkmal eines Gases. Wir bezeichnen sie mit l. Daneben kann man auch nach der mittleren Zeit τ zwischen zwei aufeinanderfolgenden Stößen fragen. Ihre Größenordnung ist offenbar

$$\tau \approx \frac{l}{v},$$

wobei v die mittlere thermische Geschwindigkeit der Moleküle darstellt.

Wir betrachten zwei zusammenstoßende Moleküle, von denen eines ruhen möge. Dieses soll innerhalb einer Ebene liegen, die vom sich bewegenden Molekül geschnitten wird. Wir sprechen nur dann von einem Zusammenstoß, wenn die Moleküle einander genügend nahe kommen und ihre Geschwindigkeiten sich wesentlich verändern. Das bedeutet beim betrachteten Beispiel, daß das sich bewegende Molekül nur dann mit dem ruhenden zusammenstößt, wenn es die Ebene innerhalb einer kleinen, in der Umgebung des ruhenden Moleküls liegenden Fläche schneidet. Diese „Zielfläche“, auf die das Molekül auftrifft, nennt man *Wirkungsquerschnitt* (oder kurz *Querschnitt*) des Stoßes. Wir bezeichnen ihn mit dem Buchstaben σ.

Als Beispiel berechnen wir den Wirkungsquerschnitt für Moleküle, die als feste Kugeln mit dem Radius r_0 aufgefaßt werden. Der größte Abstand zwischen den Mittelpunkten zweier Kugeln. in dem zwischen ihnen eine Berührung erfolgen kann, ist gleich $2\,r_0$. Die „Zielfläche“, auf die das Molekül auftreffen muß, damit ein Zusammenstoß eintritt, ist also ein Kreis mit dem Radius $2\,r_0$, dessen Mittelpunkt im Mittelpunkt der ruhenden Kugel liegt. Dementsprechend ist der Wirkungsquerschnitt im betrachteten Fall

$$\sigma = 4\,\pi\,r_0^2\,,$$

d. h. gleich dem vierfachen größten Kugelquerschnitt.

Tatsächlich sind die Moleküle keine festen Kugeln. Da jedoch die Kraft der Wechselwirkung zweier Moleküle mit wachsendem Abstand zwischen ihnen sehr stark abfällt, erfolgt erst dann ein Zusammenstoß, wenn sie einander nahezu „streifen“. Aus diesem Grunde ist der Wirkungsquerschnitt von der Größenordnung des Molekülquerschnitts.

Wir betrachten ein Molekül, das einen Weg von 1 cm zurücklegt. Dabei möge es ein Raumgebiet der Länge 1 cm und der Grundfläche σ ausschneiden. Das Volumen des entstehenden Zylinders ist gleich σ. Das Molekül stößt auf seinem Wege mit allen Molekülen zusammen, die innerhalb des Zylinders liegen. Die Zahl der Moleküle in der Volumeneinheit sei gleich n. Dann sind $n\,\sigma$ Moleküle im Volumen σ enthalten. Das betrachtete Molekül erleidet auf dem Wege von 1 cm also $n\,\sigma$ Zusammenstöße. Der mittlere Weg zwischen zwei Zusammenstößen, d. h. die mittlere freie Weglänge, besitzt die Größenordnung

$$l \approx \frac{1}{n\,\sigma}.$$

Wie dieser Ausdruck zeigt, ist die mittlere freie Weglänge nur von der Gasdichte abhängig, und zwar ist sie ihr umgekehrt proportional.

Man muß jedoch berücksichtigen, daß die letzte Aussage nur dann zutrifft, wenn der Wirkungsquerschnitt als konstant angenommen wird. Moleküle können gewöhnlich qualitativ als feste elastische Kugeln aufgefaßt werden, die nur bei unmittelbarer Berührung miteinander in Wechselwirkung treten, da die zwischen ihnen wirkenden abstoßenden Kräfte bei ihrer Annäherung sehr stark zunehmen. Unter diesen Bedingungen ist der Wirkungsquerschnitt tatsächlich eine konstante Größe, die nur von der Art der Moleküle abhängt. In größeren Entfernungen wirken zwischen den Molekülen jedoch auch schwache anziehende Kräfte. Mit sinkender Temperatur werden die Geschwindigkeiten der Gasmoleküle kleiner, so daß die Dauer des Zusammenstoßes zwischen zwei in vorgegebenem Abstand aneinander vorbeifliegenden Molekülen größer wird. Infolge dieser Verlängerung der Stoßzeit kann sich die Geschwindigkeit der Moleküle auch dann, wenn sie in verhältnismäßig großem Abstand aneinander vorbeifliegen, wesentlich verändern. Daher nimmt der Wirkungsquerschnitt bei sinkender Temperatur etwas zu. Ändert man z. B. die Temperatur von $+100$ °C auf -100 °C, so nimmt σ bei Stickstoff und Sauerstoff um 30% und bei Wasserstoff um 20% zu.

Für Luft bei 0 °C und Atmosphärendruck ist $n \approx 3 \cdot 10^{19}$. Der Wirkungsquerschnitt ist $\sigma \approx 5 \cdot 10^{-15}$ cm², woraus $l \approx 10^{-5}$ cm folgt. Die mittlere thermische Geschwindigkeit der Moleküle ist $v \approx 5 \cdot 10^4$ cm/s, und dementsprechend gilt für die Zeit zwischen zwei Zusammenstößen $\tau \approx 2 \cdot 10^{-10}$ s. Die mittlere freie Weglänge nimmt mit sinkendem Druck stark zu. Zum Beispiel ist $l \approx 10^{-2}$ cm beim Luftdruck von 1 Torr; im Hochvakuum, d. h. bei Drücken von 10^{-6} Torr, erreicht die mittlere freie Weglänge einige zehn Meter.

§ 113. Diffusion und Wärmeleitung in Gasen

Vom Begriff der mittleren freien Weglänge ausgehend, kann man die Größenordnung des Diffusionskoeffizienten und der Wärmeleitfähigkeit in Gasen bestimmen und den Charakter ihrer Abhängigkeit vom Zustand des Gases klären. Wir beginnen mit dem Diffusionskoeffizienten.

Wir betrachten ein Gemisch zweier Gase, dessen Gesamtdruck überall gleich ist und dessen Zusammensetzung sich nur in einer Richtung, in die wir die x-Achse legen, ändert.

Wir betrachten eines der Gase des Gemisches (Gas 1). Die Zahl seiner Moleküle in der Volumeneinheit sei gleich n_1. Diese Zahl ist eine Funktion der Koordinate x. Die Diffusionsstromdichte j ist gleich der Differenz der Zahl der Moleküle, die in einer Sekunde in positiver x-Richtung durch eine zu ihr senkrechte Fläche vom Inhalt 1 hindurchgehen, und der Zahl der Moleküle, die durch diese Fläche in derselben Zeit in negativer x-Richtung hindurchtreten.

Die Zahl der Moleküle, die in 1 s durch eine Fläche von 1 cm² hindurchgehen, ist der Größenordnung nach gleich dem Produkt $n_1 v$, wobei v die mittlere thermische Geschwindigkeit der Moleküle bedeutet. Dabei kann man annehmen, daß die Zahl der Moleküle, die durch diese Fläche von links nach rechts hindurchtreten, durch die Dichte n_1 an der Stelle, an der der letzte Zusammenstoß erfolgte, d. h. im Abstand l links von der Fläche, bestimmt wird. Entsprechend ist für die Moleküle, die von rechts nach links laufen, der Wert n_1 im Abstand l rechts von der Fläche zu nehmen. Bezeichnet man die Koordinate der Fläche mit x, so ist die Diffusionsstromdichte demnach gleich der Differenz

$$j \sim v\, n_1(x-l) - v\, n_1(x+l)\,.$$

Da die mittlere freie Weglänge l klein ist, kann die Differenz $n_1(x-l) - n_1(x+l)$ durch $-l\, \mathrm{d}n_1/\mathrm{d}x$ ersetzt werden. Damit folgt

$$j \sim -v\, l \frac{\mathrm{d}n_1}{\mathrm{d}x}\,.$$

Vergleicht man diesen Ausdruck mit der Formel $j = -D\, \mathrm{d}n_1/\mathrm{d}x$, so sieht man, daß der Diffusionskoeffizient im Gas der Größenordnung nach gleich $v\, l$ ist:

$$D \sim v\, l\,.$$

Die mittlere freie Weglänge ist $l \approx 1/n\,\sigma$, wobei n die Gesamtzahl der Moleküle beider Gase in der Volumeneinheit bedeutet. Daher kann man für D auch

$$D \sim \frac{v}{n\,\sigma}$$

schreiben. Da schließlich auf Grund der Zustandsgleichung des idealen Gases die Zahl der Moleküle in der Volumeneinheit $n = kT/p$ ist, gilt

$$D \sim \frac{v\,k\,T}{p\,\sigma}\,.$$

Der Diffusionskoeffizient in einem Gas ist also bei vorgegebener Temperatur seinem Druck umgekehrt proportional. Da die thermische Geschwindigkeit der Moleküle proportional zu $\sqrt{T}$ ist, wächst der Diffusionskoeffizient bei zunehmender Temperatur proportional zu $T^{3/2}$ (unter der Voraussetzung, daß der Wirkungsquerschnitt als konstant angenommen werden kann).

Zu diesen Überlegungen ist eine Bemerkung erforderlich. Bei der Berechnung von j war nur von einem Gas die Rede, während in Wirklichkeit ein Gemisch zweier Gase vorhanden ist. Daher bleibt unklar, auf welche der beiden Sorten von Gasmolekülen sich die Größen σ und v beziehen. Da lediglich eine Abschätzung für die Größenordnung des Diffusionskoeffizienten vorgenommen wurde, ist diese Frage ohne Bedeutung, wenn die Moleküle beider Gase vergleichbare Massen und Abmessungen besitzen. Bestehen jedoch zwischen ihnen große Unterschiede, so kommt der betrachteten Fragestellung Bedeutung zu. Wie eine detaillierte Untersuchung zeigt, ist in diesem Fall für v die größere thermische Geschwindigkeit (d. h. die der Moleküle mit der kleineren Masse) und für σ der größere Wirkungsquerschnitt einzusetzen.

Neben der Diffusion verschiedenartiger Gase ineinander gibt es auch die verschiedener Isotope derselben Substanz. Da die Unterschiede ihrer Moleküle einzig in einer kleinen Massendifferenz bestehen, haben wir es in diesem Falle mit der Diffusion der Moleküle eines Gases in sich selbst zu tun. Man spricht in diesem Fall von einer *Selbstdiffusion.* Dabei spielt der geringe Massenunterschied praktisch nur die Rolle eines „Kennzeichens“, das die beiden Molekülsorten voneinander zu unterscheiden gestattet.

Der Selbstdiffusionskoeffizient eines Gases wird ebenfalls durch die Formel

$$D \sim v\,l$$

bestimmt. Dabei können über die in ihr vorkommenden Größen keine Zweifel entstehen, da sie sich auf die Moleküle eines einzigen Gases beziehen.

Als Beispiel geben wir die Diffusionskoeffizienten in einigen Gasgemischen bei Atmosphärendruck und 0 °C an (in cm^2/s):

Wasserstoff–Sauerstoff	0,70
CO_2–Luft	0,14
Wasserdampf–Luft	0,23
Selbstdiffusion von N_2 und O_2	0,18
Selbstdiffusion von CO_2	0,10

In Gasen geht die Diffusion bedeutend schneller vor sich als in Flüssigkeiten. Zum Beispiel sind die Koeffizienten der Diffusion von Zucker in Wasser gleich $0{,}3 \cdot 10^{-5}\ cm^2/s$ und von NaCl in Wasser gleich $1{,}1 \cdot 10^{-5}\ cm^2/s$ (bei Zimmertemperatur).

Interessant ist ein Vergleich der von den Gasmolekülen bei ihrer thermischen Bewegung tatsächlich zurückgelegten Strecke mit der Größe ihrer mittleren geordneten Verschiebung bei der Diffusion. So legen die Luftmoleküle unter normalen Bedingungen in 1 s einen Weg von der Größenordnung $5 \cdot 10^4$ cm zurück. Die Verschiebung durch Diffusion dagegen beträgt der Größenordnung nach $\sqrt{D\,t} \approx \sqrt{0{,}2 \cdot 1} \approx 0{,}5$ cm.

Die Bestimmung der Wärmeleitfähigkeit eines Gases erfordert im wesentlichen keine neuen Rechnungen. Es genügt, die im § 109 hervorgehobene Analogie zwischen Wärmeleitung und Diffusion zu beachten. Danach ist die

Wärmeleitung eine „Diffusion von Energie", wobei die Temperaturleitfähigkeit χ die Rolle des Diffusionskoeffizienten D übernimmt. Im betrachteten Fall besitzen beide Prozesse denselben Mechanismus, der in der unmittelbaren Übertragung durch die Gasmoleküle besteht. Daher kann man sagen, daß die Temperaturleitfähigkeit der Größenordnung nach gleich dem Selbstdiffusionskoeffizienten eines Gases ist:

$$\chi \sim v\, l\,.$$

Die Wärmeleitfähigkeit $\varkappa$ ergibt sich durch Multiplikation von χ mit der Wärmekapazität von 1 cm³ Gas. In diesem Volumen sind n/L mol Gas enthalten (L bedeutet die Loschmidtsche Zahl). Ihre Wärmekapazität ist also gleich $n\,c/L$, wobei c die Molwärme bezeichnet (zwischen c_V und c_p unterscheiden wir nicht, da sie der Größenordnung nach gleich sind). Es gilt also

$$\varkappa \sim \chi \frac{n\,c}{L} \sim \frac{v\,l\,n\,c}{L}\,.$$

Setzt man $l \sim 1/n\,\sigma$ ein, so folgt schließlich

$$\varkappa \sim \frac{v\,c}{\sigma\,L}\,.$$

Die Molwärme eines Gases hängt nicht von seiner Dichte ab. Daher kommen wir zu einem bemerkenswerten, auf den ersten Blick paradoxen Ergebnis: Die Wärmeleitfähigkeit eines Gases hängt nur von seiner Temperatur, jedoch nicht von Dichte und Druck ab.

Die Wärmekapazität eines Gases ist schwach temperaturabhängig. Dasselbe gilt auch für den Wirkungsquerschnitt. Daher kann man annehmen, daß die Wärmeleitfähigkeit eines Gases (ebenso wie die thermische Geschwindigkeit v) proportional zu $\sqrt{T}$ ist. Tatsächlich wächst die Wärmeleitfähigkeit etwas stärker mit der Temperatur an, weil gewöhnlich mit steigender Temperatur die Wärmekapazität größer und der Wirkungsquerschnitt kleiner werden.

Im folgenden geben wir die Wärmeleitfähigkeit einiger Gase bei 0 °C an (in J/cm s grd):

Chlor	$0{,}72 \cdot 10^{-4}$
CO_2	$1{,}45 \cdot 10^{-4}$
Luft	$2{,}41 \cdot 10^{-4}$
Wasserstoff	$16{,}8 \cdot 10^{-4}$

§ 114. Beweglichkeit

Wir betrachten ein Gas, in dem eine gewisse Zahl geladener Teilchen (Ionen) enthalten ist. Ordnet man es in einem elektrischen Feld an, so wird der von den Ionen ebenso wie von den anderen Gasmolekülen ausgeführten chaotischen Wärmebewegung eine geordnete Bewegung in Feldrichtung überlagert. Wären die Ionen völlig freie Teilchen, so würden sie sich unter dem Einfluß des angelegten Feldes mit ständig wachsender Geschwindigkeit bewegen. Tatsächlich bewegen sich die Ionen jedoch nur in den Zeitintervallen zwischen den Zusammenstößen mit anderen Teilchen frei. Bei den Zusammenstößen werden die Teilchen in ungeordneter Weise gestreut, so daß die Ionen praktisch ihre zwischen den Zusammenstößen angenommene geordnete Geschwindigkeit verlieren. Insgesamt ergibt sich eine Bewegung, bei der sich die Ionen im Mittel langsam mit einer bestimmten Geschwindigkeit, die der Feldstärke proportional ist, in Feldrichtung verschieben (man spricht in diesem Falle von einer Driftbewegung).

Die Größenordnung dieser Geschwindigkeit, die wir mit u bezeichnen wollen, läßt sich leicht folgendermaßen abschätzen. In einem elektrischen Feld mit der Feldstärke E greift an einem Ion mit der Ladung e und der Masse m die Kraft $F = e\,E$ an, die dem Ion die Beschleunigung $w = f/m$ erteilt. Bewegt sich das Ion während der Zeit τ, die der mittleren freien Weglänge entspricht, mit dieser Beschleunigung, so erhält es eine gerichtete Geschwindigkeit der Größenordnung $u \sim w\,\tau$. Setzt man $\tau \sim l/v$ (v bezeichnet die thermische Geschwindigkeit der Ionen), so folgt

$$u \sim \frac{F\,l}{m\,v}\,.$$

Die *Driftgeschwindigkeit* u der Ionen im äußeren Feld wird gewöhnlich in der Form

$$u = K\,F$$

geschrieben, wobei der Proportionalitätsfaktor K zwischen Geschwindigkeit und der am Teilchen angreifenden Kraft als *Ionenbeweglichkeit* bezeichnet wird.

Im folgenden geben wir einige Beispiele für die Ionenbeweglichkeit in Gasen an (bei 20 °C und Atmosphärendruck):

H_2^+-Ionen im H_2-Gas	$8{,}6 \cdot 10^{12}$ cm/s dyn
N_2^+-Ionen im N_2-Gas	$1{,}7 \cdot 10^{12}$ cm/s dyn

Das bedeutet z. B., daß N_2^+-Ionen in Stickstoff unter dem Einfluß des Feldes von 1 V/cm mit der Geschwindigkeit $1{,}7 \cdot 10^{12} \cdot 4{,}8 \cdot 10^{-10}/300 = 3$ cm/s driften.

Aus der oben angegebenen Abschätzung für die Geschwindigkeit u ergibt sich $K \sim l/m\,v$. Vergleicht man diesen Ausdruck mit dem für den Diffusionskoeffizienten derselben Teilchen (Ionen) im Gas $D \sim l\,v$, so folgt $D \sim m\,v^2\,K$, und wegen $m\,v^2 \sim k\,T$ ergibt sich

$$D \sim k\,T\,K\,.$$

Wir wollen nun zeigen, daß diese Beziehung zwischen dem Diffusionskoeffizienten und der Beweglichkeit der Teilchen exakt ist.

Nach der BOLTZMANNschen Formel ist die Konzentration der Ionen im Gas, das sich in einem konstanten elektrischen Feld mit x-Richtung befindet, im Zustand des Wärmegleichgewichts proportional zu

$$\mathrm{e}^{-U(x)/k\,T}\,,$$

wobei $U(x) = - F\,x$ die potentielle Energie eines Ions im Feld bedeutet. Diese ändert sich im Gasvolumen, und zwar nimmt sie in Feldrichtung zu. Bei Vorhandensein eines Konzentrationsgradienten muß jedoch ein Diffusionsstrom $j = - D\,\mathrm{d}c/\mathrm{d}x$ entstehen. Wir bestimmen die Konzentration c als Ionenzahl in der Einheit des Gasvolumens; schreiben wir sie in der Form

$$c = \mathrm{const} \cdot \mathrm{e}^{F\,x/k\,T}$$

und berücksichtigen $\mathrm{d}c/\mathrm{d}x = (F/k\,T)\,c$, so folgt

$$j = - \frac{c\,D\,F}{k\,T}\,.$$

Im stationären Zustand (Gleichgewichtszustand) kann jedoch im Gas kein Transport von Substanz vor sich gehen. Das bedeutet, daß die dem Feld entgegengerichtete Diffusionsstromdichte j durch die in Feldrichtung liegende „Drift"-Stromdichte der Ionen kompensiert wird. Die letzte ist offenbar gleich $c\,u = c\,K\,F$. Setzt man beide Ausdrücke einander gleich, so folgt

$$D = k\,T\,K\,.$$

Diese Beziehung zwischen der Beweglichkeit und dem Diffusionskoeffizienten (EINSTEIN*sche Beziehung*), die hier für Gase abgeleitet wurde, gilt tatsächlich allgemeiner. Sie ist für beliebige in einem Gas oder einer Flüssigkeit gelöste oder suspendierte Teilchen gültig, die sich unter dem Einfluß irgendeines äußeren Feldes (elektrisches Feld, Schwerefeld) bewegen.

§ 115. Thermodiffusion

Bei der Untersuchung der Diffusion im Gasgemisch haben wir bisher stillschweigend vorausgesetzt, daß Temperatur und Druck in ihm überall gleich sind, so daß der Gradient der Konzentration die einzige Ursache der Diffusion bildet. Jedoch führt auch das Vorhandensein eines Temperaturgradienten zur Diffusion. Im ungleichmäßig erwärmten Gemisch entsteht ein Diffusionsstrom, selbst wenn seine Zusammensetzung homogen ist. Durch eine beliebig angeordnete Fläche gehen in bzw. entgegengesetzt zur Richtung des Temperaturgradienten verschieden viele Moleküle der Komponenten des Gemisches hindurch, da sie unterschiedliche Wärmebewegungen ausführen (d. h., ihre thermischen Geschwindigkeiten und Wirkungsquerschnitte sind verschieden). Führt die Existenz eines Temperaturgradienten zur Ausbildung eines Diffusionsstroms, so spricht man von *Thermodiffusion*. Wesentlich ist diese Erscheinung insbesondere für Gase (auf deren Betrachtung wir uns hier beschränken). Im Prinzip ist sie aber auch in flüssigen Gemischen vorhanden.

Bei der Thermodiffusion ist die Diffusionsstromdichte (wir bezeichnen sie mit j_{T}) dem im Gas bestehenden Temperaturgradienten proportional. Es ist üblich, sie in der Form

$$j_{\mathrm{T}} = D_{\mathrm{T}} \frac{1}{T} \frac{\mathrm{d}T}{\mathrm{d}x}$$

darzustellen. Die Größe D_T heißt *Thermodiffusionskoeffizient.* An dieser Stelle müßte der Begriff der Diffusionsstromdichte eigentlich präzisiert werden (die Situation ist anders als im Falle der gewöhnlichen Diffusion, wo der Diffusionskoeffizient D nicht von der Art der Definition der Stromdichte abhängt). Darauf werden wir jedoch nicht eingehen. Während der Diffusionskoeffizient D immer positiv ist, ist das Vorzeichen des Thermodiffusionskoeffizienten unbestimmt und davon abhängig, auf welche der im Gemisch enthaltenen Komponenten die Stromdichte bezogen wird.

Geht die Konzentration einer der beiden Komponenten des Gemisches gegen Null, so muß der Thermodiffusionskoeffizient ebenfalls gegen Null streben, da die Thermodiffusion im reinen Gas völlig fehlt. Der Thermodiffusionskoeffizient ist also im Gegensatz zum gewöhnlichen Diffusionskoeffizienten von der Konzentration des Gemisches abhängig.

In einem zunächst homogen zusammengesetzten Gemisch von Gasen entstehen infolge der Thermodiffusion Konzentrationsunterschiede zwischen den unterschiedlich erwärmten Bereichen. Diese rufen wiederum eine gewöhnliche Diffusion hervor, die in der entgegengesetzten Richtung wirkt, da sie den entstehenden Konzentrationsgradienten zu verkleinern sucht. Unter stationären Bedingungen, bei denen im Gas ein konstanter Temperaturgradient aufrechterhalten wird, führen diese beiden einander entgegengerichteten Prozesse letztlich zur Einstellung eines stationären Zustandes, in dem die beiden Stromdichten sich gegenseitig kompensieren. In diesem Zustand besteht zwischen den „warmen“ und „kalten“ Bereichen des Gases ein bestimmter Unterschied in der Zusammensetzung des Gemisches.

Wir betrachten den einfachsten Fall, daß die Massen der Moleküle zweier im Gemisch enthaltener Gase sich so stark voneinander unterscheiden, daß die thermische Geschwindigkeit der „schweren“ Moleküle klein gegen die der „leichten“ Moleküle ist. Bei Zusammenstößen werden sich die leichten Moleküle von den schweren, die als ruhend ansehbar sind, elastisch „abstoßen“. Unter diesen Bedingungen genügt es, die Diffusion derjenigen Komponente des Gemisches zu betrachten, die aus den leichteren Molekülen besteht.

Es sei n_1 die Zahl der Moleküle der leichteren Komponente in 1 cm³ und v_1 ihre thermische Geschwindigkeit. Die Stromdichte dieser Komponente in Richtung der x-Achse läßt sich abschätzen, indem man die Differenz zwischen den Werten des Produktes $n_1 v_1$ in den Punkten $x - l_1$ und $x + l_1$ betrachtet, wobei l die mittlere freie Weglänge des Moleküls bedeutet. Wie im § 113 gezeigt wurde, kann diese Differenz in der Form

$$- l_1 \frac{\mathrm{d}}{\mathrm{d}x} (n_1 v_1)$$

geschrieben werden. Daraus geht hervor, daß die Übertragung von Substanz abbricht, d. h. sich ein stationärer Zustand einstellt, wenn das Produkt $n_1 v_1$ im Gasvolumen konstant ist. Es gilt nun $n_1 = c\, n$, wobei c die Konzentration der leichteren Komponente und n die Gesamtzahl der in der Volumeneinheit enthaltenen Moleküle bezeichnen; die letztere ist $n = p/kT$. Da der Gesamtdruck p des Gases überall gleich und die thermische Geschwindigkeit proportional zu $\sqrt{T}$ ist, ist die Konstanz des Produkts $n_1 v_1$ mit der Konstanz des Verhältnisses $c/\sqrt{T}$ gleichbedeutend. Mit anderen Worten, im stationären Zustand ist die Konzentration der leichteren Komponente in den stärker erwärmten Bereichen größer.

Die Zusammensetzung verändert sich meist in dieser Richtung: Das leichtere Gas sammelt sich gewöhnlich im wärmeren Bereich an. Diese Regel gilt jedoch nicht allgemein. Die Richtung der Thermodiffusion wird nicht ausschließlich durch die Molekülmassen bestimmt.

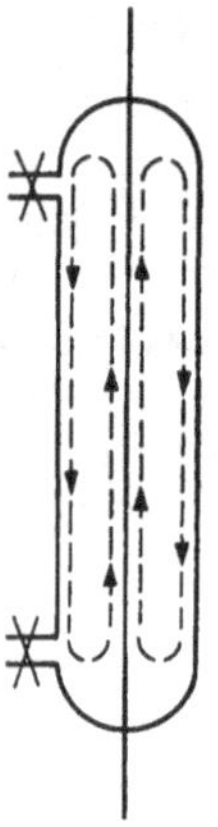

Abb. 130

Man benutzt die Erscheinung der Thermodiffusion, um Gasgemische, insbesondere Gemische von Isotopen, voneinander zu trennen. Grundsätzlich läßt sich diese Methode mit Hilfe der im folgenden beschriebenen einfachsten Trennkolonne (Trennrohr) erklären (Abb. 130). Sie besteht aus einem langen Glasrohr, das durch einen in seiner Achse liegenden Draht elektrisch geheizt wird; die Rohrwand wird gekühlt. Der wärmere Teil der Gasmischung steigt längs der Achse nach oben, während der kältere an der Wand zu Boden sinkt. Zugleich setzt in radialer Richtung Thermodiffusion ein, wobei eine der im Gemisch enthaltenen Komponenten (gewöhnlich die mit dem größeren Molekulargewicht) vorzugsweise zur Peripherie diffundiert, die andere jedoch zur Achse. Vom ab- bzw. aufsteigenden Strom mitgeführt, sammeln sich diese Komponenten im unteren bzw. oberen Teil des Rohres an.

§ 116. Diffusion in festen Körpern

Auch in festen Körpern ist Diffusion möglich, jedoch zeichnet sie sich hier durch ihre außerordentliche Langsamkeit aus. Man kann diese Erscheinung z. B. beobachten, wenn man auf das Ende eines Bleistabes Gold aufschmilzt und die Substanz auf hoher Temperatur, z. B. 300 °C, hält; bereits nach einem Tag ist das Gold etwa 1 cm weit in das Blei eingedrungen.

Natürlich gibt es in festen Körpern auch die Selbsdiffusion, d. h. die gegenseitige Diffusion verschiedener Isotope derselben Substanz. Dieser Vorgang läßt sich beobachten, wenn man mit radioaktiven Isotopen arbeitet. Legt man z. B. ein radioaktives Kupferisotop auf ein Ende eines Kupferstabes und zerschneidet diesen nach einer gewissen Zeit in mehrere Stücke, so kann an Hand der Radioaktivität dieser Stücke die Menge des diffundierten Isotops bestimmt werden.

Die Tatsache, daß die Diffusion in festen Körpern sehr langsam vor sich geht, läßt sich leicht auf Grund der Wärmebewegung der in ihnen enthaltenen Atome erklären. In Gasen und sogar in Flüssigkeiten enthält die chaotische Wärmebewegung eine „Komponente der Translation“, d. h., die Moleküle verschieben sich in dem vom Körper eingenommen Volumen. In festen Körpern dagegen sind die Atome fast immer an bestimmte Gleichgewichtslagen (Gitterknotenpunkte) gebunden, um die sie kleine Schwingungen ausführen. Diese Bewegung kann nicht zu einer Verschiebung der Atome im Körper führen und damit auch nicht zur Diffusion beitragen. An der Diffusion können nur Atome beteiligt sein, die ihre Gitterplätze verlassen, d. h. von einem Knotenpunkt zu einem anderen Knotenpunkt übergehen.

Indessen ist jedes Atom in einem festen Körper von einer Potentialbarriere umgeben. Das Atom kann nur seinen Platz verlassen, wenn es diese überwindet. Dazu muß es eine ausreichende Energie besitzen. Mit einer ähnlichen Situation hatten wir es bei der Untersuchung der Geschwindigkeiten chemischer Reaktionen zu tun (§ 91). Dort haben wir gesehen, daß die Zahl der einer Reaktion fähigen Moleküle einem „Aktivierungsfaktor" der Form

$$e^{-E/RT}$$

proportional ist. Einem Faktor dieser Form sind auch die Zahl der Atome, die an der Diffusion teilnehmen können, und damit der Diffusionskoeffizient proportional. Dabei liegt die auf ein Atom bezogene Aktivierungsenergie E, d. h. die Größe E/L, gewöhnlich zwischen Bruchteilen eines Elektronvolts und mehreren Elektronvolt. Zum Beispiel ist E für die Diffusion von Kohlenstoff in Eisen ungefähr gleich 100 kJ/mol (d. h. etwa 1 eV/Atom) und für die Selbstdiffusion von Kupfer etwa 200 kJ/mol (etwa 2 eV/Atom).

Der Diffusionskoeffizient nimmt also bei festen Körpern mit steigender Temperatur sehr schnell zu. Er wächst z. B. für den Fall der Diffusion von Zink in Kupfer bei einer Erhöhung der Temperatur von der Zimmertemperatur bis 300 °C auf das 10^{14}fache an. Eines der am stärksten ineinander diffundierenden Metallpaare sind Gold und Blei. Der Koeffizient der Diffusion von Gold in Blei ist bei Zimmertemperatur gleich $4 \cdot 10^{-10}$ cm²/s und bei 300 °C gleich 10^{-5} cm²/s. Gleichzeitig zeigen diese Zahlen, wie langsam die Diffusion in festen Körpern vor sich geht.

Die Verstärkung der Diffusion bei zunehmender Temperatur bildet die Grundlage *des Ausglühens* von Metallen: Um Homogenität der Zusammensetzung einer Legierung zu erreichen, hält man sie längere Zeit bei hoher Temperatur. Dieses Verfahren dient auch dazu, innere Spannungen in Metallen zu beseitigen.

Im Einlagerungsmischkristall liegen die Atome des gelösten Stoffes auf Plätzen zwischen den Atomen, die in den Knotenpunkten des Grundgitters angeordnet sind. In solchen Lösungen (z. B. Kohlenstoff in Eisen) geschieht die Diffusion so, daß die „eingelagerten" Atome von einem Zwischengitterplatz zu einem anderen wandern.

Bei Lösungen vom Substitutionstyp sind im idealen Kristall sämtliche zulässigen Plätze besetzt; die Diffusion müßte in diesem Fall so vor sich gehen, daß Paare verschiedener Atome ihre Plätze austauschen. Im realen Kristall sind jedoch immer unbesetzte Plätze vorhanden, die man als „Vakanzen" bezeichnet (das wurde bereits im § 105 besprochen). Sie bestimmen den tatsächlichen Mechanismus der Diffusion, wobei Atome aus benachbarten besetzten Knotenpunkten auf die Leerstellen „überspringen".

KAPITEL XV

ZÄHIGKEIT

§ 117. Zähigkeitskoeffizient

Wir betrachten eine strömende Flüssigkeit (bzw. ein strömendes Gas), deren Geschwindigkeit von Ort zu Ort verschieden sein möge. Die Flüssigkeit befindet sich dann nicht im Gleichgewichtszustand, und in ihr gehen Prozesse vor sich, die die Geschwindigkeiten auszugleichen suchen. Für diese Prozesse ist die Bezeichnung *innere Reibung* oder *Zähigkeit* üblich. Während im Falle der Wärmeleitung zwischen den stärker und den schwächer erwärmten Stellen eines Mediums ein Wärmestrom entsteht, handelt es sich bei der inneren Reibung darum, daß infolge der thermischen Bewegung der Moleküle eine Impulsübertragung von Bereichen mit größerer Strömungsgeschwindigkeit auf Bereiche mit kleinerer Strömungsgeschwindigkeit stattfindet.

Diffusion, Wärmeleitung und innere Reibung besitzen ähnliche Mechanismen. Ihnen ist gemeinsam, daß sich Eigenschaften eines Mediums (Zusammensetzung, Temperatur, Strömungsgeschwindigkeit), die im Anfangszustand von Ort zu Ort verschieden sind, im Laufe der Zeit ausgleichen, so daß eine Annäherung an den Gleichgewichtszustand stattfindet. In allen drei Fällen wird dabei eine entsprechende Größe durch die Moleküle aus einem Bereich des Mediums in einen anderen transportiert. Es handelt sich bei der Diffusion um die Übertragung von Teilchen der verschiedenen Komponenten eines Gemisches, bei der Wärmeleitung um Energietransport und bei der inneren Reibung um Impulsaustausch. Für die drei genannten Erscheinungen ist die gemeinsame Bezeichnung *Transportphänomene* üblich.

Wir nehmen an, daß die betrachtete Flüssigkeit überall in derselben Richtung strömt, so daß der Vektor $\boldsymbol{u}$ der Strömungsgeschwindigkeit im gesamten Strömungsfeld dieselbe Richtung hat. Ferner setzen wir voraus, daß sich der Betrag u der Strömungsgeschwindigkeit nur in der dazu orthogonalen Richtung ändert. Legen wir die x-Achse in diese Richtung, so ist also $u = u(x)$.

In Analogie zu den Begriffen der Diffusions- und Wärmestromdichte können wir den Begriff der Impulsstromdichte einführen. Darunter verstehen wir den Gesamtimpuls, der in einer Sekunde in positiver x-Richtung durch eine zur x-Achse senkrechte Fläche vom Inhalt 1 hindurchgetragen wird. Wir bezeichnen die Impulsstromdichte mit Π. Ähnlich wie bei den beiden anderen Transportphänomenen kann man sagen, daß die Impulsstromdichte dem Gradienten der Strömungsgeschwindigkeit u proportional ist:

$$\Pi = -\eta \frac{\mathrm{d}u}{\mathrm{d}x}.$$

Der Proportionalitätsfaktor η heißt *Zähigkeitskoeffizient*.

Die Dimension der Stromdichte Π ergibt sich durch Division der Dimension des Impulses durch cm^2 s, d. h., es gilt $[\Pi] = g/cm\ s^2$. Da die Dimesion von du/dx gleich s^{-1} ist, folgt

$$[\eta] = \frac{g}{s\ cm}.$$

Die Einheit der Zähigkeit (im cgs-System) heißt *Poise* (P).

Der Zähigkeitskoeffizient bestimmt die Geschwindigkeit, mit der die Impulsübertragung zwischen zwei Orten des Strömungsfeldes vor sich geht. Die Geschwindigkeit ist gleich dem durch die Masse dividierten Impuls. Daher ist die Größe η/ϱ, wobei ϱ die Dichte, d. h. die Masse der Volumeneinheit der Flüssigkeit bedeutet, ein Maß dafür, wie schnell sich die Strömungsgeschwindigkeit ausgleicht. Man bezeichnet die Größe $\nu = \eta/\varrho$ als *Koeffizienten der kinematischen Zähigkeit* und zur Unterscheidung davon die Größe η auch als *Koeffizienten der dynamischen Zähigkeit.* Wie man leicht sieht, gilt

$$[\nu] = \frac{cm^2}{s}.$$

Die Dimension der Größe ν ist also gleich der des Diffusionskoeffizienten und der Wärmeleitfähigkeit. Der Koeffizient der kinematischen Zähigkeit hat also gewissermaßen die Bedeutung eines Diffusionskoeffizienten der Geschwindigkeit.

Wir betrachten nun eine strömende Flüssigkeit, die mit einer festen Oberfläche in Berührung steht (z. B. eine in einem Rohr strömende Flüssigkeit). Zwischen der Oberfläche des festen Körpers und jeder realen Flüssigkeit (und jedem realen Gas) bestehen immer Kräfte molekularer Natur, die dazu führen, daß die unmittelbar an die feste Wand angrenzende Flüssigkeitsschicht vollständig festgehalten wird, so daß sie gewissermaßen an der Wand „klebt". Mit anderen Worten, die Strömungsgeschwindigkeit ist an der Wand gleich Null. Mit zunehmender Entfernung von der Wand nimmt die Strömungsgeschwindigkeit zu, und infolge der inneren Reibung entsteht eine Impulsstromdichte, die aus der Flüssigkeit zur Wand gerichtet ist.

Andererseits ist uns aus der Mechanik bekannt, daß die zeitliche Impulsänderung eines Körpers gleich der an ihr angreifenden Kraft ist. Daher ist der Impuls Π, der in der Zeiteinheit durch die Flächeneinheit hindurchgetragen und schließlich von der Flüssigkeit auf die Wand übertragen wird, gleich der Reibungskraft, mit der die strömende Flüssigkeit an der Flächeneinheit der festen Wand angreift.

Zur angegebenen einfachen Formel für die Stromdichte Π ist die folgende Bemerkung erforderlich. Obwohl zwischen den Erscheinungen der Diffusion, Wärmeleitung und inneren Reibung eine formale Ähnlichkeit vorhanden ist, bestehen auch wesentliche Unterschiede zwischen ihnen, die damit zusammenhängen, daß Konzentration und Temperatur skalare Größen sind, während die

Geschwindigkeit eine vektorielle Größe darstellt. Wir haben uns hier auf den einfachsten Fall beschränkt, in dem die Richtung der Geschwindigkeit überall gleich ist. Nur unter dieser Voraussetzung ist die für Π angegebene Formel richtig.

Die Tatsache, daß sie bei einer von Ort zu Ort veränderlichen Geschwindigkeit $\boldsymbol{u}$ nicht gilt, läßt sich leicht am Beispiel einer Flüssigkeit erkennen, die sich in einem zylinderförmigen Gefäß befindet und sich als Ganzes gemeinsam mit diesem gleichförmig um die Zylinderachse dreht. Die Geschwindigkeit der Flüssigkeitsteilchen nimmt mit dem Abstand von der Gefäßachse zu. Trotzdem entsteht in der Flüssigkeit keine Impulsstromdichte, d. h. keine Reibungskraft. Die gleichförmige Drehung der ganzen Flüssigkeit führt (bei fehlender Reibung in der Gefäßaufhängung) nicht zu einer Störung des Wärmegleichgewichts. Sie kann unendlich lange andauern, ohne einen Ausgleich der Geschwindigkeiten nach sich zu ziehen.

§ 118. Zähigkeit von Gasen und Flüssigkeiten

Man kann den Zähigkeitskoeffizienten eines Gases abschätzen, indem man davon ausgeht, daß den drei Prozessen innere Reibung, Wärmeleitung und Selbstdiffusion im Gas derselbe molekulare Mechanismus zugrunde liegt. Im betrachteten Fall ist die kinematische Zähigkeit $\nu = \eta/\varrho$ die dem Diffusionskoeffizienten analoge Größe. Daher kann man sagen, daß bei einem Gas die drei Größen ν, χ und D von derselben Größenordnung sind. Damit ergibt sich $\nu \sim v\, l$. Da die Gasdichte $\varrho = n\, m$ ist, wobei m die Masse eines Moleküls und n die Zahl der in der Volumeneinheit enthaltenen Moleküle bedeuten, ergibt sich für den Zähigkeitskoeffizienten $\eta = \varrho\, \nu$ der Ausdruck

$$\eta \sim m\, n\, v\, l \sim \frac{m\, v}{\sigma},$$

wobei σ den Stoßquerschnitt bedeutet.

Wie wir sehen, ist der Zähigkeitskoeffizient ebenso wie die Wärmeleitfähigkeit unabhängig vom Gasdruck. Da die thermische Geschwindigkeit v proportional zu $\sqrt{T}$ ist, kann man annehmen, daß auch der Zähigkeitskoeffizient dieselbe Abhängigkeit aufweist. Diese Schlußfolgerung ist jedoch nur dann richtig, wenn der Stoßquerschnitt σ als konstant angenommen werden kann. Im § 112 wurde festgestellt, daß der Wirkungsquerschnitt bei abnehmender Temperatur etwas anwächst. Dementsprechend nimmt der Zähigkeitskoeffizient bei sinkender Temperatur etwas stärker als $\sqrt{T}$ ab.

Die genäherte Gleichheit der Koeffizienten ν, χ und D sieht man z. B. an ihren Werten für Luft (bei 0 °C), wo die kinematische Zähigkeit $\nu = 0{,}13$ und die Temperaturleitfähigkeit $\chi = 0{,}19$ sind, während der Selbstdiffusionskoeffizient von Stickstoff und Sauerstoff $D = 0{,}18$ ist.

Im folgenden geben wir die Zähigkeiten einiger Gase und Flüssigkeiten an (für die Temperatur von 20 °C):

Substanz	η in g/s cm	ν in cm²/s	Substanz	η in g/s cm	ν in cm²/s
Wasserstoff	$0{,}88 \cdot 10^{-4}$	0,95	Wasser	0,010	0,010
Luft	$1{,}8 \cdot 10^{-4}$	0,150	Quecksilber	0,0155	0,0014
Benzol	0,65	0,72	Glyzerin	15,0	12,0

Interessant ist die Tatsache, daß die dynamische Zähigkeit von Wasser bedeutend größer als die von Luft ist, während die kinematische Zähigkeit von Luft bedeutend die von Wasser übersteigt.

Die Zähigkeit von Flüssigkeiten nimmt gewöhnlich mit wachsender Temperatur ab. Das ist verständlich, weil die gegenseitige Verschiebbarkeit der Moleküle dabei zunimmt. Bei Flüssigkeiten geringer Zähigkeit, z. B. Wasser, ist dieser Abfall zwar bemerkbar, aber nicht sehr bedeutend.

Es gibt jedoch auch Flüssigkeiten, deren Zähigkeit mit wachsender Temperatur sehr stark abfällt. Das betrifft in erster Linie organische Flüssigkeiten (z. B. Glyzerin). So nimmt der Zähigkeitskoeffizient von Wasser bei einer Temperaturerhöhung um 10 grd (von 20 auf 30 °C) um 20% ab, während der von Glyzerin auf das 1/2,5-fache sinkt. Die Änderung der Zähigkeit solcher Flüssigkeiten erfolgt proportional zu einem Exponentialausdruck der Form $e^{-E/RT}$ (für Glyzerin ist $E \approx 65000$ J/mol). Wie wir bereits wissen (s. § 116), bedeutet diese Temperaturabhängigkeit, daß der Ablauf des entsprechenden Prozesses (im vorliegenden Fall die gegenseitige Verschiebung der Moleküle in der Flüssigkeit) die Überwindung einer Potentialschwelle voraussetzt.

Zähe Flüssigkeiten verdichten sich bei abnehmender Temperatur schnell und wandeln sich in amorphe feste Körper um. Wir haben bereits im § 52 auf die Tatsache hingewiesen, daß zwischen einer Flüssigkeit und einem amorphen festen Körper lediglich ein quantitativer Unterschied besteht. Zum Beispiel ist Kolophonium bei Zimmertemperatur fest, verwandelt sich jedoch bereits bei 50···70 °C in eine fließende Substanz mit großer, aber durchaus meßbarer Zähigkeit von $10^6 \cdots 10^4$ P (zum Vergleich bemerken wir, daß Honig und Sirup Zähigkeiten von etwa $5 \cdot 10^3$ P besitzen).

Die mechanischen Eigenschaften solcher Flüssigkeiten wie Kolophonium und Glyzerin sind auch in einer anderen Hinsicht interessant (wir betrachten hier das Beispiel Kolophonium). Im Unterschied zu Flüssigkeiten setzen feste Körper einer Formänderung Widerstand entgegen (charakterisiert durch den Scherungsmodul). Man kann sagen, daß sich die molekulare Struktur einer Flüssigkeit bei einer Formänderung augenblicklich umordnet. Bei typischen Flüssigkeiten geschieht das innerhalb einer Zeit von der Größenordnung der Dauer der thermischen Schwingungen der Moleküle ($10^{-10} \cdots 10^{-12}$ s). Bei flüssigem Kolophonium erfordert diese „Umordnung" längere Zeit, so daß es bei genügend schnell veränderlichen deformierenden Einwirkungen nicht zu einer

Umordnung kommt (für Kolophonium der Temperatur 50···70 °C liegt die charakteristische Zeit zwischen 10^{-4} und 10^{-5} s). Bei sehr schnell veränderlichen Einwirkungen (die z. B. durch Schallschwingungen erzeugt werden können) verhält sich eine solche Substanz wie ein elastischer fester Körper, der einen bestimmten Scherungsmodul besitzt. Bei sich langsam ändernden Einwirkungen dagegen verhält er sich wie eine gewöhnliche Flüssigkeit, die eine bestimmte Zähigkeit besitzt.

§ 119. Poiseuillesche Gleichung

Wir benutzen die Formel

$$\Pi = -\eta \frac{du}{dx}$$

zur Lösung einiger einfacher Probleme, die mit der Strömung zäher Flüssigkeiten zusammenhängen.

Wir beginnen mit der Berechnung der Reibungskraft, die zwischen zwei sich parallel zueinander bewegenden festen Ebenen entsteht, wenn der Zwischenraum mit einer Flüssigkeit der Zähigkeit η ausgefüllt ist. Die Bewegung erfolge mit der Geschwindigkeit u_0, der Abstand zwischen den Ebenen sei gleich h (in Abb. 131 ruht die untere Ebene, während die obere sich mit der Geschwindigkeit u_0 bewegt). Die an der oberen Wand haftende Flüssigkeit wird mitgeführt, so daß die Strömungsgeschwindigkeit der Flüssigkeit an der oberen Ebene gleich u_0 und an der unteren Ebene gleich Null ist. Im Zwischenraum ändert sich die Geschwindigkeit u linear:

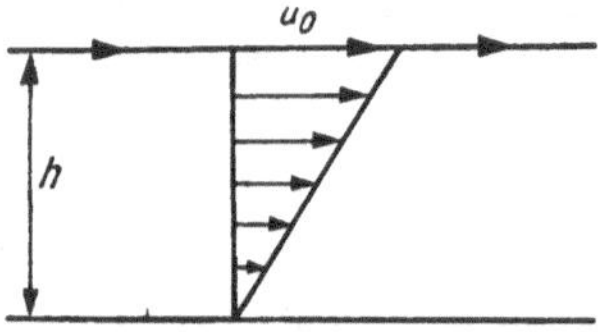

Abb. 131

$$u = \frac{u_0}{h} x .$$

Dabei bedeutet x den Abstand von der unteren Wand. (Dieses Gesetz ergibt sich in derselben Weise wie beim völlig analogen Problem der Wärmeleitung in einer ebenen Schicht, s. § 110). Die gesuchte Reibungskraft, die an 1 cm² Oberfläche jeder der beiden festen Wände angreift und ihre gegenseitige Bewegung zu verlangsamen sucht, wird, wie im vorigen Paragraphen erklärt wurde, durch die Größe der Impulsstromdichte Π bestimmt. Es ist

$$\Pi = \frac{u_0 \eta}{h} .$$

Sie ist also der Relativgeschwindigkeit der beiden Ebenen direkt und ihrem gegenseitigen Abstand umgekehrt proportional.

Wir betrachten ferner die Strömung einer Flüssigkeit in einem zylinderförmigen Gefäß mit dem Radius a und der Länge L. An den beiden Rohrenden mögen die voneinander verschiedenen Drücke p_1 und p_2 aufrechterhalten werden. Unter der Wirkung des Druckabfalls $\Delta p = p_2 - p_1$ strömt die Flüssigkeit im Rohr. Die Strömungsgeschwindigkeit der Flüssigkeit hat überall die Richtung der Rohrachse. Ihr Betrag ändert sich in der zur Achse senkrechten (radialen) Richtung und hängt nur vom Abstand r zur Achse ab. Daher können wir für die Impulsstromdichte, die in radialer Richtung übertragen wird, den Ausdruck

$$\Pi = -\eta \frac{\mathrm{d}u}{\mathrm{d}r}$$

angeben.

Wir betrachten die Flüssigkeit, die durch eine koaxial im Rohr liegende Zylinderoberfläche mit dem Radius r begrenzt wird. Der gesamte Impulsstrom durch diese Oberfläche (mit dem Inhalt $2\pi r L$) ist

$$2\pi r L \Pi = -2\pi r L \eta \frac{\mathrm{d}u}{\mathrm{d}r} .$$

Das ist gerade die Reibungskraft, mit der die außerhalb des betrachteten Zylinders befindliche Flüssigkeit an der im Zylinder enthaltenen Flüssigkeit angreift. Sie wird durch die Kraft, die dem Unterschied zwischen den Drücken an den Basisflächen des Zylinders entspricht, kompensiert. Diese ist gleich $\pi r^2 \cdot \Delta p$. Setzt man beide Kräfte gleich, so folgt

$$\frac{\mathrm{d}u}{\mathrm{d}r} = -\frac{r}{2 L \eta} \Delta p .$$

Daraus ergibt sich

$$u = -\frac{r^2}{4 L \eta} \Delta p + \text{const} .$$

Die Größe der Konstanten ergibt sich aus der Bedingung, daß die Geschwindigkeit an der Rohrwand, d. h. für $r = a$, gleich Null sein muß. Wir erhalten schließlich

$$u = \frac{\Delta p}{4 L \eta} (a^2 - r^2) .$$

Demnach besitzt eine in einem Rohr strömende Flüssigkeit ein sogenanntes parabolisches Geschwindigkeitsprofil. Die Geschwindigkeit ändert sich nach einem quadratischen Gesetz von dem Wert Null an der Rohrwand bis zum Maximalwert $u_{\max} = a^2 \cdot \Delta p / 4 L \eta$ auf der Rohrachse (Abb. 132).

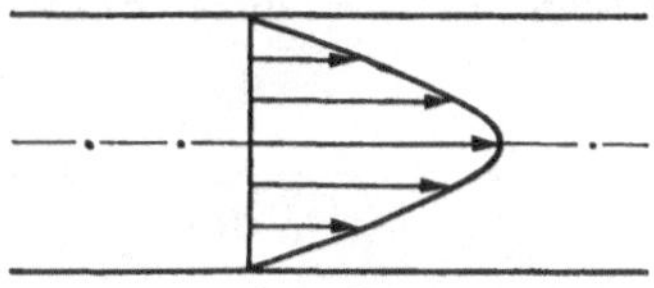

Abb. 132

Wir bestimmen nun die Menge der Flüssigkeit (Masse M), die in der Zeiteinheit aus dem Rohr ausfließt. Mit $V(r)$ bezeichnen wir das Volumen der Flüssigkeit, die in der Zeiteinheit durch den Zylinder mit dem Radius r fließt. Offenbar ist das Differential dieser Funktion

$$\mathrm{d}V(r) = u(r)\, \mathrm{d}S ,$$

wobei $u(r)$ die Geschwindigkeit der Flüssigkeit im Abstand r von der Achse und $\mathrm{d}S$ den Flächeninhalt eines Kreisringes mit dem Radius r und der Breite dr bedeuten. Wegen d$S = 2\pi r$ dr folgt

$$\mathrm{d}V(r) = 2\pi\, r\, u\, \mathrm{d}r = \frac{\pi\, \Delta p}{2\, L\, \eta}(a^2 - r^2)\, r\, \mathrm{d}r = \frac{\pi\, \Delta p}{4\, L\, \eta}(a^2 - r^2)\, \mathrm{d}(r^2)\,.$$

Daraus ergibt sich

$$V(r) = \frac{\pi\, \Delta p}{4\, L\, \eta}\left(a^2\, r^2 - \frac{r^4}{2}\right)$$

(die Integrationskonstante ist gleich Null, da $V(0) = 0$ gelten muß). Das Gesamtvolumen der Flüssigkeit, die in der Zeiteinheit aus dem Rohr ausfließt, ist gleich dem Wert von $V(r)$ für $r = a$. Multipliziert man diese Größe mit der Dichte ϱ der Flüssigkeit, so folgt der gesuchte Ausdruck für die Masse:

$$M = \frac{\pi\, \Delta p}{8\, L\, \nu}\, a^4\,.$$

Diese Beziehung heißt POISEUILLE*sche Gleichung.* Wie wir sehen, ist die aus dem Rohr ausfließende Flüssigkeitsmenge der vierten Potenz des Rohrradius proportional.

Bei den betrachteten Beispielen handelt es sich um stationäre Strömungen, d. h., die Strömungsgeschwindigkeit ist an jedem Ort zeitlich konstant. Wir geben nun ein Beispiel einer nichtstationären Strömung an.

Eine in eine Flüssigkeit eingetauchte Scheibe möge in ihrer Ebene Torsionsschwingungen ausführen. Die an der Scheibe haftende Flüssigkeit gerät ebenfalls in Schwingungen. Diese sind jedoch mit wachsendem Abstand von der Scheibe immer stärker gedämpft. Es entsteht die Frage nach der Größenordnung des Abstandes, in dem eine wesentliche Dämpfung erfolgt. Dieses Problem unterscheidet sich formal nicht von dem im § 111 betrachteten analogen Fragestellung für thermische Schwingungen, die durch eine Platte mit veränderlicher Temperatur erzeugt werden. Wir erhalten die gesuchte ,,Eindringtiefe L“ der Schwingungen in die Flüssigkeit, indem wir in der im § 111 gefundenen Formel das Temperaturleitvermögen χ durch die kinematische Zähigkeit ν der Flüssigkeit ersetzen:

$$L \sim \sqrt{\frac{\nu}{\omega}}\,.$$

Dabei bedeutet ω die Schwingungsfrequenz.

§ 120. Ähnlichkeitsmethode

Bisher betrachteten wir einfachste Fälle der Flüssigkeitsbewegung. In komplizierteren Fällen ist die Lösung des Bewegungsproblems gewöhnlich mit sehr großen mathematischen Schwierigkeiten verbunden und in der Regel nicht exakt möglich. Zum Beispiel läßt sich für den Fall der Bewegung eines Körpers von so einfacher Form wie der einer Kugel in einer Flüssigkeit keine allgemeine Lösung finden.

Bei der Untersuchung der verschiedenen Bewegungsprobleme von Flüssigkeiten haben deshalb einfache Methoden, die auf Dimensionsüberlegungen für die physikalischen Größen beruhen, von denen diese Bewegung abhängen kann, große Bedeutung.

Als Beispiel betrachten wir die gleichförmige Bewegung einer festen Kugel durch eine Flüssigkeit und fragen nach der an der Kugel angreifenden Widerstandskraft F. (Wir haben von der Bewegung eines Körpers durch die Flüssigkeit gesprochen. Mit gleichem Recht können wir sagen, daß im betrachteten Fall ein ruhender Körper von einer Flüssigkeit umströmt wird. Diese Betrachtungsweise entspricht den Bedingungen, unter denen im Windkanal das Umströmen eines Körpers durch Gas beobachtet wird.)

Die physikalischen Eigenschaften einer Flüssigkeit, die ihre Strömung bzw. die Bewegung fremder Körper in ihr bestimmen, werden durch insgesamt zwei Größen bestimmt, und zwar durch die Dichte ϱ und den Zähigkeitskoeffizienten η. Im betrachteten Fall hängt die Bewegung außerdem von der Geschwindigkeit u der Kugel und ihrem Radius a ab.

Bei unserem Bewegungsproblem gibt es also vier Parameter, die folgende Dimensionen besitzen:

$$[\varrho] = \frac{\mathrm{g}}{\mathrm{cm}^3}\,, \qquad [\eta] = \frac{\mathrm{g}}{\mathrm{cm\,s}}\,, \qquad [u] = \frac{\mathrm{cm}}{\mathrm{s}}\,, \qquad [a] = \mathrm{cm}\,.$$

Aus diesen bilden wir eine dimensionslose Größe. Zunächst stellen wir fest, daß sich die Dimension g nur dadurch eliminieren läßt, daß man η durch ϱ dividiert, d. h. das Verhältnis $\nu = \eta/\varrho$ bildet, dessen Dimension $[\nu] = \mathrm{cm^2/s}$ ist. Ferner dividieren wir u durch ν, um die Dimension s zu eliminieren: $[u/\nu] = 1/\mathrm{cm}$. Eine dimensionslose Größe ergibt sich, indem man das Verhältnis u/ν mit dem Radius a multipliziert. Diese Größe heißt REYNOLDS*sche Zahl Re*:

$$Re = \frac{u\,a}{\nu} = \frac{\varrho\,u\,a}{\eta}\,.$$

Sie stellt ein sehr wichtiges Merkmal der Bewegung in einer Flüssigkeit dar. Es ist klar, daß jede andere dimensionslose Größe nur eine Funktion der REYNOLDSschen Zahl sein kann.

Wir gehen nun zur Bestimmung der Widerstandskraft über. Sie besitzt die Dimension g cm/s². Eine aus den verfügbaren Parametern gebildete Größe mit dieser Dimension ist z. B. $\varrho\,u^2\,a^2$. Jede andere Größe derselben Dimension kann als Produkt von $\varrho\,u^2\,a^2$ mit einer gewissen Funktion der dimensionslosen REYNOLDSschen Zahl dargestellt werden. Daher kann man sagen, daß die gesuchte Widerstandskraft durch einen Ausdruck der folgenden Form gegeben ist:

$$F = \varrho\,u^2\,a^2 f(Re)\,.$$

Die unbekannte Funktion $f(Re)$ kann natürlich nicht mit Hilfe von Dimensionsüberlegungen bestimmt werden. Dimensionsbetrachtungen haben uns jedoch dazu verholfen, das Problem der Bestimmung einer Funktion von vier Parametern, nämlich der Kraft F in Abhängigkeit von ϱ, η, u und a, auf das Problem der Bestimmung einer einzigen Funktion, und zwar von $f(Re)$, zu reduzieren. Die Funktion $f(Re)$ kann z. B. experimentell erhalten werden. Mißt man die Widerstandskraft, die eine bestimmte Kugel in einer bestimmten Flüssigkeit erfährt, und konstruiert mit Hilfe der erhaltenen Daten eine graphische Darstellung der Funktion $f(Re)$, so ergibt sich die Möglichkeit, die Widerstandskraft bei der Bewegung einer beliebigen Kugel in einer beliebigen Flüssigkeit vorauszusagen

Die angestellten Überlegungen gelten allgemein Sie beziehen sich auf die stationäre Bewegung nicht nur kugelförmiger, sondern auch beliebig geformter Körper in Flüssigkeiten. Dabei ist für die in der REYNOLDSschen Zahl vorkommende Größe a eine lineare Abmessung des entsprechenden Körpers einzusetzen Damit ergibt sich die Möglichkeit, die Strömungen von Flüssigkeit um geometrisch ähnliche Körper, die sich nur durch ihre Abmessungen unterscheiden, miteinander zu vergleichen.

Bewegungsprobleme, bei denen die REYNOLDSsche Zahl gleich und die Werte der Parameter ϱ, η, u und a verschieden sind, nennt man *ähnlich*. In solchen Fällen unterscheiden sich die Bewegungsbilder lediglich durch die Maßstäbe ihrer charakteristischen Größen (Abstände, Geschwindigkeiten usw.).

Obwohl wir zur Abkürzung bei unseren Überlegungen immer von Flüssigkeiten gesprochen haben, treffen sie auch für Gase zu. Die einzige Bedingung, die erfüllt sein muß, besteht darin, daß die Dichte des Mediums (Flüssigkeit oder Gas) sich während der Bewegung nicht wesentlich ändert, so daß sie als konstant angenommen werden kann. Unter dieser Bedingung bezeichnet man das sich bewegende Medium als *inkompressibel*. Gase werden zwar gewöhnlich als leicht kompressible Medien aufgefaßt, jedoch sind die im Gas bei der Bewegung entstehenden Druckänderungen gewöhnlich so klein, daß keine merkliche Dichteänderung entsteht. Erst bei Geschwindigkeiten, die mit der des Schalls vergleichbar sind, hören Gase auf, sich wie inkompressible Medien zu verhalten.

§ 121. STOKESsches Gesetz

Wir fragen wieder nach der Widerstandskraft F, die ein in einer Flüssigkeit (bzw. einem Gas) bewegter Körper erfährt.

Bei genügend kleiner Geschwindigkeit ist die Widerstandskraft immer der ersten Potenz der Geschwindigkeit proportional. Um diese Abhängigkeit mit Hilfe der Formel

$$F = \varrho\, u^2\, a^2\, f(Re)$$

zu erhalten, müssen wir annehmen, daß die Funktion $f(Re)$ bei kleinen Geschwindigkeiten von der Form $f(Re) = \text{const}/Re$ ist. Wir erhalten dann den Ausdruck

$$F = \text{const} \cdot \eta\, a\, u\,.$$

Wie diese Formel zeigt, führt die Proportionalität zwischen Widerstandskraft und Geschwindigkeit automatisch zu der Aussage, daß die Widerstandskraft den linearen Abmessungen des entsprechenden Körpers (sowie dem Zähigkeitskoeffizienten der Flüssigkeit) proportional ist.

Die Bestimmung des in diesem Gesetz vorkommenden Proportionalitätsfaktors erfordert detailliertere Rechnungen. Für den Fall der Bewegung einer Kugel in einer Flüssigkeit ergibt sich die Konstante zu 6π, d. h., in diesem Fall gilt

$$F = 6\pi\eta a u .$$

(a bedeutet den Kugelradius). Diese Formel bezeichnet man als STOKESsches *Gesetz.*

Die oben durchgeführten Überlegungen gestatten eine Aussage darüber, wie klein die Geschwindigkeit sein muß, damit das STOKESsche Gesetz anwendbar ist. Da von der Form der Funktion $f(Re)$ die Rede ist, muß sich die gesuchte Bedingung auf die Werte der REYNOLDSschen Zahl beziehen. Da diese der Geschwindigkeit u proportional ist (bei vorgegebenen Abmessungen des Körpers), läßt sie sich in der Form schreiben, daß die dimensionslose REYNOLDSsche Zahl Re klein sein muß:

$$Re = \frac{a u}{\nu} \ll 1 .$$

Die Bedingung, daß die Geschwindigkeit hinreichend klein sein muß, besitzt also relativen Charakter. Die Größe der zulässigen Geschwindigkeiten hängt von den Abmessungen des sich bewegenden Körpers (sowie von der Zähigkeit der Flüssigkeit) ab. Im Falle sehr kleiner Abmessungen (z. B. für kleinste, in Flüssigkeit suspendierte Teilchen, die eine BROWNsche Bewegung ausführen) ist das STOKESsche Gesetz auch bei Geschwindigkeiten anwendbar, die unter anderen Bedingungen nicht mehr als klein angesehen werden können.

Bewegt sich eine Kugel unter dem Einfluß der äußeren Kraft P in einer Flüssigkeit (z. B. unter dem Einfluß der Schwerkraft bei Berücksichtigung des teilweisen Gewichtsverlustes in der Flüssigkeit), so stellt sich nach einer gewissen Zeit eine gleichförmige Geschwindigkeit ein, bei der die Kraft P gerade durch die Widerstandskraft kompensiert wird. Setzt man $P = F$, so ergibt sich die Geschwindigkeit

$$u = \frac{P}{6\pi a \eta} .$$

Diese Formel wird oft benutzt, um die Zähigkeit einer Flüssigkeit durch Messung der Fallgeschwindigkeit einer festen Kugel in ihr zu bestimmen. Man kann die Zähigkeit auch mit Hilfe der POISEUILLEschen Gleichung bestimmen, indem man die Ausströmungsgeschwindigkeit der Flüssigkeit aus einem Rohr mißt, in dem sie unter dem Einfluß einer bestimmten Druckdifferenz fließt.

Mit dem STOKESschen Gesetz hängt eine Methode der Messung der Elementarladung zusammen, die von MILLIKAN zuerst zur Messung der Ladung des Elektrons benutzt wurde. Kleinste Tröpfchen, die beim Versprühen von Öl entstehen, werden in den Raum zwischen den beiden horizontalen ebenen Belegungen eines Kondensators eingeführt. Die Tröpfchen tragen Ladungen, die sie durch Elektrisierung beim Versprühen oder durch Absorption von Ionen aus der Luft erhalten. Beobachtet man mit Hilfe eines Mikroskops die Geschwindigkeit, mit der die Tröpfchen unter der Wirkung ihres Gewichts fallen, so läßt sich auf Grund des STOKESschen Gesetzes ihr Radius und damit ihre Masse bestimmen (bei bekannter Dichte). Legt man an die Kondensatorbelegungen eine geeignete Potentialdifferenz, so kann man erreichen, daß die Tröpfchen ruhen. In diesem Zustand wird die nach unten gerichtete Schwerkraft durch die nach oben gerichtete elektrische Kraft, die am geladenen Tröpfchen angreift, gerade kompensiert. Sind die elektrische Feldstärke und das Gewicht des Tröpfchens bekannt, so kann seine Ladung berechnet werden. Die Messungen zeigen, daß die Tröpfchenladung immer gleich einem ganzen Vielfachen einer bestimmten Größe ist. Diese ist offenbar gleich der Elementarladung.

§ 122. Turbulenz

Charakteristisch für die im § 119 betrachtete Strömung einer Flüssigkeit im Rohr ist ihre Ordnung. Jedes Flüssigkeitsteilchen bewegt sich auf einer bestimmten geradlinigen Bahn. Bei einer solchen Strömung bewegen sich die verschiedenen Schichten der Flüssigkeit mit unterschiedlichen Geschwindigkeiten. Man bezeichnet diese geordnete stationäre Bewegung einer Flüssigkeit als *laminare* Strömung.

Es zeigt sich jedoch, daß die Strömung einer Flüssigkeit nur bei nicht zu großen REYNOLDSschen Zahlen von dieser Form ist. Diese kann für den Fall der Strömung im Rohr durch den Ausdruck $Re = u\, d/\nu$ definiert werden, wobei d den Rohrdurchmesser und u die mittlere Geschwindigkeit der Flüssigkeit bedeuten. Erhöht man z. B. die Strömungsgeschwindigkeit (bei vorgegebenem Rohrdurchmesser), so ändert sich der Charakter der Bewegung von einer bestimmten Geschwindigkeit an vollständig. Man stellt eine völlig ungeordnete Bewegung fest. Die Flüssigkeitsteilchen beschreiben komplizierte ineinander verschlungene Bahnen, die sich ständig ändern. In diesem Falle spricht man von einer *turbulenten* Bewegung.

Beobachtet man eine Strömung in einem Glasrohr, so wird der Unterschied zwischen beiden Bewegungsformen besonders deutlich, wenn man der strömenden Flüssigkeit mit Hilfe eines engen Röhrchens eine kleine Menge gefärbter Flüssigkeit zusetzt. Bei kleinen Strömungsgeschwindigkeiten beschreibt sie einen dünnen geradlinigen Faden. Dieser „zerreißt" bei größeren Geschwindigkeiten, und die gefärbte Flüssigkeit verteilt sich schnell und nahezu gleichmäßig auf die gesamte Strömung.

Verfolgt man die zeitliche Änderung der Geschwindigkeit der Flüssigkeit in einem bestimmten Punkt einer turbulenten Strömung, so beobachtet man ungeordnete Schwankungen der Geschwindigkeit um einen bestimmten Mittelwert (diese Erscheinung nennt man auch Pulsieren). Die Mittelwerte der Geschwindigkeit ergeben ein Bewegungsbild der Flüssigkeit, das die Schwankungen nicht enthält. Spricht man einfach von der Geschwindigkeit einer turbulent strömenden Flüssigkeit, so ist gewöhnlich die entsprechende gemittelte Geschwindigkeit gemeint.

Die bei Turbulenz vorhandene Durchmischung der Flüssigkeit führt zu einer weitaus stärkeren Impulsübertragung als der molekulare Transport bei der inneren Reibung in einer laminaren Strömung. Bei turbulenter Strömung herrscht deshalb auf einem Rohrquerschnitt eine ganz andere Geschwindigkeitsverteilung als bei laminarer. Während die Geschwindigkeit im Falle laminarer Strömung monoton von der Wand zur Achse des Rohrs zunimmt, ist sie bei Turbulenz auf einem großen Teil des Querschnitts nahezu konstant und sinkt nur innerhalb einer dünnen Wandschicht steil auf den Wert Null ab, den sie auf der Wand selbst annehmen muß.

Die Tatsache, daß die innere Reibung im Vergleich zur turbulenten Durchmischung eine geringe Rolle spielt, führt zu allgemeineren Aussagen: Die Eigenschaften der turbulenten Bewegung hängen überhaupt nicht von der inneren Reibung ab. Sie werden also durch eine kleinere Zahl von Größen bestimmt als im Falle der laminaren Strömung, da der Zähigkeitskoeffizient der Flüssigkeit nicht eingeht. Die Zahl der Möglichkeiten, die verschiedenen Größen zu bestimmten Dimensionen zu kombinieren, wird dadurch erheblich kleiner. Damit hängt zusammen, daß die Anwendung der Ähnlichkeitsmethode unmittelbar zu konkreten Ergebnissen führen kann.

Wir fragen z. B. nach der Abhängigkeit der mittleren Strömungsgeschwindigkeit u im Rohr vom Druckgradienten, der die Strömung verursacht (d. h. vom Verhältnis $\Delta p/L$, wobei Δp die Differenz zwischen den Drücken an den Rohrenden und L die Rohrlänge bedeuten). Die Größe $\Delta p/L$ besitzt die Dimension g cm s^{-2}. Die einzige Kombination dieser Dimension, die aus den verfügbaren Größen (Geschwindigkeit u, Rohrdurchmesser d und Flüssigkeitsdichte ϱ) gebildet werden kann, ist $\varrho\, u^2/d$. Daher kann man aussagen, daß die Beziehung

$$\frac{\Delta p}{L} = \text{const} \cdot \frac{\varrho\, u^2}{d}$$

gelten muß, wobei die Konstante eine Zahl bedeutet. Bei turbulenter Strömung im Rohr ist der Druckgradient also dem Quadrat der mittleren Geschwindigkeit proportional und nicht, wie bei laminarer Strömung, ihrer ersten Potenz. (Dieses Gesetz ist jedoch nur näherungsweise richtig, da es den Einfluß der wandnahen Schicht, in der die Geschwindigkeit sehr stark abfällt und die innere Reibung eine bedeutende Rolle spielt, nicht berücksichtigt.)

Wir wiesen bereits darauf hin, daß die Strömung im Rohr bei genügend großen Reynoldsschen Zahlen turbulent ist. Die Erfahrung zeigt, daß Re dabei nicht kleiner als 1700 sein darf. Bei kleineren Werten von Re ist die laminare Strömung völlig stabil. In diesem Falle klingen Störungen einer laminaren Strömung infolge äußerer Eingriffe (Erschütterungen des Rohrs, Unebenheiten am Rohreingang usw.) sehr schnell ab. Dagegen führen Störungen einer laminaren Strömung bei $Re > 1700$ sofort zur Entstehung von Turbulenz. Trifft man jedoch besondere Maßnahmen, um die unvermeidlichen Störungen möglichst klein zu halten, so kann man erreichen, daß der Umschlag zur turbulenten Bewegung erst bei größeren REYNOLDSschen Zahlen einsetzt. Es ist gelungen, eine laminare Strömung im Rohr mit $Re = 50000$ zu erhalten.

Die Turbulenz ist für Strömungen mit sehr großen REYNOLDSschen Zahlen allgemein charakteristisch. Sie entsteht nicht nur bei der Strömung im Rohr, sondern auch dann, wenn feste Körper durch Flüssigkeit oder Gas umströmt werden (oder, was dasselbe bedeutet, wenn sich die Körper in Flüssigkeit bzw. Gas bewegen). Das entsprechende Strömungsbild wollen wir etwas genauer betrachten.

Auf Grund des im § 120 erklärten Ähnlichkeitsgesetzes ist es belanglos, ob die Vergrößerung der REYNOLDSschen Zahl auf die Zunahme der Körperabmessung a, die Erhöhung der Geschwindigkeit u oder die Verkleinerung des Zähigkeitskoeffizienten η zurückzuführen ist. In diesem Sinne kann man sagen, daß sich Flüssigkeiten bei sehr großen REYNOLDSschen Zahlen verhalten, als würden sie einen sehr kleinen Zähigkeitskoeffizienten besitzen. Das trifft jedoch nur auf Flüssigkeiten zu, die in großer Entfernung von festen Wänden strömen. In der Umgebung von festen Körpern bildet sich eine dünne *Grenzschicht*, in der die Geschwindigkeit von der einer reibungsfreien Bewegung entsprechenden Größe auf den Wert Null absinkt, der dem Haften der zähen Flüssigkeit an der Wand entspricht. Je größer die REYNOLDSsche Zahl ist, desto dünner ist diese Grenzschicht. Da sich die Geschwindigkeit innerhalb der Grenzschicht sehr stark ändert, spielt in ihr die Zähigkeit der Flüssigkeit die entscheidende Rolle.

Die Eigenschaften der Grenzschicht führen dazu, daß beim Umströmen von Körpern die wichtige Erscheinung der *Ablösung der Strömung* auftreten kann.

Beim Umströmen eines Körpers bewegt sich die Flüssigkeit zunächst längs seines vorderen Teils. Dabei verengen sich die Strömungsröhren, so daß auf Grund der BERNOULLIschen Gleichung die Geschwindigkeit zu- und der Druck abnimmt (s. § 61). Strömt die Flüssigkeit längs des hinteren, sich verengenden Teils des Gegenstandes, so erweitern sich die Strömungsröhren, so daß die Geschwindigkeit abfällt und der Druck entsprechend anwächst. In diesem Teil der Strömung nimmt der Druck also in Bewegungsrichtung zu, so daß ein Druckgefälle entsteht, das der Bewegung der Flüssigkeit entgegengerichtet ist. Diese Druckerhöhung wirkt auch auf die Flüssigkeit in der Grenzschicht, indem ihre Bewegung verlangsamt wird. Die Flüssigkeitsteilchen der Grenzschicht, die sich langsamer als die der äußeren Strömung bewegen, werden bei steigendem Druckgefälle (d. h. bei zunehmender Geschwindigkeit der Umströmung) zunächst immer mehr verlangsamt, kommen dann zur Ruhe und beginnen sich anschließend in entgegengesetzter Richtung zu bewegen. Obwohl die Strömung nach wie vor die Vorwärtsrichtung besitzt, kommt es also in der Nähe der Körperoberfläche zu einem Rückfließen. Bei weiter anwachsender Strömungsgeschwindigkeit nimmt die Rückströmung einen immer weiteren Bereich ein und verdrängt schließlich ganz die äußere Strömung. Es kommt also zur Ablösung der Strömung von der Wand.

Diese Bewegungsform ist jedoch völlig instabil und erfolgt in turbulenter Weise. Die Turbulenz breitet sich in der Strömungsrichtung aus. Hinter dem umströmten Körper entsteht ein langer Streifen, in dem die Flüssigkeit sich turbulent bewegt. Man bezeichnet ihn als *Wirbelstraße* (s. die schematische Darstellung in Abb. 133). Im Falle einer Kugel bildet sie sich z. B. ab REYNOLDSschen Zahlen von $Re \approx 1000$ (es ist $Re = d\,u/\nu$, wobei d den Kugeldurchmesser bedeutet).

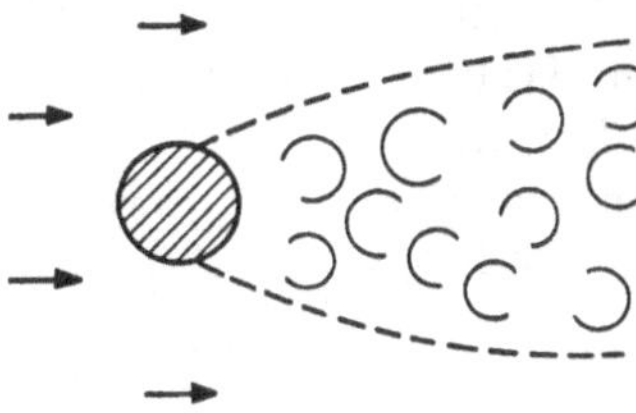
Abb. 133

Der Widerstand, den ein sich in Flüssigkeit bewegender Körper erfährt, ist bei sehr großen REYNOLDSschen Zahlen in erster Linie auf die Ausbildung einer Wirbelstraße zurückzuführen. Unter diesen Bedingungen läßt sich der Widerstand mit Hilfe von Dimensionsüberlegungen bestimmen. Die an einem Körper bestimmter Form angreifende Widerstandskraft F kann nur von seiner Abmessung a, seiner Geschwindigkeit u und der Dichte ϱ der Flüssigkeit, jedoch nicht von ihrer Zähigkeit abhängen. Die einzige mögliche Kombination dieser drei Größen mit der Dimension einer Kraft ist das Produkt $\varrho\, u^2 a^2$. Daher gilt

$$F = \text{const} \cdot \varrho\, u^2 a^2 ,$$

wobei die Konstante von der Form des entsprechenden Körpers abhängt. Bei sehr großen REYNOLDSschen Zahlen ist die Widerstandskraft also dem Quadrat der Geschwindigkeit proportional (dieser Sachverhalt ist als NEWTON*sches Widerstandsgesetz* bekannt). Ferner besteht Proportionalität zum Quadrat der linearen Abmessung des Körpers oder, was dasselbe bedeutet, zu seiner Querschnittsfläche (die ihrerseits proportional zu a^2 ist). Schließlich erweist sich die Widerstandskraft als der Flüssigkeitsdichte proportional. Wie wir wissen, ist dagegen bei kleinen REYNOLDSschen Zahlen die Widerstandskraft der Zähigkeit proportional und von der Dichte der Flüssigkeit unabhängig. Die Widerstandskraft wird bei kleinen REYNOLDSschen Zahlen vorwiegend durch die Zähigkeit, bei großen dagegen in erster Linie durch die Trägheit (Masse) der Flüssigkeit bestimmt.

Bei großen REYNOLDSschen Zahlen hängt die Widerstandskraft sehr stark von der Form des Körpers ab. Sie bestimmt die Stellen, an denen sich die Strömung ablöst, und damit auch die Breite der Wirbelstraße. Je enger der Nachlauf ist, desto kleiner ist die mit ihm verbundene Widerstandskraft. Dieser Sachverhalt bestimmt die Auswahl der Form eines Körpers, bei welcher er einen möglichst geringen Widerstand erfährt.

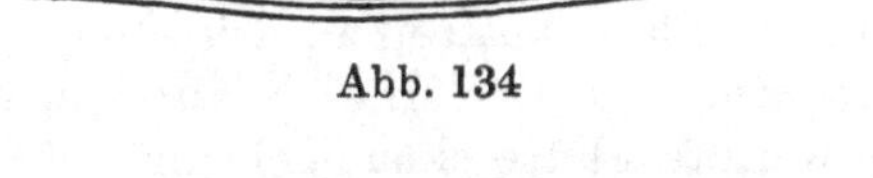
Abb. 134

Körper mit dieser Eigenschaft müssen an der Vorderseite abgerundet sein und nach hinten spitz auslaufen (Abb. 134 zeigt den Längsschnitt eines verlängerten Rotationskörpers bzw. den Querschnitt eines „Flügels“ großer Spannweite). Die an einem solchen Gegenstand vorbeifließende Strömung schließt sich an seinem Ende, ohne merklich zu rotieren, so daß in Strömungsrichtung keine bedeutende Druckerhöhung entsteht. Die Strömung löst sich erst am spitz auslaufenden Ende ab, so daß die Wirbelstraße sehr eng ist.

Sprechen wir über den Widerstand bei großen Geschwindigkeiten, so müssen wir berücksichtigen, daß unsere Überlegungen nur für Geschwindigkeiten gelten, die klein gegen die des Schalls sind. Unter dieser Bedingung kann die Flüssigkeit als inkompressibel angesehen werden.

§ 123. Verdünnte Gase

Alle in den §§ 113 und 118 enthaltenen Schlußfolgerungen über Transportphänomene in Gasen gelten nur für nicht zu stark verdünnte Gase. Tatsächlich muß die mittlere freie Weglänge der Moleküle klein gegen die Abmessungen der betrachteten Körper sein (dabei handelt es sich um das Gefäß, in dem sich das Gas befindet, die Körper, die sich durch das Gas bewegen, usw.). Indessen wächst die mittlere freie Weglänge bereits bei Drücken von $10^{-3} \dots 10^{-4}$ Torr auf $10 \cdots 100$ cm an, was mit den üblichen Abmessungen der Geräte vergleichbar ist oder sie sogar übersteigt. Eine ähnliche Situation trifft man auch bei der Untersuchung von Problemen an, die bei Flügen im erdnahen Raum auftreten. Bereits in der Höhe von etwa 100 km ist die mittlere freie Weglänge der Teilchen des dort vorhandenen ionisierten Gases gleich einigen zehn Metern.

Als verdünnt bezeichnen wir hier solche Gase, bei denen die mittlere freie Weglänge der Moleküle groß gegenüber den Abmessungen der Körper ist. Dieses Kriterium enthält nicht nur den Zustand des Gases selbst, sondern auch die Abmessungen der tatsächlich betrachteten Körper. Unter verschiedenen Bedingungen kann sich also dasselbe Gas sowohl wie ein verdünntes als auch wie ein unverdünntes Gas verhalten.

Wir betrachten die Wärmeübertragung zwischen zwei in einem Gas angeordneten Platten unterschiedlicher Temperaturen. Diesem Prozeß liegt im unverdünnten Gas ein ganz anderer Mechanismus zugrunde als im verdünnten. Im ersten Fall geschieht die Wärmeübertragung von der stärker zur schwächer erwärmten Platte in der Weise, daß Energie bei den Zusammenstößen von Molekül zu Molekül weitergegeben wird („Energiediffusion“). Ist dagegen die mittlere freie Weglänge l der Moleküle groß gegen den Abstand h zwischen den Platten, so erfolgen im Zwischenraum praktisch keine Zusammenstöße. Die an einer Platte reflektierten Moleküle bewegen sich frei, bis sie auf die andere Platte auftreffen. Die Moleküle nehmen bei der Streuung an der stärker erwärmten Platte Energie auf und geben beim Auftreffen auf die schwächer erwärmte Platte einen Teil ihrer Energie wieder ab.

Unter diesen Bedingungen ist es offenbar sinnlos, von einem Temperaturgradienten des Gases zwischen den Platten zu sprechen. Jedoch können wir durch die zum Ausdruck $q = -\varkappa\, \mathrm{d}T/\mathrm{d}x$ für die Wärmestromdichte analoge Beziehung

$$q = -\varkappa \frac{T_2 - T_1}{h},$$

in der $T_2 - T_1$ die Temperaturdifferenz zwischen den Platten bedeutet, das „Wärmeleitvermögen" eines verdünnten Gases definieren. Seine Größenordnung kann unmittelbar in Analogie zum Fall der gewöhnlichen Wärmeleitung abgeschätzt werden: In § 113 ergab sich

$$\varkappa \sim \frac{v\, l\, n\, c}{L}.$$

Ohne alle Überlegungen wiederholen zu müssen, bemerken wir, daß wir es in dem hier betrachteten Fall nicht mit Zusammenstößen der Moleküle untereinander, sondern nur mit Zusammenstößen zwischen den Molekülen und den Platten zu tun haben. Dementsprechend haben wir in der letzten Formel die mittlere freie Weglänge durch den Abstand h zwischen den Platten zu ersetzen:

$$\varkappa \sim \frac{v\, h\, n\, c}{L}$$

(dabei bedeuten c die Molwärme des Gases, v die thermische Geschwindigkeit der Moleküle und n die Zahl der in 1 cm³ enthaltenen Moleküle). Setzt man in diese Formel $n = p/k\,T$ ein und ersetzt das Produkt $L\,k$ durch die Gaskonstante R, so ergibt sich

$$\varkappa \sim p\, h \frac{v\, c}{R\, T}.$$

Wie wir sehen, ist die „Wärmeleitfähigkeit" eines verdünnten Gases seinem Druck proportional. Demgegenüber haben wir das Resultat erhalten, daß die Wärmeleitfähigkeit eines nichtverdünnten Gases nicht vom Druck abhängt. Man muß jedoch berücksichtigen, daß die erhaltene Größe nicht allein von den Eigenschaften des Gases, sondern auch vom Abstand h zwischen den beiden Platten abhängt.

Die Tatsache, daß die Wärmeleitfähigkeit eines verdünnten Gases mit fallendem Druck abnimmt, bildet die Grundlage für die Benutzung evakuierter Räume zur Wärmeisolation. Ein Beispiel dafür sind DEWAR-Gefäße (Gefäße mit Doppelwänden, die einen evakuierten Raum umschließen), die man zur Aufbewahrung verflüssigter Gase benutzt. Pumpt man aus dem Zwischenraum die Luft aus, so ändert sich die Wärmeleitfähigkeit zunächst nicht, beginnt jedoch stark abzufallen, sobald die mittlere freie Weglänge mit dem Abstand zwischen den Gefäßwänden vergleichbar wird.

Auch die innere Reibung in verdünnten Gasen besitzt einen ähnlichen Charakter. Als Beispiel betrachten wir zwei feste Ebenen, die sich mit der Relativgeschwindigkeit u bewegen und zwischen denen sich ein verdünntes Gas befindet. Den „Zähigkeitskoeffizienten" des Gases definieren wir durch die Beziehung

$$\Pi = \eta \frac{u}{h}.$$

Dabei bedeuten Π die an den festen Ebenen angreifende Reibungskraft (bezogen auf 1 cm² Fläche) und h ihren gegenseitigen Abstand. Ersetzt man in der im § 118 erhaltenen Formel $\eta \sim n\,m\,v\,l$ die mittlere freie Weglänge l durch h, so folgt

$$\eta \sim n\,m\,v\,h\,.$$

Setzt man hier $n = p/k\,T$ und $k\,T \sim m\,v^2$, so ergibt sich schließlich

$$\eta \sim \frac{p\,h}{v}\,.$$

Der ,,Zähigkeitskoeffizient" eines verdünnten Gases ist also ebenfalls dem Druck proportional. Diese Größe hängt ebenso wie die Wärmeleitfähigkeit außer von den Eigenschaften des Gases auch von den Abmessungen der beim betrachteten Problem vorkommenden Körper ab.

Mit Hilfe des für η erhaltenen Ausdrucks schätzen wir die Widerstandskraft ab, die ein sich im verdünnten Gas bewegender Körper erfährt. In diesem Falle haben wir unter h die lineare Abmessung a des Körpers zu verstehen. Für die Reibungskraft, die an 1 cm² Oberfläche des Körpers angreift, gilt

$$\Pi \sim \eta\,\frac{u}{a} \sim \frac{p\,u}{v}$$

(u bezeichnet die Geschwindigkeit des Körpers). Multipliziert man diese Größe mit der Gesamtoberfläche S des Körpers, so ergibt sich

$$F \sim \frac{u\,p\,S}{v}\,.$$

Die vom verdünnten Gas ausgeübte Widerstandskraft ist also der Oberfläche des entsprechenden Körpers proportional. Im Falle des unverdünnten Gases dagegen ist die Widerstandskraft der linearen Abmessung des Körpers proportional.

Wir betrachten noch einige interessante Erscheinungen, die mit der Ausströmung eines verdünnten Gases aus einer engen Öffnung, deren Abmessung klein gegen die mittlere freie Weglänge der Moleküle ist, zusammenhängen. Diese Ausströmung (man bezeichnet sie als *Effusion*) erfolgt ganz anders als die gewöhnliche Ausströmung durch eine große Öffnung, durch die das Gas in Form eines Strahles als dichtes Medium austritt. Bei der Effusion verlassen die Moleküle unabhängig voneinander das Gefäß und bilden einen ,,Molekülstrahl", in dem sich die Moleküle mit derjenigen Geschwindigkeit bewegen, mit der sie auf die Öffnung aufgetroffen sind.

Im Falle der Effusion ist die Ausströmungsgeschwindigkeit des Gases, d. h. die Zahl der in der Zeiteinheit aus der Öffnung austretenden Moleküle, der Größenordnung nach gleich $S\,n\,v$, wobei S die Fläche der Öffnung bedeutet. Wegen $n = p/k\,T$ und $v \sim \sqrt{k\,T/m}$ ergibt sich

$$S\,n\,v \sim \frac{p\,S}{\sqrt{m\,k\,T}}\,.$$

Wir bemerken, daß die Effusionsgeschwindigkeit mit wachsender Molekülmasse kleiner wird. Bei der Effusion eines Gemisches zweier Gase ist deshalb das ausgeströmte Gas mit der leichteren Komponente angereichert. Diese Erscheinung liegt einer der üblichen Methoden der Isotopentrennung zugrunde.

Zwei Gefäße, in denen sich Gase mit den Temperaturen T_1 und T_2 befinden, mögen durch eine enge Öffnung (oder durch ein Röhrchen mit kleinem Durchmesser) miteinander verbunden sein. Handelt es sich um nichtverdünnte Gase, so stellen sich in beiden Gefäßen gleiche Drücke ein, so daß an der Öffnung die Kräfte, mit denen beide Gase aufeinander einwirken, gleich sind. Für den Fall verdünnter Gase dagegen ist diese Überlegung sinnlos, da die Moleküle, ohne miteinander zusammenzustoßen, frei durch die Öffnung hindurchtreten. Dabei stellen sich die Drücke p_1 und p_2 so ein, daß in einer bestimmten Zeit durch die Öffnung nach beiden Seiten hin gleich viele Moleküle hindurchgehen. Das bedeutet auf Grund der für die Ausströmungsgeschwindigkeit erhaltenen Formel, daß die Bedingung.

$$\frac{p_1}{\sqrt{T_1}} = \frac{p_2}{\sqrt{T_2}}$$

erfüllt sein muß.

In den beiden Gefäßen stellen sich also verschiedene Drücke ein. Im Gefäß mit der höheren Temperatur ist auch der Druck größer. Diese Erscheinung heißt KNUDSEN-*Effekt*. Sie muß insbesondere bei der Messung sehr kleiner Drücke berücksichtigt werden, denn besteht zwischen dem zu untersuchenden Gas und dem im Meßgerät befindlichen Gas ein Temperaturunterschied, so existiert auch ein entsprechender Druckunterschied.

§ 124. Suprafluidität

Wie wir bereits feststellten, bildet flüssiges Helium ein durch seine Eigenschaften ausgezeichnetes physikalisches Objekt, eine „Quantenflüssigkeit", die mit den Vorstellungen der klassischen Mechanik nicht beschreibbar ist. Das zeigt sich allein schon in der Tatsache, daß flüssiges Helium bis zum absoluten Nullpunkt der Temperatur flüssig bleibt (s. § 72).

Helium wird bei der Temperatur von 4,2 °K flüssig. Bei der Temperatur von etwa 2,2 °K erfährt Helium unter Beibehaltung des flüssigen Zustandes eine weitere Verwandlung, und zwar eine Phasenumwandlung zweiter Art (s. § 74). Man bezeichnet flüssiges Helium mit Temperaturen oberhalb des Umwandlungspunktes als Helium I und solches mit Temperaturen unterhalb des Umwandlungspunktes als Helium II.

Im folgenden beschreiben wir die Eigenschaften des Heliums II. Eine dieser Eigenschaften ist die außerordentlich große Geschwindigkeit der Wärmeübertragung in flüssigem Helium. Eine Temperaturdifferenz, die zwischen den Enden einer mit Helium gefüllten Kapillare besteht, gleicht sich sehr schnell aus. Helium II ist der beste bekannte Wärmeleiter. Diese Eigenschaft erklärt übrigens die Änderung, die bei der visuellen Beobachtung der Umwandlung von Helium I in Helium II auffällt: Die Oberfläche der siedenden Flüssigkeit wird bei Erreichen des Umwandlungspunktes plötzlich völlig ruhig und glatt. Da die Wärme nämlich sehr schnell von den Gefäßwänden abgeleitet wird, können sich an diesen nicht die für das Sieden charakteristischen Dampfbläschen bilden. Das Helium II verdampft nur von seiner offenen Oberfläche.

Als grundlegende, primäre Eigenschaft des Heliums ist jedoch die von P. L. Kapiza entdeckte *Suprafluidität* anzusehen. Hierbei handelt es sich um die Zähigkeit von flüssigem Helium.

Die Zähigkeit einer Flüssigkeit läßt sich durch Messung der Geschwindigkeit, mit der sie durch eine dünne Kapillare fließt, bestimmen. Im betrachteten Fall ist diese Methode jedoch ungeeignet. Es ist eine Methode erforderlich, bei der das Durchfließen einer größeren Flüssigkeitsmenge als im Falle einer dünnen Kapillare möglich ist. Das erreicht man bei einem Experiment, bei dem Helium II durch einen sehr engen Spalt (von etwa 0,5 μm Breite) zwischen zwei geschliffenen Glasscheiben hindurchfließt (Abb. 135). Da jedoch auch unter diesen Bedingungen keine Zähigkeit des Heliums II nachweisbar ist, kann sie als exakt gleich Null angenommen werden. Die Eigenschaft des Helium II, keine Zähigkeit zu besitzen, bezeichnet man als Suprafluidität.

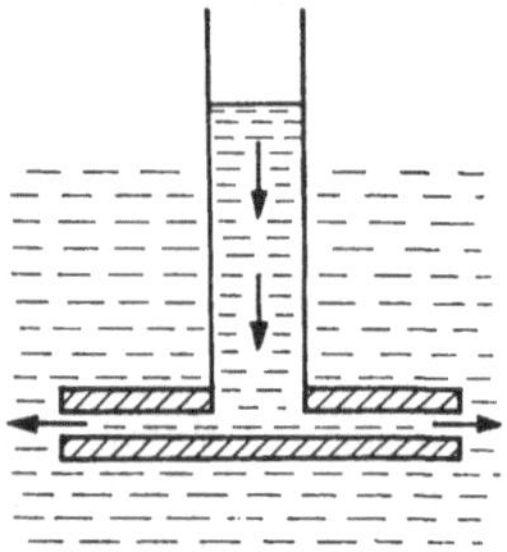

Abb. 135

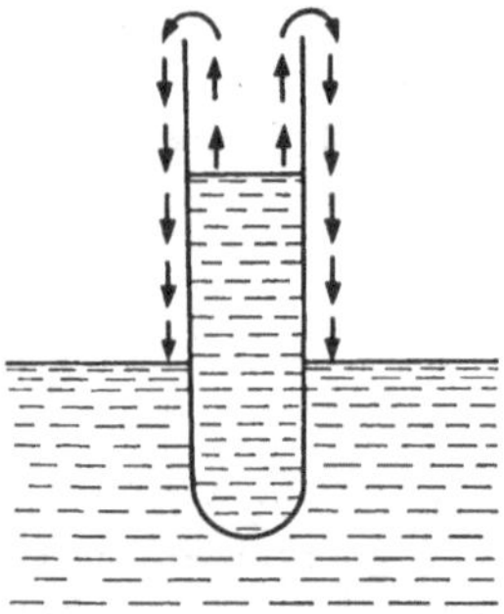

Abb. 136

Die Erscheinung, daß Helium II einen „Kriechfilm" bildet, hängt unmittelbar mit seiner Suprafluidität zusammen. Der Niveauunterschied zwischen zwei Gefäßen mit Helium II, die durch eine Scheidewand voneinander getrennt sind, gleicht sich im Laufe der Zeit von selbst aus. Das Überfließen geschieht in der Weise, daß sich an den Wänden ein dünner Film aus Helium II bildet (von einigen hundert Ångström Dicke). Der Film spielt dabei die Rolle eines Siphons (Abb. 136). Die Filmbildung selbst ist eine Eigenschaft, die nicht nur beim Helium II vorhanden ist. Jede Flüssigkeit, die den entsprechenden festen Körper benetzt, bildet einen Film. Bei gewöhnlichen Flüssigkeiten erfolgen jedoch auf Grund der Zähigkeit die Bildung und die Ausbreitung des Films auf der Oberfläche außerordentlich langsam. Dagegen bildet und bewegt sich der Film beim Helium II wegen seiner Suprafluidität sehr schnell. Die Geschwindigkeit des Kriechfilms erreicht einige zehn Zentimeter in der Sekunde.

Oben sprachen wir von der Zähigkeit des Heliums II, gemessen mit Hilfe seiner Strömungsgeschwindigkeit in einem engen Spalt. Es gibt jedoch auch andere Verfahren zur Messung der Zähigkeit einer Flüssigkeit. Führt eine in der entsprechenden Flüssigkeit bewegliche Scheibe (bzw. ein beweglicher Zylinder) Torsionsschwingungen um ihre Achse aus, so ist die an der Scheibe wirkende Reibung, die zu einer Dämpfung der Schwingungen führt, ein Maß für die Zähigkeit. Solche Messungen zeigen, daß Helium II eine zwar kleine, aber endliche Zähigkeit besitzt (von der Größenordnung 10^{-5} P).

Die diese paradoxen Eigenschaften des Heliums II erklärende Theorie, die von L. D. Landau ausgearbeitet wurde, kann hier nicht dargestellt werden, da wir die Grundlagen der Quantenmechanik noch nicht behandelt haben. Wir wollen jedoch die bemerkenswerte physikalische Situation beschreiben, zu der die Resultate dieser Theorie führen.

Gewöhnlich sieht man es als vernünftig an, die Bewegung einer Flüssigkeit durch Angabe ihrer Geschwindigkeit an jedem Ort der Strömung zu beschreiben. Es zeigt sich jedoch, daß selbst dieses scheinbar ganz normale Vorgehen im Falle einer Quantenflüssigkeit wie Helium II nicht gerechtfertigt ist.

Es stellt sich nämlich heraus, daß Helium II gleichzeitig zwei Bewegungen ausführen kann. Um seine Strömung zu beschreiben, hat man in jedem Punkt des Strömungsfeldes nicht nur eine Geschwindigkeit, sondern zwei Geschwindigkeiten anzugeben. Zur Veranschaulichung kann man sich vorstellen, daß Helium II aus zwei Flüssigkeiten (Komponenten) besteht, die sich unabhängig voneinander „durcheinander hindurchbewegen" können, ohne einander zu reiben. In Wirklichkeit stellt die Flüssigkeit jedoch ein Ganzes dar. Man muß betonen, daß das „Zweiflüssigkeitsmodell" des Helium II nicht mehr als ein bequemes Verfahren zur Beschreibung seiner Eigenschaften ist. Es ist wie jede Beschreibung von Quantenerscheinungen mit klassischen Begriffen nicht vollständig adäquat. Dieser Sachverhalt erscheint natürlich, wenn man bedenkt, daß sich unsere anschaulichen Vorstellungen im täglichen Leben bilden, während Quanteneffekte gewöhnlich nur in der unserer unmittelbaren Wahrnehmung nicht zugänglichen Mikrowelt auftreten.

Jeder der beiden gleichzeitig im flüssigen Helium ablaufenden Bewegungen entspricht eine Verschiebung einer bestimmten Flüssigkeitsmasse. In diesem Sinne kann man den beiden „Komponenten" des Heliums II Dichten zuordnen. Es ist jedoch wiederum zu berücksichtigen, daß diese Zuordnung keineswegs einer realen Aufteilung aller Atome der Substanz in zwei Klassen entspricht. Jede der beiden Bewegungen ist als kollektive Eigenschaft einer großen Zahl gleichartiger Atome der Flüssigkeit anzusehen.

Beide Bewegungsformen besitzen völlig verschiedene Eigenschaften. Eine von ihnen zeichnet sich dadurch aus, daß die entsprechende „Komponente" keinerlei Zähigkeit aufweist. Man bezeichnet diese Komponente als die *supra-*

fluide oder *supraflüssige Komponente.* Die andere Komponente, die als die *normale* bezeichnet wird, bewegt sich wie eine gewöhnliche zähe Flüssigkeit.

Damit sind die Unterschiede zwischen den beiden Bewegungsformen im Helium II noch nicht erschöpft. Wesentlich ist auch die Tatsache, daß die normale Komponente Wärme zu transportieren vermag. Bei der Bewegung der suprafluiden Komponente dagegen findet keinerlei Wärmetransport statt. In gewissem Sinne kann man sagen, daß die normale Komponente gerade die Wärme selbst darstellt, die sich im flüssigen Helium verselbständigt, sich von der Flüssigkeitsmasse ablöst und gewissermaßen die Fähigkeit annimmt, gegenüber einem ,,Untergrund“, der sich am absoluten Nullpunkt befindet, den Platz zu wechseln. Dieses Bild unterscheidet sich radikal von der gewöhnlichen klassischen Vorstellung über die Wärme als der chaotischen Bewegung der Atome, die nicht von der gesamten Masse der Substanz zu trennen ist.

Mit Hilfe solcher Vorstellungen lassen sich die grundlegenden Ergebnisse der beschriebenen Experimente sofort erklären. Vor allen Dingen zeigt es sich, daß zwischen den Resultaten der Zähigkeitsbestimmung aus der Reibung, die eine rotierende Scheibe erfährt, und aus der Strömung der Flüssigkeit durch einen Spalt nur ein scheinbarer Widerspruch besteht. Im ersten Fall wird die im flüssigen Helium rotierende Scheibe abgebremst, weil Reibung mit der normalen Komponente besteht; im wesentlichen wird dabei die Zähigkeit der normalen Komponente gemessen. Im zweiten Fall findet das experimentelle Ergebnis seine Erklärung darin, daß die supraflüssige Komponente des Heliums durch den Spalt fließt, während die normale Komponente vom Spalt zurückgehalten wird bzw. nur sehr langsam durch ihn ,,hindurchsickert“. Bei diesem Experiment wird also festgestellt, daß die supraflüssige Komponente keine Zähigkeit aufweist.

Da die supraflüssige Komponente keine Wärme überträgt, wird bei der Strömung des Heliums durch den Spalt gewissermaßen Flüssigkeit ohne Wärme herausgefiltert, während die Wärme im Gefäß zurückbleibt. Im Grenzfall eines genügend engen Spalts müßte die Temperatur der ausströmenden Flüssigkeit gleich 0 °K sein. Unter realen Bedingungen ist das nicht der Fall. Man kann jedoch erreichen, daß die ausströmende Flüssigkeit eine bedeutend niedrigere Temperatur besitzt als die im Gefäß zurückbleibende. Drückt man z. B. Helium II mit einer Temperatur von 1···2 °K durch einen porösen Körper, so erhält man die merkliche Temperaturerniedrigung auf 0,3···0,4 °K.

Auch die außerordentlich große Geschwindigkeit der Wärmeübertragung im Helium II läßt sich in natürlicher Weise erklären. Grundlage der gewöhnlichen Wärmeleitung ist der langsame molekulare Energietransport. Im betrachteten Fall dagegen handelt es sich um den schnellen Prozeß der Wärmeübertragung bei der Strömung der normalen Komponente der Flüssigkeit. Anschaulich kann der Zusammenhang zwischen dem Prozeß der Wärmeübertragung im Helium II und der Entstehung einer Bewegung in ihm mit Hilfe der folgenden Versuchsanordnung demonstriert werden. Vor der Öffnung eines mit flüssigem

Helium gefüllten Gefäßes, das seinerseits in flüssigem Helium angeordnet ist, befindet sich ein leichtes Plättchen (s. Abb. 137). Erwärmt man das im Gefäß befindliche Helium, so wird das Plättchen ausgelenkt. Diese Erscheinung erklärt sich dadurch, daß die Wärme in Form eines Strahles der zähen normalen Komponente aus dem Gefäß austritt, wodurch das vor der Öffnung angeordnete Plättchen ausgelenkt wird. Diesem Strahl fließt ein Strom der supraflüssigen Komponente entgegen, so daß sich die Gesamtmenge der Flüssigkeit im Gefäß nicht verändert. Da diese Komponente keine Zähigkeit besitzt, setzt sie das von ihr umströmte Plättchen nicht in Bewegung.

Die Tatsache, daß Helium II aus zwei „Komponenten" zusammengesetzt ist, läßt sich unmittelbar mit Hilfe der folgenden Versuchsanordnung zeigen. Setzt man ein zylinderförmiges Gefäß mit flüssigem Helium in Drehung, so wird nur ein Teil der Flüssigkeitsmasse mitgeführt. Dabei handelt es sich um die „normale" Komponente, die sich an der Gefäßwand reibt, wogegen die „supraflüssige" Komponente in Ruhe bleibt (beim tatsächlichen Experiment setzt man nicht das Gefäß in Drehung, sondern arbeitet mit Drehschwingungen eines Satzes vieler dünner Scheiben, damit die Reibungsfläche mit der Flüssigkeit möglichst groß wird).

Bei Temperaturen oberhalb des Umwandlungspunktes (Helium I) befindet sich die ganze Flüssigkeit im normalen Zustand und wird deshalb von den rotierenden Wänden als Ganzes mitgeführt. Im Umwandlungspunkt erscheint eine neue Eigenschaft der Flüssigkeit. Es beginnt die Bildung der supraflüssigen Komponente. Darin besteht gerade das Wesen der Phasenumwandlung zweiter Art im flüssigen Helium. Bei weiterer Erniedrigung der Temperatur wird der Anteil der supraflüssigen Komponente immer größer. Im absoluten Nullpunkt müßte die gesamte Flüssigkeit supraflüssig sein. Abb. 138 zeigt die Temperaturabhängigkeit des Verhältnisses der Dichte ϱ_n der normalen

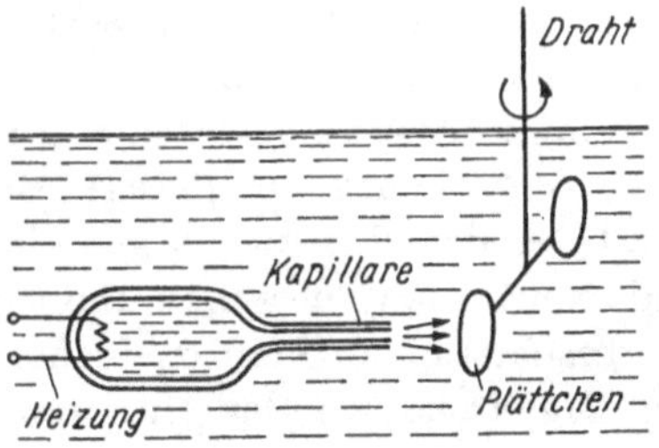

Abb. 137

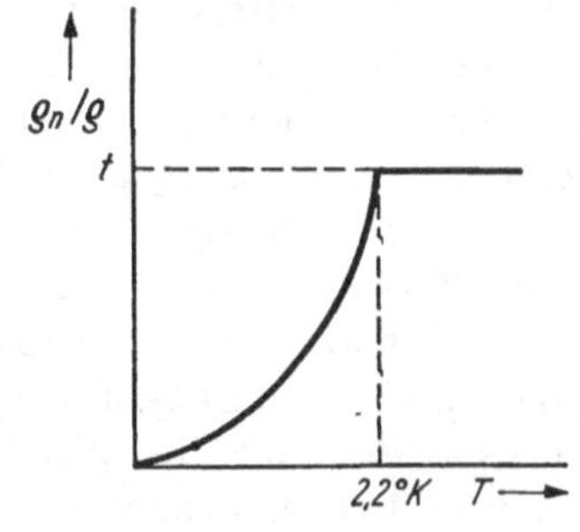

Abb. 138

Komponente zur Gesamtdichte ϱ des Heliums (die Summe der Dichten ϱ_n und ϱ_s der normalen und der supraflüssigen Komponente ist gleich der Gesamtdichte ϱ).

Abschließend betrachten wir eine weitere Erscheinung im flüssigen Helium, die mit der Ausbreitung von Schallwellen zusammenhängt. In einer gewöhnlichen Flüssigkeit breiten sich Schallwellen durch periodische Kompressionen und Expansionen aus. Jedes Flüssigkeitsteilchen führt dabei Schwingungen aus, es bewegt sich mit sich periodisch verändernder Geschwindigkeit um eine mittlere Gleichgewichtslage. Im Helium II dagegen sind gleichzeitig zwei verschiedene Bewegungen mit unterschiedlichen Geschwindigkeiten möglich. Aus diesem Grunde gibt es zwei wesentlich voneinander verschiedene Möglichkeiten der Bewegung in einer Schallwelle. Würden beide Komponenten der Flüssigkeit Schwingungen in derselben Richtung ausführen, sich also gewissermaßen gemeinsam bewegen, so müßte eine Schallwelle derselben Art wie in einer gewöhnlichen Flüssigkeit entstehen.

Die beiden Komponenten können jedoch auch Schwingungen in einander entgegengesetzten Richtungen ausführen, wobei sie sich „durcheinander hindurchbewegen", so daß sich die in beiden Richtungen transportierten Massen nahezu gegenseitig kompensieren. In einer solchen Welle, die man als Welle des *zweiten Schalls* bezeichnet, entstehen fast keine Kompressionen und Expansionen im eigentlichen Sinne. Es kommt jedoch in der Flüssigkeit zu periodischen Temperaturschwankungen, da die einander entgegengerichteten Schwingungen der normalen und der supraflüssigen Komponente im wesentlichen Wärmeschwingungen um einen „supraflüssigen Untergrund" darstellen. Die Welle des zweiten Schalls hat also den Charakter einer „Wärmewelle". Daher ist es natürlich, daß man zu ihrer Erzeugung eine Wärmequelle mit periodisch veränderlicher Temperatur benutzen muß.

Bisher haben wir immer einfach von flüssigem Helium gesprochen. Wir müssen genauer sagen, daß alle Überlegungen sich auf ein bestimmtes Heliumisotop beziehen, und zwar auf das gewöhnliche Isotop ^{4}He. Daneben existiert auch das selten vorkommende Isotop ^{3}He. Mit kernphysikalischen Methoden gelingt es, dieses Isotop in solchen Mengen herzustellen, daß die Verflüssigung und Experimente mit der Flüssigkeit möglich sind. Es handelt sich dabei ebenfalls um eine „Quantenflüssigkeit", die sich jedoch durch ganz andere Eigenschaften auszeichnet (insbesondere ist sie nicht supraflüssig). Obwohl beide Heliumisotope chemisch völlig identisch sind, besteht zwischen ihnen ein außerordentlich wichtiger Unterschied, der damit zusammenhängt, daß der Kern des ^{4}He-Atoms aus einer geraden und der des ^{3}He-Atoms aus einer ungeraden Zahl von Teilchen (Protonen und Neutronen) besteht. Das hat zur Folge, daß die beiden Substanzen völlig unterschiedliche Quanteneigenschaften besitzen, so daß auch die physikalischen Eigenschaften der entsprechenden Flüssigkeiten ganz verschieden sind.

SACHVERZEICHNIS

FSC
www.fsc.org
MIX
Papier | Fördert
gute Waldnutzung
FSC® C083411

Kolibri 360 GmbH
Ferdinand-Jühlke-Straße 7
99095 Erfurt, Deutschland
produktsicherheit@kolibri360.de